D1943315

E-Book inside.

Mit folgendem persönlichen Code erhalten Sie die E-Book-Ausgabe dieses Buches zum kostenlosen Download.

61018-b8w6p-
56r03-dgnw6

Registrieren Sie sich unter
www.hanser-fachbuch.de/ebookinside
und nutzen Sie das E-Book auf Ihrem Rechner*, Tablet-PC und E-Book-Reader.

* Systemvoraussetzungen:
Internet-Verbindung und Adobe® Reader®

Freund/Rücker

Praxishandbuch BPMN 2.0

Jakob Freund
Bernd Rücker

Praxishandbuch BPMN 2.0

3., erweiterte Auflage

HANSER

Die Autoren:

Jakob Freund und *Bernd Rücker*, Berlin

Bibliografische Information Der Deutschen Bibliothek:

Die Deutsche Bibliothek verzeichnet diese Publikation in der Deutschen Nationalbibliografie; detaillierte bibliografische Daten sind im Internet über http://dnb.ddb.de abrufbar.

Lektorat: Margarete Metzger
Layout: die Autoren mit LaTeX
Herstellung: Irene Weilhart
Umschlagkonzept: Marc Müller-Bremer, www.rebranding.de, München
Umschlagrealisation: Stephan Rönigk
Datenbelichtung, Druck und Bindung: Kösel, Krugzell
Ausstattung patentrechtlich geschützt. Kösel FD 351, Patent-Nr. 0748702
Printed in Germany

Print-ISBN: 978-3-446-42986-4

E-Book-ISBN: 978-3-446-42987-1

Inhaltsverzeichnis

Vorwort

Vorwort zur 3. Auflage

Kürzlich, beim abendlichen Bier am Rande einer Konferenz, fragte uns eine gar nicht so unbekannte Persönlichkeit der deutschen IT-Szene: „Ihr bei camunda, ihr seid doch so ein junges, unkonventionelles Team. Warum beschäftigt ihr euch eigentlich mit so einem Alte-Männer-Thema wie BPM?".

Das hat uns zu denken gegeben.

Business Process Management ist also ein Thema für alte Männer? Zugegeben, es weckt gewisse Assoziationen an dunkle Anzüge und diskrete Krawatten, also an die typische, das Selbstbewusstsein unterstützende Berufsbekleidung von Leuten, die sich nicht sicher sind, ob ihre Arbeit eigentlich einen Nutzen stiftet. Das ist nicht gerade jung und unkonventionell, und zu unserem Selbstverständnis passt das auch nicht. Aber, fragten wir uns, warum macht uns BPM dann so viel Spaß?

Weil wir mit BPM dafür sorgen, dass ein Unternehmen *besser funktioniert*! Das gilt auch und gerade für den Einsatz neuer Technologien, weshalb BPM-Projekte häufig einen sehr innovativen Charakter besitzen. Es ist einfach unglaublich spannend, völlig neue Möglichkeiten der Wertschöpfung nicht nur grundsätzlich zu erforschen, sondern auch ganz konkret umzusetzen. Und das nicht „nur" auf der konzeptionellen Ebene, in strategischen Papieren oder PowerPoint-Präsentationen, aber eben auch nicht „nur" in den Tiefen der technischen Implementierung, in denen man gar nicht mehr weiß, warum eigentlich dieses oder jenes programmiert werden soll. Sondern eben ganzheitlich, sowohl betriebswirtschaftlich als auch softwaretechnisch, von Anfang bis Ende und A bis Z.

Wir kennen keine Disziplin, die einem so umfassenden Anspruch mit derart konkreten Methoden und Technologien gerecht wird wie BPM.

Außerdem glauben wir, dass das ganze Thema „BPM" in eine neue Phase eingetreten ist, die mit dem traditionellen Verständnis von Prozessmanagement im Sinne verstaubter Organisationshandbücher, abgehobener „Performance-Analysen" und wohlklingender, aber völlig unverbindlicher Management-Empfehlungen nichts mehr zu tun hat.

Wir treffen mehr und mehr Menschen, die sich um derartiges Geplänkel nicht scheren, die einfach nur wollen, dass etwas *besser funktioniert*. Das sind die „neuen BPM-Cracks", und sie sind ungeduldig. Sie interessieren sich nicht für politische Ränkespiele und akzeptieren keine scheinbaren Sachzwänge. Sie beherrschen neue Methoden und Tools, und diese nutzen sie, um denjenigen zu helfen, die bereit sind, neue Wege zu gehen und damit diejenigen zu überholen, die lieber im Status quo verharren.

Diese neuen BPM-Cracks nutzen BPMN. Sie haben verstanden, dass BPMN anspruchsvoll ist und wenig zu tun hat mit dem Malen von Ablaufdiagrammen, die für die bereits erwähnten Organisationshandbücher verwendet wurden. Sie gehören einer weltweiten Community an, die einen gemeinsamen Standard nutzt und weiterentwickelt. In dieser Community gibt es nicht mehr „die IT", der man einen Auftrag übergibt und die diesen gefälligst umzusetzen hat. Die IT ist kein Bestandteil, sondern eine Facette dieser Community, so wie sie eine Facette eines modern aufgestellten Unternehmens ist, in dem Business und IT völlig losgelöst von der Abteilungszugehörigkeit eine vertrauensvolle, kontinuierliche und sehr intensive Zusammenarbeit praktizieren.

BPMN wurde im Februar 2011 in der Version 2.0 verabschiedet, und in der Praxis ist sie mittlerweile etabliert. Der Standard wird zur Prozessdokumentation genutzt, für die Analyse und Verbesserung von Prozessen und natürlich für die Prozessautomatisierung. Wir haben inzwischen über 500 unterschiedliche Menschen in unseren Projekten und Seminaren an BPMN herangeführt und die unterschiedlichsten Abläufe modelliert. Wir haben auch ihre Grenzen kennengelernt, beispielsweise bei der Modellierung von Prozessen, die von Fall zu Fall höchst unterschiedlich ausfallen und daher schwer vorherzusehen sind.

Unter www.bpmn.info/anwender finden Sie eine Auflistung von Organisationen, die BPMN einsetzen. Bei vielen wird BPMN in der Breite genutzt, also mit zahlreichen Modellierern. Daraus ergeben sich besondere Herausforderungen, weshalb wir diesem Thema in der 3. Auflage ein neues Kapitel gewidmet haben.

Wir wünschen Ihnen Erfolg bei der Arbeit mit BPMN und hoffen, auch Sie in den Reihen der unkonventionellen Menschen begrüßen zu dürfen, die eine Menge Spaß an einem scheinbaren „Alte-Männer-Thema" haben.

Vorwort zur 2. Auflage

Das ging schneller als gedacht: Im Januar 2010 erschien die erste Auflage dieses Buches, und im Juli war sie ausverkauft. Das liegt mit Sicherheit besonders an der Popularität der BPMN, aber die sehr positiven Bewertungen des Buches in den verschiedenen Internet-Foren und das viele Lob der Leser haben uns natürlich auch sehr gefreut.

In den letzten Monaten sind einige wichtige Dinge passiert:

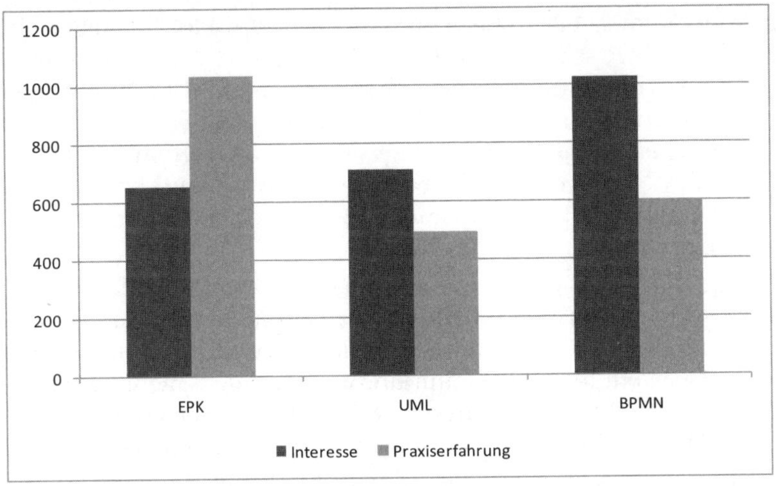

Abbildung 1: Popularität von Prozessnotationen auf BPM-Netzwerk.de (Stand Juli 2010)

Zum einen hat die Finalization Task Force (FTF) der Object Management Group (OMG) die neue Version 2.0 der BPMN fertig gestellt und zur offiziellen Freigabe an das zuständige OMG-Gremium übergeben. Wir sind im August 2009 selbst in die OMG eingetreten und haben an dieser FTF teilgenommen, und es war zwar anstrengend, aber auch eine wunderbare Erfahrung, mit den vielen klugen und engagierten Menschen dort zusammenzuarbeiten. BPMN 2.0 steht also ganz kurz vor der Veröffentlichung, und insofern war der Abverkauf der ersten Auflage eine gute Gelegenheit, das Buch in dieser Hinsicht auf den neuesten Stand zu bringen.

Zum zweiten arbeiten immer mehr Menschen auch im deutschsprachigen Raum mit der BPMN. Der Statistik im Vorwort zur ersten Auflage lässt sich eine aktuelle Auswertung des BPM-Netzwerks gegenüberstellen (Abbildung 1), das zwischenzeitlich auf weit über 7000 Mitglieder angewachsen ist. Wie man sieht, ist das Interesse an der BPMN ungebrochen groß. Im Verhältnis zu früher gibt es aber deutlich mehr Menschen mit BPMN-Praxiserfahrung: Die Anzahl der Mitglieder, die eine Praxiserfahrung mit BPMN angeben, hat sich im Vergleich zum September 2009 um rd. 45% erhöht, bei der EPK und UML sind es jeweils nur rund 25%.

Und auch qualitativ ist die Entwicklung erfreulich: Die vielen Diskussionen rund um BPMN, die im Internet, den diversen Print-Magazinen und auf Konferenzen stattfinden, bewegen sich mittlerweile auf einem viel höheren Niveau als noch vor zehn Monaten. Zahlreiche Menschen diskutieren Fragestellungen rund um die sinnvolle Anwendung, aber auch die Grenzen und Schwächen des Standards auf eine Art und Weise, die ein fundiertes Grundwissen und ernst zu nehmende praktische Erfahrung offenbart. Man könnte sagen, der „BPMN-Reifegrad" ist in der jüngsten Zeit spürbar gestiegen.

Auch der Softwaremarkt ist in Bewegung: Zahlreiche BPM-Hersteller, allen voran IBM, Oracle und SAP, setzen auf BPMN 2.0 und haben teilweise bereits entsprechende Produkte veröffentlicht. Auch die brandneue BPM-Plattform Activiti setzt BPMN 2.0 um und ist sogar komplett Open Source verfügbar. Und mit BPMN.info existiert inzwischen ein deutschsprachiges Forum, das sich nicht nur vollständig dem Thema BPMN widmet, sondern das es sogar erlaubt, kostenlos und ohne Softwareinstallation BPMN-Prozessmodelle direkt online zu erstellen und in die Diskussion einzubringen.

Das alles sind Entwicklungen, die nur durch die Standardisierung der BPMN ermöglicht wurden. Insofern bleibt es spannend, wie es mit dem Standard weitergeht. Es gibt noch viele Aspekte, die verbesserungswürdig sind, weshalb wir uns auch bereits dem OMG-Gremium zur Entwicklung der BPMN 2.1 angeschlossen haben.

Jetzt gilt es aber zunächst, die neuen Möglichkeiten der BPMN 2.0 erfolgreich in der Praxis anzuwenden. Wir wünschen Ihnen viel Spaß und Erfolg dabei!

Vorwort zur 1. Auflage

Let's go BPMN!

Warum haben Sie dieses Buch gekauft? Entweder,

- Sie wollen mal schauen, was die BPMN so zu bieten hat, oder
- Sie haben sich bereits für BPMN entschieden und wollen jetzt loslegen.

In beiden Fällen hegen Sie ein Interesse an BPMN. Damit sind Sie nicht allein: In der Online-Community BPM-Netzwerk.de sind über 6000 BPM-Professionals aus dem deutschsprachigen Raum vernetzt. Eine statistische Auswertung der rund 2400 hinterlegten Detailprofile hat im September 2009 ergeben, dass sich 870 Mitglieder für die BPMN interessieren (Abbildung 2 auf Seite XV). Das sind rund 36% aller Mitglieder, die sich die Mühe machen, dieses Profil zu hinterlegen. Im Vergleich: Für die in Abschnitt 2.12 auf Seite 108 vorgestellten Notationen EPK und UML interessieren sich jeweils nur rd. 23% dieser Mitglieder.

Für das große Interesse an BPMN gibt es zwei Gründe: BPMN ist ein Standard und soll eine Brücke zwischen Business und IT schlagen. Mit ziemlicher Sicherheit ist mindestens einer dieser beiden Gründe auch der Auslöser für Ihr Interesse – stimmt's?

Wir wagen eine weitere Wette: Sie haben keine oder nur wenig Praxiserfahrung im Umgang mit der BPMN. Wie in Abbildung 2 auf Seite XV ebenfalls erkennbar, steht die Chance für das Fehlen von Praxiserfahrung ca. 2:1. Und aus unseren Projekten, Seminaren und persönlichen Gesprächen wissen wir, dass von denen, die eine BPMN-Erfahrung angeben, maximal 20% die BPMN tatsächlich umfangreich angewandt haben.

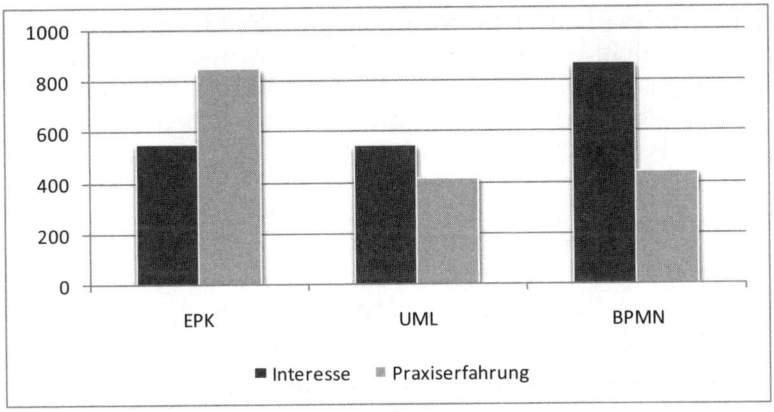

Abbildung 2: Popularität von Prozessnotationen auf BPM-Netzwerk.de (Stand September 2009)

„Das ist nicht fair“, können Sie jetzt einwenden: „Wenn ich mir ein Praxishandbuch zur BPMN kaufe, liegt es doch auf der Hand, dass ich noch keine Praxiserfahrung besitze.“

Paradoxerweise nicht: Sogar die 20% „echten“ BPMN-Anwender berichten zu 100% von großen Schwierigkeiten bei der praktischen Anwendung. Es sind genau diese Praktiker, die uns schon seit geraumer Zeit fragen, wann das Praxishandbuch endlich fertig ist.

Wir selbst finden die praktische Anwendung der BPMN übrigens auch sehr schwierig. Trotzdem haben wir uns getraut, dieses Buch zu schreiben. Unser Selbstvertrauen ist folgenden Umständen zu verdanken:

- Wir sind eine kleine Beratungsfirma, die sich komplett auf Business Process Management (BPM) spezialisiert hat. Wir machen also seit geraumer Zeit ausschließlich BPM-Projekte.
- Unsere Projekte drehen sich sowohl um das organisatorische Prozessmanagement als auch um die technische Prozessumsetzung. Wir müssen also tagtäglich die Brücke schlagen, für die BPMN entwickelt wurde.
- Wir haben deshalb die noch recht junge BPMN in kurzer Zeit bereits intensiv angewandt und einiges daraus gelernt.
- Wir haben nicht für jedes BPMN-Problem eine Lösung. Aber wir gehören ziemlich sicher zu denjenigen, die sich derzeit am besten mit der Notation und ihrer praktischen Anwendung auskennen.

Das klingt ziemlich angeberisch. Aber Sie sollen wissen, wie es zu diesem Buch gekommen ist und was Sie erwarten dürfen. In den nächsten Kapiteln und Abschnitten wollen wir Ihnen also nicht nur die Notation erklären. Es geht uns vor allem darum, die Fallstricke bei der Anwendung aufzuzeigen, pragmatische Lösungen vorzuschlagen und allgemein hilfreiche Tipps zu geben. Denn die BPMN kann ein sehr mächtiges Werkzeug sein, das Ihr BPM-Engagement hervorragend unterstützt. Dafür muss man aber auch wissen, wie man dieses Werkzeug bedient. Darum geht es in diesem Buch.

Danksagungen

Wir hätten dieses Buch nicht schreiben können ohne die Menschen, die uns dabei halfen. Das heißt, wir hätten es schon schreiben können, aber es wäre ein schreckliches Buch geworden.

Prof. Dr. Thomas Allweyer ist selbst Autor einer hervorragenden Einführung in die BPMN ([All08]). So gesehen war seine Unterstützung besonders bemerkenswert, und umso dankbarer sind wir für sein schnelles, ausführliches und sehr hilfreiches Feedback zu unseren Texten und Konzepten.

Die Berliner BPM-Offensive (bpmb.de) haben wir gemeinsam mit Gero Decker, Alexander Großkopf, Prof. Dr. Jan Mendling, Dr. Frank Puhlmann, Torben Schreiter und Matthias Weidlich gegründet. Sie alle sind absolute BPMN-Experten, und ihre Hilfe beim Auffinden von Fehlern und Widersprüchen im Manuskript war Gold wert.

Dr. Frank Michael Kraft ist ein Spezialist für die technische Prozessmodellierung mit BPMN und war ein wertvoller Sparring-Partner, vor allem bei der Erstellung des 5. Kapitels.

Thomas Niebisch hat sich dem Requirements Engineering verschrieben. Seine Ideen zur Kopplung von BPMN und UML waren ein wichtiger Impuls für unser Framework und die intensiven Diskussionen mit ihm ausgesprochen spannend und erhellend.

Dieses Buch sollte eigentlich im Juni 2009 erscheinen. Umso dankbarer sind wir dem Hanser Verlag und besonders Margarete Metzger für ihre Geduld und tolle Zusammenarbeit.

Unsere Kunden haben sehr viel zur Entstehung dieses Buches beigetragen. Es sind ihre Prozesse und Anforderungen, die den Ausgangspunkt unseres Frameworks bildeten. Und es sind ihre Diskussionsbereitschaft und vor allem ihr Vertrauen, die die praxisnahe Entwicklung und Erprobung ermöglichten. Dafür möchten wir ihnen ganz besonders danken.

Unser größter Dank gehört unseren Kollegen bei camunda. Sie alle haben die Entwicklung dieses Buches unterstützt und teilweise auch selbst an den Konzepten mitgewirkt. Vor allem aber sind sie der Grund dafür, dass wir jeden Tag wieder gern zur Arbeit gehen.

Kapitel 1

Einführung

1.1 Business Process Management

Keine BPMN ohne BPM. Also nehmen Sie sich bitte kurz die Zeit, um Business Process Management zu verstehen. Dann verstehen Sie auch, warum die BPMN erfunden wurde.

1.1.1 Definition

Das Thema Business Process Management (BPM) wird von zahlreichen Autoren und Experten unterschiedlich definiert. Wir folgen der Definition der European Association of BPM (EABPM), die in der deutschen Fassung ihres Referenzwerkes „BPM Common Body of Knowledge" [Eur09] schreibt:

> Die englische Bezeichnung „Business Process Management" oder BPM wird synonym verwendet für Geschäftsprozessmanagement oder auch einfach Prozessmanagement. Als Prozess wird eine Reihe von festgelegten Tätigkeiten (Aktivitäten, Aufgaben) definiert, die von Menschen oder Maschinen ausgeführt werden, um ein oder mehrere Ziele zu erreichen. Letztlich geht es darum, einen Kundennutzen zu schaffen und damit auch für das Unternehmen Wert zu generieren.
>
> Business Process Management (BPM) ist ein systematischer Ansatz, um sowohl automatisierte als auch nicht-automatisierte Prozesse zu erfassen, zu gestalten, auszuführen, zu dokumentieren, zu messen, zu überwachen und zu steuern und damit nachhaltig die mit der Unternehmensstrategie abgestimmten Ziele zu erreichen. BPM umfasst die bewusste und zunehmend IT-unterstützte Bestimmung, Verbesserung, Innovation und Erhaltung von End-to-end-Prozessen.

Der Begriff „End-to-end-Prozess“ ist etwas irreführend, weil damit eigentlich „von Anfang bis Ende“ gemeint ist. Es geht also darum, nicht nur Prozessfragmente zu betrachten, sondern den Prozess als Ganzes zu verstehen und ihn entsprechend ganzheitlich zu bewerten und zu optimieren. Wir halten die Definition der EABPM auch deshalb für hilfreich, weil sie zunächst ganz explizit zwischen automatisierten und nicht-automatisierten Prozessen unterscheidet, diese dann aber gleichermaßen in den Betrachtungshorizont von BPM rückt. Mit dieser Definition schaffen wir ein Grundsatzverständnis für BPM, das für die erfolgreiche Anwendung absolut notwendig ist: Es geht weder darum, Prozesse lediglich aus organisatorischer Perspektive zu verbessern, noch reicht es aus, sie allein durch neue IT zu unterstützen. Eine kombinierte Anwendung der Methoden aus beiden Bereichen ist notwendig und eine partnerschaftliche Zusammenarbeit der beiden Fraktionen unumgänglich.

1.1.2 BPM in der Praxis

Wann wird BPM angewandt? Als spezialisierte Berater haben wir in den meisten Fällen eine der folgenden drei Ausgangssituationen für ein BPM-Projekt erlebt:

1. Bestehende Prozesse sollen organisatorisch und/oder durch IT verbessert werden.
2. Bestehende Prozesse sollen dokumentiert werden.
3. Neue Prozesse sollen eingeführt werden.

Den ganz überwiegenden Anteil unserer Projekte stellt dabei der erste Fall und dort vor allem die Prozessverbesserung mithilfe von IT. Die Motivation für solche Projekte ist natürlich häufig eine Verbesserung der Effizienz, indem man beispielsweise Medienbrüche durch neue Softwareschnittstellen abbaut und somit das manuelle Abtippen von Formularen überflüssig macht. Aber auch eine IT-gestützte Überwachung und kennzahlenbasierte Auswertung laufender Prozesse, zum Beispiel im Rahmen des Rechnungseingangs oder der Bearbeitung von Kundenbeschwerden, gehört in dieses Segment.

Der zweite Fall, die reine Dokumentation von Prozessen, kommt in der Regel aus zwei Gründen vor: Erstens, damit sich die am Prozess beteiligten Mitarbeiter bei ihrer täglichen Arbeit orientieren können. Zweitens, weil die Dokumentation im Rahmen juristischer Anforderungen oder zur Erlangung einer bestimmten Zertifizierung, z.B. nach ISO 9000, erforderlich ist.

Den dritten und vergleichsweise seltenen Fall der Neueinführung von Prozessen erleben wir vor allem in Unternehmen, die sich auf veränderte Marktbedingungen einstellen und neue Vertriebskanäle erschließen wollen, oder auch im Rahmen der Platzierung neuer Produkte.

In der öffentlichen Diskussion wird außerdem gern die allgemeine Einführung von BPM und die grundsätzliche Erhöhung der Prozessorientierung des Unternehmens als Projektauslöser genannt. In der Praxis laufen tatsächlich einige Projekte, zumeist in größeren Unternehmen, offiziell unter dieser Flagge. Wenn man genau hinschaut, trifft auf solche Projekte aber stets eine der beiden folgenden Eigenschaften zu:

1. Entweder bezieht sich das Projekt im Kern doch wieder auf bestimmte Prozesse, die verbessert, dokumentiert oder neu eingeführt werden sollen. Das wird dann auch gern als „akuter Anlass" bezeichnet.
2. Oder das Projekt dient tatsächlich der ganz allgemeinen, „strategischen" BPM-Einführung. Dann stiftet es keinen direkten Nutzen, sondern wurde vermutlich im Rahmen der Profilierungsstrategie eines karrierebewussten Managers angestoßen.

Gerade die zweite Behauptung stößt nicht immer auf Gegenliebe, wie Sie sich denken können. Sie entspricht aber unserer Erfahrung, und wir vertreten sie vehement: BPM, Prozessmanagement oder wie auch immer man es nennen möchte, hat noch nie etwas gebracht, wenn es zum Selbstzweck eingeführt wurde.

Wir empfehlen deshalb immer ein Schritt-für-Schritt-Vorgehen, wenn BPM eingeführt wird. Jeder Schritt muss einen konkreten, messbaren Nutzen bringen, der den damit verbundenen Aufwand mehr als rechtfertigt. Ist dies geschehen, kann der nächste Schritt unternommen werden. Das bedeutet nicht, dass bei diesem Vorgehen zwangsläufig Insellösungen entstehen. Das Ergebnis eines jeden Schrittes ist ein weiterer Beitrag zu einem großen Ganzen: der Prozessorientierung des Unternehmens. Damit dies gelingt, müssen Sie Ihre Schritte in die richtige Richtung lenken. Beim Wandern benutzen Sie dazu Karte und Kompass, bei der Einführung von BPM ein gutes Vorgehensmodell und Ihren gesunden Menschenverstand.

1.1.3 camunda BPM-Kreislauf

Vorgehensmodelle sind immer entweder zu trivial oder zu komplex. Wenn sie zu trivial sind, enthalten sie nur selbstverständliche Banalitäten und eignen sich bestenfalls für Marketingpräsentationen. Komplexe Vorgehensmodelle versuchen hingegen alle Eventualitäten vorwegzunehmen und nageln den Anwender auf einen Plan fest, der an dessen Realität meistens vorbeigeht.

Aber ganz ohne Modell fehlt uns die bereits erwähnte Karte, an der wir uns in unseren BPM-Projekten orientieren müssen. Wir haben uns deshalb das gängigste Vorgehensmodell für BPM angesehen, den einfachen BPM-Kreislauf, und diesen ausgehend von unserer Praxiserfahrung ein wenig weiterentwickelt. Das Ziel war ein relativ leichtgewichtiges Modell, das uns nicht zu sehr einengt, aber eben doch etwas realistischer ist als die bunten Kreisläufe in den diversen Marketingfolien, die man auf Konferenzen häufig sieht. Wir nennen es einfach den „camunda BPM-Kreislauf", und Sie finden ihn in Abbildung 1.1 auf der nächsten Seite.

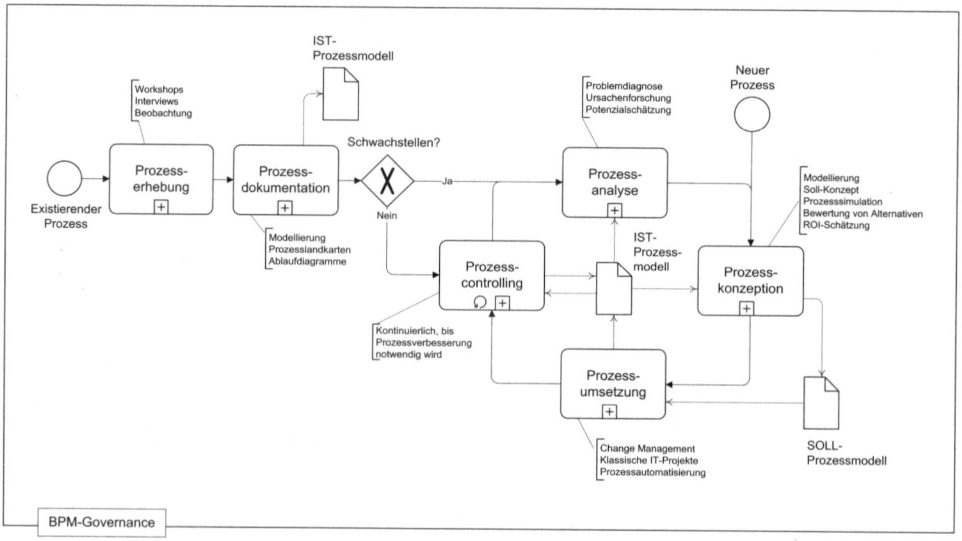

Abbildung 1.1: Der camunda BPM-Kreislauf

Der Kreislauf ist zur Anwendung für separate Prozesse gedacht, er kann also für jeden Prozess einzeln durchlaufen werden und sich jeweils in unterschiedlichen aktuellen Stadien befinden. Ausgelöst wird er durch eine der beiden folgenden Ausgangssituationen:

- Es soll ein existierender Prozess dokumentiert und/oder verbessert werden.
- Es soll ein ganz neuer Prozess eingeführt werden.

Ein bereits existierender Prozess muss zunächst erhoben werden. In dieser **Prozesserhebung** wird der Prozess sauber von vor- bzw. nachgelagerten Prozessen abgegrenzt. Es wird ermittelt, welche Leistung dieser Prozess gegenüber welchem Kunden erbringt und welche Priorität er aus Sicht des Unternehmens besitzt. Die im Prozess auszuführenden Aufgaben sowie die am Prozess beteiligten Rollen und IT-Systeme werden mithilfe von Erhebungstechniken wie z.B. Workshops oder Einzelinterviews identifiziert.

Die Erkenntnisse der Prozesserhebung werden in einem IST-Prozessmodell dokumentiert. Diese **Prozessdokumentation** kann aus ganz unterschiedlichen Diagrammen und weiterführenden Beschreibungen zusammengesetzt werden, sie besteht also häufig nicht nur aus einem einzelnen Ablaufdiagramm.

Im Rahmen einer systematischen Untersuchung des IST-Prozesses werden die Ursachen für wahrgenommene Schwachstellen eingegrenzt und eindeutig identifiziert. **Prozessanalysen** werden entweder durchgeführt, weil ein erstmalig dokumentierter Prozess offenkundige Schwachstellen besitzt oder im Rahmen des kontinuierlichen Prozesscontrollings Schwachstellen erkannt wurden, die sich nicht allein durch kleinere Anpassungen beheben lassen.

Die in der Prozessanalyse erkannten Ursachen für Schwachstellen sind der Ausgangspunkt für eine erneute **Prozesskonzeption**. Hier können ggf. unterschiedliche Varianten mithilfe der Prozesssimulation evaluiert werden. Eine Prozesskonzeption findet auch dann statt, wenn ein Prozess neu eingeführt werden muss. In beiden Fällen ist das Ergebnis ein SOLL-Prozessmodell.

Die **Umsetzung** des SOLL-Prozessmodells in einen realen Prozess findet in der Regel sowohl organisatorisch als auch in Form eines IT-Projektes statt. Für die organisatorische Umsetzung spielt das Change Management im Allgemeinen und die Prozesskommunikation im Besonderen eine entscheidende Rolle, für die IT-Umsetzung erfolgt entweder eine Prozessautomatisierung oder die klassische Entwicklung, Anpassung oder Beschaffung einer Software. Das Ergebnis der Prozessumsetzung ist ein IST-Prozess, der dem SOLL-Prozessmodell entspricht und somit automatisch auch vollständig dokumentiert ist.

Während die Phasen von der Prozesserhebung bis zur Prozessumsetzung meistens im Rahmen eines Projektes durchlaufen werden, findet das **Prozesscontrolling** kontinuierlich statt, es geht also um den laufenden Betrieb des Prozesses. Die wichtigsten Aufgaben im Prozesscontrolling sind die ständige Überwachung einzelner Prozessinstanzen und die Auswertung gemessener Kennzahlen, um auftretende Schwachstellen frühzeitig zu erkennen. Punktuelle, auf einzelne Instanzen bezogene Prozessprobleme müssen direkt behoben werden. Strukturelle Prozessprobleme können, sofern die Mittel vorhanden sind, ebenfalls direkt behoben werden, wobei dann das IST-Prozessmodell ggf. manuell nachgezogen werden muss. Falls die strukturellen Ursachen der Probleme jedoch unklar oder komplexer Natur sind, muss ein Verbesserungsprojekt eingeleitet werden, das wieder mit einer systematischen Prozessanalyse hinsichtlich der erkannten Schwachstellen beginnt. Die Entscheidung, ein solches Projekt einzuleiten, sollte beim Prozessverantwortlichen liegen und in Abstimmung mit den Prozessbeteiligten getroffen werden. Das kontinuierliche Prozesscontrolling wird häufig nur als Nachfolger der Prozessumsetzung betrachtet. Tatsächlich kann es sich aber auch direkt an die initiale Dokumentation des Prozesses anschließen, nämlich dann, wenn eine sofortige Verbesserung zunächst nicht notwendig erscheint.

Sie sehen bereits, welche zentrale Rolle das Prozessmodell im BPM-Kreislauf spielt, und erahnen somit auch die Bedeutung eines Modellierungsstandards wie der BPMN. Sie sehen außerdem, dass die Prozessmodellierung *keine* Phase in diesem Kreislauf darstellt. Sie ist hingegen eine Methode und besitzt eine Querschnittsfunktion, weil sie in allen Phasen eine Rolle spielt, besonders in der Prozessdokumentation und der Prozesskonzeption. Leider treffen wir immer wieder auf Menschen, die „Prozessmodellierung" mit einer IST-Dokumentation von Prozessen gleichsetzen und sie deshalb als Phase in den Kreislauf einordnen. Das ist ein Missverständnis.

Der BPM-Kreislauf stellt auf einfache Weise ein mögliches Vorgehen zur kontinuierlichen Verbesserung ausgewählter Prozesse dar. Seine konkrete Anwendung erfordert eine Harmonisierung der verantwortlichen Rollen, der angewandten Methoden und der unterstützenden Softwarewerkzeuge. Diesen „Dreiklang" zu erreichen, ist Aufgabe der BPM-Governance. Sie bildet eine prozessübergreifende Klammer um alle BPM-Projekte, die Sie durchführen.

Der Begriff „Prozessautomatisierung" ist nun sowohl in der BPM-Definition der EABPM gefallen als auch in der Beschreibung des BPM-Kreislaufs. Die BPMN wurde erfunden, um Prozesse besser automatisieren zu können. Deshalb müssen Sie dieses Thema verstehen, auch wenn Sie selbst kein IT-Spezialist sind. Ihr Verständnis wird Ihnen sehr dabei helfen, das „Wesen" der BPMN zu durchschauen und mit ihrer Hilfe eine Brücke zwischen Business und IT zu bauen.

1.1.4 Prozessautomatisierung

Stellen wir uns einen einfachen Prozess vor: Ein Kreditantrag geht per Post ein und landet auf dem Schreibtisch eines Sachbearbeiters der Bank. Der Sachbearbeiter prüft den Antrag zunächst visuell. Dann begibt er sich auf die Webseite der Schufa und gibt dort die Daten des Antragstellers ein, um eine Bonitätsauskunft zu erhalten. Wenn diese positiv ausfällt, erfasst er den Antrag in einer speziellen Software (nennen wir sie „BankSoft") und leitet die Unterlagen an seinen Vorgesetzten weiter, damit er den Antrag bewilligt.

Eine Automatisierung dieses Prozesses könnte folgendermaßen aussehen: Der Kreditantrag geht per Post ein, wird gescannt und per Texterkennung in ein elektronisches Dokument umgewandelt. Dieses Dokument wird nun von einer bestimmten Software, der sogenannten „Process Engine", übernommen und in die virtuelle Aufgabenliste des Sachbearbeiters gelegt. Diese Aufgabenliste könnte zum Beispiel ein Teil seiner persönlichen Intranet-Webseite sein, in einem E-Mail-Programm wie MS Outlook integriert sein o.Ä. Der Sachbearbeiter öffnet die Aufgabe und prüft den Antrag visuell am Bildschirm. Wenn der Antrag dieser ersten Prüfung standhält, klickt er auf den entsprechenden Button in der Maske. Die Process Engine ruft nun über eine Schnittstelle den Auskunftsdienst der Schufa auf, übergibt die Personendaten und erhält die Bonitätsauskunft. Wenn diese Auskunft positiv ausfällt, spielt die Process Engine den Antrag über eine Schnittstelle in „BankSoft" ein und legt eine Aufgabe in die Aufgabenliste des Vorgesetzten, damit er den Antrag bewilligt.

Ob dieser Prozess bereits optimal ist, kann man natürlich noch diskutieren. Aber das Prinzip der Prozessautomatisierung sollte deutlich geworden sein:

- Prozessautomatisierung heißt **nicht** zwangsläufig, dass der gesamte Prozess vollautomatisch abläuft.
- Die zentrale Komponente der Prozessautomatisierung ist die **Process Engine**, die ein technisches Prozessmodell abarbeitet.

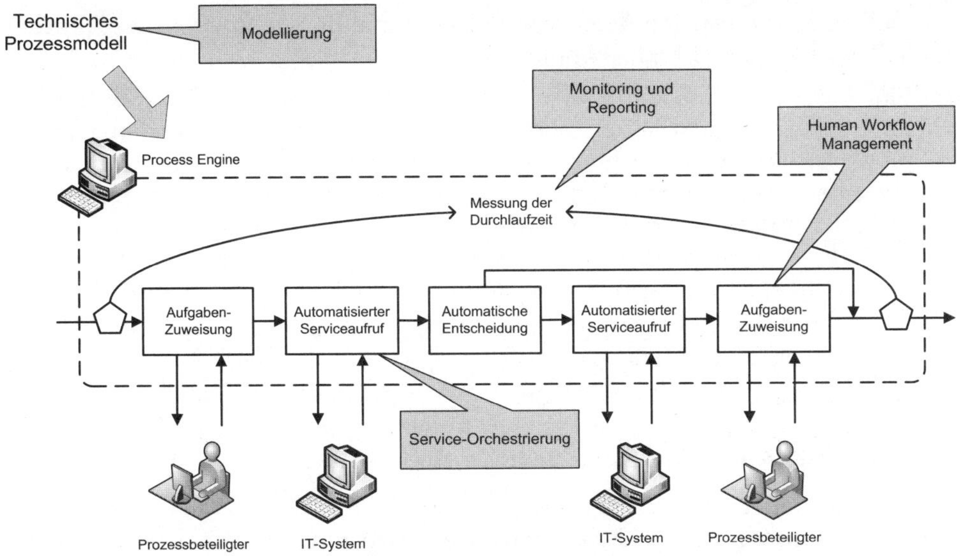

Abbildung 1.2: Prozessautomatisierung mit einer Process Engine

- Die Process Engine **steuert** den Prozess, indem sie menschliche Prozessbeteiligte über anstehende Aufgaben informiert und das Ergebnis der Erledigung verarbeitet (Human Workflow Management) und indem sie interne oder externe IT-Systeme über Schnittstellen aufruft (Service-Orchestrierung).
- Die **Entscheidung** darüber, welche Aufgaben oder Service-Aufrufe unter welchen Bedingungen stattfinden sollen oder nicht, trifft die Process Engine mithilfe des technischen Prozessmodells und des Ergebnisses einer Aufgabenerledigung oder eines Service-Aufrufes. Es ist also nicht zwangsläufig so, dass der Ablauf eines automatisierten Prozesses nicht mehr durch die Prozessbeteiligten beeinflussbar wäre.

In Abbildung 1.2 sehen Sie eine abstrahierte Darstellung dieses Prinzips.

Haben Sie den Eindruck, dass die Prozessautomatisierung eigentlich auch nur eine Form von Softwareentwicklung ist? Dann liegen Sie richtig: Die Process Engine ist der Compiler oder Interpreter, und das technische Prozessmodell ist der Programmcode. Trotzdem ist eine Process Engine das Mittel der Wahl, wenn es um die Prozessautomatisierung geht:

- Die Process Engine ist auf die Abbildung von Prozesslogik spezialisiert. Sie bringt deshalb viele Dinge von Haus aus mit, die man mit einer klassischen Programmierumgebung mühsam neu entwickeln müsste. Mit einer Process Engine ist man also wesentlich produktiver bei der Prozessumsetzung. Auf der anderen Seite können Sie mit einer Process Engine natürlich keine allgemeinen Softwareanwendungen entwickeln wie Textverarbeitungen, Tabellenkalkulationen oder Malprogramme.

- Eine Process Engine kombiniert Workflow Management und Anwendungsintegration. Das macht sie zu einem sehr mächtigen Werkzeug, mit dem man alle möglichen Prozesse von Anfang bis Ende unabhängig von verwendeten IT-Systemen oder dem Standort der Prozessbeteiligten umsetzen kann. In manchen BPM-Softwarelösungen wird die Process Engine auch um einen separaten Enterprise Service Bus (ESB) oder andere Komponenten ergänzt, um diese Vielseitigkeit zu erlangen.
- Da die Process Engine den Prozess steuert, hat sie auch den vollständigen Überblick. Sie weiß jederzeit, wo der Prozess gerade steht oder wie lange die Abarbeitung des Prozesses oder einzelner Aufgaben gedauert hat. Damit kann sie direkt die Kennzahlen messen, die für eine Überwachung laufender Prozesse oder die Auswertung der Prozessleistung notwendig sind. Diese Möglichkeit ist ein Quantensprung für ein erfolgreiches Prozesscontrolling.

Diese drei Punkte allein rechtfertigen bereits den Einsatz einer Process Engine. Es existiert allerdings noch ein viertes Nutzenargument: Die Process Engine arbeitet auf Basis eines technischen Prozessmodells. Im Idealfall kann dieses Modell auch von Nicht-Technikern entwickelt oder zumindest verstanden werden, um die Kommunikation zwischen Business und IT zu fördern und endlich eine Prozessdokumentation zu erhalten, die auch tatsächlich der gelebten Realität entspricht. Und dieser Punkt bringt uns zur BPMN.

1.2 Warum BPMN?

In Abbildung 1.3 auf der nächsten Seite sehen Sie ein technisches Prozessmodell, das eine Process Engine verarbeiten kann. Dieses Modell wurde in der Business Process Execution Language (BPEL) erstellt, einem auf XML basierenden Standard für die Prozessautomatisierung. Ist das ein Prozessmodell, mit dem man Nicht-IT-Spezialisten konfrontieren kann? Wohl kaum. Es existieren zwar BPM-Softwareprodukte, die BPEL auch als grafischen Ablauf visualisieren können (der BPEL-Standard selbst enthält gar keine Symboldefinition). Weniger technisch wird das Modell dadurch aber auch nicht. Dieses Problem dürfte eine der Ursachen dafür sein, dass sich BPEL bis heute nicht wirklich durchsetzen konnte.

BPMN stand zunächst für „Business Process Modeling Notation", wurde in der ersten Fassung maßgeblich von Stephen A. White von IBM entwickelt und 2004 von der Business Process Management Initiative (BPMI) veröffentlicht. Von Anfang an war die Zielsetzung, eine standardisierte, grafische Prozessnotation bereitzustellen, die auch für die Prozessautomatisierung verwendet werden konnte. 2005 übernahm die Object Management Group (OMG) die BPMI und somit auch die weitere Entwicklung der BPMN. Die OMG ist in der IT-Welt eine wichtige Institution und besonders durch die Unified Modeling Language (UML) bekannt,

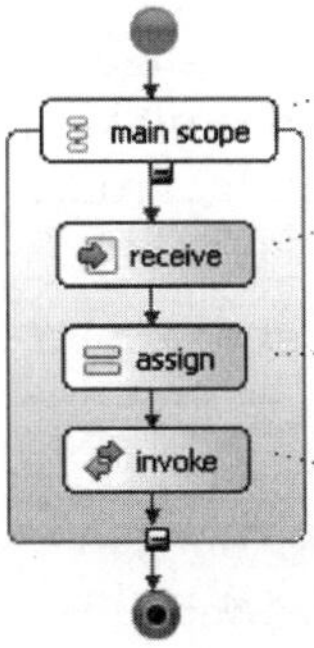


```
<?xml version="1.0" encoding="UTF-8"?>
<bpws:process name="SimpleBPEL"
  targetNamespace="http://www.camunda.com/example" ... >
  ...
  <bpws:partnerLinks>
    <bpws:partnerLink name="client"
                      myRole="SimpleBPELProvider"
                      partnerLinkType="tns:SimpleBPEL"/>
    <bpws:partnerLink name="someWebservice"
                      partnerRole="ServiceProvider"
                      partnerLinkType="tns:SimpleService"/>
  </bpws:partnerLinks>
  <bpws:variables>
    <bpws:variable messageType="tns:RequestMessage" name="input"/>
    <bpws:variable messageType="tns:InvokeMessage"  name="parameter"/>
  </bpws:variables>
  <bpws:sequence name="main scope">
    <bpws:receive name="receive"
                  createInstance="yes"
                  operation="initiate"
                  variable="input"
                  partnerLink="client"
                  portType="tns:SimpleBPEL"/>
    <bpws:assign name="assign" validate="no">
      ...
    </bpws:assign>
    <bpws:invoke name="invoke"
                 operation="methodName"
                 inputVariable="parameter"
                 partnerLink="someWebservice"
                 portType="tns:ServiceInvoke"/>
  </bpws:sequence>
</bpws:process>
```

Abbildung 1.3: Beispiel eines einfachen BPEL-Prozesses, grafisch und als XML

einem Modellierungsstandard für das Softwaredesign. Mit der Übernahme durch die OMG begann auch der weltweite Siegeszug der BPMN, da schon allein die Standardisierung für viele Unternehmen einen großen Anreiz für den Umstieg darstellte.

Im Februar 2011 wurde die aktuell geltende Version 2.0 von der OMG offiziell verabschiedet, an der auch wir mitwirken durften. Mit dieser neuen Version wird auch das Kürzel BPMN anders ausgeschrieben: Es steht jetzt für „Business Process Model and Notation“, was dem Umstand Rechnung trägt, dass mittlerweile nicht nur die Notation definiert ist, sondern auch das sogenannte „formale Metamodell“.

Falls Sie sich jetzt fragen, was diese mysteriöse BPMN eigentlich genau sein soll – im „materiellen“ Sinne –, wollen wir Sie aufklären: Die BPMN ist eine Spezifikation, die in Form eines schnöden Dokumentes existiert. Dieses Dokument können Sie als PDF-Datei auf der Webseite der Object Management Group (OMG) kostenlos herunterladen [Obj09]. In der bisherigen Fassung BPMN 1.2 bestand es aus ca. 320 Seiten, die Version 2.0 umfasst ca. 500 Seiten. Beide sind lediglich in englischer Sprache verfügbar. Alle BPMN-Symbole, ihre Bedeutung und die Regeln, nach denen sie kombiniert werden dürfen, sind in diesen Dokumenten definiert.

Paradoxerweise konnten BPMN-Prozessmodelle bis zur Version 2.0 nicht direkt in Process Engines ausgeführt werden. Die Version 1.2 definierte noch nicht alle für die Ausführung notwendigen technischen Attribute. Dies führte in der Vergangenheit zu zahlreichen eher unglücklichen Versuchen, eine Konvertierung („Mapping") von BPMN-Modellen zu BPEL-Modellen zu erreichen (siehe Abschnitt 5.7 auf Seite 235). Erst mit der BPMN 2.0 wurde eine direkte Ausführbarkeit von BPMN-Prozessmodellen ermöglicht.

BPMN-Prozessmodelle können inzwischen also direkt in Process Engines ausgeführt werden, was ein wichtiges Argument für ihre Verwendung ist. Das zweite wichtige Argument ist die Standardisierung. Diese führt zu folgenden Vorteilen:

- Sie werden unabhängiger von bestimmten BPM-Tools, weil Sie nicht jedes Mal eine neue Notation erlernen müssen, wenn Sie das Tool wechseln. Schon heute existieren über 70 BPMN-Werkzeuge, und viele davon sind sogar kostenlos verfügbar.
- Sie haben eine gute Chance, dass auch Ihre Gesprächspartner aus anderen Firmen (Kunden, Lieferanten, Berater etc.) die BPMN beherrschen und Ihre Prozessmodelle deshalb schneller verstehen.
- Wenn Sie neue Mitarbeiter einstellen, besteht auch dort eine größere Chance, dass diese Ihre BPMN-Prozessmodelle bereits lesen oder erstellen können.
- Sie profitieren davon, dass sowohl Hochschulen als auch Privatunternehmen Zeit und Geld investieren, um auf Basis von BPMN weitergehende Lösungen zu entwickeln. Unser später vorgestelltes BPMN-Framework ist ein Beispiel für dieses Engagement – wir hätten es niemals entwickelt, wenn BPMN kein Standard wäre.

1.3 Kann BPMN den Graben schließen?

1.3.1 Das Dilemma

Die BPMN stellt in erster Linie eine Reihe von Symbolen bereit. Darüber hinaus enthält sie eine gewisse Methodik, die sich vor allem in den Regeln ausdrückt, nach denen diese Symbole grafisch miteinander verbunden werden dürfen. Die grafische Definition der Symbole und die Regeln ihrer Anwendung bezeichnet man auch als Syntax. Die inhaltliche Bedeutung der Symbole bzw. der Konstrukte, die Sie mit den Symbolen modellieren können, wird als Semantik bezeichnet.

Leider wird allein die Kenntnis der BPMN-Symbole noch nicht dafür sorgen, dass Sie „gute" Prozessmodelle erstellen.

Wir arbeiten seit 2007 mit der BPMN. In dieser Zeit haben wir sie sehr häufig und umfangreich angewandt. Und eines können Sie uns glauben: Wir haben dabei furchtbar gelitten. Das liegt vor allem daran, dass wir uns stets um eine syntaktisch korrekte und semantisch konsistente, also widerspruchsfreie Modellierung bemüht haben. Man kann es sich auch leichter machen, indem man sagt: „Das Prozessmodell ist syntaktisch nicht ganz korrekt, und wirklich widerspruchsfrei ist es auch nicht. Aber egal, Hauptsache, der Betrachter versteht es!" Dieser Schuss geht nach hinten los:

- Wenn Sie die BPMN nicht syntaktisch korrekt anwenden, verlieren Sie alle Vorteile der Standardisierung. Wozu braucht man einen Standard, wenn die Modelle am Ende doch wieder alle unterschiedlich aussehen? Viele BPMN-Werkzeuge ermöglichen Ihnen auch gar keine syntaktisch falsche Modellierung.
- Semantische Ungenauigkeiten oder Widersprüche bergen immer das Risiko, dass Ihr Modell falsch interpretiert wird. Dieses Risiko ist besonders groß, wenn Sie ein SOLL-Prozessmodell erstellen und es dann in die IT geben, damit diese es technisch umsetzt.
- Wenn Sie Ihr Prozessmodell für die Ausführung direkt in eine Process Engine geben wollen, haben Sie gar keine andere Wahl, als korrekt, präzise und konsistent zu modellieren.

Wir müssen deshalb zwei sich widersprechende Ziele unter einen Hut bringen:

1. Das Prozessmodell muss von unterschiedlichen Betrachtern verstanden und akzeptiert werden, weshalb es möglichst einfach zu lesen sein muss.
2. Das Prozessmodell muss den Ansprüchen einer formalen Modellierung genügen, was in den meisten Fällen zu Komplexität führt und einem unerfahrenen Betrachter das Verständnis erschwert.

Dieser Konflikt ist der Hauptgrund dafür, dass es in der Vergangenheit kaum gelungen ist, den Verständnisgraben zwischen Business und IT mithilfe von Prozessmodellen zu schließen. Und jetzt kommt die Katastrophe: Die BPMN allein kann das auch nicht!

Genau wie die deutsche Sprache kann auch die BPMN mit sehr großen Erfolgen, aber auch Fehlschlägen verwendet werden. Und genau wie bei der deutschen Sprache hängt die richtige Verwendung vor allem davon ab, mit wem Sie kommunizieren möchten, und worüber. Wenn Sie mit Ihrem Kollegen die Details einer zu entwickelnden IT-Anwendung besprechen, werden Sie ein anderes Deutsch verwenden, als wenn Sie Ihrem dreijährigen Sohn erklären, warum die Katze nicht gern am Schwanz gezogen wird. Und genauso werden Sie für die Abstimmung mit Ihrem IT-Kollegen andere BPMN-Prozessmodelle brauchen als für die Darstellung des zukünftigen Prozesses gegenüber dem Top-Management. Ob Sie hier eine Analogie zum Kleinkind sehen, können Sie selbst entscheiden.

Sie müssen also für bestimmte Zielgruppen und Themen ganz unterschiedliche BPMN-Prozessmodelle entwickeln, damit diese einerseits verstanden werden und andererseits alle Fakten enthalten, die für das jeweilige Thema wichtig sind.

Die BPMN kann zwar eine „gemeinsame Sprache" für Business und IT sein – die Wortwahl und Formulierungen werden trotzdem unterschiedlich bleiben.

Für die Arbeit mit BPMN gilt deshalb:

Der Anspruch an die Präzision und formale Korrektheit des Prozessmodells muss abhängig vom Ziel der Modellierung und den zu erwartenden Betrachtern unterschiedlich hoch sein.

1.3.2 Die Kunden eines Prozessmodells

Wenn wir Prozesse modellieren, müssen wir „kundenorientiert" vorgehen. Das bedeutet, wir müssen stets an den Betrachter des Modells denken und uns in seine Lage hineinversetzen. Das klingt vielleicht banal, aber die wenigsten Prozessmodelle werden diesem Anspruch gerecht.

Die Interessen und Kompetenzen der möglichen Betrachter unserer Prozessmodelle können sehr unterschiedlich sein. Wir haben einmal die typischen Rollen zusammengestellt, auf die wir in unseren BPM-Projekten gestoßen sind. Relativ selten entsprechen sie auch wirklichen Stellen in der Primärorganisation. Meistens bezeichnen sie einfach eine Reihe von Aufgaben, die von bestimmten Projektteilnehmern wahrgenommen werden. Wir konnten aber auch feststellen, dass diese Rollen umso konsequenter definiert und zugeordnet werden, je mehr Erfahrung das Unternehmen mit Business Process Management bereits gesammelt hat. Deshalb empfehlen wir auch BPM-Anfängern, sich mit ihnen vertraut zu machen. Wir haben englische Bezeichnungen für diese Rollen gewählt, weil unsere Kunden häufig international agieren. Das deutsche Äquivalent finden Sie jeweils in Klammern.

- **Process Owner (Prozessverantwortlicher):** Der Process Owner besitzt die strategische Verantwortung für einen Prozess. Er hat ein vitales Interesse an einer Optimierung der Prozessleistung und genehmigt bei Bedarf das entsprechende Budget – sofern er von der Wirksamkeit des beantragten Verbesserungsprojektes überzeugt ist. In den meisten Unternehmen ist der Process Owner auf der ersten oder zweiten Führungsebene zu finden, ist also ein Mitglied der Geschäftsleitung oder Leiter eines größeren Bereiches.
- **Process Manager (Prozessmanager):** Der Process Manager verantwortet den Prozess operativ. Er berichtet direkt oder indirekt an den Process Owner und stellt die Anträge für Verbesserungsprojekte. Gegenüber externen Dienstleistern tritt er als Auftraggeber auf. Der Process Manager ist häufig im mittleren oder unteren Management angesiedelt.
- **Process Participant (Prozessbeteiligter):** Die Process Participants arbeiten selbst in den Prozessen, erbringen also die eigentliche Wertschöpfung. Ihr Verhältnis gegenüber dem Process Manager kann sehr unterschiedlich sein: In den meisten Unternehmen existiert eine funktionale Organisation, also eine Aufteilung in Vertrieb, Logistik etc. In solchen Fällen ist der Process Manager

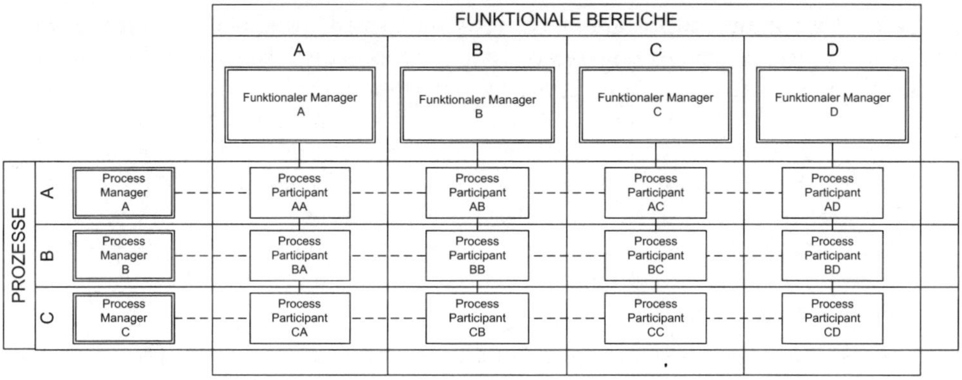

Abbildung 1.4: Die Prozess-Matrixorganisation

meistens gleichzeitig eine funktionale Führungskraft in dem Bereich, in dem der Prozess überwiegend abgewickelt wird, sodass die Participants direkt an ihn berichten. Falls der Prozess zum Teil auch in anderen Abteilungen abgewickelt wird, was ziemlich häufig der Fall ist, kann es natürlich zu Konflikten zwischen dem Process Manager und den Führungskräften der anderen Bereiche kommen. Dieses klassische Problem der Prozess-Matrixorganisation (siehe Abbildung 1.4) kann durch Prozessmodellierung allein aber nicht gelöst werden, weshalb wir es in diesem Buch nicht weiter beleuchten.

- **Process Analyst (Prozessanalyst):** Die Kernkompetenz des Process Analyst ist Business Process Management im Allgemeinen und die BPMN im Besonderen. Er unterstützt den Process Manager als interner oder externer Dienstleister in allen Phasen des BPM-Kreislaufes. Er kann der Ansprechpartner für externe Dienstleister sein bzw. vertritt gegenüber diesen den Process Manager als Auftraggeber. Innerhalb des Unternehmens ist der Process Analyst meistens entweder in einem eigenen Kompetenzbereich für BPM angesiedelt, z.B. der Betriebsorganisation, oder er gehört zur IT-Abteilung. Er ist jedoch in den seltensten Fällen selbst für die technische Umsetzung verantwortlich, auch wenn er eine starke IT-Affinität besitzt. Der Process Analyst besitzt ein großes Kommunikations- und Organisationstalent. Vor allem aber ist er, wie der Name schon sagt, ein Analytiker. Die BPMN beherrscht er im Schlaf, und als Brückenbauer zwischen Business und IT ist er der Dreh- und Angelpunkt eines jeden BPM-Projektes. Nach unserer Erfahrung sind ca. 70% der Menschen, die diese Rolle für sich in Anspruch nehmen oder ihr zugeordnet werden, eher ungeeignet. Meistens, weil ihnen die ausreichende analytische Veranlagung fehlt. Die wichtigste Qualifikation eines Process Analyst ist nicht das Senden, sondern das Empfangen. Gute Process Analysts haben ein natürliches Bedürfnis, alles genau zu verstehen. Gleichzeitig besitzen sie die notwendige Empathie, um sich auf ihre Gesprächspartner einzustellen und zielgruppengerecht zu kommunizieren. Sie denken selbst an jedes Detail, können diese Details gegenüber anderen aber auch ausblenden und die Modelle auf das Wesentliche reduzieren. Die meisten Projektleiter sind eher anders gestrickt und verstehen sich als „dynamische Macher", die ständig irgendwen „ins Boot" oder auch „die Kuh vom Eis" holen und generell unheimlich gut delegieren können. Deshalb kann es sinnvoll sein, dass Projektleiter und Process Analyst nicht ein und dieselbe Person sind. Im Idealfall ist Ihr Process Analyst aber tatsächlich auch in der Lage, ein BPM-Projekt zu managen. Ein guter Process Analyst ist vielleicht nicht automatisch auch ein guter Projektleiter, aber er ist zumindest schon mal kein ahnungsloser Schwätzer.

- **Process Engineer (Prozessingenieur):** Der Process Engineer setzt den vom Process Analyst modellierten SOLL-Prozess technisch um. Im Idealfall tut er das in der Process Engine, er nimmt also eine Prozessautomatisierung vor. Prinzipiell kann man natürlich auch einen Programmierer als Process Engineer bezeichnen, der die Prozesslogik in Java, C# o.Ä. ausprogrammiert. Seine Arbeit findet hauptsächlich in der Umsetzungsphase des BPM-Kreislaufes statt, in die übrigen Phasen kann er allerdings bereits als Gesprächspartner vom Process Analyst einbezogen werden.

Nachdem wir die möglichen Kunden eines Prozessmodells skizziert haben, können wir darüber sprechen, wie die Modelle jeweils aussehen sollten, um diese Kunden glücklich zu machen.

1.3.3 Ein Methoden-Framework für BPMN

In unseren Beratungsprojekten und Seminaren haben wir zahlreiche Menschen aus verschiedensten Unternehmen an die BPMN herangeführt. Die dabei gesammelten Erfahrungen überführten wir in ein Framework zur praktischen Anwendung der BPMN. Mit Hilfe dieses Frameworks entscheiden wir, in welchen Situationen wir welche BPMN-Symbole und -Konstrukte anwenden und wann wir aus Gründen der Vereinfachung bewusst darauf verzichten. Der Schwerpunkt des Frameworks liegt auf Projekten, bei denen Prozesse eine verbesserte IT-Unterstützung erhalten sollen und vor allem im SOLL-Zustand modelliert werden. Grundsätzlich können die vorgestellten Modellierungspattern aber auch auf andere Szenarien wie z.B. die Erhebung, Dokumentation und Analyse von IST-Prozessen, angewandt werden.

Bis jetzt haben wir und unsere Kunden gute Erfahrungen mit diesem Framework gemacht. Selbst wenn Sie es nicht 1:1 übernehmen wollen, können Sie es als Anregung für Ihre eigenen Modellierungskonventionen verwenden.

Das in Abbildung 1.5 auf der nächsten Seite zu sehende camunda BPMN-Framework (caBPMN) besteht aus insgesamt vier Ebenen, wobei lediglich die Ebenen 1 bis 3a zu 100% BPM-relevant sind und deshalb in diesem Buch genauer betrachtet werden.

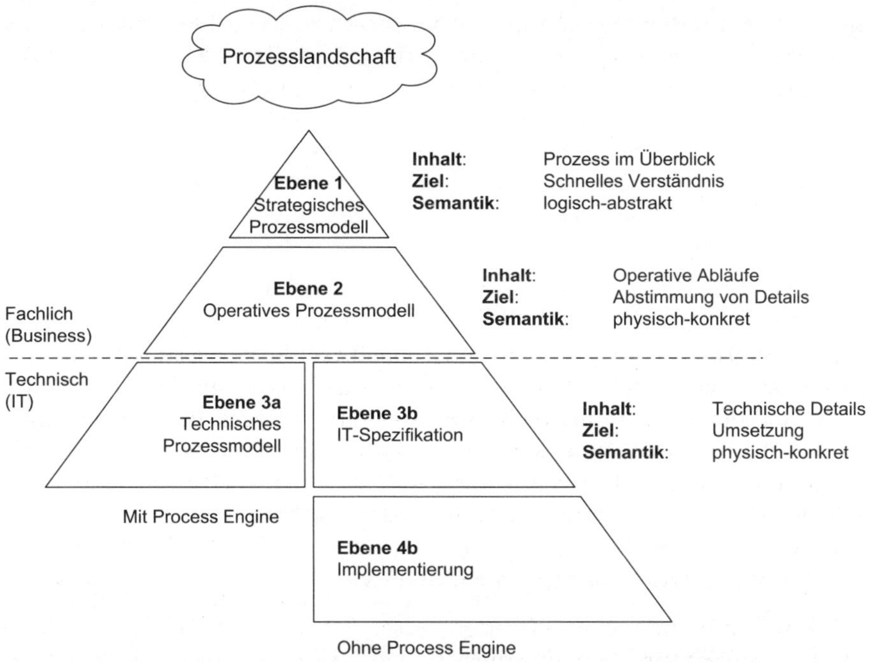

Abbildung 1.5: camunda BPMN-Framework (caBPMN)

- **Out of Scope – Prozesslandschaft:** Unser Framework wurde projektbezogen entwickelt und bezieht sich immer nur auf einen einzelnen Prozess bzw. auf eine überschaubare Gruppe von Prozessen, die zueinander in Beziehung stehen. Die Modellierung der gesamten Prozesslandschaft, beispielsweise mithilfe sogenannter Prozesslandkarten, ist vorerst nicht Gegenstand der Betrachtung. Prozesslandkarten sind auch nicht im Portfolio der BPMN enthalten. Zwar haben wir aufgrund expliziter Kundenwünsche bereits die eine oder andere Prozesslandschaft mit BPMN modelliert, vorrangig mit den in Abschnitt 2.9 auf Seite 94 beschriebenen zugeklappten Pools und Nachrichtenflüssen. Wirklich empfehlenswert ist das aber nicht. Wenn Sie eine Prozesslandkarte möchten, sollten Sie ein BPMN-Tool verwenden, das hierfür eine entsprechende proprietäre Notation anbietet, meistens bestehend aus Blockpfeilen und Rechtecken sowie der Möglichkeit, diese unterschiedlich einzufärben.

  Sie können aber natürlich solche proprietären Prozesslandkarten durch BPMN-Diagramme verfeinern, indem Sie die einzelnen Elemente mit Ablaufdiagrammen verknüpfen. Dieses Thema wird in unserem Buch jedoch nicht weiter vertieft.

- **Ebene 1 – Strategisches Prozessmodell:** Die primäre Zielgruppe von Prozessmodellen auf Ebene 1 sind Process Owner und Process Manager, ferner

Process Participants und Process Analysts in einer frühen Phase des Verbesserungsprojekts. Es geht darum, eine grundsätzliche, ergebnisorientierte Darstellung des Prozesses zu liefern. Der Hauptanspruch liegt auf einem schnellstmöglichen Verständnis des groben Ablaufes, ohne dass spezielle BPMN-Kenntnisse benötigt werden. Der Prozess wird anhand weniger Schritte aus der Vogelperspektive skizziert, mögliche Varianten oder Fehler werden nicht dargestellt. Genaue Hinweise zur Erstellung von Ebene-1-Modellen finden Sie im 3. Kapitel.

- **Ebene 2 – Operatives Prozessmodell:** Hier betrachten wir die operativen Details der tatsächlichen Abwicklung. Diese Modelle werden einerseits von den Participants benötigt, um sich in ihrer täglichen Arbeit orientieren zu können. Andererseits sind sie das zentrale Arbeitsmittel des Process Analyst, wenn er die Schwachstellen des Prozesses analysiert und Verbesserungen konzipiert. Die Meisterleistung des Process Analysts besteht darin, auf Ebene 2 aus dem organisatorischen Prozessmodell ein technisches Prozessmodell zu entwickeln, das er dem Process Engineer zur weiteren Verfeinerung und realen Umsetzung an die Hand geben kann. Zu diesem Zweck haben wir ein auf BPMN zugeschnittenes Vorgehen entwickelt, das wir im 4. Kapitel beschreiben.
- **Ebene 3a – Technisches Prozessmodell:** Wir empfehlen eine technische Prozessumsetzung in einer Process Engine. Da diese aber nicht immer verfügbar ist, haben wir unser Framework auf technischer Ebene in zwei Bereiche unterteilt. In Ebene 3a geht es um die Verfeinerung des aus Ebene 2 erhaltenen Prozessmodells, um es in einer Process Engine ablaufen zu lassen. In BPMN kann diese Ebene erst seit BPMN 2.0 direkt abgebildet werden, weshalb wir uns im 5. Kapitel darauf beziehen, wie dies mit der neuen Version funktioniert.
- **Ebene 3b – IT-Spezifikation:** Falls keine Process Engine verwendet wird, muss die Prozesslogik in einer herkömmlichen Programmiersprache (oder auch einem anpassbaren ERP-System o.Ä.) umgesetzt werden. Für diesen Fall muss sie meistens noch technisch ausspezifiziert werden, bevor die Umsetzung erfolgen kann. Wie Sie das genau machen, hängt vor allem von der technischen Plattform ab, in der Sie die Prozesslogik umsetzen. BPMN spielt dann eine eher untergeordnete Rolle. In Abschnitt 4.4.5 auf Seite 166 gehen wir auf diese Variante kurz unter dem Aspekt der Anforderungsdokumentation ein, werden aber das Thema ansonsten nicht weiter behandeln.
- **Ebene 4 – Implementierung:** Hier erfolgt die tatsächliche technische Umsetzung des Prozesses in einer „herkömmlichen" Plattform. Wenn Sie eine Process Engine einsetzen, brauchen Sie keine spezielle IT-Spezifikation, weshalb wir ganz bewusst eine asymmetrische Darstellung der Pyramide erstellt haben.

Das BPMN-Framework ist rein methodischer Natur, es funktioniert also unabhängig von bestimmten Software-Tools. Allerdings wird die praktische Anwendbarkeit durch bestimmte Tool-Funktionen erleichtert. Diesem Thema widmen wir uns in Abschnitt 6.4.2 auf Seite 270.

Rund die Hälfte aller Seiten dieses Buches entfällt auf die genaue Beschreibung dieses Frameworks, wobei in diesen Kapiteln auch unabhängig davon viele praktische Hinweise geliefert werden. Falls Sie es also nicht mögen, lesen Sie diese Seiten einfach trotzdem. Betrachten Sie das Framework in diesem Fall als eine Art Kategorisierung unserer Tipps und Tricks für die praktische Anwendung der BPMN.

In jedem Fall freuen wir uns über Ihr Feedback unter bpmn@camunda.com, ganz allgemein zum Buch, aber erst recht zu unserem Framework. Es liegt in der Natur der Sache, dass unser Ansatz nicht perfekt sein kann, sondern einer ständigen Weiterentwicklung unterworfen ist. Wenn Sie uns dabei helfen, haben am Ende alle etwas davon.

Kapitel 2

Die Notation im Detail

2.1 BPMN verstehen

Was weiß ein Affe vom Geschmack von Ingwer?

Die diesem indischen Sprichwort zugrunde liegende Erkenntnis lautet: „Jemand, der etwas nicht verstehen kann, ist nicht in der Lage, es zu schätzen." Ein heimisches Äquivalent wäre vermutlich: „Perlen vor die Säue werfen".

Auch die BPMN ist eine Perle, die nicht jeder zu schätzen weiß – weil sie nicht jeder versteht. Deshalb bitten wir Sie darum, sich ein wenig Zeit zu nehmen, um sich mit den grundsätzlichen Prinzipien dieses Standards vertraut zu machen. Sie werden es nicht bereuen. Wenn Sie die BPMN wirklich verstanden haben, werden Sie ein ausgesprochen mächtiges Werkzeug gewinnen, das Ihnen in modernen BPM-Projekten von großem Nutzen sein wird.

Wenn Sie die BPMN-Spezifikation bereits kennen, werden Sie in diesem Kapitel nicht viel Neues erfahren. Im Grunde handelt es sich „nur" um eine leichter verdauliche und natürlich deutschsprachige Fassung. Zusätzlich geben wir ein paar erläuternde Hinweise, die Sie in der Spezifikation nicht finden werden, und beschreiben die visuellen Konventionen, die wir bei der Anwendung der Symbole verwenden (unser „BPMN-Knigge").

Aber auch wenn Sie glauben, dass Sie die BPMN bereits kennen, oder sie sogar schon angewandt haben: Lesen Sie wenigstens diesen Abschnitt. Die Erfahrung hat uns gelehrt, dass viele, die meinen, die BPMN schon sehr gut zu kennen, die wichtigsten Basisprinzipien der Notation noch gar nicht verstanden haben – und sich immer noch wundern, dass man „Sequenzflüsse" nicht über „Pool-Grenzen" hinweg malen darf.

2.1.1 Was BPMN leisten soll – und was nicht

Die BPMN wurde für die Modellierung von Prozessen entwickelt. Das klingt banal, aber trotzdem wird häufig kritisiert, dass die BPMN folgende Strukturen **nicht** abbilden kann:

- Prozess*landschaft*
- Aufbauorganisation
- Daten
- Strategie
- Geschäftsregeln
- IT-Landschaft

Die BPMN konzentriert sich auf Prozesse, und ein Prozess ist zunächst einmal lediglich eine zeitlich-logische Abfolge von Aktivitäten – nicht mehr und nicht weniger. Wir sind sehr froh darüber, dass die BPMN die oben genannten Themen nicht abdeckt. Es gibt für jedes dieser Themen sehr praktikable und teilweise standardisierte Notationsformen, und es gibt keinen Grund, das Rad neu zu erfinden, im Gegenteil: Es würde dazu führen, dass die BPMN-Spezifikation noch viel umfangreicher wäre, als sie ohnehin schon ist. Niemand hätte etwas davon, ein solches Monstrum erarbeiten, weiter entwickeln oder auch nur verstehen zu müssen.

Natürlich wissen auch wir, dass es gerade für eine Prozessdokumentation wichtig ist, die oben genannten Themen berücksichtigen zu können. Und viele Prozessprofis, die aus der methodischen Welt von ARIS kommen (siehe Abschnitt 2.12.1 auf Seite 108) und bislang mit ereignisgesteuerten Prozessketten (EPK) gearbeitet haben, halten die BPMN deshalb für unzureichend. Aber auch das geht meistens auf ein mangelndes Verständnis des Standards zurück:

- BPMN-Prozessmodelle können sehr gut mit anderen Diagrammtypen kombiniert werden – das ist einfach eine Frage des Toolings.
- BPMN bietet diverse Erweiterungsmöglichkeiten bis hin zur Anreicherung der Diagramme mit eigenen Symbolen. In Abschnitt 2.11.2 auf Seite 107 erklären wir letztgenannte Möglichkeit.

Natürlich wäre es schön, wenn man mit der BPMN eine komplette ARIS-Alternative (wir sprechen von der Methodik, nicht vom gleichnamigen Softwareprodukt) direkt und out-of-the-box bekäme. Das ist im reinen Standard zugegebenermaßen nicht der Fall. Aber da die BPMN eben ein Standard ist, entstehen gerade sehr gute Softwarewerkzeuge, die alle notwendigen weiteren Sichten (Funktionen, Daten etc.) abdecken und in der Prozessdarstellung auf BPMN bauen.

2.1.2 Eine Landkarte: Die BPMN-Basiselemente

Wann immer Sie ein Prozessdiagramm in BPMN zeichnen, verwenden Sie Symbole, die sich den in Abbildung 2.1 dargestellten Kategorien zuordnen lassen. Diese Kategorien heißen deshalb auch „BPMN-Basiselemente“.

Im Prinzip müssen in einem Prozess bestimmte Dinge getan werden (*Aktivitäten*), möglicherweise aber nur unter bestimmten Bedingungen (*Gateways*), und es können Dinge passieren (*Ereignisse*). Diese drei Flussobjekte werden über *Sequenzflüsse* miteinander verbunden, jedoch nur innerhalb eines *Pools* bzw. einer *Lane*. Falls eine Verbindung über Pool-Grenzen hinweg erfolgt, greift man zu den *Nachrichtenflüssen*.

Weiterhin gibt es *Artefakte*, die zusätzliche Informationen zum Prozess liefern sollen, aber keinen direkten Einfluss auf die Reihenfolge der Flussobjekte haben können. Jedes Artefakt kann prinzipiell mit jedem Flussobjekt verbunden werden, und zwar mithilfe von *Assoziationen*. Sie können auch ganz eigene Symbole als zusätzliche Artefakte in „Ihre“ BPMN-Palette mit aufnehmen, was wir in Abschnitt 2.11.2 auf Seite 107 genauer betrachten werden.

Mit BPMN 2.0 ist eine weitere Kategorie hinzugekommen, die sogenannten „Daten“. Hier geht es um die Erzeugung, Verarbeitung und Ablage von Informatio-

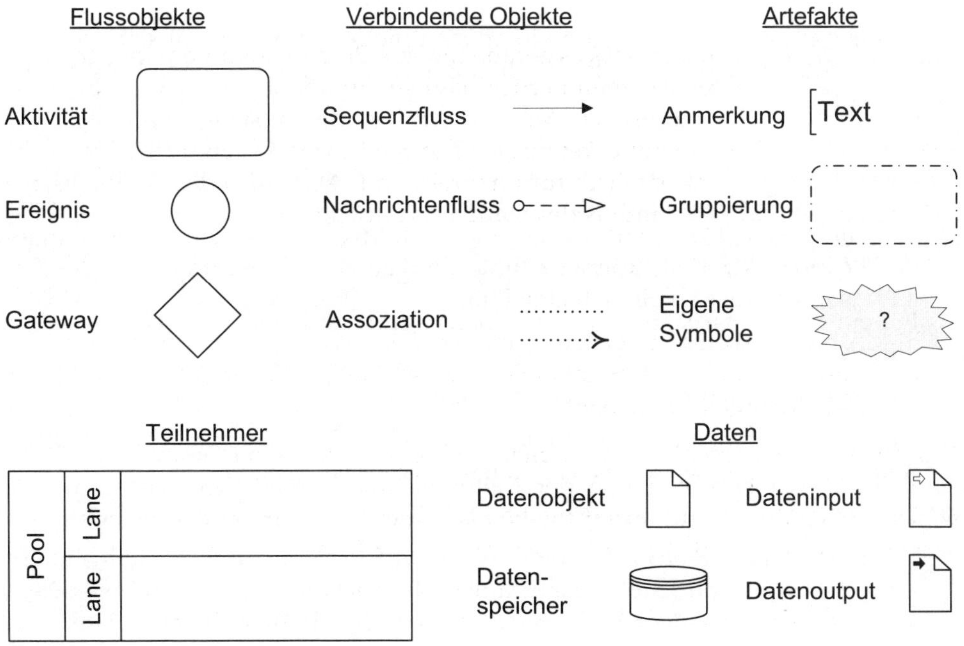

Abbildung 2.1: Die Basiselemente der BPMN

nen, die im Rahmen der Prozessarbeitung relevant werden können. Die Symbole dieser Kategorie werden deshab in der Regel über Assoziationen mit Aktivitäten verknüpft.

Das war's eigentlich schon – jetzt kennen Sie das Basisschema, nach dem die BPMN funktioniert. Nun ja, wenn wir ehrlich sind, fehlen noch drei winzige Aspekte für ein echtes Verständnis der BPMN:

- die weiterführenden Gedanken und Regeln, die sich hinter diesem simplen Schema verbergen,
- die vollständige Palette der Symbole,
- die Frage, was man mit dem ganzen Zeugs in der Praxis *wirklich* anfängt.

Die ersten beiden Punkte werden wir in diesem Kapitel klären. Der dritte Punkt bezieht sich auf einen „Soft-Skill", den man eigentlich nur durch eigene Erfahrung aufbauen kann. Um diesen Prozess für Sie etwas zu beschleunigen, haben wir in den weiteren Kapiteln unsere Erfahrungen zusammengetragen und versucht, daraus ein paar „Kochrezepte" bei der praktischen Anwendung von BPMN abzuleiten. Vielleicht helfen sie Ihnen dabei, nicht in alle Fallen zu tappen, in denen wir uns anfangs verirrten.

2.1.3 Perspektiven bei der Prozessbetrachtung

Wer bereits Prozesse mit anderen Notationen modelliert hat, kann sich an einen extrem wichtigen Aspekt von BPMN häufig nur schwer gewöhnen: Alles ist eine Frage der Perspektive.

BPMN geht davon aus, dass es in einem Diagramm einen oder mehrere *Teilnehmer* (engl.: participant) geben kann. Gehen Sie mit diesem Begriff sehr vorsichtig um, und setzen Sie ihn beispielsweise nicht vorschnell mit „Rolle", „Abteilung" oder „Mitarbeiter" gleich! Ein „Teilnehmer" ist für BPMN zunächst einmal ein rein logisches Element, für das die folgenden Regeln gelten:

- Für einen Prozess existiert nur ein einziger Teilnehmer (ja, das ist erst mal verwirrend).
- Dieser Teilnehmer hat die totale Kontrolle über den Prozessfluss.
- Andere Teilnehmer können den Prozess dieses Teilnehmers nicht beeinflussen; unter Umständen wissen sie nicht einmal, wie er funktioniert.
- Der Teilnehmer ist dementsprechend für diesen Prozess verantwortlich.
- Wenn der Teilnehmer im Rahmen seines Prozesses mit anderen Teilnehmern interagieren möchte, muss er mit ihnen Nachrichten austauschen, was diese wiederum in ihren eigenen Prozessen entsprechend unterstützen müssen.

Derselbe Prozess kann deshalb für die jeweiligen Teilnehmer ganz unterschiedlich aussehen, eben abhängig von ihrer jeweiligen Perspektive. Das führt automatisch zu unterschiedlichen Prozessmodellen.

Das BPMN-Symbol für den Prozess eines Teilnehmers ist der Pool. Er entspricht gleichzeitig dem Teilnehmer selbst, aber inhaltlich gesehen könnte ein Teilnehmer natürlich mehr als nur einen Prozess steuern.

Wenn Sie lernen, mit Pools richtig umzugehen, haben Sie das vielleicht wichtigste Prinzip der Prozessmodellierung überhaupt verstanden – zumindest, wenn Sie ein modernes Business Process Management mit dem notwendigen Business-IT-Alignment anstreben. Wir werden uns diesem Thema in Abschnitt 2.9 auf Seite 94 widmen und auch das Rätsel lösen, warum es für einen Prozess nur einen einzigen Teilnehmer im Sinne der BPMN, aber durchaus mehrere Teilnehmer im herkömmlichen Sinne geben kann.

2.1.4 Modelle, Instanzen, Token und Korrelationen

Im Spezifikationsdokument der BPMN 2.0 finden Sie im 7. Kapitel „Überblick" einen Abschnitt, den es in der vorherigen Fassung 1.2 noch nicht gab: „Das Verhalten von Diagrammen verstehen". Gemeint ist damit, dass Sie das Verhalten der Prozesse verstehen müssen, die in den Diagrammen beschrieben sind (Anmerkung: Da in einem Diagramm durchaus mehrere Pools enthalten sein können, gilt unter Umständen: 1 Diagramm – n Prozesse). Das ist ein sinnvoller Anspruch, aber häufig leichter gesagt als getan: Manche Prozessmodelle sind so komplex, dass es für den Betrachter eventuell schwer nachvollziehbar ist, unter welchen Umständen welche Dinge zu tun sind. Es wird jedoch erheblich einfacher, wenn Sie die folgenden Begriffe und Prinzipien verinnerlichen:

- **Prozessmodell**: In einem Diagramm sind ein oder mehrere Prozessmodelle beschrieben. Das Modell ist die prinzipielle Beschreibung des Prozesses.
- **Prozessinstanz**: Wenn der Prozess in der Realität durchlaufen wird, handelt es sich um eine Prozessinstanz. Für Laien könnte man dies auch als einen „Vorgang" bezeichnen. Die eingehende Beschwerde eines Kunden beispielsweise erzeugt eine Instanz des Reklamationsprozesses. Manche Prozesse werden vielleicht nur wenige Male pro Jahr instanziiert, zum Beispiel der buchhalterische Monatsabschluss. Andere hingegen etwas häufiger: Der Auskunftsprozess, den die Schufa betreibt, wird laut Webseite des Unternehmens jährlich ca. 90 Mio. mal instanziiert.
- **Token**: Wenn man ein Prozessmodell vor Augen hat und sich vorstellen möchte, welche Prozesspfade während einer Prozessinstanz zwingend oder möglicherweise durchlaufen werden, kann man das Token-Konzept anwenden. Das Token ist ein theoretisches Konstrukt, das man mit einem Auto vergleichen könnte: Das Auto folgt dem Straßenverlauf. Wenn es an eine Kreuzung kommt, muss sich der Fahrer entscheiden, ob er abbiegen oder gera-

deausfahren möchte. Es kann sogar passieren, dass das Auto an einen Punkt kommt, wo es abbiegen *und* geradeaus fahren soll, dann muss es „geklont" werden. OK, das ist vielleicht etwas unrealistisch, aber Sie haben hoffentlich bereits gemerkt, worum es geht: Das Straßennetz ist das Prozessmodell, und der Weg des Autos entspricht den konkreten Prozesspfaden, die im Rahmen der Instanz durchlaufen werden. Wenn Sie das Token-Konzept anwenden, werden Sie jedes BPMN-Prozessmodell verstehen können, und sei es noch so komplex. Das Token-Konzept wird daher auch im oben erwähnten Abschnitt der BPMN-Spezifikation erläutert. Wir werden im Verlauf dieses Buches diese Methode oft anwenden, um unsere Beispiele durchzusprechen.

- **Korrelation**: Bekommen Sie auch manchmal Briefe von Behörden oder Firmen, die eine Vorgangsnummer oder ein Aktenzeichen enthalten? Wenn Sie auf diese Briefe antworten, Einspruch erheben wollen oder Ähnliches, müssen Sie stets dieses Kennzeichen angeben. Ansonsten kann die Gegenseite Ihre Nachricht nicht zuordnen. Diese Zuordnung auf Basis eines eindeutigen Schlüssels nennt man Korrelation. Ein anderes Beispiel ist eine Rechnung mit dem Hinweis, dass Sie bei der Überweisung die Rechnungsnummer im Verwendungszweck angeben müssen. Wenn das nicht passiert, kann Ihre Zahlung nicht zugeordnet, also korreliert, werden, was zu einer kostenpflichtigen Mahnung führen kann. Das Thema Korrelation ist sowohl für die organisatorische als auch die technische Gestaltung von Prozessen häufig erfolgskritisch und leider auch häufig ein Bereich, in dem durch Unachtsamkeiten sehr teure Fehler gemacht werden.

2.1.5 BPMN auf Deutsch

Bei einer unserer ersten BPMN-Schulungen ist uns Folgendes passiert: Die Teilnehmer der Schulung kamen nicht aus der IT, sondern der Betriebsorganisation. Sie interessierten sich also für die rein fachliche Prozessdokumentation mithilfe der BPMN und erwogen eine Ablösung ihrer alten Notation (EPK). Damals benutzten wir in der Schulung noch die englischen Bezeichnungen für die BPMN-Symbole, wie sie auch in der Spezifikation zu finden sind. Als wir bei den Error-Events angekommen waren und gerade davon sprachen, dass man diese „catchen" könnte, um ein „error handling" durchzuführen und den error gegebenenfalls wieder zu „throwen", wurden wir von einem der Teilnehmer unterbrochen:

> Was faseln Sie denn da? Error? Catchen? Das kenne ich doch von unseren Programmierern, die reden dauernd von sowas. Aber wir sind doch keine Techies, wir sind Organisatoren! So einen Kram brauchen wir nicht!

Zustimmendes Gemurmel erhob sich, und wir konnten die Gruppe nur mit Mühe und Geduld davon überzeugen, dass die vorgestellten Symbole auch für eine rein organisatorische Prozessbetrachtung durchaus hilfreich sein können. Bei der nächsten Schulung mit ähnlichen Teilnehmern führten wir ein kleines Experiment durch: Wir erläuterten haargenau denselben Sachverhalt, verwendeten aber stattdessen deutsche Begriffe. Es ging also jetzt darum, dass es bei der Prozessdurchführung zu „Fehlern“ kommen kann, die rechtzeitig „erkannt“ und „behoben“ bzw. im Notfall an eine höhere Stelle „gemeldet“ werden müssen. Da nickten die anwesenden Organisatoren zustimmend, denn „Fehler passieren bei uns auch. Das müssen wir berücksichtigen“.

Danach setzten wir uns mit ein paar befreundeten Firmen und Hochschulen zusammen und entwarfen eine deutsche Übersetzung der BPMN-Symbole. Die damals definierten Begriffe verwenden wir bis heute.

Zum Nachschlagen finden Sie die Übersetzung der BPMN-Symbole als Tabelle im Anhang dieses Buches.

2.1.6 Symbole und Attribute

Die BPMN-Spezifikation beschreibt nicht nur die für die Prozessmodellierung verfügbaren Symbole, sondern auch eine ganze Reihe von Attributen, die man an den Symbolen zusätzlich hinterlegen kann. Ein guter Teil dieser Attribute wird im Diagramm nicht visualisiert, sondern nur in dem Tool gespeichert, mit dem Sie modellieren. Das liegt vor allem daran, dass man die in BPMN erstellten Modelle unter Umständen durch eine Process Engine ausführen lassen möchte.

2.2 Einfache Aufgaben und Blankoereignisse

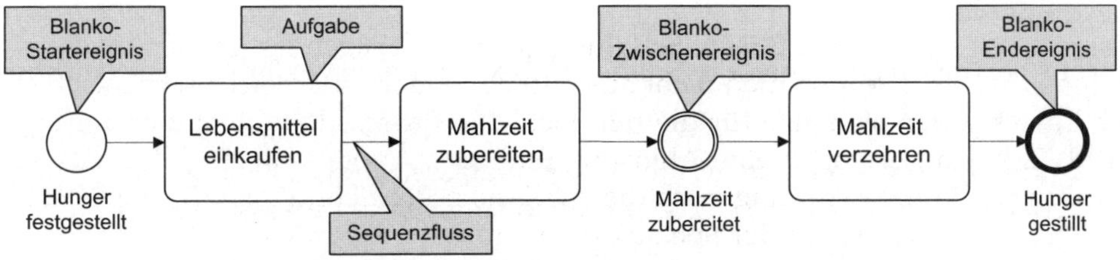

Abbildung 2.2: Unser erster Prozess

Abbildung 2.2 zeigt einen sehr einfachen Prozess. Er wird durch die Tatsache ausgelöst, dass jemand hungrig ist. In der Folge müssen Lebensmittel eingekauft und eine Mahlzeit zubereitet werden. Am Ende wird die Mahlzeit verzehrt, und der Hunger ist gestillt.

In diesem Diagramm kann man die folgenden Symbole und ihre Bedeutung leicht erkennen:

Aufgaben

Die Aufgaben sind das „Herz“ des Prozesses. Schließlich geht es vor allem darum, dass irgendetwas getan werden muss, damit der Prozess die gewünschte Leistung erbringen kann. Streng genommen gehört eine Aufgabe in BPMN zur Kategorie der Aktivitäten, zu der auch die in Abschnitt 2.8 auf Seite 78 erklärten Teilprozesse gehören.

> ***Unser BPMN-Knigge***
>
> Wenn wir Aufgaben bezeichnen, versuchen wir das Objekt-Verrichtungsprinzip einzuhalten. Das bedeutet, wir bezeichnen sie immer mit dem [Objekt] + [Verb] – Pattern, also beispielsweise „Lebensmittel einkaufen" und nicht „Zuerst muss der Einkauf der Lebensmittel erledigt werden".

Ereignisse

Ereignisse stellen dar, dass vor, während oder am Ende des Prozesses etwas Betrachtenswertes passiert. In diesem Beispiel arbeiten wir nur mit sogenannten „Blankoereignissen", später lernen wir weitere Arten von Ereignissen kennen.

- Startereignisse zeigen, welches Ereignis dazu führt, dass der Prozess gestartet wird.
- Zwischenereignisse stehen für einen Status, der im Prozess erreicht wird und den man im Modell explizit festhalten möchte. Sie werden eher selten benutzt, können aber sehr nützlich sein – zum Beispiel, wenn man den Status als Meilenstein versteht und die Zeit bis zur Erreichung des Meilensteines messen möchte.
- Endereignisse kennzeichnen den Status, der am Ende eines Prozesspfades erreicht wurde.

Bereits bei diesen einfachen Ereignissen müssen wir eine weitere Unterscheidung treffen:

- Startereignisse sind stets eintretende Ereignisse (engl.: catching events). Das bedeutet, es ist etwas passiert, zwar unabhängig vom Prozess, aber der Prozess muss darauf warten bzw. reagieren.
- Zwischenereignisse können eintreten oder durch den Prozess selbst hervorgerufen bzw. ausgelöst werden (engl.: throwing events). Das Blanko-Zwischenereignis kennzeichnet einen Status, der durch den Prozessfortschritt erreicht wird, deshalb ist es stets ein ausgelöstes Ereignis. Später lernen wir andere Arten von Zwischenereignissen kennen, die wir als eintretende Ereignisse klassifizieren müssen.
- Endereignisse finden zu einem Zeitpunkt statt, an dem der Prozess nicht mehr auf sie reagieren kann. Folgerichtig können sie nur durch den Prozess ausgelöst werden und nicht unabhängig davon eintreten.

> ***Unser BPMN-Knigge***
>
> Ereignisse beziehen sich auf etwas, was bereits passiert ist (unabhängig vom Prozess, wenn sie eingetreten sind, und dank des Prozesses, wenn sie ausgelöst wurden). Deshalb verwenden wir das [Objekt] und passivieren das [Verb], schreiben also beispielsweise „Hunger festgestellt". Die BPMN schreibt nicht zwingend vor, dass Sie für einen Prozess ein Start- und ein Endereignis modellieren, Sie können diese auch weglassen. **Wenn** Sie aber ein Startereignis modellieren, muss auch an jedem Pfadende ein Endereignis modelliert werden, und umgekehrt. Wir modellieren prinzipiell immer mit Start- und Endereignissen. Aus zwei Gründen: Erstens kann man somit explizit festhalten, wodurch ein Prozess ausgelöst wurde. Zweitens kann man den jeweiligen Endzustand beschreiben, der sich bei unterschiedlichen Pfadenden ergibt. Nur bei Teilprozessen verzichten wir mitunter auf diese Möglichkeit, aber dazu kommen wir später.

Sequenzflüsse

Der Sequenzfluss beschreibt die zeitlich-logische Reihenfolge, in der die Flusselemente (also Aufgaben, Ereignisse und die später beschriebenen Gateways) zueinander stehen.

Ein Sequenzfluss ist auch der Prozesspfad, über den unser Token wandert. Durch das Startereignis wird es gemeinsam mit der Prozessinstanz „geboren". Über den Sequenzfluss gelangt es über die Aufgaben und das Zwischenereignis zum Endereignis, wo es „konsumiert" wird und verschwindet, was auch zum „Tod" unserer Prozessinstanz führt.

> ***Unser BPMN-Knigge***
>
> Wenn Sie möchten, können Sie Prozessdiagramme auch vertikal zeichnen, anstatt wie in unseren Beispielen horizontal. Das ist zwar nicht üblich, aber auch nicht verboten. Wir zeichnen sie stets horizontal von links nach rechts.

2.3 Prozesspfade mit Gateways gestalten

2.3.1 Datenbasiertes exklusives Gateway

Die wenigsten Prozesse laufen immer gleich ab. Viel häufiger kommt es vor, dass die durchlaufenen Prozesspfade in den unterschiedlichen Prozessinstanzen variieren, weil bestimmte Dinge eben nur unter bestimmten Umständen zu erledigen sind.

In unserem einfachen Beispiel (Abbildung 2.3 auf der nächsten Seite) wollen wir uns etwas näher mit der Kochkunst beschäftigen. Getrieben vom Hunger, überlegen wir uns, was es heute geben soll. Da wir nur drei Rezepte kennen, suchen wir

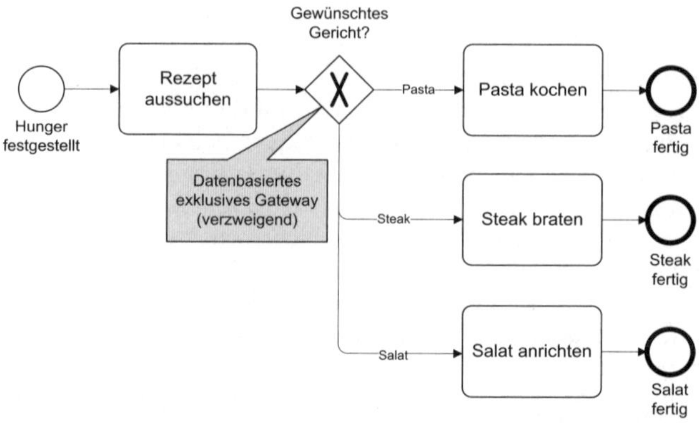

Abbildung 2.3: Das XOR-Gateway

uns eines davon aus. Je nachdem, für welches wir uns entscheiden, werden wir **entweder** Pasta kochen, ein Steak braten **oder** einen Salat anrichten. Diese drei Möglichkeiten schließen sich gegenseitig aus – wir werden niemals mehr als eines dieser drei Gerichte zubereiten (ja, Sie denken bereits an den Salat als Beilage, aber gedulden Sie sich!). Der Punkt, an dem wir entscheiden, was als Nächstes zu tun ist, nennt sich Gateway. Da wir diese Entscheidung aufgrund verfügbarer Daten treffen (das ausgesuchte Rezept) und nur einer der ausgehenden Pfade durchlaufen wird, ist es ein datenbasiertes exklusives Gateway. In der Kurzfassung sprechen wir auch einfach vom XOR-Gateway (XOR = Exclusive OR).

Beachten Sie: Ein Gateway ist keine Aufgabe! Es basiert auf einer ganz einfachen Tatsache. Diese Tatsache herauszufinden, ist eine Aufgabe, die vor diesem Gateway erledigt werden muss. Dieses scheinbar banale Prinzip sollten Sie nicht vergessen, sondern bei der Modellierung stets berücksichtigen. Es wird uns zu einem späteren Zeitpunkt wieder begegnen, wenn wir uns mit dem Business Rules Management beschäftigen (siehe Abschnitt 4.5.4 auf Seite 178).

Leider ist die BPMN in Bezug auf XOR-Gateways etwas verwirrend: Es existieren hierfür nämlich zwei Symbole, die in ihrer Bedeutung identisch sind (siehe Abbildung 2.4). Wir verwenden stets die Version mit dem enthaltenen „X", weil wir das für eindeutiger halten. Welche Sie verwenden, hängt von Ihrem Geschmack und Ihrem BPMN-Tool ab.

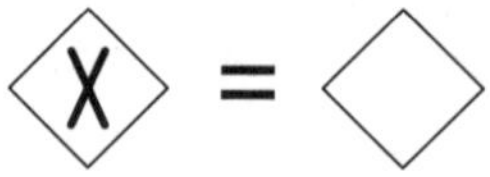

Abbildung 2.4: Beide Symbole bedeuten dasselbe

Unser BPMN-Knigge

Über dem Gateway haben wir die entscheidungsrelevante Frage platziert. Die möglichen Antworten auf diese Frage haben wir an die ausgehenden Pfade geschrieben. Lediglich Letzteres wird in der Spezifikation genauso dargestellt, die Platzierung der entscheidungsrelevanten Frage über dem Gateway ist hingegen unsere eigene Konvention. In unseren Projekten hat sich diese Konvention aber bewährt, und wir arbeiten mit XOR-Gateways grundsätzlich immer nach dem folgenden Schema:

1. Schritt: Aufgabe modellieren, die die Entscheidungsgrundlage für das XOR-Gateway liefert.
2. Schritt: Dahinter das XOR-Gateway modellieren mit einer Frage, deren mögliche Antworten sich gegenseitig ausschließen.
3. Schritt: Pro mögliche Antwort einen ausgehenden Pfad (Sequenzfluss) modellieren, der mit der Antwort beschriftet wird.

Ein XOR-Gateway kann beliebig viele ausgehende Pfade haben. Dass wir in diesem Beispiel den ersten ausgehenden Pfad an der rechten Ecke und die übrigen an der unteren Ecke angedockt haben, hat keine weitere Bedeutung – es entspricht einfach unserer Stilkonvention.

Dass dieser Prozess drei Endereignisse besitzt, ist übrigens nicht ungewöhnlich. Er kann eben drei verschiedene End-Status erzeugen, und es kann gerade bei komplexeren Diagrammen sehr hilfreich sein, dies auf einen Blick zu erkennen. Wir werden später noch weitere Gründe kennenlernen, warum die Arbeit mit unterschiedlichen Endereignissen sinnvoll ist. Wie man sieht, ist die BPMN also keine „blockorientierte" Prozessnotation. Das bedeutet, es besteht keinerlei Zwang, einen aufgegabelten Prozesspfad zu einem späteren Zeitpunkt zusammenzuführen. Sie können das tun, müssen aber nicht.

Natürlich kann es aus semantischen Gründen sinnvoll sein, die drei Pfade wieder zusammenzuführen. Wenn beispielsweise nach der Zubereitung die Mahlzeit verzehrt wird, passiert das ja in jedem Fall, ganz unabhängig vom ausgesuchten Rezept. Auch für eine solche Zusammenführung können wir das XOR-Gateway verwenden. Es sorgt dafür, dass jedes Token, das von einem der drei eingehenden Pfade kommt, auf den einen einzigen ausgehenden Pfad geleitet wird (siehe Abbildung 2.5 auf der nächsten Seite).

Die doppelte Verwendungsmöglichkeit des XOR-Gateways (verzweigend oder zusammenführend oder auch kurz einfach „XOR-Split" und „XOR-Join") ist für Anfänger manchmal etwas verwirrend. Sie dürfen sogar ein XOR-Gateway modellieren, das in einem Rutsch sowohl zusammenführt als auch verzweigt (siehe Abbildung 2.6 auf der nächsten Seite)! Ob Sie diese Möglichkeit für eine kompakte Diagrammform bevorzugen, müssen Sie selbst entscheiden. Wir verzich-

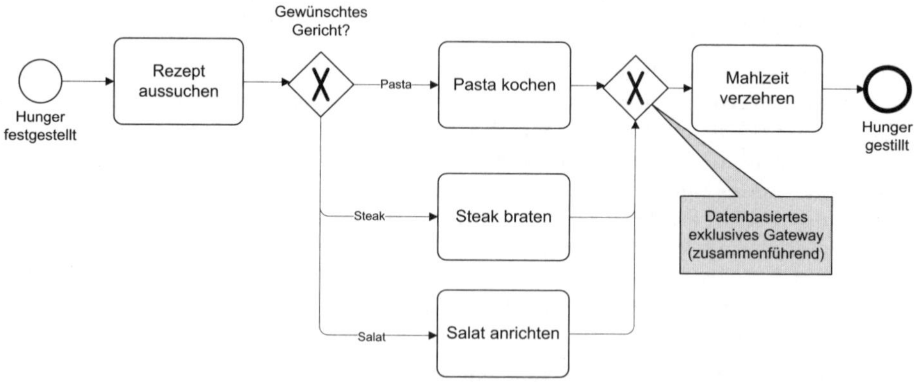

Abbildung 2.5: XOR-Gateways können auch zusammenführen.

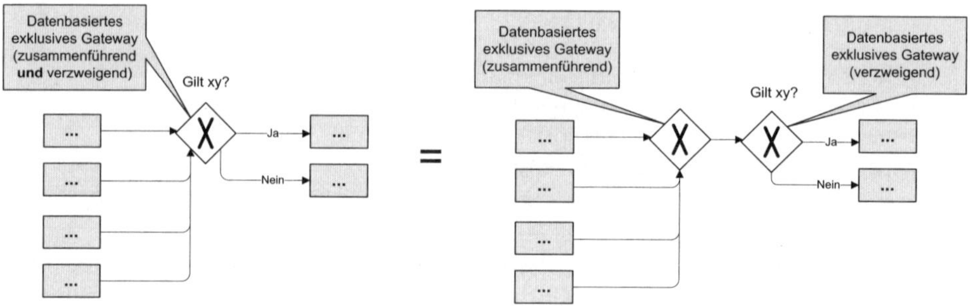

Abbildung 2.6: Eine kombinierte Zusammenführung/Verzweigung kann man auf zwei Arten darstellen.

ten meistens darauf und zeichnen lieber zwei XOR-Gateways hintereinander, um Fehlinterpretationen vorzubeugen.

2.3.2 Paralleles Gateway

Was machen wir, wenn wir den Salat als Beilage wünschen? Gehen wir mal vom einfachen Fall aus, dass der Salat auf jeden Fall gewünscht ist, dann könnte man das natürlich wie in Abbildung 2.7 auf der nächsten Seite gezeigt modellieren.

Bei der Gelegenheit haben wir gleich mal ein weiteres Symbol eingeführt, die (Text-)Anmerkung. Das ist ein Artefakt, das Sie bekanntlich via Assoziation an ein beliebiges Flussobjekt (hier: Aufgaben) andocken können. In die Anmerkung können Sie hineinschreiben, was immer Sie wollen. In diesem Beispiel haben wir einmal eingetragen, wie viel Zeit wir für die Bearbeitung der einzelnen Aufgaben im Durchschnitt benötigen. Die Summe dieser Bearbeitungszeiten ergibt die Durchlaufzeit des Prozesses, in diesem Fall liegt sie also bei 48 Minuten, wenn wir uns für die Pasta entscheiden, und bei 43 Minuten, wenn wir uns mal eben

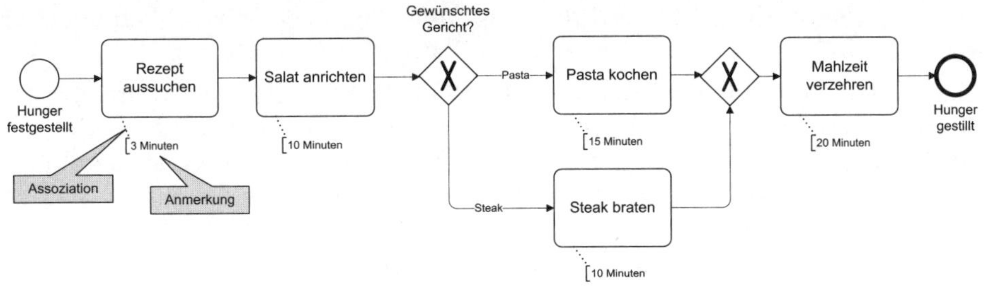

Abbildung 2.7: Zubereitung von Salat und Hauptgericht

schnell ein Steak braten. Gratulation, Sie haben soeben Ihre erste Erfahrung in der kennzahlenbasierten Prozessanalyse gemacht.

Das bedeutet also, es dauert 28 bzw. 23 Minuten, bis wir unsere Mahlzeit verzehren können. Das kann unerträglich lang sein, wenn man großen Hunger hat. Was tun? Sinnvollerweise sollten wir mit der Zubereitung von Pasta bzw. Steak nicht erst beginnen, wenn der Salat fertig ist, sondern beides gleichzeitig erledigen, das lässt sich ja durchaus parallelisieren. Das Symbol dafür ist das parallele Gateway, das man auch kurz als „AND-Gateway" bezeichnen kann, zu sehen in Abbildung 2.8.

Die Parallelisierung bedeutet nicht, dass die Aufgaben zwangsläufig gleichzeitig ausgeführt werden **müssen** – aber im Gegensatz zum Beispiel in Abbildung 2.7 ist es auch nicht zwingend erforderlich, zuerst den Salat zuzubereiten und danach erst die übrigen Aufgaben anzugehen. Für die Berechnung unserer Durchlaufzeit bedeutet das natürlich eine Verkürzung um 10 Minuten. Wie Sie sich vorstellen

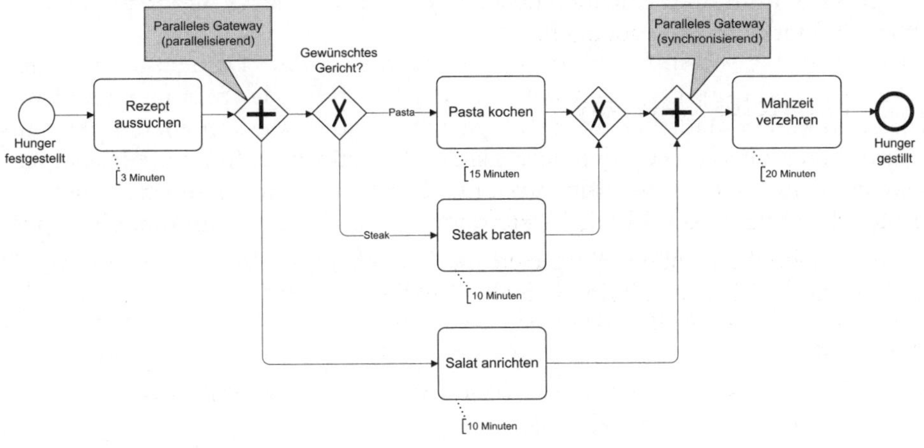

Abbildung 2.8: Der Salat wird gleichzeitig mit dem Hauptgericht zubereitet.

können, ist es ein Klassiker der Prozessoptimierung, nach Möglichkeit alle Aufgaben zu parallelisieren, die nicht zwingend aufeinander aufbauen.

Im gezeigten Beispiel wird der Prozess nicht nur parallelisiert (kurz: „AND-Split"), sondern zu einem späteren Zeitpunkt werden die Pfade auch wieder synchronisiert („AND-Join"). Der Grund ist nachvollziehbar: Erst wenn sowohl das Hauptgericht als auch die Beilage zubereitet sind, kann mit dem Verzehr der Mahlzeit begonnen werden.

Wie würde in einer Instanz dieses Prozesses das Token-Konzept wirken? Das Token wird wieder beim Startereignis „geboren", es durchläuft die Aufgabe „Rezept aussuchen" und wandert dann in den AND-Split. Dort werden aus dem einen Token so viele Token, wie Pfade aus dem Gateway laufen, in diesem Fall also zwei. Das erste Token wandert nun weiter in den XOR-Split, wo es je nach gewünschtem Rezept auf einen der ausgehenden Pfade geschickt wird. Nehmen wir mal an, es soll Pasta gekocht werden, so läuft das Token in diese Aufgabe und verharrt dort 15 Minuten. Gleichzeitig ist das zweite Token nach unten in die Aufgabe „Salat anrichten" gewandert, wo es nur 10 Minuten bleibt. Nach diesen 10 Minuten wandert es weiter bis zum synchronisierenden AND-Join. Die Anzahl der eingehenden Pfade bestimmt, auf wie viele zusammengehörende Token das Gateway wartet. In diesem Fall wartet es also auf zwei Token, die zur selben Prozessinstanz gehören müssen. Da in unserem Szenario das zweite Token schon nach 10 Minuten beim AND-Join eintrifft, während das erste insgesamt 15 Minuten in der Aufgabe „Pasta kochen" verharrt, wartet der AND-Join also noch 5 Minuten, bis das erste Token ebenfalls ankommt. Erst dann werden die beiden vom AND-Join zu einem einzigen Token verschmolzen, das auf den ausgehenden Pfad geschickt wird.

Klingt das jetzt sehr abstrakt oder technisch? Ist es nicht. Das Verhalten des AND-Join ist identisch mit Ihrem eigenen Verhalten: Der Salat ist fertig, die Pasta noch nicht. Also warten Sie. Wenn auch die Pasta endlich fertig ist, kann gegessen werden. Dasselbe Prinzip.

Warum also das scheinbar komplizierte Token-Konzept? Denken Sie beispielsweise an die 90 Mio. Prozessinstanzen, die jährlich bei der Schufa erzeugt werden. Diese werden natürlich nicht streng nacheinander, sondern überlappend ausgeführt. Wenn diese komplexen Prozesse mit ihren diversen Parallelisierungen, Verzweigungen, Zusammenführungen und Synchronisationen fehlerfrei definiert und täglich abgewickelt werden sollen, ist der Token-Ansatz in der Konzeption und Umsetzung der Prozesse nicht nur extrem hilfreich, sondern auch notwendig. Jetzt sollte auch klar geworden sein, dass eine Prozessinstanz nicht dasselbe wie ein Token ist: Im Rahmen einer Prozessinstanz können durchaus mehrere Token laufen.

Wir sollten Ihr Token-Verständnis noch mit zwei Testfragen erproben.

Frage: In Abbildung 2.9 auf der nächsten Seite ist derselbe Prozess dargestellt, allerdings wurde aus Platzgründen auf den AND-Join verzichtet, und der Pfad aus

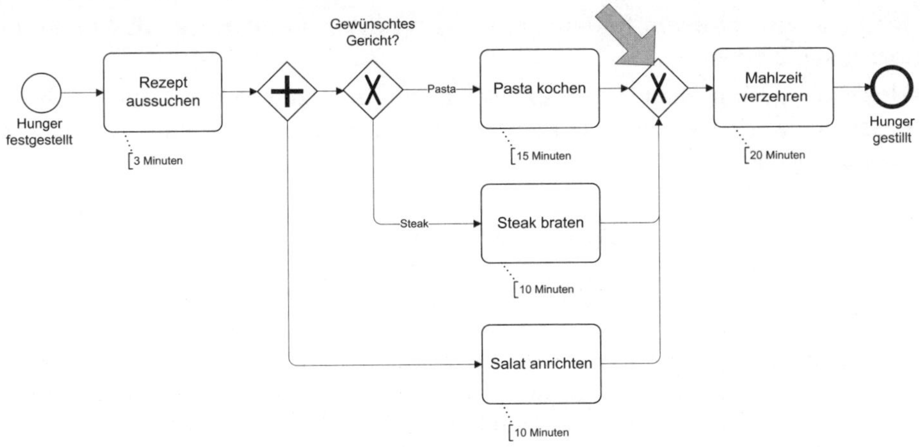

Abbildung 2.9: Was passiert in diesem Prozess?

der Aufgabe „Salat anrichten“ wird direkt in den XOR-Join geleitet. Was passiert, wenn wir den Prozess instanziieren (wir entscheiden uns für die Pasta)?

Antwort: Mit der Prozessinstanz wird das Token erzeugt, das wie gehabt beim AND-Split geklont wird. Sobald der Salat angerichtet ist, wird das Token über den XOR-Join geleitet und die Aufgabe „Mahlzeit verzehren“ ausgeführt. 5 Minuten später ist auch die Aufgabe „Pasta kochen“ abgeschlossen. Das Token wird ebenfalls über den XOR-Join geleitet, und die Aufgabe „Mahlzeit verzehren“ wird erneut ausgeführt! Nicht gerade das Verhalten, das wir uns gewünscht haben.

Frage: In Abbildung 2.10 ist ein Prozess dargestellt, der nur aus zwei Aufgaben besteht. Der Prozess wird instanziiert. Wie lange „lebt“ nun die Prozessinstanz?

Antwort: Sie „lebt“ 45 Tage, was dementsprechend die Durchlaufzeit des Prozesses ist. Obwohl das erste im AND-Split erzeugte Token die Aufgabe 1 bereits nach 30 Tagen durchlaufen hat und danach vom oberen Endereignis „konsumiert“ wird, hält sich das zweite Token noch weitere 15 Tage in Aufgabe 2 auf. Danach

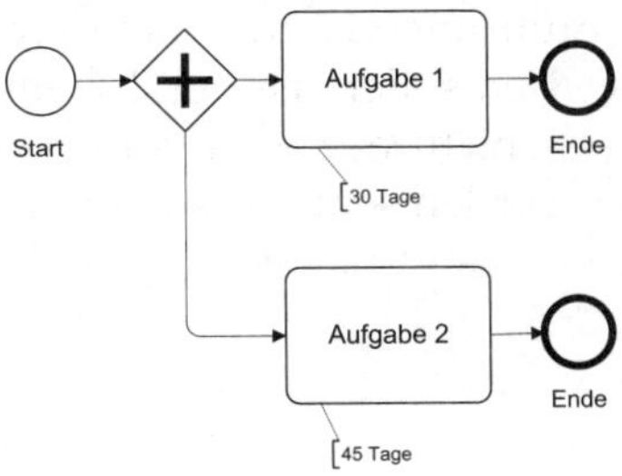

Abbildung 2.10: Wie lange „lebt“ die Prozessinstanz?

läuft es erst zum unteren Endereignis und wird konsumiert, was das Ende der Prozessinstanz bedeutet.

Merke: Solange innerhalb des Prozesses noch ein Token „lebt", „lebt" auch die Prozessinstanz! Erst wenn alle erzeugten Token wieder konsumiert wurden, ist die Instanz beendet.

2.3.3 Datenbasiertes inklusives Gateway

Wir wollen unseren Prozess noch etwas flexibler gestalten: Wenn wir Hunger bekommen, wollen wir

- nur einen Salat oder
- einen Salat und „etwas Ordentliches" wie Pasta oder Steak oder
- nur „etwas Ordentliches"

essen. Mit den Symbolen, die Sie bisher kennengelernt haben, könnten Sie das wie in Abbildung 2.11 gezeigt modellieren.

Wenn wir eine kompaktere Darstellung wünschen, können wir das datenbasierte inklusive Gateway verwenden, kurz OR-Gateway genannt (siehe Abbildung 2.12 auf der nächsten Seite). Mit dem OR-Gateway können wir eine Und-Oder-Situation beschreiben, bei der wir entweder einen, mehrere oder auch alle ausgehenden Pfade gleichzeitig durchlaufen können. Insofern können wir es gut gebrauchen, um eine besondere Komplexität der Diagramme zu vermeiden. Die kombinierte Wirkung des OR-Gateways nutzen wir auch, wenn die Pfade wieder zusammen laufen: Je nachdem, ob wir lediglich einen Salat **oder** etwas Ordentliches oder aber einen Salat **und** etwas Ordentliches essen wollen, müssen wir

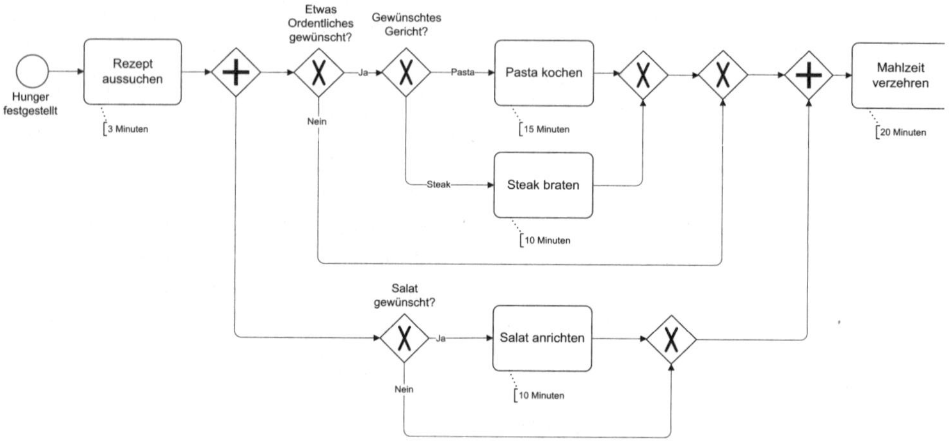

Abbildung 2.11: Unterschiedliche Optionen bei der Zusammenstellung unserer Mahlzeit

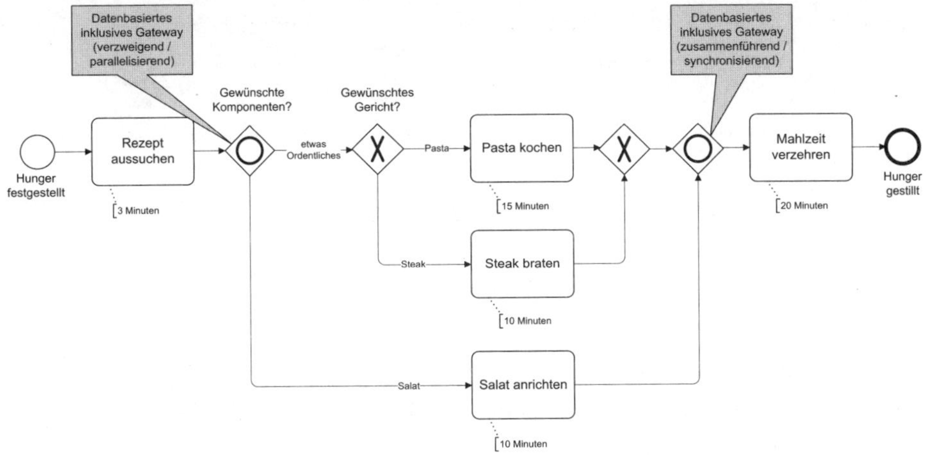

Abbildung 2.12: Das OR-Gateway ermöglicht eine kompakte Darstellung komplexer Pfadvarianten.

vor dem Verzehr der Mahlzeit entweder nur auf ein eingehendes Token warten (Zusammenführung) oder aber auf beide (Synchronisation). Hinweis: Einen Unterschied zum Modell in Abbildung 2.11 auf der vorherigen Seite gibt es in diesem Prozess allerdings. In der Fassung ohne OR-Gateway konnten wir uns auch dazu entschließen, überhaupt nichts zuzubereiten (also weder Salat noch etwas Ordentliches). Trotzdem hätten wir nach dieser Entscheidung die Mahlzeit verzehrt, was natürlich unsinnig ist. In der Variante mit dem OR-Gateway ist dieser Fall ausgeschlossen – wir müssen uns wenigstens für einen Salat und/oder etwas Ordentliches entscheiden, ansonsten bleibt das Token im Gateway stecken (genau genommen wird in der BPMN-Spezifikation festgelegt, dass in diesem Fall ein Laufzeitfehler auftritt, was eine nicht ganz unwichtige Festlegung für die technische Prozessausführung ist).

Wie Sie sich vorstellen können, ist der praktische Umgang mit dem OR-Gateway nicht immer ganz einfach. In diesem simplen Beispiel ist es leicht nachvollziehbar, unter welchen Umständen am OR-Join auf ein weiteres Token gewartet werden muss, bevor es weitergehen kann. In komplexen Diagrammen jedoch, die sich vielleicht über zahlreiche Seiten hinweg erstrecken, kann es ziemlich schwierig werden, die Regeln der Synchronisation nachzuvollziehen. Die Lösung besteht auch nicht darin, sich einfach zu merken, welche Bedingungen beim OR-Split galten. Schauen Sie sich einmal Abbildung 2.13 auf der nächsten Seite an. Je nachdem, ob nach dem OR-Split einer oder mehrere Pfade durchlaufen werden, muss der OR-Join synchronisieren oder nicht.

Angenommenes Szenario: Nach 30 Tagen kommt das erste Token am OR-Join an. Weil beim vorherigen OR-Split auch Antwort 2 galt, ist ein weiteres Token unterwegs, das sich noch für 15 Tage in der Aufgabe 2 befindet. Diese ist abgeschlos-

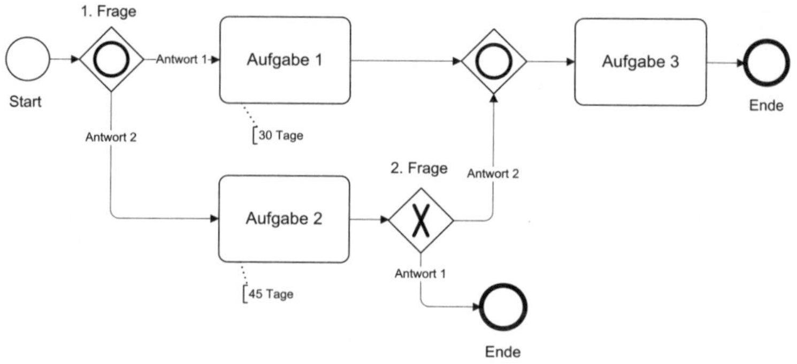

Abbildung 2.13: Wie lange muss das zweite OR-Gateway warten?

sen. Jetzt kann es aber passieren, dass am XOR-Split eine Entscheidung getroffen wird, die dazu führt, dass das Token über den Pfad „Antwort 1" geleitet und vom Endereignis konsumiert wirt. Was passiert jetzt mit dem ersten Token am synchronisierenden OR-Join? **Das OR-Gateway muss registrieren, dass das zweite Token verschwunden ist, und das erste Token weiterleiten.**

Und das kann für drei Szenarien problematisch sein:

- Wenn Sie in Ihrem Prozesshandbuch auf Seite 10 einen OR-Join vorfinden und die letzten 9 Seiten sichten müssen, um zu verstehen, unter welchen Umständen dort wie lange gewartet wird.
- Wenn Sie einen solchen Prozess organisatorisch umsetzen – wer sagt der für Aufgabe 3 verantwortlichen Person Bescheid, dass sie den Prozess wider Erwarten bereits fortsetzen kann?
- Wenn der Prozess in einer Process Engine abgewickelt wird, muss die Software das Synchronisationsverhalten steuern – eine derartige Prüfung umzusetzen, ist aufwendig und fehlerträchtig und in bestimmten Fällen sogar unmöglich.

Es sprechen also einige Argumente dafür, das OR-Gateway nicht übermäßig, sondern mit Bedacht einzusetzen.

Frage: Könnten wir den Prozess nicht auch so modellieren, wie in Abbildung 2.14 auf der nächsten Seite dargestellt?

Antwort: Sicher, das würde das Modell noch kompakter machen. Die Bedeutung wäre jedoch etwas anders. Laut diesem Prozessmodell gäbe es folgende Varianten:

- Wir essen nur Pasta.
- Wir essen nur Steak.
- Wir essen nur Salat.

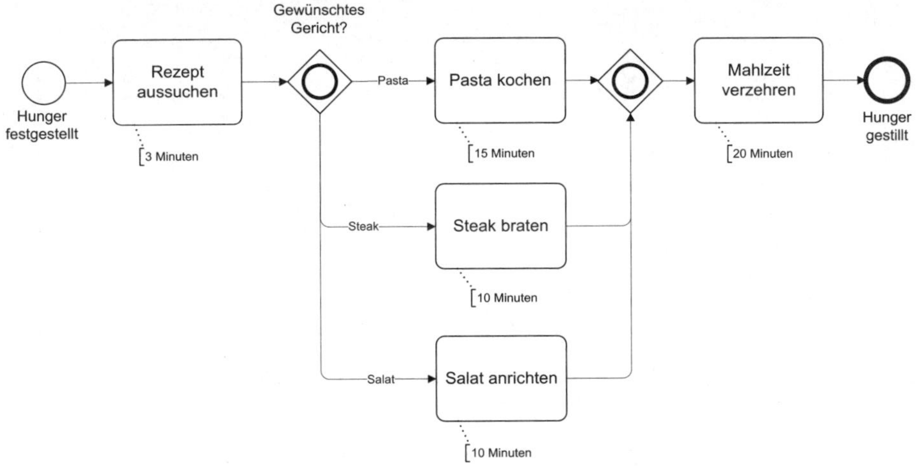

Abbildung 2.14: Eine wunderbar (?) kompakte Version

- Wir essen Pasta und Salat.
- Wir essen Steak und Salat.
- Wir essen Pasta und Steak.
- Wir essen Pasta, Steak und Salat.

Die letzten beiden Varianten entsprechen also nicht dem, was wir eigentlich definieren wollten.

2.3.4 Standardfluss und Steckenbleiben

Wir sollten uns einen weiteren Aspekt bei der Arbeit mit XOR- bzw. OR-Gateways anschauen. Der Einfachheit halber lassen wir im nächsten Beispiel das Thema Salat außer Acht und konzentrieren uns auf ordentliche Mahlzeiten.

Was passiert, wenn wir weder Pasta noch Steak essen wollen? In den bisherigen Modellen hätte diese Situation dazu geführt, dass unser Token niemals über den XOR-Split („Gewünschtes Gericht") hinausgekommen wäre. Laut BPMN-Spezifikation wird in diesem Fall eine „Exception geworfen", es kommt also zu einem Laufzeitfehler.

Bitte werden Sie jetzt nicht wütend, weil von „Exception werfen" die Rede ist! Wir werden uns zu einem späteren Zeitpunkt mit diesem Thema beschäftigen und zeigen, dass es absolut nicht nur die IT betrifft.

Der sogenannte Standardfluss „beschützt" uns vor dieser Gefahr. In Abbildung 2.15 auf der nächsten Seite haben wir ihn verwendet, erkennbar am kleinen schrägen Strich. Das Prinzip des Standardflusses ist einfach: Zuerst werden

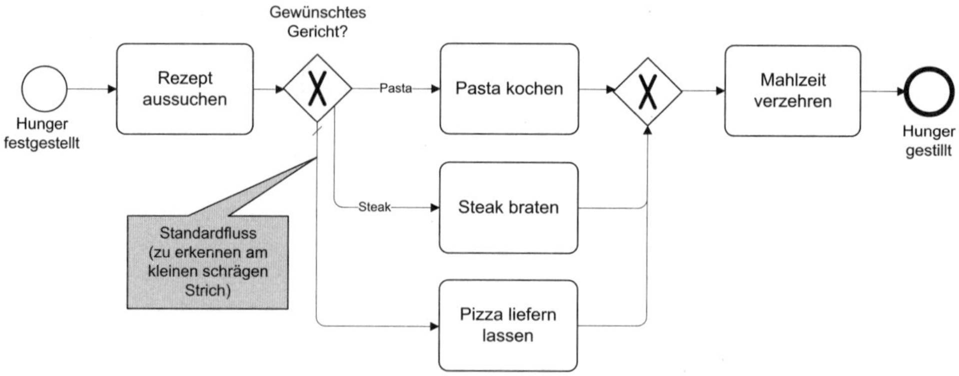

Abbildung 2.15: Der Standardfluss

alle anderen ausgehenden Pfade betrachtet. Nur wenn keiner dieser Pfade infrage kommt, wird der Standardfluss durchlaufen.

Bitte machen Sie aufgrund der Bezeichnung nicht den Fehler, den „Standardfluss" mit dem „üblichen" Fluss zu verwechseln. Das Symbol trifft keinerlei Aussage darüber, ob dieser Prozesspfad in den meisten Prozessinstanzen durchlaufen wird, das ist eine ganz andere Frage.

Unser BPMN-Knigge

Natürlich müssen Sie den Standardfluss nicht verwenden. Sie könnten stattdessen auch einen normalen Sequenzfluss zeichnen und „Sonstiges" o.Ä. dazuschreiben. Wir verwenden den Standardfluss immer dann, wenn die Gefahr des „Steckenbleibens" tatsächlich vorhanden ist und wir die damit verbundene Verwirrung im organisatorischen Prozessbetrieb vermeiden wollen. Bei einfachen Fragen, die nur mit „Ja" oder „Nein" beantwortet werden können, wäre diese Gefahr natürlich gleich null. Bei komplexeren Fragen, wo nicht alle möglichen Antworten mit Sicherheit im Vorfeld bedacht werden können, sähe das schon anders aus. Mit dem Standardfluss sehen wir auf einen Blick im Modell, ob wir für solche Fragen die Gefahr des Steckenbleibens ausgeschlossen haben. Unter dem Gesichtspunkt des Business-IT-Alignments gehört das natürlich zum guten Ton.

2.3.5 Komplexes Gateway

Das komplexe Gateway ist so ein Fall für sich. Es wird nicht häufig verwendet, auch wenn es durchaus Szenarien gibt, wo es ganz sinnvoll sein kann. Folgendes Beispiel: Wir wollen eine Pizza bestellen, schauen uns gleichzeitig die Speisekarte unseres Lieblingslieferanten an und recherchieren im Internet, ob es nicht viel-

Birkenhof
★★★★

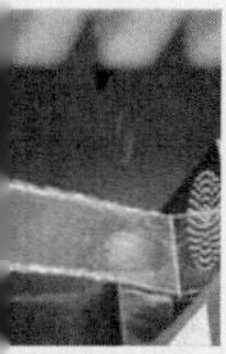

leicht auch mal einen alternativen Lieferanten gibt. Sobald die Recherche **in einer der beiden** Quellen ein Ergebnis bringt, bestellen wir die Pizza.

Wie können wir das modellieren? Der in Abbildung 2.16 gezeigte Versuch führt dazu, dass wir erst die Pizza bestellen, wenn die Recherche in **beiden** Quellen abgeschlossen ist. Die in Abbildung 2.17 gezeigte Alternative ist auch keine Option: Ausgehend vom Token-Konzept würden wir zweimal die Aufgabe „Pizza bestellen" ausführen (siehe auch die Übungsfrage in Abschnitt 2.3.2 auf Seite 30). Auch die Verwendung eines OR-Join wie in Abbildung 2.18 bringt nicht die Lösung: Ein OR-Join, bei dem ein Token ankommt, wird auf korrespondierende weitere Token warten, sofern diese noch kommen können, was ja in unserem Szenario der Fall ist. Es würde sich hier also genauso wie das AND-Gateway verhalten.

Die Lösung ist das komplexe Gateway (Complex-Gateway) in Kombination mit einer Anmerkung, zu sehen in Abbildung 2.19 auf der nächsten Seite. Sobald eine

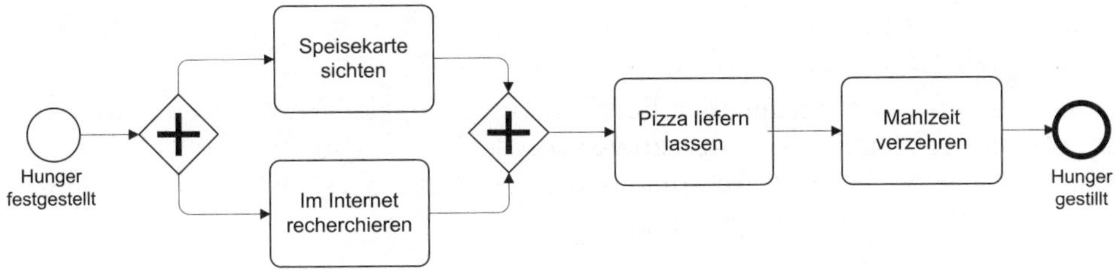

Abbildung 2.16: Die Pizza-Recherche mit AND-Join

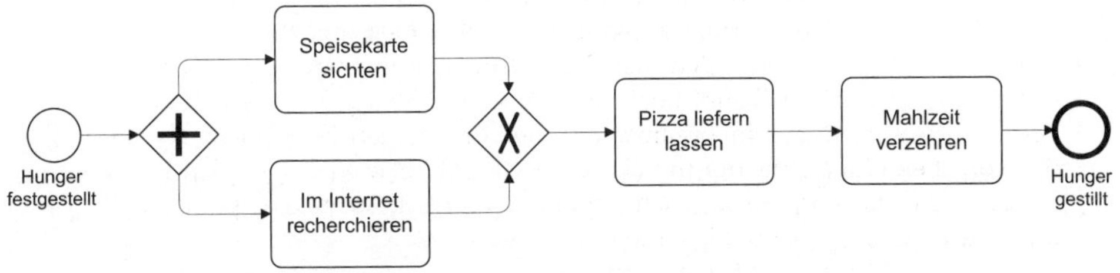

Abbildung 2.17: Die Pizza-Recherche mit XOR-Join

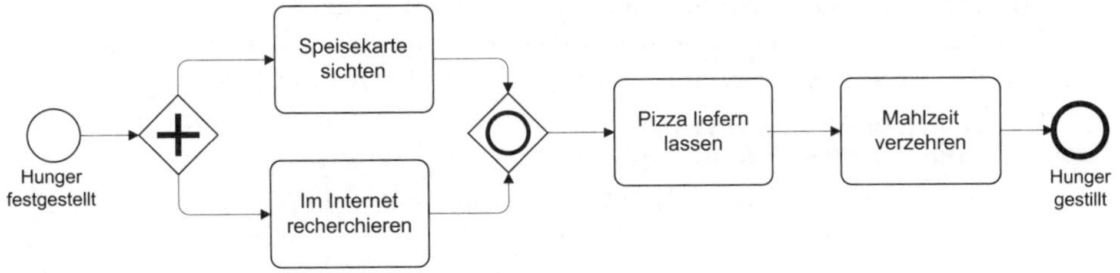

Abbildung 2.18: Die Pizza-Recherche mit OR-Join

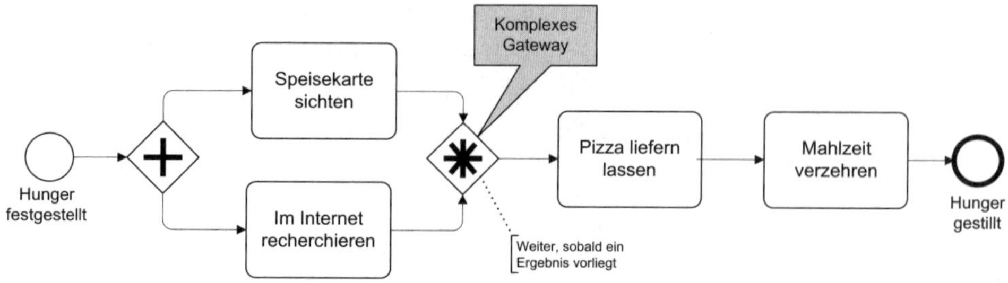

Abbildung 2.19: Die Pizza-Recherche mit Complex-Join

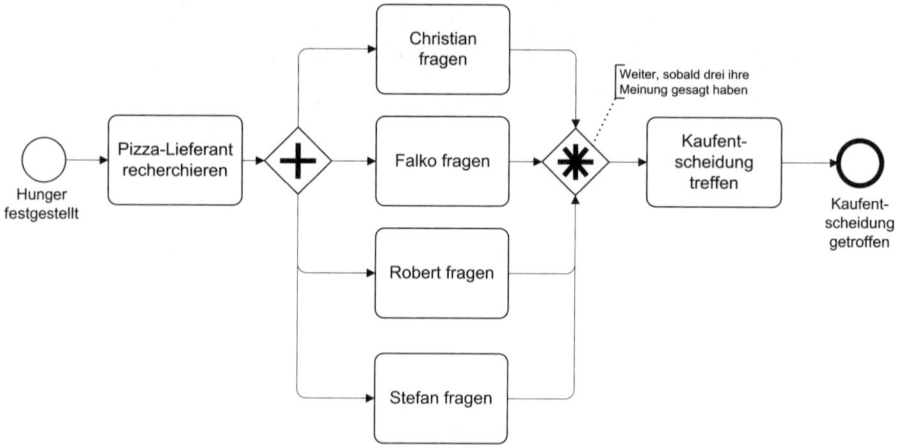

Abbildung 2.20: Mit komplexen Gateways können Sie auch sogenannte „M out of N-Joins“ realisieren.

der beiden Aufgaben abgeschlossen ist, wird das Token vom Complex-Join zur Aufgabe „Pizza bestellen“ geschickt. Wenn das nächste Token den Complex-Join erreicht, wird es einfach konsumiert und verschwindet.

Das weitere Anwendungsszenario für das komplexe Gateway ist ähnlich: Angenommen, wir führen vier Aufgaben gleichzeitig aus. Die fünfte Aufgabe soll ausgeführt werden, sobald drei der vier Aufgaben abgeschlossen sind. Auch dieses Synchronisationsverhalten lässt sich mit dem komplexen Gateway modellieren. Wir könnten beispielsweise vier unserer Freunde nach ihrer Meinung zu einem bestimmten Pizza-Lieferanten fragen. Sobald sich wenigstens drei davon geäußert haben, treffen wir unsere Kaufentscheidung (Abbildung 2.20).

Prinzipiell kann man das komplexe Gateway auch als Split verwenden, um zum Beispiel mehrere unterschiedliche Gateways in einem Symbol zusammenzufassen und somit Platz zu sparen. Der OR-Split aus dem Prozess in Abbildung 2.14 auf Seite 37 könnte durch ein komplexes Gateway ersetzt werden, indem man die

Split-Semantik in eine Anmerkung schreibt. Aber wirklich sinnvoll ist das eigentlich nicht, und wir haben das komplexe Gateway als Split weder jemals praktisch verwendet noch haben wir es jemals irgendwo in einem Praxismodell gesehen.

2.4 Prozesspfade ohne Gateways gestalten

Manche Menschen mögen die Gateways nicht. Sie finden, dass das Prozessdiagramm dadurch zu umfangreich oder gar „aufgebläht“ wird, und fragen sich, ob es nicht auch ohne die vielen Rauten geht. Das ist tatsächlich möglich: Man kann die Logik der XOR-, AND- und OR-Gateways auch direkt an den Aufgaben modellieren. Allerdings muss man damit vorsichtig umgehen, denn ein kompletter Verzicht auf Gateways ist in den seltensten Fällen möglich. Sehen wir uns das einmal kurz an.

In Abbildung 2.21 sehen Sie eine Alternative zum OR-Split sowie zum XOR-Join – das obere und das untere Prozessmodell stellen denselben Sachverhalt dar. Während der XOR-Join einfach dadurch erzeugt wird, dass die beiden Sequenzflüsse direkt in die Aufgabe 4 geleitet werden, existiert für den OR-Split in der Welt der Sequenzflüsse ein eigenes Symbol: der sogenannte bedingte Fluss, zu erkennen an der kleinen Raute bei Beginn des Pfeils. Dieses Symbol darf nur als

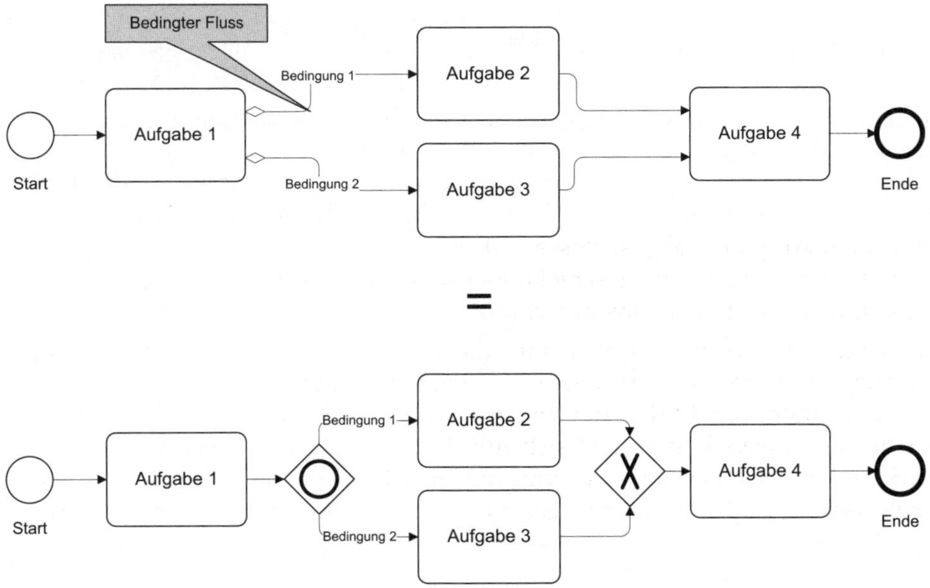

Abbildung 2.21: OR-Split und XOR-Join mit bedingten Flüssen

Ausgang an Aufgaben (bzw. Teilprozesse) angedockt werden, nicht aber an Gateways oder Ereignisse.

Was halten Sie von diesem Prozessmodell? Wenn Sie Abschnitt 2.3 auf Seite 27 aufmerksam gelesen haben, sollten Sie es sofort merken: Sofern nur eine der beiden Bedingungen gilt, ist alles in Ordnung. Wenn aber beide gelten, werden im OR-Split zwei Token generiert, die dank XOR-Join auch zweimal die Aufgabe 4 anstoßen. Das muss nicht zwangsläufig falsch sein. Aber es ist vermutlich nicht beabsichtigt. Und das bringt uns zum ersten Problem, das mit dem Verzicht auf Gateways verbunden ist:

Ohne Gateways können wir keine Synchronisationen (AND-Joins) modellieren.

Das zweite Problem ist die mangelnde Kombinierbarkeit von Bedingungsprüfungen. Die in Abbildung 2.22 dargestellte Prozesslogik lässt sich wegen des Zwischenereignisses ohne Gateways nicht darstellen.

Das dritte Problem betrifft die Tatsache, dass bedingte Flüsse derselben Semantik wie der OR-Split folgen, sich die definierten Bedingungen also nicht unbedingt gegenseitig ausschließen müssen. Das ist nicht unbedingt kritisch, denn gewissermaßen ist der OR-Split ja zum XOR-Split abwärtskompatibel. Aber Modellierer und Betrachter müssen sich dessen bewusst sein, und die Erfahrung hat gezeigt, dass es hier schnell zu Missverständnissen kommt.

Sollte man also besser gleich auf diesen Ansatz verzichten und grundsätzlich immer mit Gateways arbeiten? Nein, das muss auch nicht sein. Gerade wenn es um einfache Prozessmodelle geht, können die Gateways tatsächlich mehr Verwirrung als Nutzen stiften. Einfache Schleifen zum Beispiel lassen sich ohne XOR-Join besser darstellen, da dieser den unbedarften Leser häufig verwirrt. Außerdem dürfen wir in BPMN auch mehrere Sequenzflüsse aus Startereignissen heraus- bzw. in Endereignisse hineinlaufen lassen, was in Summe zu wesentlich kompakteren Diagrammen führen kann. In Abbildung 2.23 auf der nächsten Seite ist dersel-

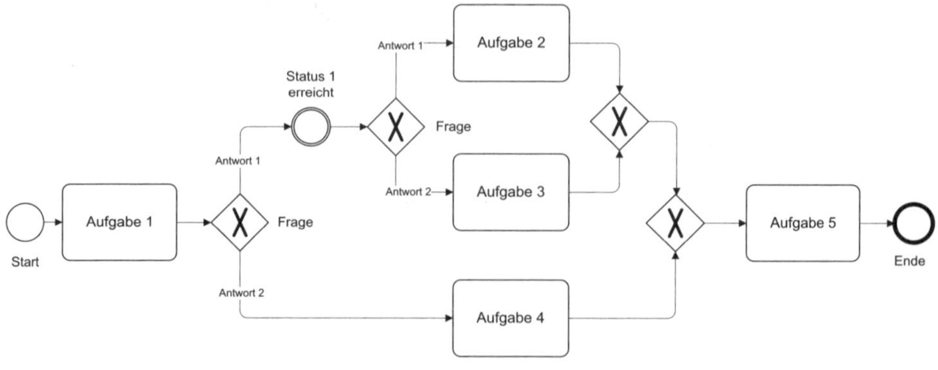

Abbildung 2.22: Kombinierte XOR-Gateways

be Prozess einmal mit und einmal ohne Gateways modelliert, um dies zu veranschaulichen. Streng genommen sind die beiden Modelle jedoch nicht identisch: Im oberen schließt das XOR-Gateway syntaktisch aus, dass mehrere Pfade durchlaufen werden können. Es setzt also voraus, dass Bedingung 1 und Bedingung 2 niemals gleichzeitig auftreten. Im unteren Prozessmodell ist das nicht der Fall, hier könnten auch beide Bedingungen eintreten.

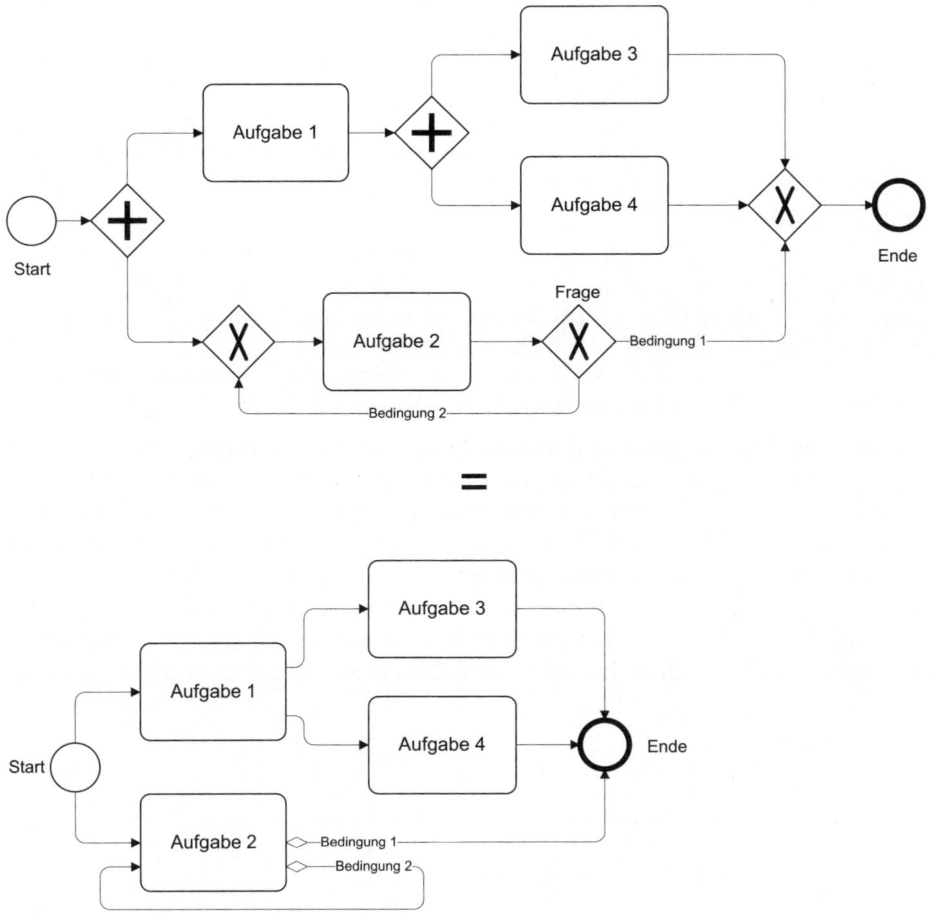

Abbildung 2.23: Beide Modelle beschreiben (fast) denselben Prozess.

2.5 Lanes

Bislang haben wir darüber gesprochen, **was** in unseren Prozessen zu tun ist. Völlig ungeklärt blieb bisher, **wer** für die Erledigung der einzelnen Aufgaben zuständig ist. Diese Frage kann in BPMN mithilfe von Lanes beantwortet werden.

In Abbildung 2.24 ist zu sehen, dass die Aufgaben unseres Beispielprozesses bestimmten Personen zugeordnet wurden. Aus dieser Zuordnung können wir die folgende Prozessbeschreibung ableiten: Wenn Christian Hunger hat, sucht er sich ein bestimmtes Rezept aus. Je nachdem, aus welchen Komponenten seine Mahlzeit bestehen soll, kann er sich entweder selbst darum kümmern (Pasta kochen) oder er spannt seine Mitbewohner ein: Falko muss dann das Steak braten bzw. Robert ist für den Salat zuständig. Am Ende kann Christian die Mahlzeit verzehren. Die drei Lanes (Christian, Falko, Robert) sind in einem Pool mit der Bezeichnung „Wohngemeinschaft" zusammengefasst. Pools besprechen wir ausführlich in Abschnitt 2.9 auf Seite 94.

In diesem Beispiel wurden die Lanes zwar mit Personen gleichgesetzt. Diese Semantik ist aber nicht durch die BPMN vorgegeben – Sie können die Lanes bezeichnen, wie Sie möchten. Lanes werden in der Praxis häufig auch für folgende Zuordnungen verwendet:

- Stellen der Primärorganisation, z.B. „Sachbearbeiter Buchhaltung"
- Rollen der Sekundärorganisation, z.B. „Datenschutzbeauftragter"
- Allgemeine Rollen, z.B. „Kunde"
- Abteilungen, z.B. „Vertrieb"
- IT-Anwendungen, z.B. „CRM-System"

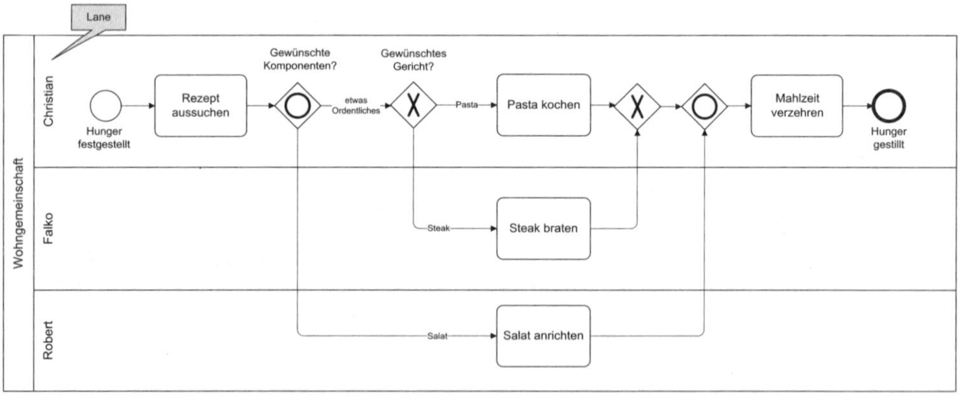

Abbildung 2.24: Mit Lanes können Zuständigkeiten dargestellt werden.

> ***BPMN-Tooling***
>
> Manche Tools erlauben es Ihnen, die Elemente in Ihrem Diagramm unterschiedlichen Kategorien oder Sichten zuzuordnen (z.B. durchführende Stellen, verantwortliche Stellen, unterstützende IT-Anwendungen etc.) und den Prozess in der jeweiligen Sicht anzuzeigen. Dadurch werden unterschiedliche Lanes eingeblendet und die Elemente entsprechend angeordnet.

Der Begriff „Lane" besitzt in der Welt der Prozessmodellierung übrigens eine gewisse Historie: Als „Swimlane-Darstellung" werden generell verschiedene Prozessnotationen bezeichnet, die eine Aufgabenzuordnung nach dem dargestellten Prinzip vornehmen. Dem Begriff liegt die Analogie zu einem Schwimmbecken zugrunde, in dem die einzelnen Schwimmer nur in den ihnen zugewiesenen Bahnen schwimmen.

In BPMN können Lanes auch verschachtelt sein, um eine Verfeinerung der Zuständigkeiten darzustellen (siehe Abbildung 2.25).

Der Umgang mit Lanes ist in der Praxis oft verzwickter, als man zunächst annehmen darf. In unserem kleinen Prozess beispielsweise gehen wir von einer klaren Aufteilung der Aufgaben aus. Aber was machen wir, wenn auch Falko und Robert essen wollen? Syntaktisch falsch wäre eine Darstellung wie in Abbildung 2.26 auf der nächsten Seite – das dürfen Sie nicht machen. Ein Flussobjekt (Aktivität, Ereignis, Gateway) darf immer nur innerhalb einer Lane positioniert sein.

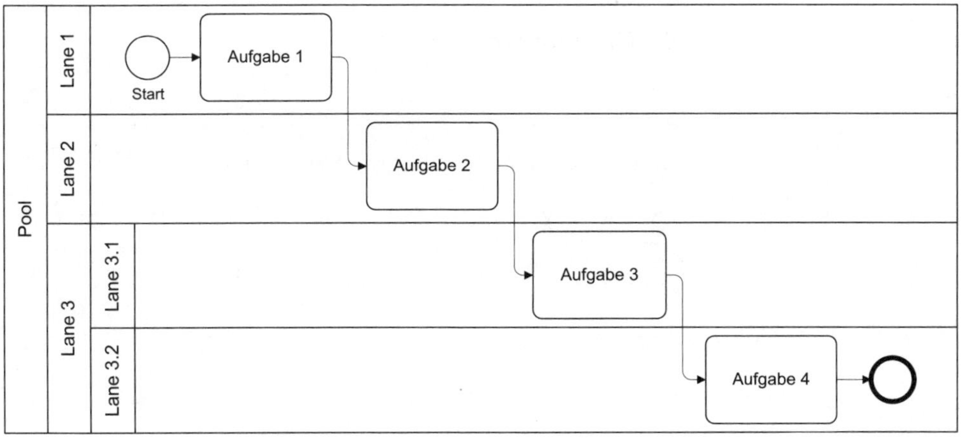

Abbildung 2.25: Verschachtelung von Lanes

> ***Unser BPMN-Knigge***
>
> Auch in Bezug auf die vertikale Reihenfolge von Aufgaben macht Ihnen die BPMN keine Vorschriften: In Abbildung 2.25 auf der vorherigen Seite beginnt der Prozess links oben und endet rechts unten, was unserer Konvention entspricht. Sie können ihn aber genauso gut von links unten nach rechts oben modellieren. Wie immer ist es entscheidend, dass Sie sich für einen Stil entscheiden und diesen konsequent anwenden, damit die Diagramme einheitlich aufgebaut und somit einfacher lesbar sind.

Die Lösung für dieses Szenario besteht darin, die Aufgabe mehrmals anzulegen und den jeweiligen Personen zuzuordnen (Abbildung 2.27). Das ergibt auch inhaltlich einen Sinn, weil die Aufgabe ja nun tatsächlich dreimal ausgeführt wird. Diese Darstellung kann allerdings auch zu Missverständnissen führen: Es ist nicht direkt ersichtlich, dass alle drei gemeinsam essen. In diesem Fall ist das vielleicht

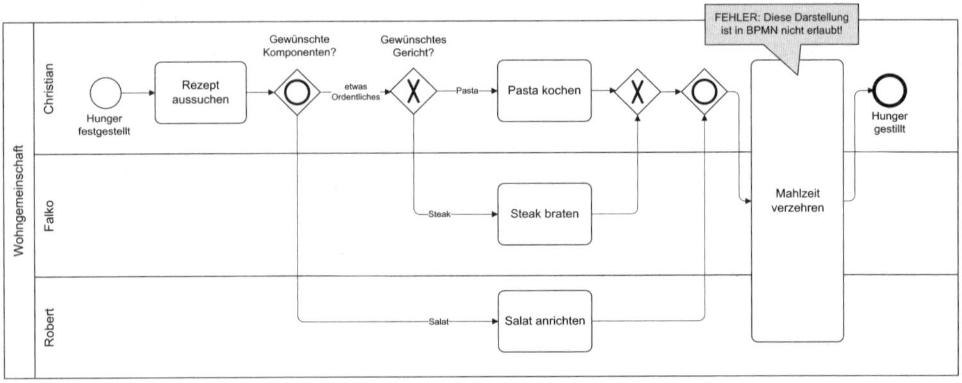

Abbildung 2.26: Falscher Umgang mit Lanes

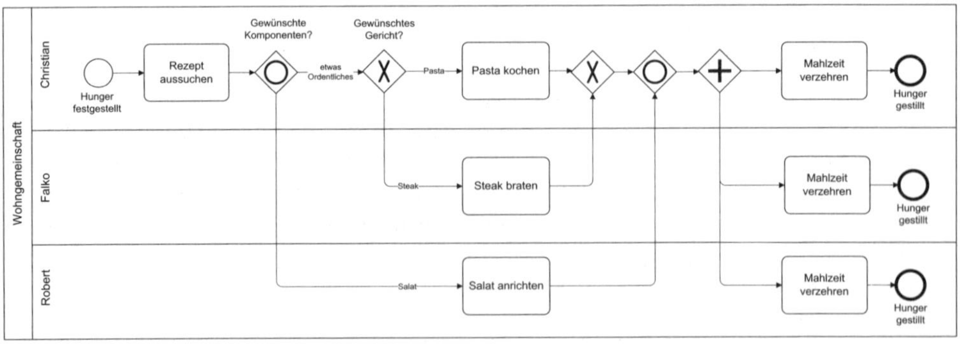

Abbildung 2.27: Richtiger Umgang mit Lanes

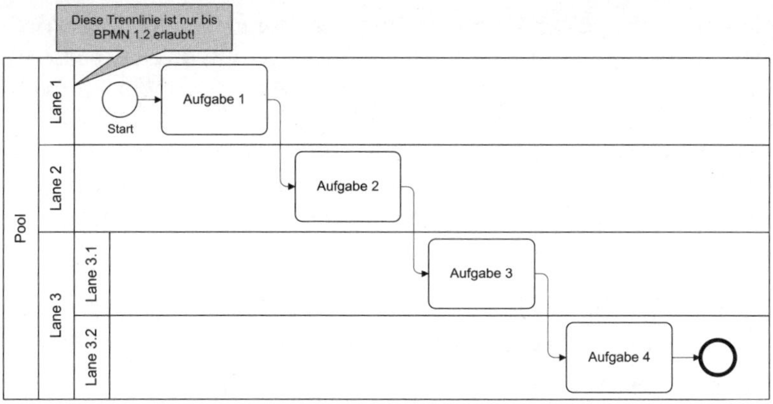

Abbildung 2.28: Die Trennlinien zwischen Lane-Header und Lane-Body sind nur bis BPMN 1.2 erlaubt.

nicht kritisch. Aber wenn eine tatsächliche Zusammenarbeit stattfinden soll, beispielsweise die Aufgabe „Gutachten erstellen", ist nicht mehr klar, ob jeder ein eigenes Dokument erstellt oder alle ein gemeinsames. In diesem Fall könnte man sich mit einem Gruppierungsrahmen behelfen, den wir in Abschnitt 2.11.1 auf Seite 105 vorstellen.

Hinweis: In unseren Prozessdiagrammen sind die Beschriftungen für die Lanes nicht von der Lane selbst getrennt. Dies entspricht dem Stand von BPMN 2.0, wo eine solche Trennung explizit verboten wird. Bis zur BPMN 1.2 war sie hingegen erlaubt, weshalb es durchaus sein kann, dass Sie in Ihrer BPMN-Praxis auch noch Diagramme wie in Abbildung 2.28 zu sehen bekommen bzw. mit Ihrem Tool nur solche Diagramme zeichnen können.

2.6 Ereignisse

2.6.1 Bedeutung in BPMN

Mit den Aufgaben und Gateways haben wir zwei von drei Flusselementen kennengelernt: Dinge müssen getan werden (Aufgaben), und zwar unter bestimmten Umständen (Gateways). Das noch fehlende Flusselement sind Dinge, die passieren: Ereignisse. Diese sind für BPMN-Prozessmodelle kaum weniger wichtig als Aufgaben oder Gateways, weshalb wir uns zunächst mit einigen Basisprinzipien der Anwendung beschäftigen müssen. Folgende Unterscheidung haben wir bereits in Abschnitt 2.2 auf Seite 25 kennengelernt:

- Eingetretene Ereignisse und ausgelöste Ereignisse
- Startereignisse, Zwischenereignisse und Endereignisse

Eingetretene Ereignisse heißen im Original „catching events", was wörtlich übersetzt „fangende Ereignisse" bedeutet. Gemeint ist damit, dass diese Ereignisse auf einen definierten Auslöser (engl. „trigger") bezogen sind und als eingetreten gelten, sobald dieser Auslöser „gefeuert" wurde. Das ist ein relativ umständliches gedankliches Konstrukt, weshalb wir einfach von „eingetretenen Ereignissen" sprechen. Der springende Punkt ist, dass diese Ereignisse den Prozessverlauf beeinflussen und deshalb modelliert werden müssen. Eingetretene Ereignisse können dazu führen, dass:

- der Prozess gestartet wird,
- der Prozess oder ein Prozesspfad fortgesetzt wird,
- die aktuell in Bearbeitung befindliche Aufgabe oder der Teilprozess abgebrochen wird,
- während der Bearbeitung einer Aufgabe oder eines Teilprozesses ein weiterer Prozesspfad durchlaufen wird (ab BPMN 2.0).

Ausgelöste Ereignisse heißen im Original „throwing events", also „werfende Ereignisse". In diesem Fall geht die BPMN von Ereignissen aus, die selbst einen Auslöser feuern, anstatt darauf zu reagieren, dass ein Auslöser gefeuert wurde. Es sind sozusagen die aktiven Varianten der eingetretenen Ereignisse. In der Kurzfassung kann man von „ausgelösten Ereignissen" sprechen, da diese Ereignisse durch den Prozess ausgelöst werden. Ausgelöste Ereignisse können:

- während des Prozesses ausgelöst werden,
- am Ende des Prozesses ausgelöst werden.

Startereignisse sind demzufolge stets eingetretene Ereignisse – der Prozess kann ja kein Ereignis auslösen, bevor er überhaupt gestartet wurde. Die einfachste Verwendung eines Startereignisses ist in Abbildung 2.29 zu sehen: Sobald das Ereignis eintritt, wird der Prozess gestartet.

Hinweis: Das Fragezeichen im Kreis soll andeuten, dass dieses Ereignis einem bestimmten Typen zugeordnet sein kann – bislang haben wir ja nur die Blankoereignisse kennengelernt. Die möglichen Ereignistypen werden in den nachfolgenden Abschnitten erläutert.

Mitunter können auch unterschiedliche Ereignisse den Prozess auslösen, was man prinzipiell wie in Abbildung 2.30 auf der nächsten Seite modellieren kann. Wichtig ist hier, dass jedes Ereignis eine eigene Prozessinstanz auslösen wird.

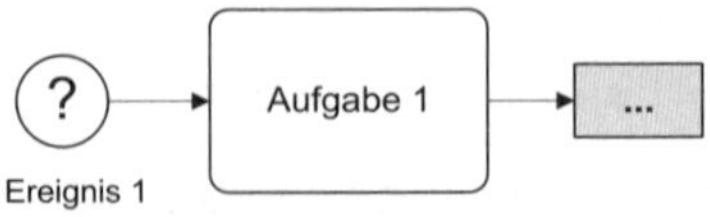

Abbildung 2.29: Sobald Ereignis 1 eintritt, wird der Prozess gestartet.

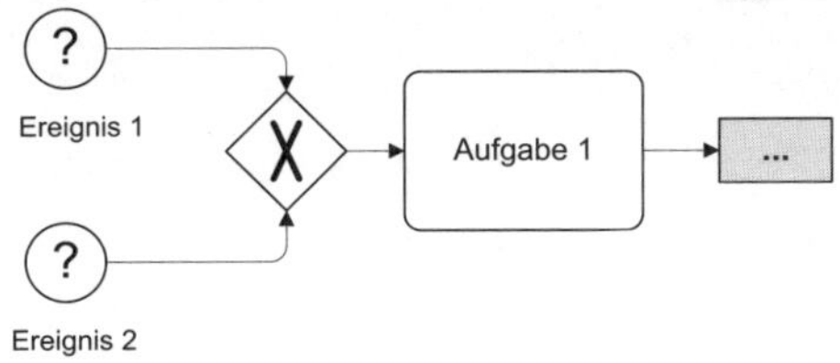

Abbildung 2.30: Sobald Ereignis 1 **oder** Ereignis 2 eintritt, wird der Prozess gestartet.

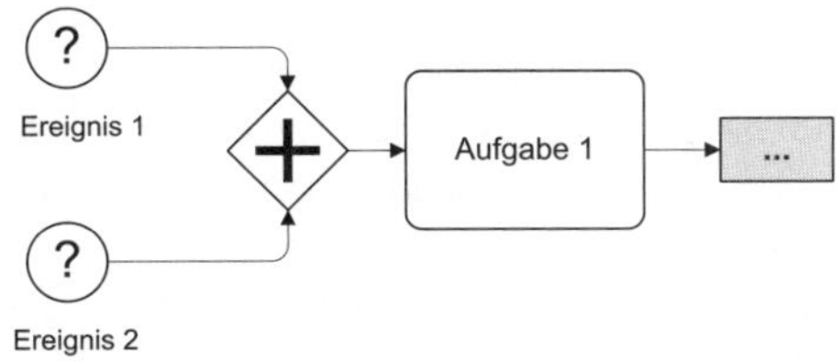

Abbildung 2.31: Schlecht: Dieses Modell würde streng genommen zu einem „Deadlock" führen.

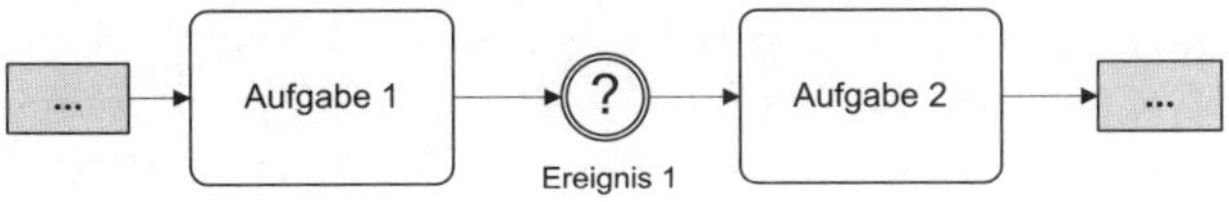

Abbildung 2.32: Nach Aufgabe 1 wird gewartet, bis Ereignis 1 eingetreten ist. Erst dann geht es mit Aufgabe 2 weiter.

Wenn man hingegen modellieren möchte, dass mehrere Ereignisse eintreten müssen, bevor der Prozess startet, würden viele das intuitiv wie in Abbildung 2.31 gezeigt machen. Leider ist diese Darstellung nicht wirklich korrekt, auch wenn das für BPMN-Anfänger oft schwer nachvollziehbar ist. Der Grund ist, dass der AND-Join nicht die in Abschnitt 2.1.4 auf Seite 23 bereits erwähnte Korrelation unterstützt, sodass die beiden Ereignisse nicht als zusammengehörig erkannt werden. Wir erklären das Problem in Abschnitt 2.6.14 auf Seite 68 noch mal genauer und beschreiben die Lösung, die uns BPMN 2.0 hierfür zur Verfügung stellt.

Für die Fortsetzung des Prozesses kann es notwendig sein, dass ein bestimmtes **Zwischenereignis** eintritt. Dieser Sachverhalt wird wie in Abbildung 2.32 dargestellt: Wenn Aufgabe 1 erledigt ist, muss zunächst das Ereignis 1 eintreten, bevor Aufgabe 2 erledigt werden kann. Dem Token-Ansatz folgend, wartet das Token so lange an Ereignis 1, bis es eintritt. Dann erst läuft das Token weiter und startet Aufgabe 2.

Hinweis: Das Blanko-Zwischenereignis ist (wie in Abschnitt 2.2 auf Seite 25 bereits erläutert) **kein** eintretendes Ereignis, sondern gehört zu den ausgelösten Ereignissen.

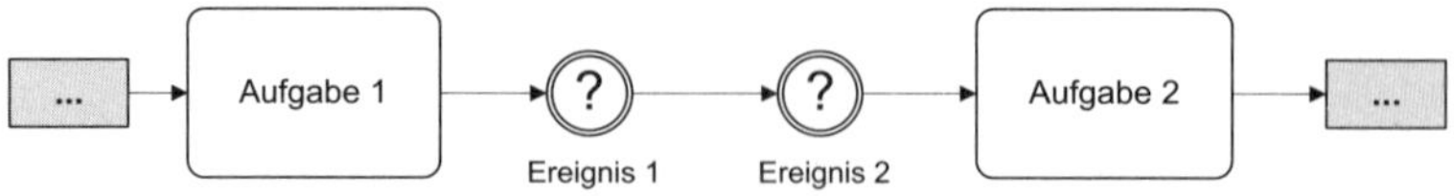

Abbildung 2.33: Sequentielle Zwischenereignisse können auch nur nacheinander erkannt werden.

Wie können wir darstellen, dass der Prozess auf zwei Ereignisse warten muss? Die in Abbildung 2.33 dargestellte Fassung ist ungünstig: Wenn Aufgabe 1 abgeschlossen ist, wandert das Token weiter und wartet darauf, dass Ereignis 1 eintritt. Wenn jetzt bereits Ereignis 2 eintreten sollte, wird das Token das nicht mitbekommen. Schlimmer noch: Wenn dann irgendwann auch Ereignis 1 eintritt, wandert das Token weiter und wartet jetzt darauf, dass Ereignis 2 eintritt. Das ist jedoch längst eingetreten, sodass das Token ewig warten wird. Die Semantik der eintretenden Ereignisse ist also nicht, dass ein Zustand geprüft wird, der eventuell bereits seit Längerem erreicht wurde, sondern das eintretende Ereignis wird als ein „vergängliches" Signal bewertet, das sofort nach dem Eintreten wieder „verpufft". Der Prozess kann das Ereignis also nur dann verarbeiten, wenn er auch genau in dem Augenblick darauf wartet, in dem es eintritt. Diese „strenge Verpuffungs-Semantik", wie wir sie nennen, kann bei der rein fachlichen Prozessmodellierung meistens ignoriert werden, muss aber bei der technischen Prozessmodellierung beachtet werden (Abschnitt 5.4.2).

Wenn wir auf zwei Ereignisse warten wollen, die unabhängig voneinander eintreten können, aber zur Fortsetzung des Prozesses beide eingetreten sein müssen, verwenden wir deshalb die Darstellung aus Abbildung 2.34.

In BPMN können wir auch eintretende Zwischenereignisse modellieren, auf die nicht explizit gewartet wird, sondern die uns bei laufenden Aktitvitäten unterbrechen. Das gilt sowohl für Aufgaben als auch für die später behandelten Teilprozesse. Solche Zwischenereignisse sind „angeheftet" (engl. „attached"), weil wir sie am Rand der zu unterbrechenden Aktivität positionieren. Ein Token, das den in Abbildung 2.35 auf der nächsten Seite gezeigten Prozessabschnitt durchläuft, würde sich wie folgt verhalten:

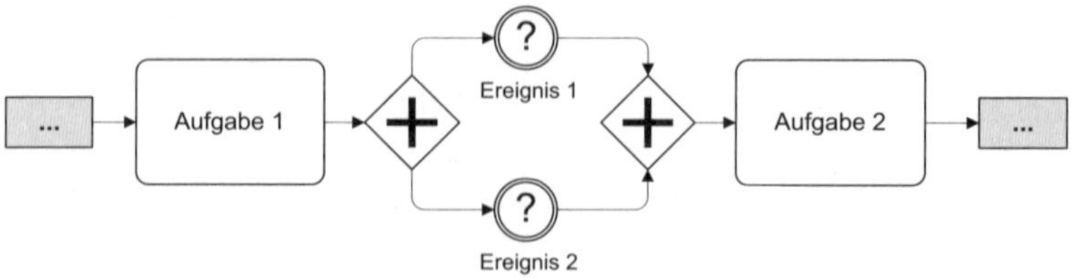

Abbildung 2.34: Mit dem AND-Gateway können wir auf mehrere Ereignisse gleichzeitig warten.

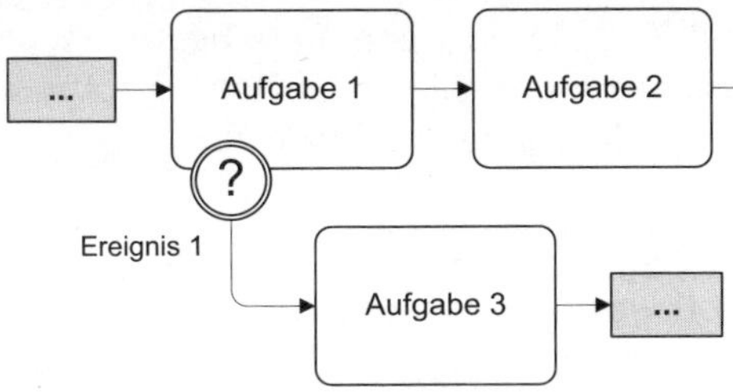

Abbildung 2.35: Das Eintreten von Ereignis 1 führt zum Abbruch von Aufgabe 1 und startet Aufgabe 3.

- Es wandert zu Aufgabe 1, die entsprechend gestartet wird.
- Wenn das Ereignis 1 eintritt, während Aufgabe 1 in Bearbeitung ist, wird Aufgabe 1 sofort abgebrochen, und das Token wandert über den Ausnahmefluss zu Aufgabe 3.
- Wenn das Ereignis 1 hingegen nicht eintritt, wird die Aufgabe 1 abgearbeitet, und das Token wandert über den regulären Sequenzfluss zu Aufgabe 2.
- Wenn das Ereignis 1 erst eintritt, nachdem die Aufgabe 1 abgearbeitet ist, hat dies keine Bedeutung mehr.

Bis BPMN 1.2 führten angeheftete Zwischenereignisse zwangsläufig immer zum Abbruch der Aktivität (Ausnahme: Kompensationsereignisse). Das kann problematisch sein. Deshalb wurde in der BPMN 2.0 ein neues Symbol definiert: das nicht-unterbrechende angeheftete Zwischenereignis. Das klingt zwar sperrig, ist aber eigentlich sehr praktisch. Das Token durchwandert den in Abbildung 2.36 gezeigten Prozessabschnitt wie folgt:

- Es wandert zu Aufgabe 1, die entsprechend gestartet wird.
- Wenn das Ereignis 1 eintritt, während Aufgabe 1 in Bearbeitung ist, wird das Token geklont: Die Aufgabe 1 wird weiter bearbeitet, gleichzeitig wandert das

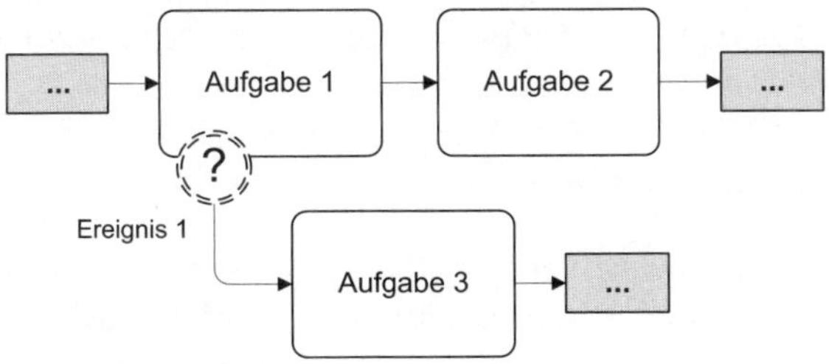

Abbildung 2.36: Das Eintreten von Ereignis 1 führt zum Start von Aufgabe 3, während Aufgabe 1 weiterhin bearbeitet wird.

zweite Token zu Aufgabe 3, die nun ebenfalls bearbeitet wird. Dieser Vorgang kann sich sogar mehrmals abspielen, sprich: Das Ereignis könnte auch mehrmals auftreten und würde jedes Mal zum Erzeugen eines weiteren Tokens führen.

- Wenn das Ereignis 1 hingegen nicht eintritt, wird die Aufgabe 1 abgearbeitet, und das Token wandert über den regulären Sequenzfluss zu Aufgabe 2.
- Wenn das Ereignis 1 erst eintritt, nachdem die Aufgabe 1 abgearbeitet ist, hat dies keine Bedeutung mehr.

Ausgelöste Zwischenereignisse werden durch den Prozess getriggert. Das bedeutet: Ein Token, das bei einem solchen Ereignis ankommt, löst es aus und wandert sofort weiter. Ausgelöste Ereignisse führen nicht zum Abbruch einer Aktivität, weshalb sie niemals „angeheftet" werden können, sondern nur im Sequenzfluss auftreten. Wir kennen bereits das Blanko-Zwischenereignis, mit dem der Eintritt in einen definierten Status modelliert werden kann. Auch das ist ein ausgelöstes Ereignis.

In den folgenden Abschnitten stellen wir die einzelnen Ereignistypen vor, die Sie bei der Arbeit mit BPMN benutzen können:

- Nachrichten
- Zeit
- Fehler
- Bedingungen
- Signale
- Terminierungen
- Links
- Kompensation
- Mehrfach
- Abbruch

Außerdem erklären wir, wie Sie mit dem ereignisbasierten Gateway auf unterschiedliche Ereignisse reagieren können und welche Neuigkeiten uns BPMN 2.0 hier beschert hat.

2.6.2 Nachrichten

Die meisten Prozesse erfordern früher oder später eine Kommunikation, die sich in BPMN mithilfe des Nachrichtenereignisses abbilden lässt, das Sie am kleinen Briefumschlag erkennen. Die generellen Verwendungsmöglichkeiten des Nachrichtenereignisses sehen Sie in Abbildung 2.37 auf der nächsten Seite.

Der Begriff „Nachricht" ist hierbei aber nicht auf Briefe, E-Mails oder Anrufe beschränkt. Prinzipiell ist in BPMN jeder Vorgang eine Nachricht, der sich auf einen spezifischen Adressaten bezieht und für diesen eine Information darstellt oder enthält. In Abbildung 2.38 ist beispielsweise das Thema Pizza-Bestellung ausmodelliert: Wir suchen uns eine Pizza aus und bestellen sie.

Danach warten wir darauf, dass sie geliefert wird. Wenn das geschehen ist (wir sie also erhalten haben), können wir sie verzehren. Wie Sie sehen, existiert keine Aufgabe „Pizza bestellen". Tatsächlich wäre eine Darstellung wie in Abbildung 2.39 gezeigt falsch: Das ausgelöste Zwischenereignis „Pizza bestellt" impliziert bereits, dass wir die Pizza bestellt haben. Wenn jetzt eine entsprechende Aufgabe hinzukäme, wäre das doppelt definiert und deshalb unsinnig.

Eine Nachricht, die zum Abbruch führt, ist in Abbildung 2.40 auf der nächsten Seite zu sehen: In diesem Szenario verdienen wir unser Geld als Administrator einer Webanwendung. Wenn wir von einem Anwender den Hinweis erhalten, dass die Webseite nicht mehr funktioniert, machen wir uns sofort an die Fehlersuche. Möglicherweise hat der Anwender sich aber geirrt, und die Webseite ist gar nicht kaputt – vielleicht hatte der Anwender auch zwischendurch nur seine Verbindung zum Internet verloren. Sofern er uns über den blinden Alarm informiert, werden

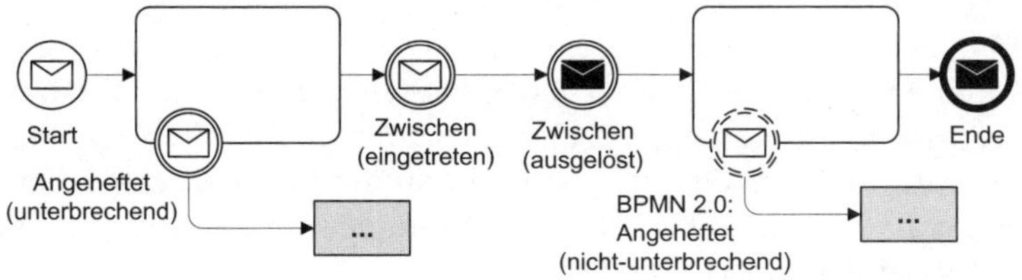

Abbildung 2.37: Verwendungsmöglichkeiten des Nachrichtenereignisses

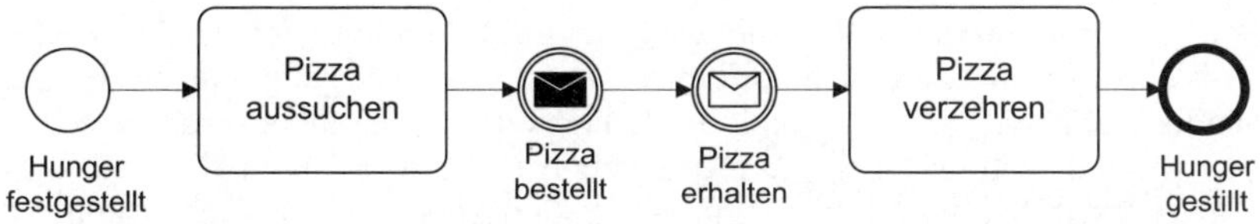

Abbildung 2.38: Pizza bestellen und erhalten als Nachrichtenereignisse

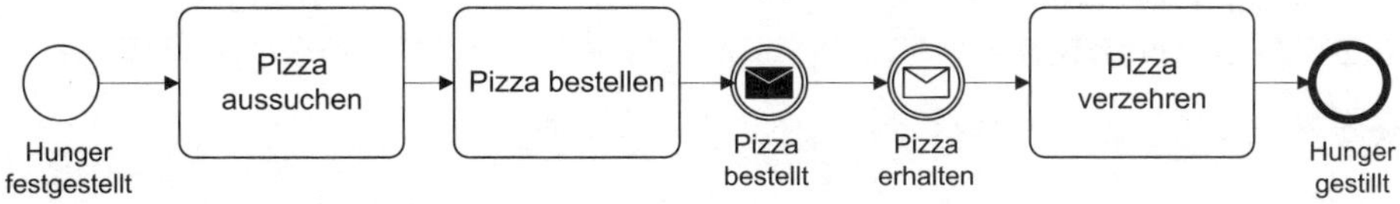

Abbildung 2.39: Inhaltlich falsch: Laut diesem Prozessmodell würden wir die Pizza zweimal bestellen.

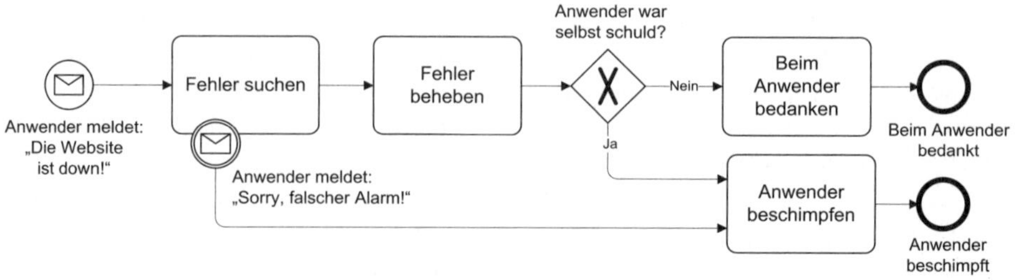

Abbildung 2.40: Das angeheftete Nachrichtenereignis führt zum Abbruch der Aufgabe „Fehler suchen".

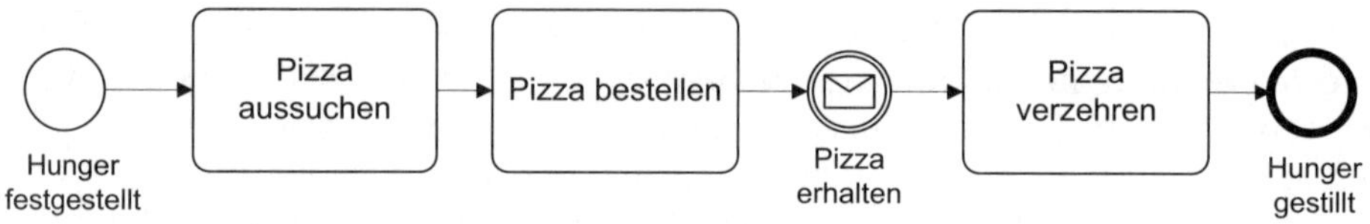

Abbildung 2.41: Unsere Konvention: Aufgaben für das Senden, Ereignisse für den Empfang von Nachrichten

wir die Fehlersuche abbrechen und ihn für die Falschmeldung wüst beschimpfen. Falls der Fehler hingegen tatsächlich gefunden wird, können wir ihn beheben und dabei gleich prüfen, durch wessen Schuld er entstanden ist. Möglicherweise hat der Anwender ihn ja durch eine falsche Bedienung selbst hervorgerufen, wofür er natürlich ebenfalls beschimpft wird. Falls er hingegen unschuldig ist, werden wir uns bei ihm für seinen Hinweis bedanken.

> ***Unser BPMN-Knigge***
>
> Vielleicht geht Ihnen das anders, aber wir sind mit dem ausgelösten Zwischenereignis nicht immer glücklich: Die Implikation einer Aufgabe (Nachricht versenden), ohne dass diese explizit modelliert wird, kann unbedarfte Betrachter solcher Modelle schnell verwirren. In solchen Fällen verzichten wir auf ausgelöste Zwischenereignisse, wenn es um den Versand von Nachrichten geht, und verwenden stattdessen eine Aufgabe (siehe Abbildung 2.41). In Abschnitt 2.7 auf Seite 72 werden wir lernen, dass es für den Versand und Empfang von Nachrichten sogar spezielle Aufgabentypen in BPMN gibt.

2.6.3 Zeit

Das Zeitereignis wird in der praktischen Arbeit mit BPMN sehr gern verwendet. Das liegt auch daran, dass man es recht flexibel einsetzen kann. Das Zeitereignis erkennen Sie an der Uhr, die Verwendungsmöglichkeiten sind in Abbildung 2.42 zu sehen.

Als Startereignis können Sie es beispielsweise nutzen, um einen Prozess:

- in Intervallen zu starten,
- regelmäßig zu einem bestimmten Zeitpunkt zu starten,
- in zeitlicher Relation zu einem anderen Ereignis zu starten,
- einmalig zu einem bestimmten Zeitpunkt zu starten.

Als Zwischenereignis kann es den Prozess anhalten, bis:

- ein definierter Zeitpunkt erreicht ist,
- eine definierte Zeitspanne verstrichen ist,
- ein Zeitpunkt erreicht ist, der in Relation zu einem anderen Ereignis steht.

In Abbildung 2.44 auf der nächsten Seite sind einige Beispiele für diese Nutzungsmöglichkeiten zu sehen. Ein Zeitereignis kann naheliegenderweise niemals durch den Prozess ausgelöst werden – auf die Zeit haben wir keinen Einfluss. Dementsprechend existiert dieser Ereignistyp nur als eingetretenes Start- bzw. Zwischenereignis.

Gerade das angeheftete Zeitereignis wird sehr gerne genutzt, weil man damit „Timeouts" modellieren kann: zeitliche Obergrenzen, mit denen man beispielsweise eine maximale Bearbeitungsdauer für eine Aufgabe festlegt. In Abbildung 2.43

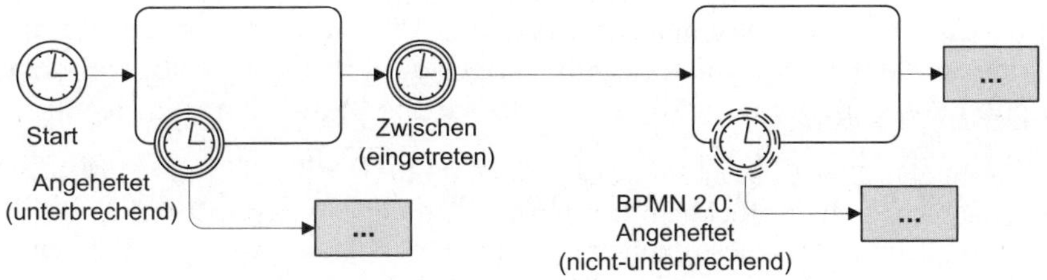

Abbildung 2.42: Verwendungsmöglichkeiten des Zeitereignisses

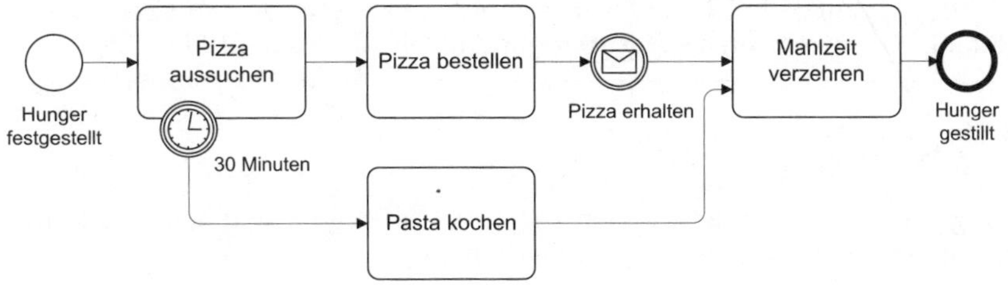

Abbildung 2.43: Der Timeout für die Aufgabe „Pizza aussuchen" beträgt 30 Minuten.

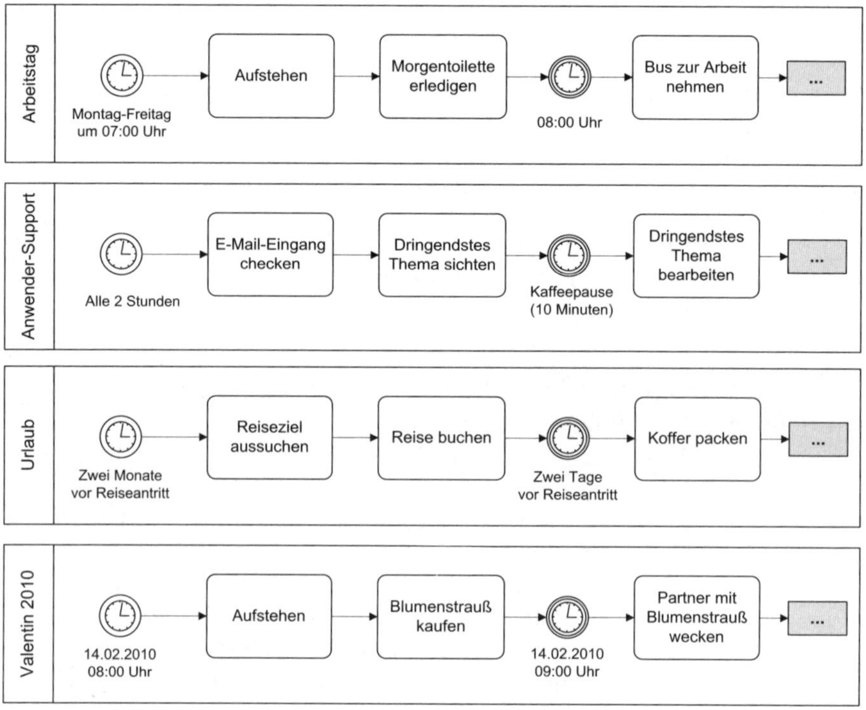

Abbildung 2.44: Beispiele für Zeitereignisse

sehen wir einen Prozess, bei dem die Aufgabe „Pizza aussuchen" maximal 30 Minuten dauern darf. Sobald die Aufgabe länger dauert, wird sie abgebrochen, und wir kochen Pasta. In beiden Fällen werden wir die Mahlzeit am Ende verzehren.

Erst mit der BPMN 2.0 können auch nicht-unterbrechende Zeitereignisse angeheftet werden. Ein Beispiel hierfür sehen wir in Abbildung 2.45: Bevor wir essen

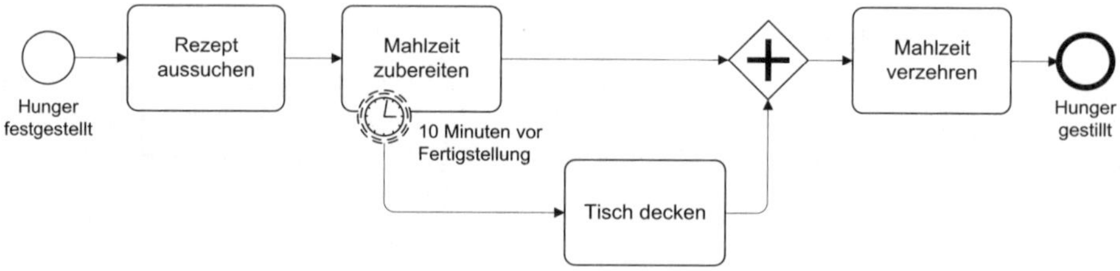

Abbildung 2.45: Ab BPMN 2.0 können wir auch Zeitereignisse anheften, die nicht zum Abbruch führen, sondern ein weiteres Token generieren.

können, müssen wir die Mahlzeit zubereiten und den Tisch decken. Letzteres machen wir aber nicht sofort, sondern erst 10 Minuten, bevor das Essen fertig ist.

2.6.4 Fehler

Laufen Ihre Prozesse vollständig fehlerfrei? Wenn nicht, können Sie die möglicherweise auftretenden Fehler in Ihren Prozessmodellen berücksichtigen, um die jeweilige Behebung oder Eskalation darzustellen. Fehlereignisse werden durch einen kleinen Blitz symbolisiert und können wie in Abbildung 2.46 gezeigt verwendet werden.

Was genau ein solcher „Fehler" sein kann, ist in der BPMN-Spezifikation nicht geregelt – das müssen Sie als Modellierer entscheiden. In Abschnitt 4.5.1 auf Seite 168 geben wir dazu einige Praxistipps.

Ein Fehler ist in BPMN ein sehr schwerwiegendes Ereignis – deshalb kann er nur als angeheftetes Zwischenereignis modelliert werden, um zu zeigen, dass bei einem Fehler in der Ausführung der Aufgabe eine bestimmte Fehlerbehandlung vorzunehmen ist. Als ausgelöstes Ereignis kann es nur am Ende eines Prozesspfades modelliert werden. Damit erhält der Teilnehmer selbst die Möglichkeit, seinen Prozess als „gescheitert" zu kennzeichnen. Diese Kennzeichnung wiederum sollte vom Oberprozess erkannt und seinerseits behandelt werden. Das Zusammenspiel zwischen Ober- und Teilprozessen wird in Abschnitt 2.8 auf Seite 78 erklärt. Dort finden Sie auch ein Beispiel zur Verwendung des Fehlerereignisses.

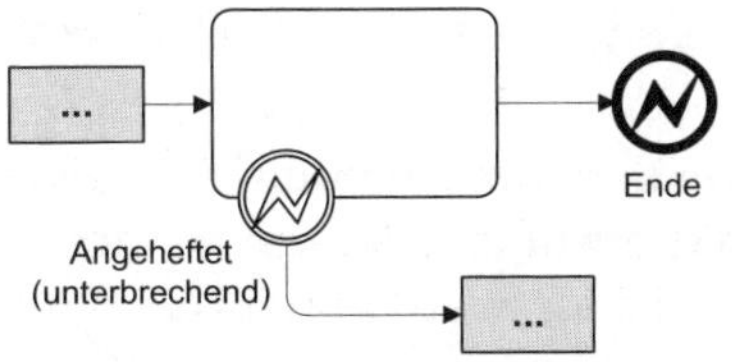

Abbildung 2.46: Verwendungsmöglichkeiten des Fehlerereignisses

2.6.5 Bedingungen

Mitunter soll ein Prozess nur gestartet oder fortgesetzt werden, wenn eine bestimmte Bedingung eingetreten ist. Wie Sie sich vielleicht schon denken, ist das natürlich ein weites Feld: Alles Mögliche kann eine Bedingung sein. Der springende Punkt ist, dass diese Bedingung völlig unabhängig vom Prozess erfüllt wurde, also außerhalb seines Einflussbereiches. Deshalb ist die Bedingung neben dem Zeitereignis der einzige Ereignistyp, der nur als eingetretenes Ereignis existiert. Eine Bedingung im Sinne dieses Ereignisses kann also nicht durch den Prozess ausgelöst werden (Abbildung 2.47 auf der nächsten Seite).

Auch unser Pizza-Prozess könnte mit Bedingungen angereichert werden. Der Prozess in Abbildung 2.48 auf der nächsten Seite startet, wenn wir uns eine Tiefkühl-

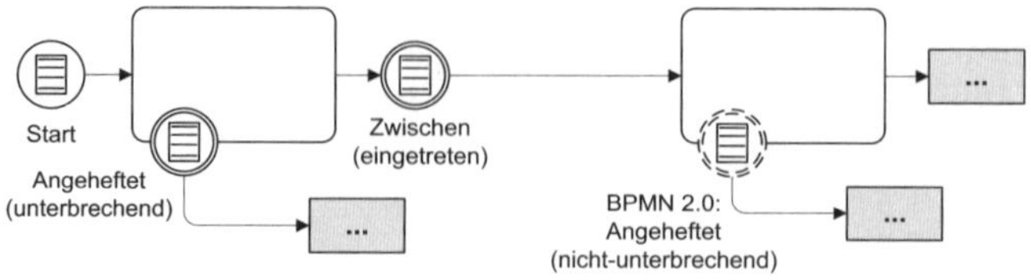

Abbildung 2.47: Verwendungsmöglichkeiten des Bedingungsereignisses

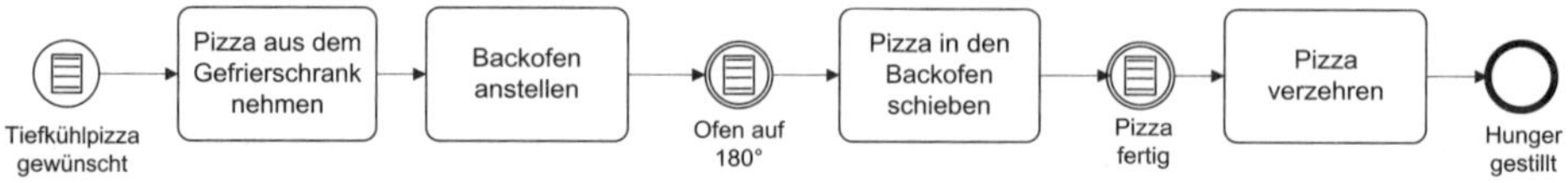

Abbildung 2.48: Pizza-Backen mit ausmodellierten Bedingungen

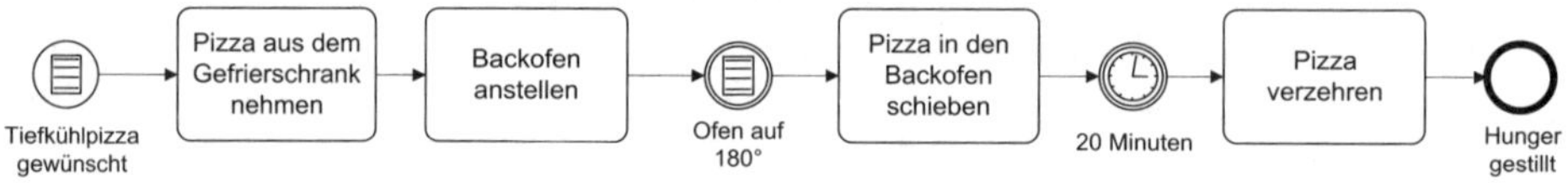

Abbildung 2.49: Pizza-Backen mit Angabe, wie lange die Pizza im Ofen bleiben soll

pizza wünschen. Dann nehmen wir diese aus dem Gefrierschrank und stellen den Backofen an. Erst wenn der Ofen 180° warm ist, schieben wir die Pizza hinein, und erst wenn sie fertig ist, holen wir sie wieder heraus, um sie zu verzehren.

Wenn wir wissen, wie lange unsere Pizza braucht, um zu garen, können wir diese Angabe natürlich auch im Prozessmodell präzisieren und das letzte Bedingungsereignis durch ein Zeitereignis ersetzen. Dann sähe das Ganze so aus wie in Abbildung 2.49.

2.6.6 Signale

Signale ähneln Nachrichten, weshalb sie in der BPMN genau wie die Nachrichten in allen Ausprägungen als Ereignisse modelliert werden können (Abbildung 2.50 auf der nächsten Seite). Ihr Symbol ist ein Dreieck. Der wesentliche Unterschied ist, dass eine Nachricht immer an einen bestimmten Empfänger gerichtet ist: Eine E-Mail enthält die E-Mail-Adresse des Empfängers, unser Anruf beginnt mit dem Wählen der Rufnummer etc. Ein Signal hingegen ist eine ungerichtete Nachricht, also vergleichbar mit einer Zeitungsannonce, einem Fernsehspot oder einem Hilferuf über Funk. Jeder, der das Signal auffängt und darauf reagieren möchte, kann das tun.

In Abbildung 2.51 auf der nächsten Seite wird dargestellt, dass wir im Fernsehen von einer neuen Pizza erfahren haben, die wir sogleich ausprobieren müssen. Also kaufen wir die Pizza, essen sie aber erst, wenn wir auch wirklich Appetit auf Pizza

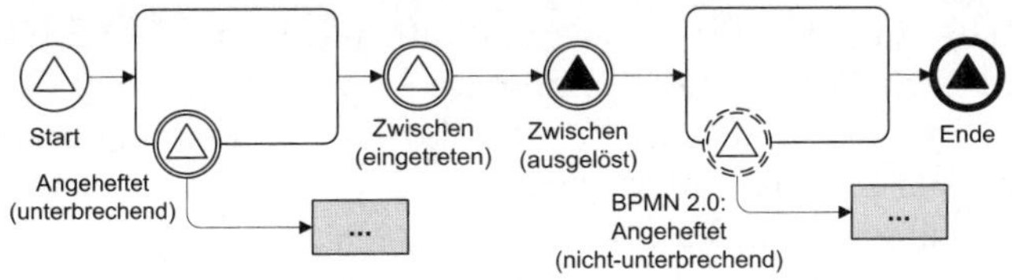

Abbildung 2.50: Verwendungsmöglichkeiten des Signalereignisses

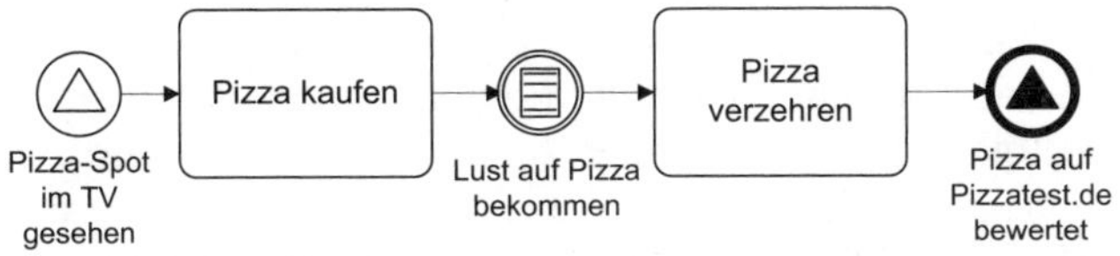

Abbildung 2.51: Pizza-Signale

bekommen haben (eine kleine Wiederholungsübung für das Bedingungsereignis). Nach dem Verzehr bewerten wir öffentlich auf Pizzatest.de, wie gut uns das neue Produkt gefallen hat. Auch das ist natürlich ein Signal für die Allgemeinheit. Die Webseite gibt es übrigens wirklich, was wieder einmal zeigt, dass es im Internet einfach alles gibt.

2.6.7 Terminierungen

Betrachten Sie einmal das abstrakte Beispiel in Abbildung 2.52. Bereits in Abschnitt 2.3.2 auf Seite 30 haben wir uns mit (einfachen) Kennzahlenanalysen beschäftigt und wissen deshalb, dass dieser Prozess stets 55 Minuten dauern wird: Nach Aufgabe 1 können gleichzeitig die Aufgaben 2 und 3 bearbeitet werden. Die Bearbeitung von Aufgabe 2 nimmt mehr Zeit in Anspruch als die Bearbeitung von Aufgabe 3, weshalb sie ausschlaggebend ist für die gesamte Laufzeit des Pro-

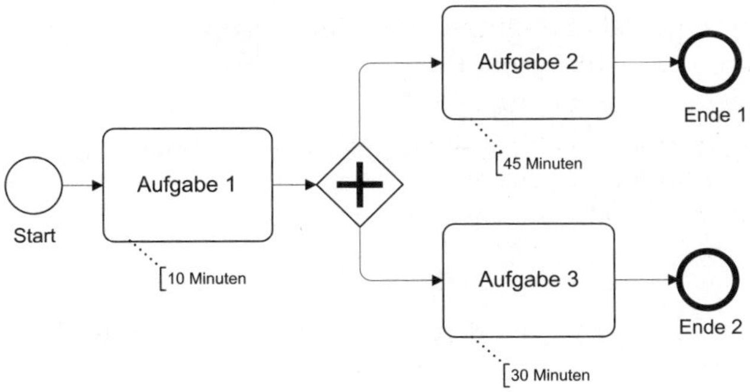

Abbildung 2.52: Der Prozess dauert immer 55 Minuten.

zesses. Ein Token, das den Prozess durchläuft, wird im AND-Split geklont. Das erste Token hält sich 45 Minuten in Aufgabe 2 auf, das zweite hält sich 30 Minuten in Aufgabe 3 auf. Demzufolge kommt das zweite Token zuerst beim Blanko-Endereignis an, wo es konsumiert wird. Nach 15 weiteren Minuten kommt das erste Token beim oberen Blanko-Endereignis an, wo es ebenfalls konsumiert wird. Da nun keine Token mehr existieren, ist die Prozessinstanz beendet, sie hat also 55 Minuten gebraucht.

So weit klar. Aber was machen wir, wenn wir nach Erledigung von Aufgabe 3 bereits wissen, dass die Aufgabe 2 überflüssig geworden ist? Diese Situation kommt häufig vor, wenn wir Aufgaben gleichzeitig abarbeiten, die in einem inhaltlichen Zusammenhang stehen. In diesem Fall können wir das in Abbildung 2.53 gezeigte Muster anwenden und mithilfe des Terminierungsereignisses dafür sorgen, dass augenblicklich **alle** noch existierenden Token konsumiert werden, was automatisch zur Beendigung der Prozessinstanz führt. In der Konsequenz können Sie das Terminierungsereignis nur als Endereignis verwenden (Abbildung 2.54).

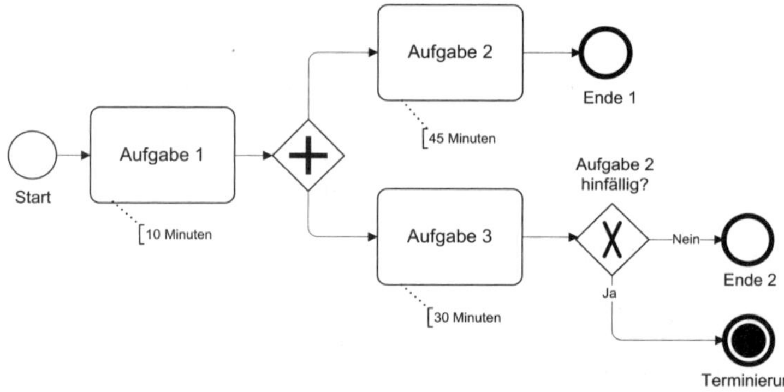

Abbildung 2.53: Unter Umständen wird der Prozess nach Erledigung von Aufgabe 3 sofort komplett beendet.

Abbildung 2.54: Verwendungsmöglichkeiten des Terminierungsereignisses

2.6.8 Links

Das Linkereignis ist gewissermaßen ein Sonderfall: Es besitzt keine inhaltliche Bedeutung, sondern ist nur eine handwerkliche Erleichterung bei der Erstellung von Prozessdiagrammen. Wie in Abbildung 2.55 auf der nächsten Seite zu sehen, kann man zwei zusammengehörige Links als Alternative für einen Sequenzfluss

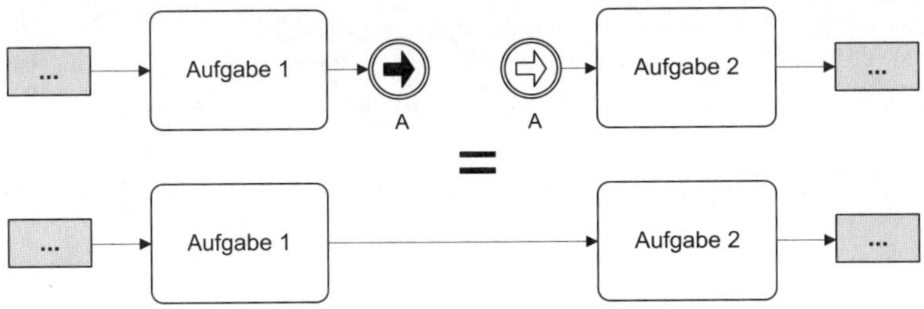

Abbildung 2.55: Zusammengehörige Linkereignisse können einen Sequenzfluss ersetzen.

Abbildung 2.56: Verwendungsmöglichkeiten des Linkereignisses

zeichnen. Zusammengehörig heißt, es gibt ein ausgelöstes Linkereignis als „Aussprungspunkt" und ein eingetretenes Linkereignis als „Einsprungspunkt", und die beiden Ereignisse sind als Pärchen gekennzeichnet – in unserem Beispiel über die Bezeichnung „A". Mitunter verwenden wir auch farbliche Codierungen, um die Zusammengehörigkeit zu kennzeichnen.

Linkereignisse können sehr praktisch sein, wenn Sie:

- ein Prozessdiagramm auf mehrere Seiten verteilen müssen, sodass sich der Leser anhand der Links von einer Seite zur nächsten „hangeln" kann,
- umfangreiche Prozessdiagramme mit vielen Sequenzflüssen zeichnen. Hier kann es schnell zu einer „Spaghetti-Darstellung" kommen, die sich mithilfe der Links vermeiden lässt.

Linkereignisse können nur als Zwischenereignisse verwendet werden (Abbildung 2.56).

2.6.9 Kompensation

Die Kompensation (Abbildung 2.57 auf der nächsten Seite) setzen wir in der Praxis nur im Kontext von Transaktionen ein (siehe Abschnitt 2.8.5 auf Seite 89), obwohl die BPMN auch unabhängig davon eine Verwendung dieses Ereignistyps erlaubt. Generell geht es darum, dass wir in unseren Prozessen mitunter Aufgaben ausführen, die unter bestimmten Bedingungen später rückgängig gemacht werden müssen.

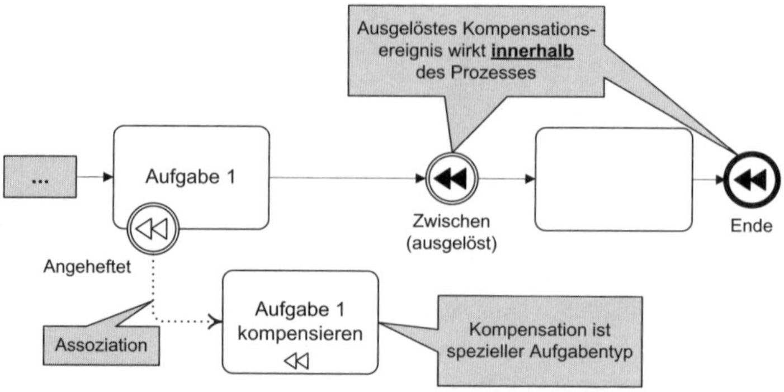

Abbildung 2.57: Verwendungsmöglichkeiten des Kompensationsereignisses

Typische Beispiele hierfür wären:

- die Buchung einer Bahn- oder Flugreise
- die Reservierung eines Mietwagens
- die Belastung einer Kreditkarte
- die Beauftragung eines Dienstleisters

In Abbildung 2.58 auf der nächsten Seite sehen wir einen einfachen Prozess: Freitags um 13 Uhr stimmen wir mit unserem Partner den Abend ab, den wir entweder im Theater oder mit Freunden verbringen wollen. In beiden Fällen müssen wir etwas Verbindliches tun, nämlich entweder Theaterkarten reservieren oder uns mit den Freunden verabreden. Am Abend kann es dann passieren, dass wir gar keine Lust mehr haben, noch aus dem Haus zu gehen. Dann müssen wir entweder dem Theater oder unseren Freunden absagen, bevor wir in Ruhe Fernsehen können.

Der hintere Teil des Modells lässt sich mithilfe des Kompensationsereignisses wie in Abbildung 2.59 auf Seite 64 gezeigt kompakter darstellen: Wenn wir am Abend keine Lust mehr haben, müssen wir generell unsere Verabredungen lösen. Dies führt automatisch dazu, dass wir entweder die Theaterkarten abbestellen oder unseren Freunden absagen. Wir müssen die Prüfung, wem wir absagen, nicht explizit ausmodellieren.

Für den Umgang mit Kompensationen gelten einige Sonderregeln:

- Ausgelöste Kompensationen beziehen sich auf ihren eigenen Prozess, das Ereignis wirkt also innerhalb des Pools, womit sich dieser Ereignistyp beispielsweise vom ausgelösten Nachrichtenereignis unterscheidet.
- Angeheftete Kompensationen wirken nur, wenn im Prozess eine Kompensation ausgelöst wurde und die Aktivität, an der sie angeheftet sind, auch tatsächlich bereits erfolgreich ausgeführt wurde. Damit unterscheiden sie sich

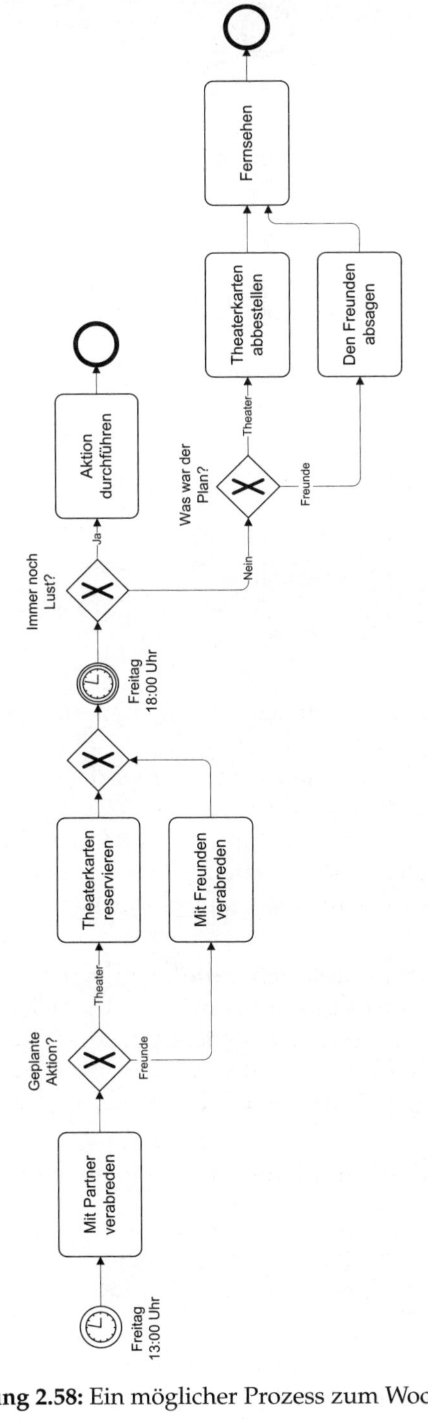

Abbildung 2.58: Ein möglicher Prozess zum Wochenende

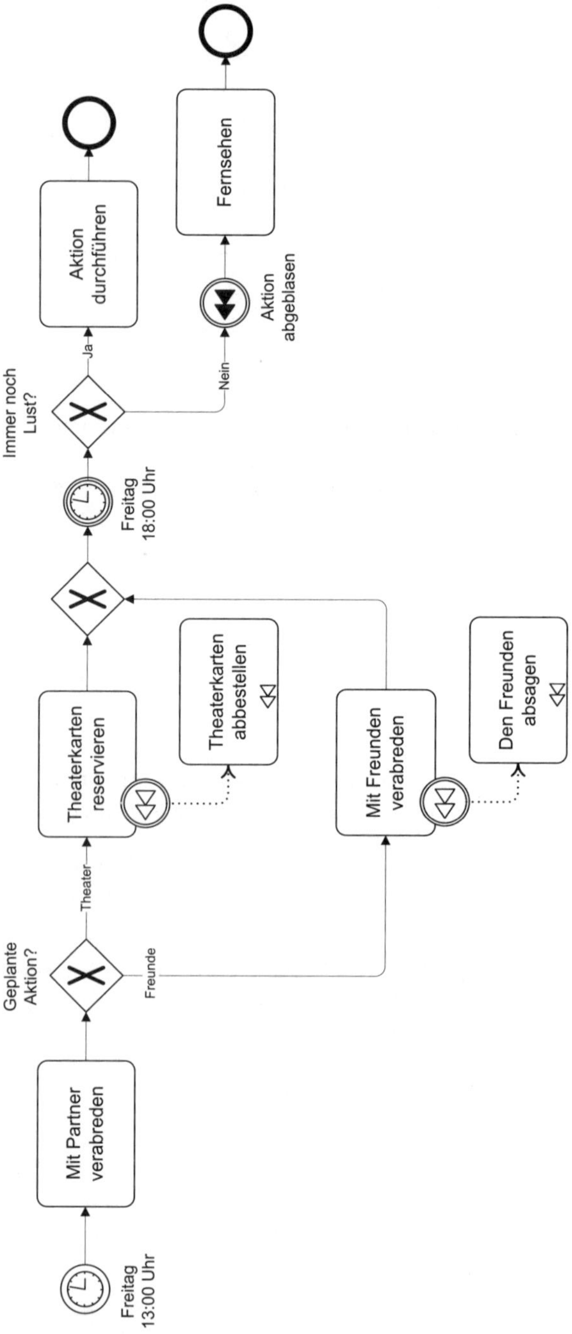

Abbildung 2.59: Derselbe Prozess wie in Abbildung 2.58 auf der vorherigen Seite unter Verwendung des Kompensationsereignisses

von allen anderen angehefteten Ereignissen, die nur wirken können, wenn die Aktivität selbst gerade aktiv ist.

- Angeheftete Kompensationsereignisse werden mit der Kompensationsaufgabe über eine Assoziation verbunden, also nicht wie sonst üblich über einen Sequenzfluss. Damit unterstreicht die BPMN, dass sich Kompensationen außerhalb des regulären Prozessablaufes befinden und ihre Ausführung ein Sonderfall ist.
- Die obligatorische Kompensationsaufgabe ist ein spezieller Aufgabentyp. Weitere Aufgabentypen werden in Abschnitt 2.7 auf Seite 72 erklärt.

Unser BPMN-Knigge

In diesem einfachen Beispiel ist es vielleicht nicht so gut nachvollziehbar, wie viel Arbeit einem dieses Konstrukt abnehmen kann. Aber stellen Sie sich einmal komplexe betriebswirtschaftliche Prozesse vor, in denen solche Kompensationen sehr häufig notwendig sein können. Dann kann man das Modell eine ganze Ecke schlanker halten und sieht auf einen Blick, unter welchen Umständen welche Kompensationen erforderlich sind. Insofern nutzen wir das Kompensationsereignis zwar nicht ständig, aber für die Beschreibung komplexerer Prozesse mitunter schon.

2.6.10 Mehrfach

Mit dem Mehrfachereignis (Abbildung 2.60) können wir mehrere Ereignisse in einem Symbol zusammenfassen. Die Semantik ist ziemlich simpel:

- Wenn man es als eingetretenes Ereignis modelliert, muss **nur eines** der enthaltenen Ereignisse eintreten, um den Prozess zu starten, fortzusetzen oder die Aufgabe abzubrechen.
- Als ausgelöstes Ereignis führt es dazu, dass **alle** enthaltenen Ereignisse ausgelöst werden.

In Abbildung 2.61 auf der nächsten Seite ist zu sehen, wie man das Mehrfachereignis im Pizza-Kontext verwenden könnte. In diesem Beispiel probieren wir ei-

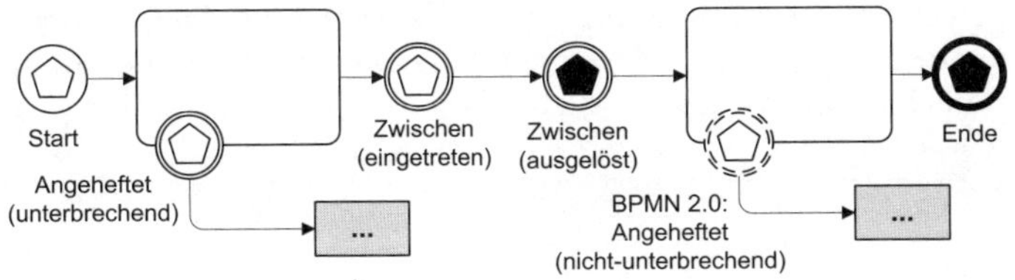

Abbildung 2.60: Verwendungsmöglichkeiten des Mehrfachereignisses

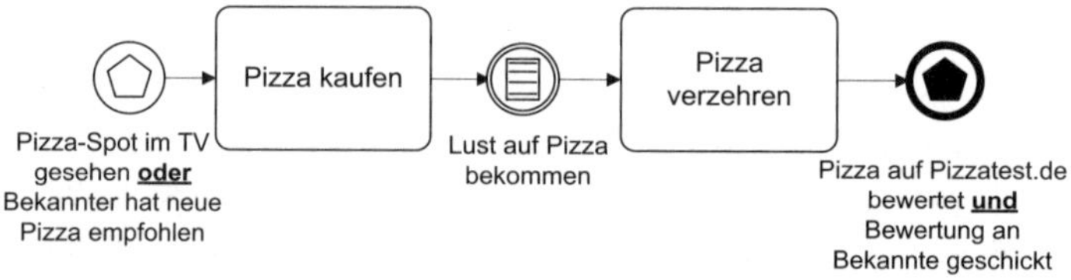

Abbildung 2.61: Das Mehrfachereignis fasst Ereignisse zusammen.

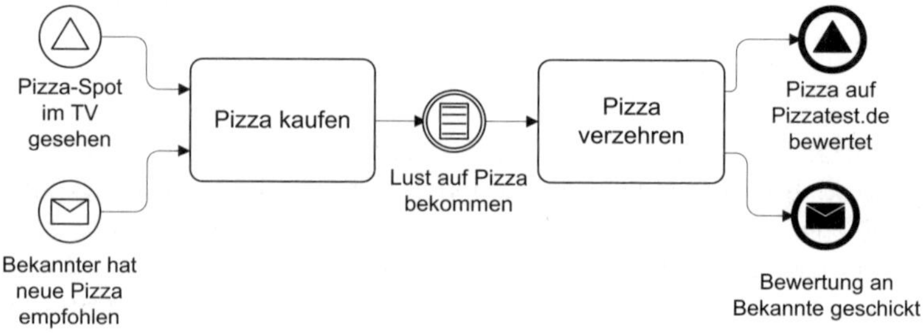

Abbildung 2.62: Eine Alternative zu Abbildung 2.61

ne neue Pizza aus, sobald wir sie im Fernsehen gesehen haben oder sie uns von einem Bekannten empfohlen wird. Nach dem Verzehr werden wir sie auf Pizzatest.de bewerten und wiederum unseren Bekannten mitteilen, ob wir diese Pizza empfehlen können oder von ihr abraten.

Das Modell in Abbildung 2.62 beschreibt denselben Prozess, aber hier sind die Ereignisse ausmodelliert.

Unser BPMN-Knigge

Ob Sie das Mehrfachereignis verwenden wollen, ist wie so oft Ihre Entscheidung. Wir sehen den Nutzen, wenn überhaupt, in der groben fachlichen Beschreibung von Prozessen. Wenn es in Richtung IT-Umsetzung geht, kann man es sich nicht mehr leisten, die relevanten Details in den beschreibenden Texten zu verstecken. Dann kann man ja auch gleich mit den alten Textwüsten-Lastenheften arbeiten. Aber auch auf der rein fachlichen Ebene ist das Symbol unseres Erachtens nicht besonders hilfreich, weil es nicht intuitiv ist. Die enthaltenen Ereignisse auszumodellieren, führt zwar zu umfangreicheren Diagrammen, ist aber häufig auch verständlicher. Kurzum: Wir haben dieses Symbol noch nie praktisch verwendet noch haben wir jemals erlebt, dass es sonstwer praktisch eingesetzt hätte.

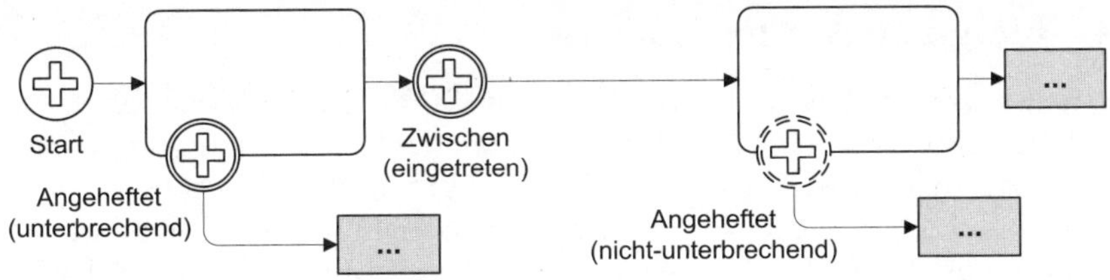

Abbildung 2.63: Verwendungsmöglichkeiten des Parallelereignisses

2.6.11 Mehrfach Parallel

Das in BPMN 2.0 hinzugefügte Parallelereignis, siehe Abbildung 2.63, ist eine Ergänzung zum bereits erklärten Mehrfachereignis: Während das eingetretene Mehrfachereignis mit einer XOR-Semantik ausgestattet ist (es gilt als eingetreten, sobald **eines** der enthaltenen Ereignisse eingetreten ist), besitzt das Parallelereignis eine AND-Semantik. Es müssen also **alle** enthaltenen Ereignisse eingetreten sein, bevor es als eingetreten gilt. Da diese AND-Semantik beim ausgelösten Mehrfachereignis bereits impliziert ist, wurde das Parallelereignis nur als eingetretenes Ereignis definiert.

2.6.12 Eskalation

Das ebenfalls erst mit BPMN 2.0 hinzugekommene Eskalationsereignis, siehe Abbildung 2.64, dient vor allem der Kommunikation zwischen Ober- und Teilprozessen. Wir werden es deshalb in Abschnitt 2.8 auf Seite 78 anhand eines Beispiels betrachten.

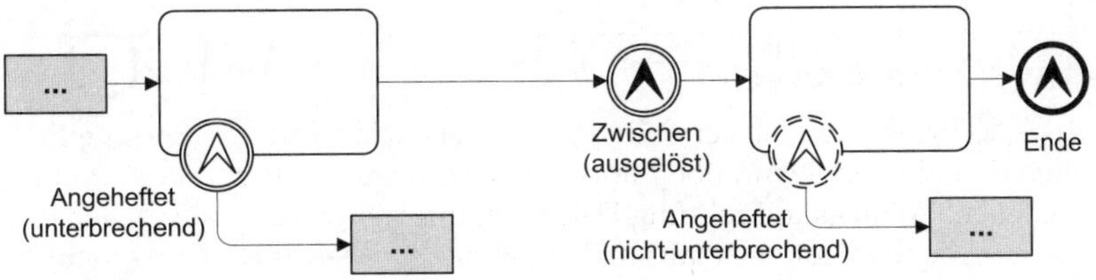

Abbildung 2.64: Verwendungsmöglichkeiten des Eskalationsereignisses

2.6.13 Abbruch

Das Abbruchereignis kann nur im Kontext von Transaktionen verwendet werden, die wir in Abschnitt 2.8.5 auf Seite 89 besprechen. Dort finden Sie auch Beispiele für die Verwendung dieses Ereignistyps.

2.6.14 Ereignisbasiertes Gateway

Mit dem exklusiven datenbasierten Gateway (XOR-Gateway) haben wir in Abschnitt 2.3.1 auf Seite 27 eine Möglichkeit kennengelernt, abhängig von bestimmten Prozessdaten unterschiedliche Pfade zu durchlaufen. In Abbildung 2.65 ist zu sehen, dass wir uns zunächst ein Rezept aussuchen (Pasta, Steak oder Salat). Je nach Ergebnis der Aufgabe „Rezept aussuchen" routet uns das XOR-Gateway entweder zur Aufgabe „Pasta kochen", „Steak braten" oder „Salat anrichten".

Diese Art von Verzweigung kennen auch die Anwender anderer Prozessnotationen. In BPMN haben wir jedoch eine weitere Möglichkeit zur Gestaltung von Prozesspfaden gewonnen: das ereignisbasierte Gateway (kurz: Event-Gateway). Dieses Gateway routet nicht auf Basis von Daten, sondern abhängig davon, welches Ereignis als Nächstes eintritt. Um den Nutzen zu verstehen, schauen wir uns zunächst den in Abbildung 2.66 auf der nächsten Seite gezeigten Prozess an: Wir bestellen eine Pizza und warten darauf, dass sie geliefert wird. Wenn wir sie erhalten haben, können wir sie verzehren. So weit, so gut, aber was machen wir, wenn die Pizza nach 60 Minuten noch nicht geliefert wurde? Vermutlich werden wir nachfragen, wo sie bleibt. Und genau diesen Prozess können wir mit dem Event-Gateway modellieren (Abbildung 2.67 auf der nächsten Seite). Im Gegensatz zum datenbasierten XOR-Split wartet das Token beim Event-Gateway also darauf, dass eines der nachfolgenden Ereignisse eintritt. Sobald dies geschieht, wird das Token den entsprechenden Pfad nehmen. Falls danach noch andere der angetragenen Ereignisse eintreten, werden diese ignoriert, es handelt sich also um eine XOR-Semantik.

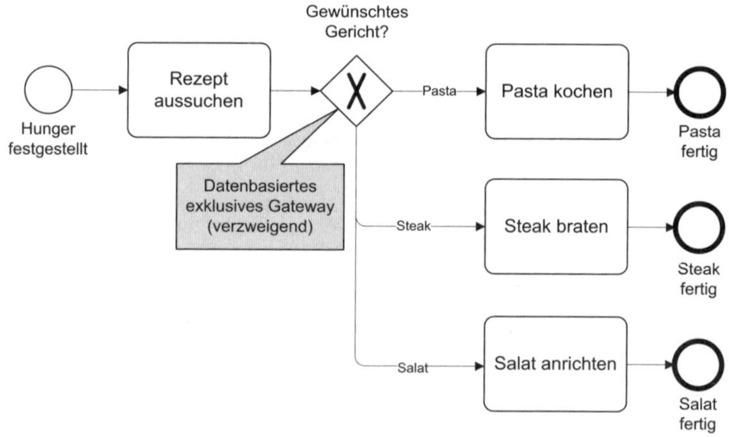

Abbildung 2.65: XOR-Gateway trifft die Routing-Entscheidung auf Basis verfügbarer Daten.

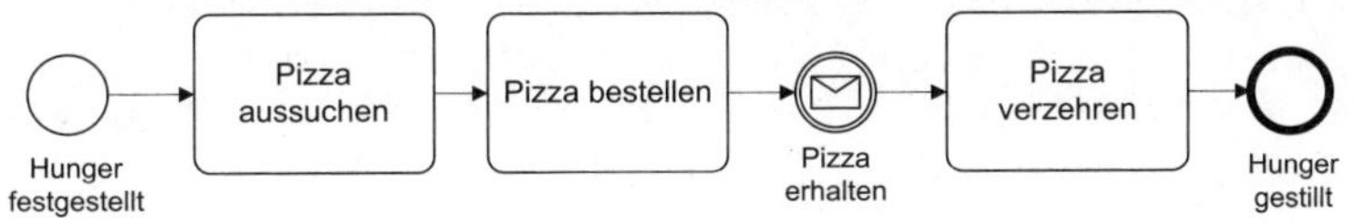

Abbildung 2.66: Laut diesem Modell warten wir unter Umständen ewig darauf, dass die Pizza geliefert wird.

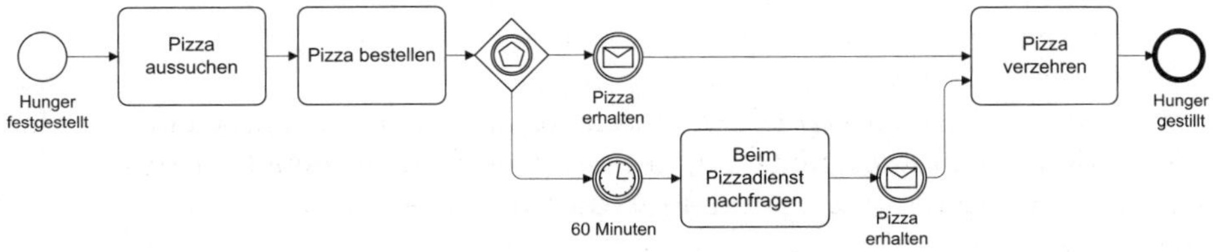

Abbildung 2.67: Nach dem Event-Split wird der Pfad durchlaufen, bei dem das Ereignis als Erstes eintritt.

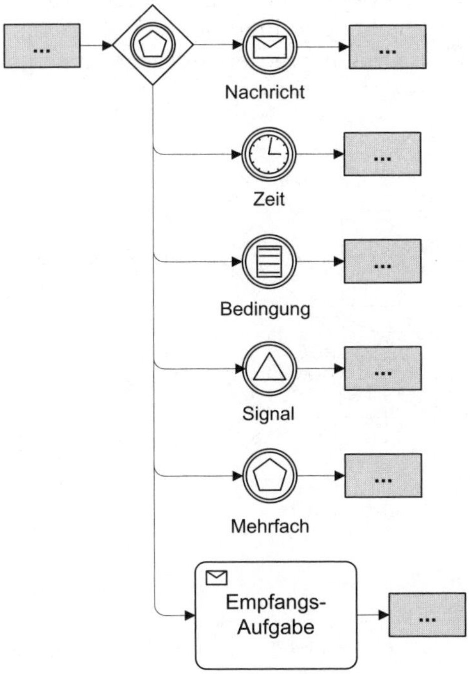

Abbildung 2.68: Verwendungsmöglichkeiten des ereignisbasierten exklusiven Gateways

Wie in Abbildung 2.68 auf der vorherigen Seite erkennbar, können nicht alle Zwischenereignisse mit dem Event-Gateway kombiniert werden. Als Sonderfall ist zusätzlich die Kombination mit der Empfangs-Aufgabe erlaubt, die wir aber erst in Abschnitt 2.7 auf Seite 72 betrachten werden.

Das Event-Gateway kann als „instanziierendes" Gateway auch für den Prozessstart verwendet werden. Auf diese Weise lässt sich ausdrücken, dass unterschiedliche Ereignisse den Prozess auslösen können. Das lässt sich natürlich auch genauso gut mit unterschiedlichen Startereignissen modellieren, die über einen XOR-Join zusammengeführt werden, wie Abbildung 2.69 verdeutlichen soll.

Unser BPMN-Knigge

Wir halten die Variante, unterschiedliche Startereignisse über das Event-Gateway zu modellieren, für viel zu umständlich und nicht intuitiv. Insofern verwenden wir in solchen Fällen die XOR-Join-Variante ohne das Event-Gateway.

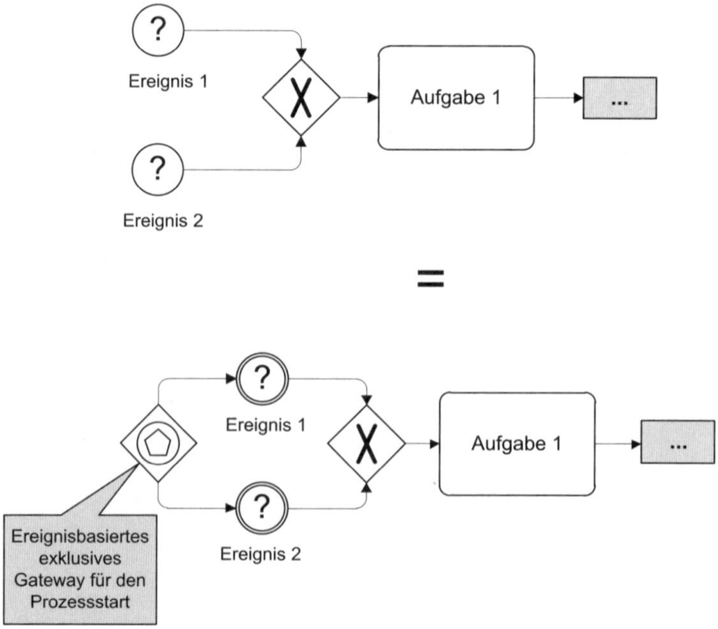

Abbildung 2.69: Das Event-Gateway kann auch als Startpunkt verwendet werden, muss dann aber vom Typ „instanziierend" sein.

2.6.15 Ereignisbasiertes paralleles Gateway

In BPMN 2.0 ist eine neue Variante des Event-Gateways hinzugekommen: das ereignisbasierte parallele Gateway. Mit diesem Symbol lässt sich ausdrücken, dass alle nachfolgenden Ereignisse eingetreten sein müssen, bevor ein Prozess „komplett“ gestartet werden kann. Es nimmt somit genau die Korrelation vor, die der einfache AND-Join nicht bietet. Das in Abbildung 2.70 gezeigte *untere* Modell führt zu folgendem Verhalten:

- Wenn Ereignis 1 eintritt, wird die Prozessinstanz gestartet und ein Token „geboren“.
- Dieses Token wartet jetzt am AND-Join.
- Wenn Ereignis 2 eintritt, wird die bereits gestartete passende Prozessinstanz identifiziert (Korrelation) und dort bei Ereignis 2 ein weiteres Token „geboren“.
- Das zweite Token wandert ebenfalls zum AND-Join, wo es mit dem bereits wartenden ersten Token verschmolzen wird und nur noch ein einziges Token den ausgehenden Pfad verlässt.

Beim *oberen* Modell würde hingegen die Zuordnung zur bereits gestarteten Prozessinstanz nicht erfolgen, sondern es würden zwei isolierte Instanzen gestartet,

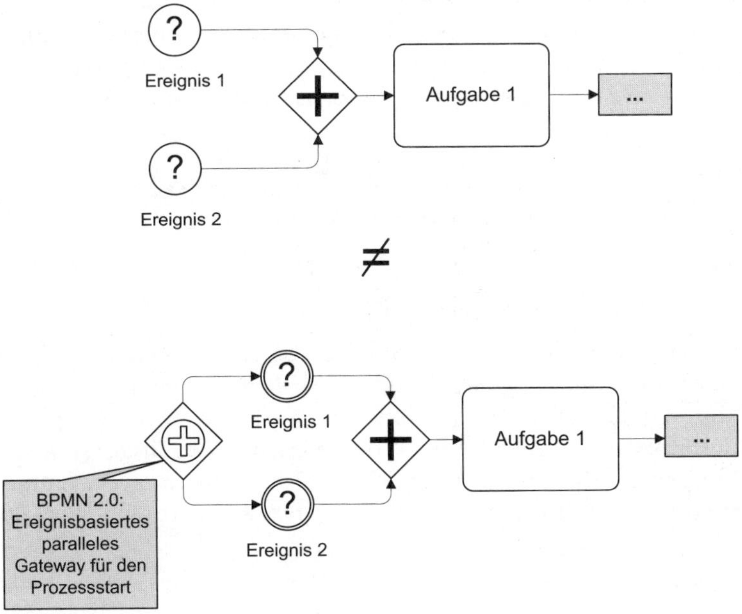

Abbildung 2.70: Das untere Modell funktioniert, das obere (streng genommen) nicht.

bei denen jeweils ein Token am AND-Join bis in alle Ewigkeit warten würde. Diese „strenge Korrelationssemantik" von BPMN ist natürlich nicht immer hilfreich, wenn man möglichst leicht verständliche Prozessmodelle erstellen will.

2.7 Spezielle Aufgaben

2.7.1 Typisierung

In unseren Prozessmodellen haben wir bis jetzt lediglich Aufgaben verwendet, deren Typ undefiniert war. Ähnlich wie bei den Ereignissen bietet uns die BPMN aber die Möglichkeit, auch bei den Aufgaben mit unterschiedlichen Typen zu arbeiten. In der Praxis wird davon bislang zwar wesentlich seltener Gebrauch gemacht, weil sie überwiegend für die Modellierung technisch ausführbarer Prozesse gedacht sind. Wir haben aber die Erfahrung gemacht, dass Aufgabentypen gerade im Rahmen von Modellierungskonventionen für das Requirements Engineering eine sehr sinnvolle Hilfe sein können.

Bis BPMN 1.2 wurden den jeweiligen Typen in der BPMN-Spezifikation keine Symbole zugeordnet, sondern dies wurde den Tool-Herstellern überlassen. Dementsprechend kann es passieren, dass derselbe Aufgabentyp in unterschiedlichen BPMN-Tools, die noch auf 1.2 basieren, auch unterschiedlich dargestellt wird. Dieses Manko wurde mit BPMN 2.0 behoben, weshalb unsere Beispiele die standardisierten Symbole verwenden.

Manuell: Eine manuelle Aufgabe wird von einem Menschen erledigt, es handelt sich jedoch nicht um die Erfüllung einer von der Process Engine zugewiesenen Aufgabe. Alle Aufgaben aus unseren diversen Pizza-Prozessen sind manueller Natur.

Weitere Beispiele:

- Die Ablage eines Dokumentes in einer Akte
- Die telefonische Klärung einer falschen Rechnung
- Das Kundengespräch am Bankschalter

Benutzer: Auch eine Benutzer-Aufgabe wird von einem Menschen erledigt, allerdings wird sie durch eine Process Engine „beauftragt", die dem Anwender diese Aufgabe zum Beispiel in seine Aufgabenliste legt. Nach Erledigung der Aufgabe erwartet die Engine mindestens eine entsprechende Bestätigung, meistens aber auch die Eingabe bestimmter Daten oder den Klick auf einen bestimmten Button im Dialogfeld. Die Benutzer-Aufgabe gehört also zum Human Workflow Management.

Typische Beispiele aus der Welt des Human Workflow Management wären:

- Die Prüfung einer Rechnung
- Die Genehmigung eines Urlaubsantrags

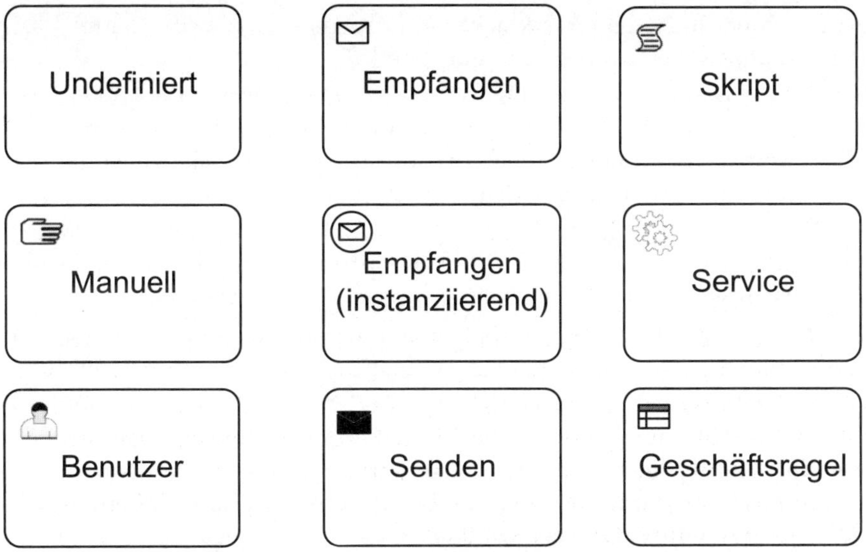

Abbildung 2.71: Symbole für Aufgabentypen in BPMN 2.0

- Die Bearbeitung einer Support-Anfrage

Service: Eine Service-Aufgabe ist eine Aufgabe, die automatisch durch eine Software erledigt wird. Es handelt sich also um eine Programmfunktion, die automatisch im Rahmen der Prozessausführung genutzt wird. Die BPMN geht im Normalfall davon aus, dass diese Funktion als Webservice bereitgestellt wird, es kann sich aber auch um eine andere Implementierung handeln. Die Service-Aufgabe ist eine Komponente der prozessorientierten Anwendungsintegration, was die begriffliche Nähe zur Serviceorientierte Architektur (SOA) erklärt.

Typische Beispiele aus der Welt der Anwendungsintegration wären:

- Die Bonitätsauskunft der Schufa, die als XML über HTTP automatisch während der Kreditprüfung gezogen wird
- Die automatische Verbuchung einer als EDIFACT über X.400 erhaltenen Rechnung in SAP R/3
- Das automatische Angebot von Ausschussware in einem Online-Auktionshaus, das hierfür einen Webservice anbietet

Empfangen und Senden: Der Empfang einer Nachricht kann als eigene Aufgabe modelliert werden. Dieser Aufgabentyp stellt eine Alternative zum eingetretenen Nachrichtenereignis dar, weshalb das in BPMN 2.0 definierte Symbol für das Ereignis auch ein nicht ausgefüllter Briefumschlag ist. Wenn ein Prozess durch eine Empfänger-Aufgabe instanziiert werden soll, diese also als Ersatz für ein Nachrichten-Startereignis gedacht ist, wird dies durch ein kleines Ereignis-Symbol in der linkeren oberen Ecke dargestellt.

Dasselbe Prinzip gilt für die sendende Aufgabe. Diese Aufgaben sind rein technischer Natur und werden durch die Process Engine ausgeführt. Sie dienen deshalb vor allem dem asynchronen Aufruf von Webservices über Message Queues bzw. der Entgegennahme von Service Requests für eine asynchrone Verarbeitung.

Skript: Ein Skript wird direkt in der Process Engine ausgeführt und kann ganz unterschiedlichen Zwecken dienen. Das Skript muss dementsprechend in einer Sprache geschrieben sein, die die Process Engine interpretieren kann.

Geschäftsregel: Mit der BPMN 2.0 bekamen wir einen weiteren Aufgabentyp zur Verfügung gestellt. Die Geschäftsregel-Aufgabe dient allein der Anwendung von Geschäftsregeln, die wir in Abschnitt 4.5.4 auf Seite 178 und Abschnitt 5.9 auf Seite 245 genauer betrachten.

Eigene Aufgabentypen: Sie können auch ganz eigene Aufgabentypen mit individuellen Symbolen definieren, um Ihre Diagramme den Rahmenbedingungen in Ihrem Unternehmen anzupassen und sie ausdrucksstärker zu machen. Das setzt natürlich voraus, dass Ihr BPMN-Tool Ihnen die Möglichkeit dazu bietet. Wir haben noch nicht erlebt, dass jemand tatsächlich diese Möglichkeit in Anspruch genommen hat – die meisten wissen gar nicht, dass es sie gibt. Aber warum eigentlich nicht? Wir könnten uns zum Beispiel eigene Aufgabentypen für folgende Themen vorstellen:

- Telefonate
- Unterschriften
- Freigaben oder Ablehnungen
- Archivierungen

2.7.2 Markierung

Neben der Typisierung können wir Aufgaben außerdem als Schleifen, Mehrfachinstanzen oder Kompensationen „markieren“. Diese „Marker“ können mit den zugeordneten Typen kombiniert werden.

Schleifen

Eine Schleifen-Aufgabe wird so lange wiederholt, bis eine definierte Bedingung gilt oder nicht mehr gilt. Beispielsweise schlagen wir unseren Freunden oder Verwandten für das gemeinsame Abendessen so lange diverse Gerichte vor, bis alle einverstanden sind und wir die Mahlzeit zubereiten können (Abbildung 2.72 auf der nächsten Seite).

Brauchen wir für dieses Prozessmodell unbedingt das Schleifensymbol? Natürlich nicht, wir könnten auch einfach einen Rücksprung modellieren: mit Gateways, ohne Gateways oder gemischt. Die Techniken dafür haben wir in Abschnitt 2.3 auf

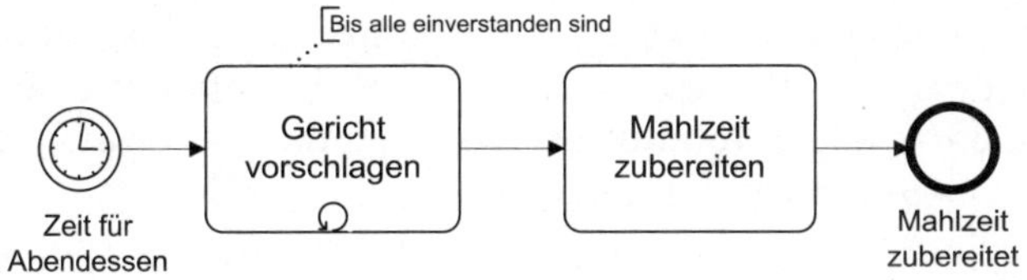

Abbildung 2.72: Wir werden so lange Gerichte vorschlagen, bis alle mit dem Vorschlag einverstanden sind.

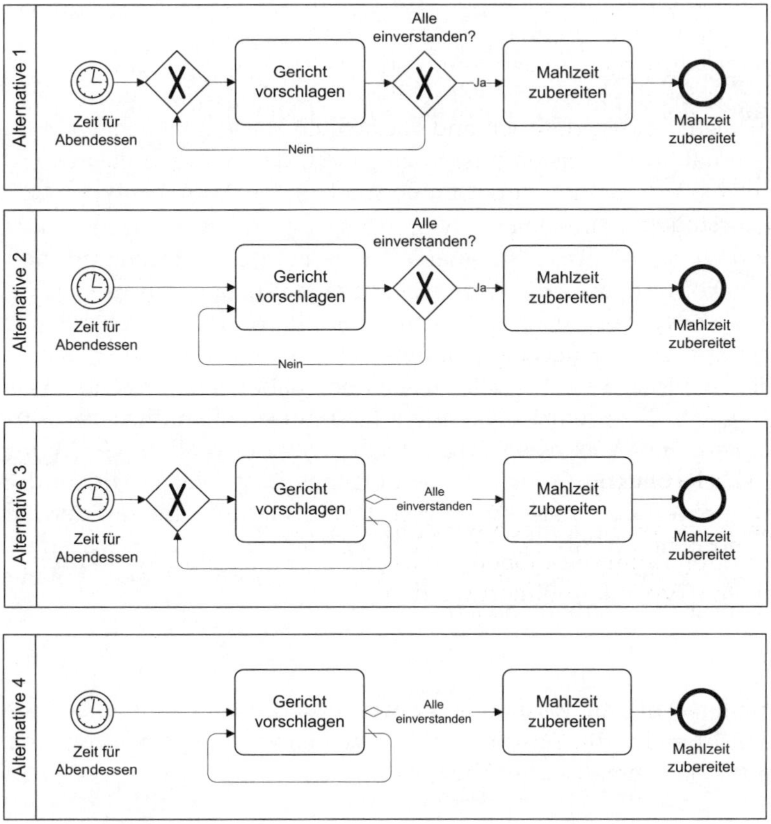

Abbildung 2.73: Alle vier Varianten stellen denselben Prozess wie Abbildung 2.72 dar.

Seite 27 und Abschnitt 2.4 auf Seite 41 erlernt. Welche der in Abbildung 2.73 auf der vorherigen Seite gezeigten Alternativen gefällt Ihnen am besten? Sie sind alle vier syntaktisch völlig korrekt und semantisch mit dem in Abbildung 2.72 auf der vorherigen Seite gezeigten Prozess identisch. Je nach Präferenz sollten Sie sich für eine Alternative entscheiden (ob mit Schleifensymbol, Gateways oder bedingten Flüssen) und diese einheitlich in Ihren Modellen anwenden.

Im gezeigten Beispiel führen wir erst die Aufgabe aus und prüfen dann, ob wir sie erneut ausführen müssen. Programmierer kennen dieses Prinzip als „Do-While"-Konstrukt. Wir können aber auch ein „While-Do"-Konstrukt anwenden und bereits vor der Aufgabe die Bedingung prüfen anstatt danach. Das kommt zwar seltener vor, ergibt aber einen Sinn, wenn die Aufgabe unter Umständen überhaupt nicht ausgeführt werden soll.

Die Bedingung, unter der eine Schleifen-Aufgabe erstmalig oder erneut ausgeführt wird, können Sie wie im Beispiel gezeigt formlos als Anmerkung an die Aufgabe hängen. Sie können diese Bedingung aber auch in Ihrem BPMN-Tool als Attribut in einer formalen Sprache hinterlegen. Das macht Sinn, wenn der Prozess von einer Process Engine ausgeführt werden soll, weshalb diese Möglichkeit in Abschnitt 5.4.4 auf Seite 221 erneut aufgegriffen wird.

Mehrfachaufgabe

Die einzelnen Durchläufe einer Schleifenaufgabe finden zwingend nacheinander statt. Wenn wir zum Beispiel in einer Wohngemeinschaft leben und die WG Lust auf Pizza bekommt, muss die Aufgabe „Pizza aussuchen" für jedes WG-Mitglied wiederholt werden, bevor bestellt werden kann. Man säße also zusammen und würde die Speisekarte des Lieferanten von einem WG-Mitglied zum nächsten weiterreichen, bis sich endlich alle entschieden haben. Es gibt sogar WGs, wo das *wirklich* so gehandhabt wird, als Student hat man ja bekanntlich etwas mehr Zeit. Wesentlich effizienter ist es natürlich, wenn sich gleich alle WG-Mitglieder über die Speisekarte beugen (oder jeder ein eigenes Exemplar erhält) und man sich **gleichzeitig** eine Pizza aussucht. Diesen Prozess können Sie mit der „Mehrfachaufgabe" modellieren (Abbildung 2.74). Eine Mehrfachaufgabe wird mehrfach instanziiert und kann sequentiell oder parallel ausgeführt werden, wobei Letzteres natürlich der interessantere Fall ist.

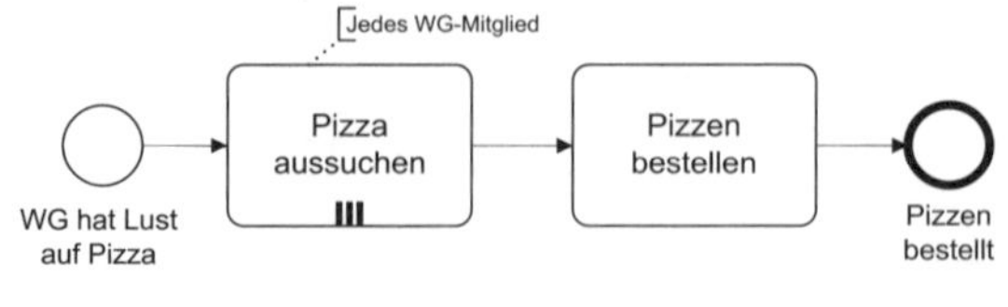

Abbildung 2.74: Mit der Mehrfachaufgabe können wir dynamisch parallelisieren.

Finden Sie das Beispiel abwegig? Wie werden denn in Ihrem Unternehmen Rechnungen geprüft, die auf Sammelbestellungen zurückgehen? Wird die Rechnung von einem Mitarbeiter zum nächsten weitergereicht, damit jeder Besteller die für ihn relevante Rechnungsposition abzeichnet, bevor die Zahlung angewiesen wird? Dann leben Sie in der oben beschriebenen WG und sollten dringend über eine Prozessoptimierung nachdenken. Die Automatisierung des Rechnungseingangs ist nach wie vor eines der häufigsten BPM-Projekte überhaupt und dient häufig genau dazu, eine solche Parallelisierung zu ermöglichen.

Kompensationen

Der Nutzen der Kompensationsaufgabe wurde bereits in Abschnitt 2.6.9 auf Seite 61 anhand eines Beispiels erklärt. Diese Aufgabe wird ausschließlich im Kontext des Kompensationsereignisses verwendet und dementsprechend nur über Assoziationen und niemals über Sequenzflüsse im Prozessdiagramm integriert.

Erwähnenswert ist noch die mögliche Kombination der Kompensation mit einer Schleife oder Mehrfachinstanz wie in Abbildung 2.75, in diesem Fall werden beiden Marker einfach nebeneinander gesetzt. Genau wie die anderen Marker kann eine Kompensation auch mit den bereits vorgestellten Aufgabentypen kombiniert werden. Eine manuelle Kompensationsaufgabe, die so lange wiederholt wird, bis

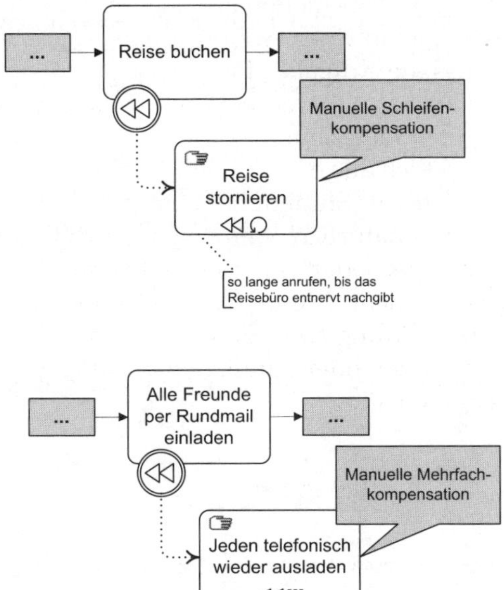

Abbildung 2.75: Die Marker Kompensation und Schleife/Mehrfach können miteinander und mit Aufgabentypen kombiniert werden.

sie gelungen ist, oder die mehrfach und nach Möglichkeit parallel ausgeführt wird (siehe Abbildung 2.75 auf der vorherigen Seite), ist also durchaus machbar.

2.7.3 Globale Aufgaben und Aufruf-Aktivität

Seit BPMN 2.0 können wir „globale Aufgaben“ definieren, die sich von den regulären Aufgaben lediglich dadurch unterscheiden, dass sie über eine „Aufruf-Aktivität“ referenziert werden können. Aufruf-Aktivitäten werden über eine dickere Umrandung als andere Aktivitäten gekennzeichnet, wie das in Abbildung 2.76 gezeigte Diagramm verdeutlichen soll.

2.8 Teilprozesse

2.8.1 Komplexität kapseln

Die Beispiele in diesem Buch behandeln entweder sehr überschaubare Prozesse, oder sie beschreiben komplexe Prozesse so oberflächlich, dass die Diagramme bequem auf eine Buchseite passen. Wenn Sie Ihre eigene Prozesslandschaft modellieren, können Sie sich diesen Luxus nicht leisten. Sie müssen Ihre Prozesse einerseits grob darstellen, damit Sie sich einen Überblick verschaffen können und die Zusammenhänge erkennen. Dann wiederum müssen Sie eine Detailbeschreibung erstellen, damit Sie genau analysieren können, wo die Schwachstellen liegen oder wie Sie arbeiten müssen, wenn Sie den Prozess konkret ausführen. Die Möglichkeit der Top-down-Verfeinerung oder Bottum-up-Aggregation unterscheidet echte Prozessmodelle von banalen Ablaufdiagrammen und anspruchsvolle BPM-Softwareprodukte von trivialen Malprogrammen.

In BPMN steht uns hierfür der Teilprozess zur Verfügung. Ein Teilprozess beschreibt einen detaillierten Ablauf, nimmt aber im Diagramm des Oberprozesses

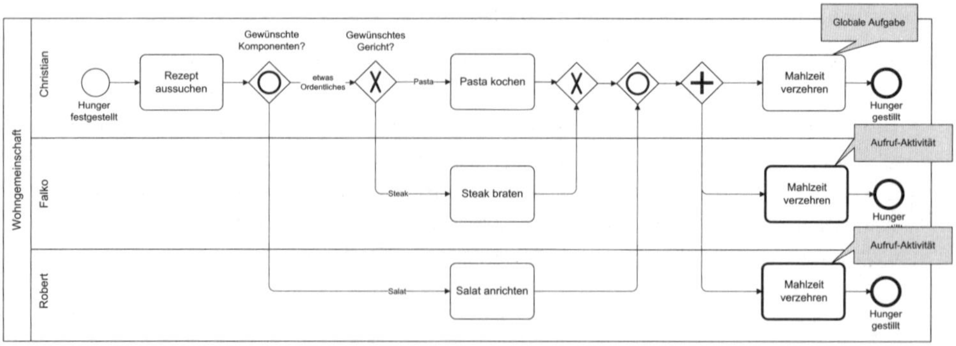

Abbildung 2.76: Der Prozess aus Abbildung 2.27 auf Seite 46, wie wir ihn in BPMN 2.0 darstellen müssten

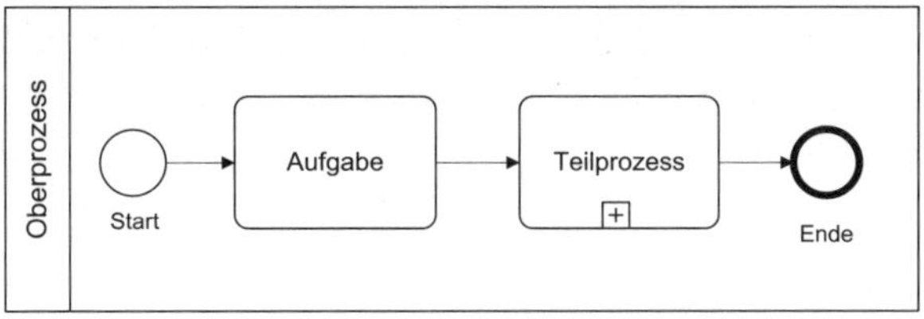

Abbildung 2.77: Eine Aufgabe und ein Teilprozess

nicht mehr Platz ein als eine Aufgabe. Beide Konstrukte – Aufgabe und Teilprozess – gehören zur Klasse der Aktivitäten und werden deshalb als Rechteck mit runden Ecken dargestellt. Der einzige Unterschied ist das Pluszeichen, das beim Teilprozess auf den hinterlegten Detailablauf hinweist (Abbildung 2.77).

Und was bringt uns das jetzt? Das hängt vor allem davon ab, wie gut Ihr BPMN-Werkzeug die beiden folgenden Möglichkeiten unterstützt, den Teilprozess mit dem Oberprozess zu verknüpfen:

- **1. Darstellung in einem eigenen Prozessdiagramm**: Das Teilprozess-Symbol ist mit einem separaten Prozessdiagramm verbunden. Wenn Ihr BPMN-Tool das Prozessmodell zum Beispiel in einem Webbrowser anzeigt, würde ein Klick auf das Symbol die Öffnung einer neuen Seite bewirken, auf der dieses Diagramm angezeigt wird (Abbildung 2.78 auf der nächsten Seite).
- **2. Aufklappen im Prozessdiagramm des Oberprozesses**: Die Aktivität mit dem Pluszeichen heißt „zugeklappter Teilprozess". Das Plus suggeriert ja bereits, dass man auch darauf klicken könnte und der Teilprozess entsprechend „aufgeklappt" wird. Genau diese Möglichkeit sieht die BPMN-Spezifikation auch vor, auch wenn sie nicht von allen Tool-Anbietern umgesetzt wird. In Abbildung 2.79 auf der nächsten Seite sehen Sie, wie der Teilprozess direkt im Diagramm des Oberprozesses aufgeklappt wurde. Ein Tool, das diese Funktion unterstützt, erlaubt Ihnen also das Auf- und Zuklappen direkt im Diagramm, um Details ein- und auszublenden.

Auch wenn dieses direkte Aufklappen spontan charmant erscheint: In der Praxis ist es oft gar nicht so hilfreich, denn mit dem Aufklappen müssen ja alle umliegenden Symbole im Diagramm verschoben werden, um Platz zu machen. In komplexen Diagrammen kann das aus Performance-Gründen lange dauern und sieht im Ergebnis oft ziemlich übel aus. Am wichtigsten ist es, dass Ihr Tool überhaupt die Verknüpfung erlaubt und man durch die Diagramme navigieren kann, also die erste vorgestellte Möglichkeit unterstützt. Ebenfalls hilfreich ist es, Teilprozesse im Oberprozess direkt aufgeklappt modellieren und darstellen zu können, weil wir damit einen Prozessabschnitt eingrenzen und beispielsweise mit angehefteten Ereignissen versehen können (siehe Abschnitt 2.8.3 auf Seite 85). Dass man diese Teilprozesse dann aber auch zu- und wieder aufklappen kann, ist vergleichsweise weniger wichtig.

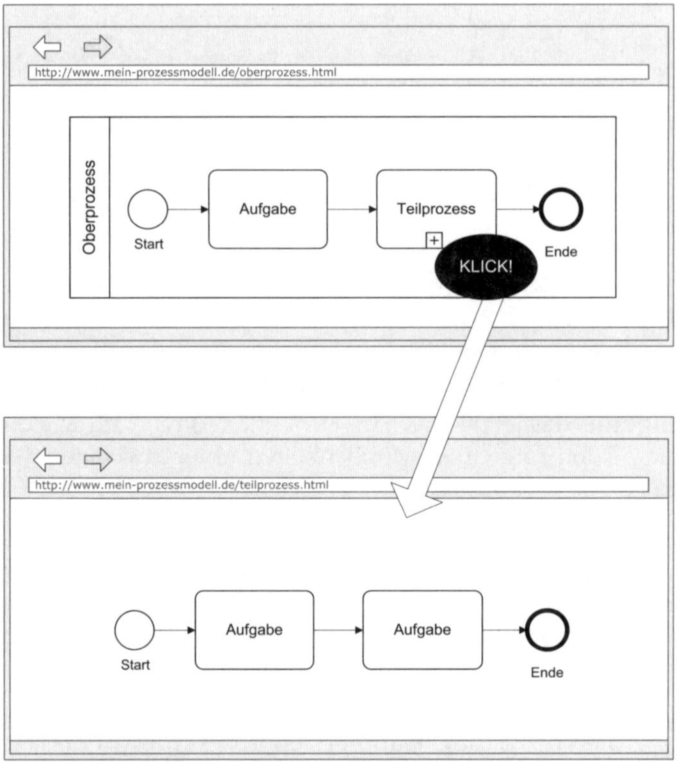

Abbildung 2.78: Die Details des Teilprozesses werden in einem eigenen Diagramm dargestellt.

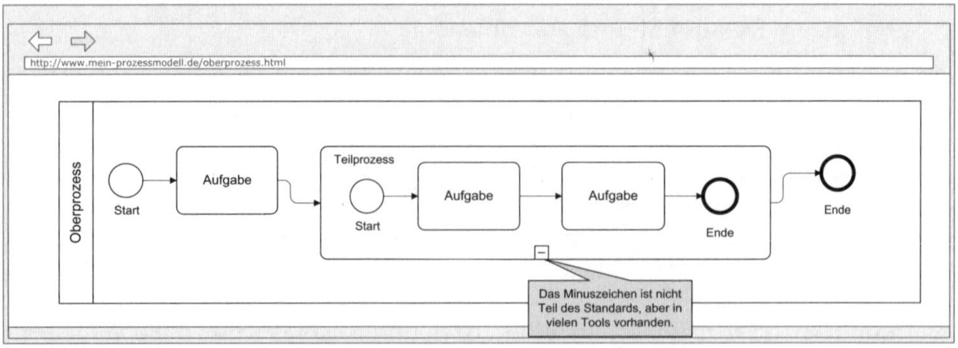

Abbildung 2.79: Der Teilprozess wird direkt im Diagramm des Oberprozesses aufgeklappt.

In beiden Fällen endet der Sequenzfluss des Oberprozesses am linken Rand des Teilprozesses, und der nächste Sequenzfluss beginnt erst wieder am rechten Rand. Die Sequenzflüsse dürfen also die Grenzen des Teilprozesses nicht überschreiten, was gerade bei aufgeklappten Teilprozessen so manchem Anfänger nicht immer bewusst ist. Wenn wir uns ein Token vorstellen, würde es sich wie folgt verhalten:

- Der Oberprozess wird gestartet und das entsprechende Token geboren.
- Das Token durchläuft die Aufgabe und kommt dann beim Teilprozess an. Das führt dazu, dass der Oberprozess eine Instanz des Teilprozesses erzeugt.
- Innerhalb des Prozesses wird nun ein eigenes Token geboren, das den Prozess vom Start- bis zum Endereignis durchläuft, während das Token des Oberprozesses auf die Fertigstellung des Teilprozesses wartet.
- Wenn das Teilprozess-Token beim Endereignis ankommt, wird es konsumiert. Der Teilprozess ist abgeschlossen, und das Token des Oberprozesses läuft weiter zum eigenen Endereignis.

Die Kapselung in Teilprozessen ist natürlich nicht auf zwei Ebenen beschränkt – Sie könnten den dargestellten Oberprozess auch selbst wieder als Teilprozess definieren oder auf Ebene des bereits definierten Teilprozesses weitere darin enthaltene Teilprozesse modellieren. Wie viele Ebenen Sie nutzen und mit welchem Grad der Detaillierung Sie dort jeweils modellieren, müssen Sie für sich entscheiden. Hier macht die BPMN keine Vorgabe, und es kann auch kein unternehmens- und szenarienübergreifendes „Kochbuch" geben, um diese Ebenen festzulegen. Das ist eine Tatsache, die die Teilnehmer unserer BPMN-Seminare eher ungern hören, die man aber auch nicht verheimlichen oder schönreden darf. In den nachfolgenden Kapiteln werden wir oft mit Teilprozessen arbeiten, um unsere Best Practices zu erklären. Doch auch hier ist die Anzahl der Verfeinerungsebenen und ihre jeweilige Detaillierung stets abhängig vom Unternehmen, den unterschiedlichen Rollen der Projektteilnehmer und der spezifischen Zielsetzung, die mit dem jeweiligen Prozessmodell erfüllt werden soll.

Die BPMN erlaubt Ihnen auch, die Start- und Endereignisse direkt auf die Grenze des Teilprozesses zu legen (Abbildung 2.80). Das funktioniert natürlich nur, wenn

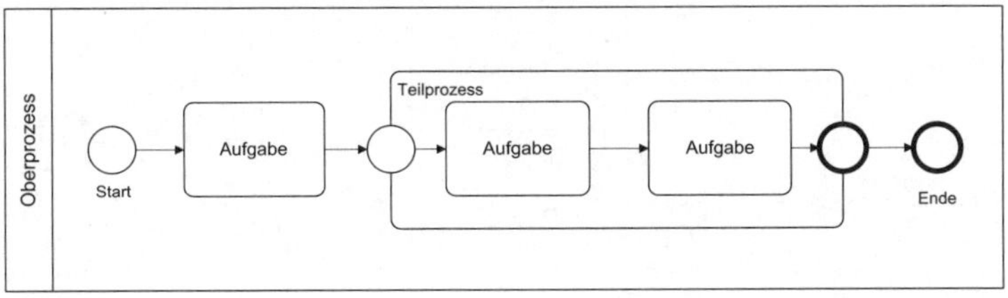

Abbildung 2.80: Start- und Endereignisse können auch direkt auf der Grenze des Teilprozesses abgelegt werden.

der Teilprozess innerhalb des Oberprozesses aufgeklappt ist. Es gibt aber nicht viele BPMN-Tools, die diesen Weg unterstützen, und wir können keinen besonderen Nutzen darin erkennen. Insofern können wir ihn auch nicht empfehlen.

Wie Sie sich vielleicht erinnern, haben wir in Abschnitt 2.2 auf Seite 25 erklärt, dass Sie prinzipiell auch ohne Start- und Endereignisse arbeiten können. Man kann diese Möglichkeit nutzen, um die im oberen Teil von Abbildung 2.81 gezeigte Parallelisierung eine Ecke kompakter zu gestalten. In diesem Beispiel wurde im Oberprozess mit Start- und Endereignissen gearbeitet, im aufgeklappten Teilprozess jedoch nicht, was völlig legitim ist. In der Praxis verwenden wir diese Möglichkeit aus zwei Gründen kaum:

1. Sie erhöht die Gefahr, dass unbedarfte Betrachter das Modell verwirrend finden.
2. Man kann diese Darstellung relativ leicht mit dem später vorgestellten Adhoc-Teilprozess verwechseln, den wir wiederum recht häufig einsetzen.

Das Beispiel zeigt aber: Teilprozesse werden in der BPMN-Praxis nicht nur verwendet, um eine inhaltliche Verfeinerung von Prozessen darzustellen, sondern auch als „handwerkliches Stilmittel" bei der Erstellung von Diagrammen. Die nachfolgenden Abschnitte verdeutlichen diesen Punkt.

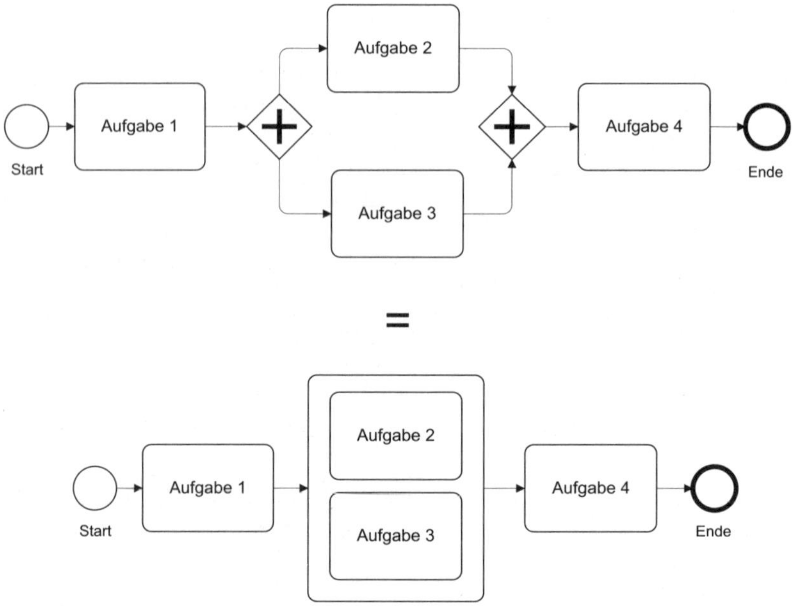

Abbildung 2.81: Ein Teilprozess kann auch als Ersatz für AND-Gateways verwendet werden.

2.8.2 Modularisierung und Wiederverwendung

In der früheren Fassung 1.2 unterschied die BPMN zwischen „eingebetteten" und „wiederverwendbaren" Teilprozessen, indem einem Teilprozess das entsprechende Attribut zugeordnet wurde. In der aktuellen Fassung 2.0 gibt es diese Unterscheidung im Prinzip auch noch, allerdings erfolgt die Definition ein wenig anders: Ein Teilprozess ist nun per se eingebettet, und er kann nur wiederverwendet werden, indem er als „globaler Teilprozess" definiert und dann über eine Aufruf-Aktivität referenziert wird. Im Folgenden sprechen wir deshalb von „eingebetteten Teilprozessen" und „globalen Teilprozessen".

Ein eingebetteter Teilprozess kann nur innerhalb eines Oberprozesses vorkommen, er gehört ihm sozusagen. In einem eingebetteten Teilprozess können auch keine Pools oder Lanes vorkommen, sondern er kann nur innerhalb des Pools bzw. der Lane des Oberprozesses angeordnet sein. Außerdem darf ein eingebetteter Teilprozess nur ein Blanko-Startereignis besitzen, andere Startereignisse wie Nachricht oder Zeit sind nicht erlaubt. Im Grunde ist ein eingebetteter Teilprozess also nichts weiter als eine Art abgegrenzter Betrachtungsbereich (engl. „Scope") innerhalb des Oberprozesses, der zwei Zielen dienen kann:

1. der bereits dargestellten Kapselung von Komplexität,
2. der Formulierung einer „Sammelaussage" über einen Abschnitt im Oberprozess, indem Ereignisse angeheftet oder Marker platziert werden. Diese Möglichkeit behandeln wir später.

Globale Teilprozesse können hingegen in ganz unterschiedlichen Oberprozessen vorkommen. In der Praxis gibt es zahlreiche Teilprozesse, die mehrfach genutzt werden. Ein Beispiel wäre die Beschaffung eines Artikels, weil ein Kunde ihn bestellt hat oder weil das Lager aufgestockt werden soll. Ein anderes Beispiel wäre die Rechnungsstellung, weil wir ein Produkt geliefert haben oder weil eine Reparatur ausgeführt wurde, wie in Abbildung 2.82 auf der nächsten Seite zu sehen ist. In diesem Beispiel erkennen wir auch, dass Aufruf-Aktivitäten sich von regulären Aktivitäten durch eine wesentlich dickere Umrandung unterscheiden.

Die Bindung solcher Teilprozesse an die jeweiligen Oberprozesse ist wesentlich weniger eng, weshalb sie auch eigene Pools und Lanes besitzen können. Im Prinzip kann man sich den Teilnehmer, der für den Teilprozess verantwortlich ist, als Dienstleister gegenüber diversen Oberprozessen vorstellen, also als eine Art Shared Service Center.

Die lockere Bindung wirkt sich auch auf die Übergabe von Daten zwischen dem Ober- und dem Teilprozess aus. Während die BPMN davon ausgeht, dass eingebettete Teilprozesse alle Daten des Oberprozesses direkt einsehen können, ist bei globalen Teilprozessen eine explizite Zuordnung notwendig. Das scheint auf den ersten Blick vielleicht „nur" ein technischer Aspekt zu sein, mit dem sich Organisatoren gar nicht beschäftigen müssen bzw. wollen. Aber wenn wir mal ein wenig darüber nachdenken, besitzt er durchaus auch eine organisatorische Perspektive.

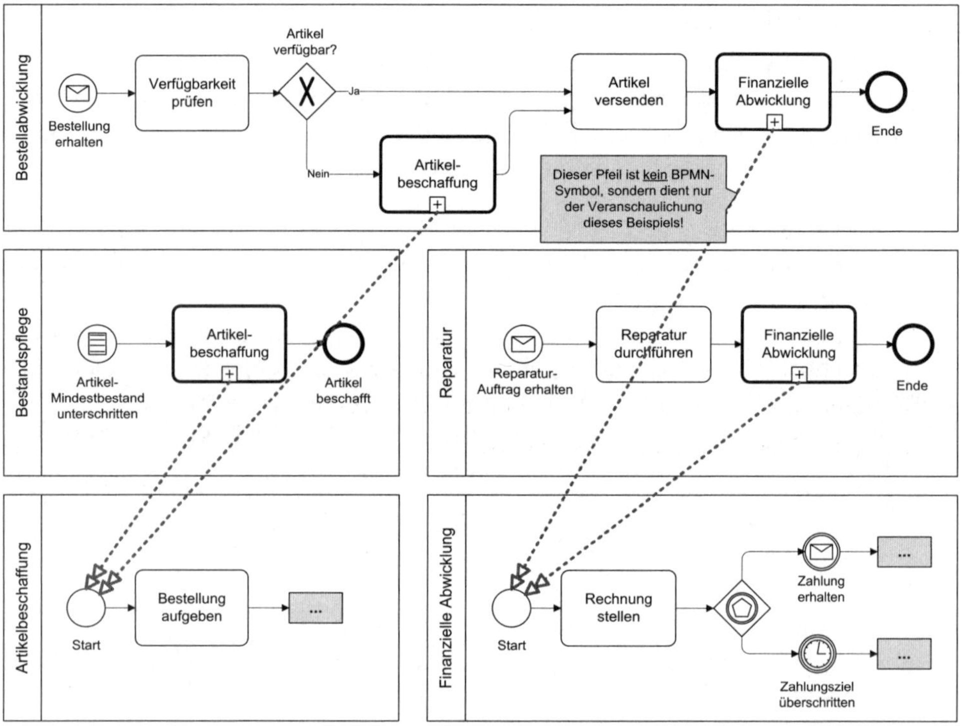

Abbildung 2.82: Beispiele für die Wiederverwendung von Teilprozessen

Ein Beispiel: Wenn unsere Buchhaltung eine Rechnung stellen soll, dann muss sie stets folgende Informationen erhalten:

- Rechnungsadresse
- Datum der Leistungserbringung
- Beschreibung der Leistung
- Rechnungsbetrag
- Zahlungsziel

Diese Daten müssen ihr sowohl der Prozessverantwortliche für die Bestellabwicklung als auch der für den Reparaturprozess bereitstellen – unter Umständen auch direkt in dem einheitlichen Format, das die Buchhaltung benötigt. Das entspricht, grob gesagt, dem, was die BPMN als notwendiges „Daten-Mapping" zwischen Oberprozessen und globalen Teilprozessen bezeichnet. Merken Sie, dass diese „komischen Techie-Themen" häufig eine sehr enge Analogie zu den organisatorischen Aspekten eines Prozesses besitzen? Die BPMN zwingt uns einfach nur, viele scheinbar selbstverständliche Dinge zu formalisieren, die wir bislang ganz unbewusst bei der Prozessgestaltung berücksichtigt (oder vergessen!) haben. Aber genau diese Formalisierung ist unsere einzige Chance, in einer immer schneller wechselnden Umgebung mit immer komplexeren Prozessen zurechtzukommen.

2.8.3 Angeheftete Ereignisse

Wir haben bereits Zwischenereignisse kennengelernt, die an Aufgaben angeheftet sein können. Dieselben Ereignisse können auch an Teilprozesse angeheftet werden, was uns einen sehr großen Spielraum bei der Prozessmodellierung eröffnet. Wir können wie in Abbildung 2.83 gezeigt zum Beispiel darstellen, dass eine spontan erhaltene Einladung zum Essen zum Abbruch unseres Kochvorgangs führt. Im dargestellten Prozess würden wir die Einladung allerdings ignorieren, wenn die Mahlzeit bereits zubereitet wurde und wir sie verzehren.

In Bezug auf Nachrichten-, Zeit- und Bedingungsereignisse bricht der Oberprozess den Teilprozess immer dann ab, wenn er auf „äußere" Umstände reagiert. Bei Fehlern, Abbrüchen und Eskalationen handelt es sich hingegen um eine Information, die vom Teilprozess an den Oberprozess gemeldet wurde. Das klingt abstrakter, als es ist. In Abbildung 2.84 auf der nächsten Seite sehen wir unten rechts, dass die Artikelbeschaffung fehlschlagen kann, denn unter Umständen stellt sich bei der Bestellung heraus, dass der Artikel gar nicht (mehr) lieferbar ist. Die Artikelbeschaffung ist ein globaler Teilprozess, weshalb in diesem Fall explizit ein Fehlerereignis ausgelöst wird, um dem Oberprozess mitzuteilen, dass hier etwas schiefgegangen ist. Organisatorisch könnte das bedeuten, dass der Einkäufer dem Vertriebsmitarbeiter (Oberprozess „Bestellabwicklung") oder dem für das Warenlager verantwortlichen Kollegen mitteilt, dass die Artikelbeschaffung fehlgeschlagen ist. Interessant ist an dieser Stelle, dass die jeweiligen Oberprozesse durchaus unterschiedlich mit der Fehlermeldung umgehen können – während im Rahmen der Bestellabwicklung der Kunde informiert werden muss, reicht es bei der regelmäßigen Bestandspflege aus, den Artikel aus dem Katalog zu streichen. Die Entscheidung, unter welchen Umständen ein Teilprozess abgebrochen wird und

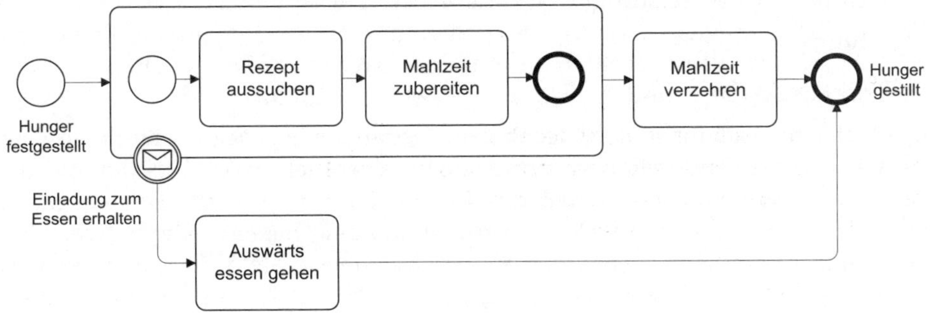

Abbildung 2.83: Das eintretende Ereignis bricht den gesamten Teilprozess ab.

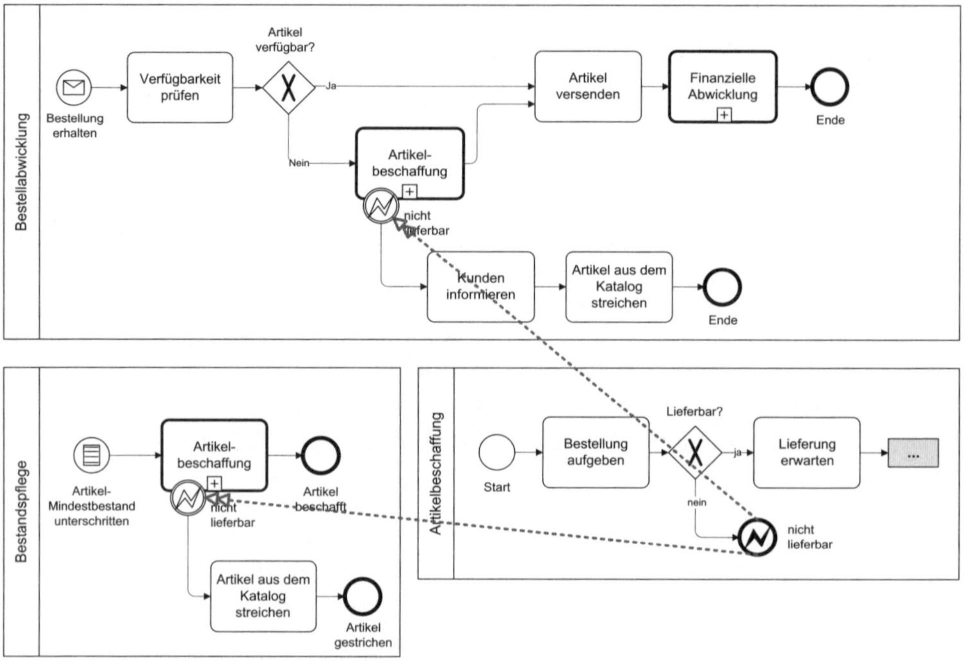

Abbildung 2.84: Der Teilprozess meldet einen Fehler an seine Oberprozesse.

was dann weiter passieren soll, liegt also beim jeweiligen Oberprozess. Mit diesem Prinzip lassen sich sehr modulare und flexible Prozesslandschaften aufbauen.

Das Signalereignis erfüllt eine Doppelfunktion: Einerseits kann der Oberprozess ähnlich wie bei der Nachricht auf ein von außen empfangenes Signal reagieren, während er einen Teilprozess ausführt. Das Signalereignis wird aber auch gern genutzt, um vom Teilprozess zum Oberprozess zu kommunizieren, ohne gleich von einem Fehler sprechen zu müssen. Das liegt primär daran, dass wir diese Art der Kommunikation nicht über Nachrichtenereignisse modellieren können: Die BPMN geht davon aus, dass wir Nachrichten immer an völlig andere Teilnehmer schicken, die sich also außerhalb unserer Pool-Grenzen befinden. Die Kommunikation zwischen Ober- und Teilprozess gehört nicht dazu.

Eigentlich entspricht das aber nicht dem Gedanken des Signalereignisses, mit dem wir ja keine gerichtete Kommunikation vornehmen wollen, sondern wie bei einem Radiospot einfach eine Information „in die Welt hinaus" senden. In der BPMN 2.0 gibt es mit dem Eskalationsereignis eine bessere Alternative: Hiermit kann der Teilprozess dem Oberprozess eine direkte Meldung zukommen lassen, ohne dass man diese als Fehlermeldung sehen müsste. Außerdem kann der Oberprozess ab Version 2.0 solche Meldungen auffangen und verarbeiten, ohne dass der Teilprozess direkt abgebrochen wird – da in der neuen Version ja auch

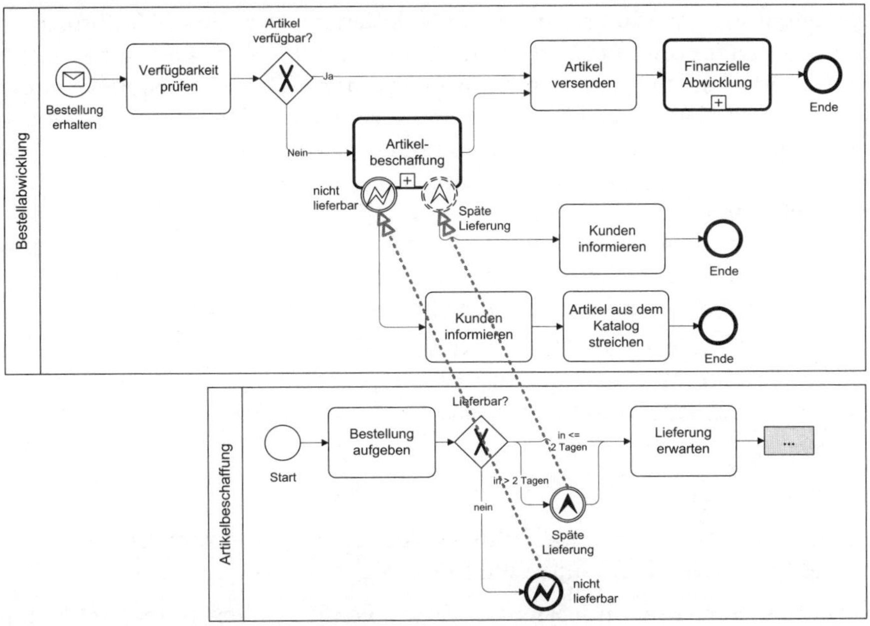

Abbildung 2.85: Das Eskalationsereignis teilt dem Oberprozess mit, dass etwas zu tun ist (verfügbar ab BPMN 2.0).

nicht-unterbrechende Zwischenereignisse angeheftet werden können (siehe Abbildung 2.85).

2.8.4 Markierung

Die in Abschnitt 2.7.2 auf Seite 74 bereits beschriebenen Aufgaben-Marker „Schleife", „Mehrfachinstanz" und „Kompensation" können Sie genauso auf Teilprozesse anwenden. Damit lassen sich also beispielsweise auch komplexe Schleifen wie in Abbildung 2.86 auf der nächsten Seite modellieren, wo die obere Darstellung die gleiche Bedeutung hat wie die untere.

Eine nur für Teilprozesse verfügbare Markierung nennt sich „Ad-hoc", zu erkennen an einer Tilde (Abbildung 2.87 auf Seite 89). Mit einem Ad-hoc-Teilprozess kennzeichnen Sie einen Bereich, in dem die enthaltenen Aktivitäten (Aufgaben oder Teilprozesse)

- in beliebiger Reihenfolge ausgeführt werden können,
- mehrmals ausgeführt werden können,
- übersprungen werden können.

Die jeweilige Entscheidung darüber fällt derjenige, der diesen Teilprozess ausführt. In gewisser Hinsicht führt dieses Konstrukt die ganze Idee der Prozessmodellierung ad absurdum, weil man ja genau diese Dinge im Modell eindeutig festlegen möchte. Andererseits gibt es sehr viele Prozesse, in denen zumindest teilweise solche Freiräume notwendig sind. Das ist beispielsweise häufig der Fall, wenn der Prozess mit einem hohen Anteil an implizitem Wissen oder Kreativität abgewickelt wird, oder der Prozess von den diversen Mitarbeitern unterschiedlich durchgeführt wird. In solchen Fällen kann man mit einem Ad-hoc-Teilprozess auch einen möglicherweise unerwünschten IST-Zustand kennzeichnen, um auf eine notwendige Standardisierung von Prozessen hinzuarbeiten.

In der BPMN 2.0 wurde das Thema Ad-hoc-Teilprozesse noch etwas ausdifferenziert. Unter anderem wurde genau festgelegt, welche Symbole innerhalb eines Ad-hoc-Teilprozesses vorkommen müssen, welche vorkommen dürfen und welche nicht:

- **Muss**: Aktivitäten
- **Kann**: Datenobjekte, Sequenzflüsse, Assoziationen, Gruppierungen, Nachrichtenflüsse, Gateways und Zwischenereignisse
- **Verboten**: Start- und Endereignisse, Symbole für Konversationen und Choreographien (die wir später besprechen werden)

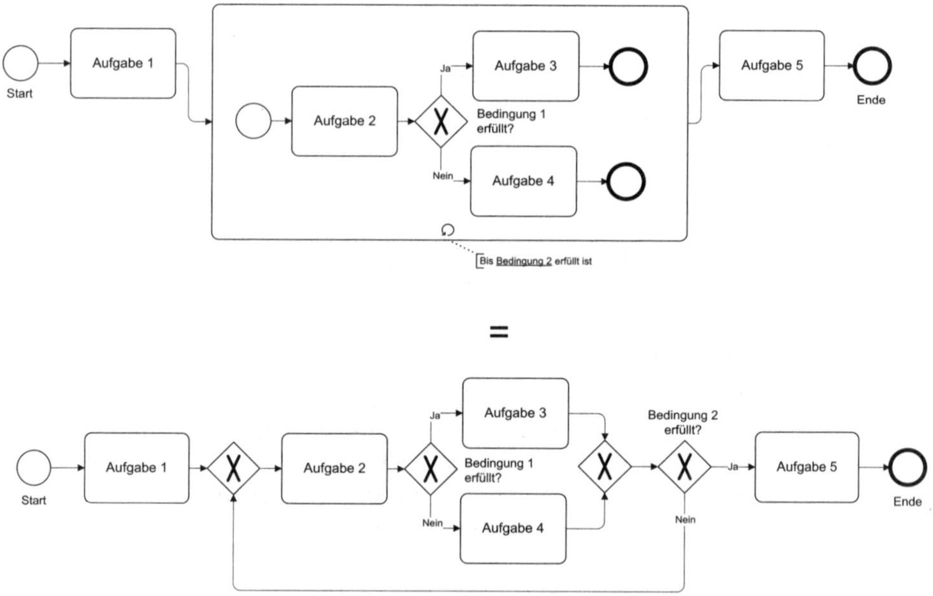

Abbildung 2.86: Teilprozesse können auch als Schleifen definiert werden.

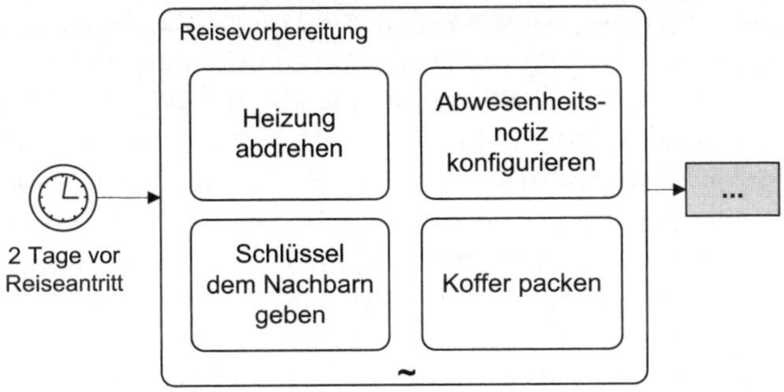

Abbildung 2.87: Die Reisevorbereitung kann, muss aber nicht aus diesen Aufgaben bestehen.

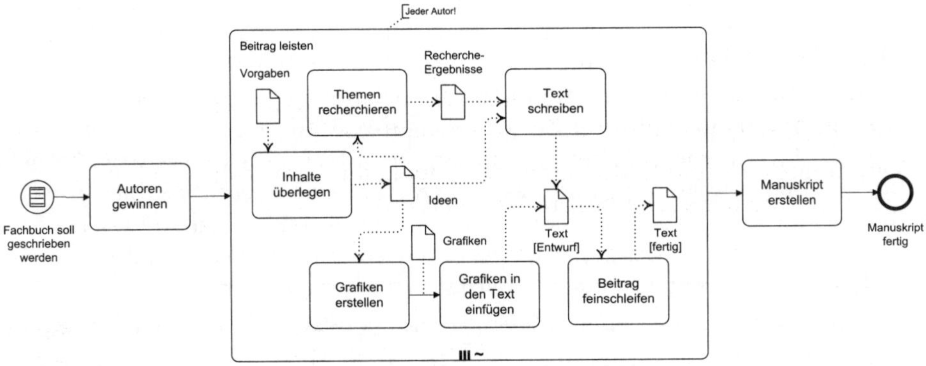

Abbildung 2.88: Die Prozesse der einzelnen Buchautoren unterliegen kaum einer vordefinierten Struktur.

Mit diesen Vorgaben lassen sich also auch Mischformen, sogenannte „schwach strukturierte" Prozesse, modellieren, wie beispielsweise in Abbildung 2.88.

2.8.5 Transaktionen

Viele Prozesse funktionieren nur nach dem „Ganz oder gar nicht"-Prinzip: Entweder können alle Schritte erfolgreich durchlaufen werden oder es darf überhaupt nichts getan werden. In Abschnitt 2.6.9 auf Seite 61 haben wir bereits das Kompensationsereignis kennengelernt, mit dem sich bereits erledigte Aufgaben rückgängig machen lassen, ohne dass man dies umständlich ausmodellieren muss. Die Transaktion ist ein spezieller Teilprozess, der uns für solche Fälle noch weitergehend unterstützt. Wie eine solche Transaktion funktioniert, erklären wir anhand des in Abbildung 2.89 auf der nächsten Seite gezeigten Beispiels:

Angenommen, wir wollen unsere Verwandten in Übersee besuchen. Ist die Reise beschlossen, steigen wir in die konkrete Vorbereitung ein. Zuerst legen wir mit unseren Verwandten Termin und Dauer unseres Besuches verbindlich fest. Danach buchen wir einen Flug bei einer Billig-Airline und anschließend das Hotel, damit wir unseren Gastgebern nicht unnötig zur Last fallen (auch wenn diese das natürlich vehement dementieren und mit allen Mitteln versuchen, uns bei sich einzuquartieren). Im letzten Schritt konfrontieren wir unseren Chef mit unserem Vorhaben und beantragen den entsprechenden Urlaub. Wenn alles gelingt, können wir die Reise antreten. Aber was passiert, wenn unser Wunschhotel bereits ausgebucht ist und wir kein alternatives Hotel auftreiben können? Oder unser Chef uns wider Erwarten den Urlaub verweigert? In diesem Fall müssen wir die Transaktion „Reisevorbereitung" abbrechen, zu erkennen am Abbruchsereignis, das eigens für diesen Zweck existiert und nur innerhalb von Transaktionen verwendet werden kann. Bricht man eine Transaktion ab, wird automatisch eine Kompensation aller Aufgaben angestoßen, denen eine entsprechende Kompensationsaufgabe zugeordnet wurde. Wir sagen also unseren Gastgebern Bescheid, dass wir zum vereinbarten Termin nicht kommen können, und stornieren das Hotel, falls es bereits gebucht wurde. Da wir einen Billigflug gebucht haben, bietet uns die Airline leider keine Stornierung an, sodass wir diese Aufgabe nicht rückgängig machen können und das Ticket zähneknirschend bezahlen müssen. Nach erfolgter Kompensation aller bereits ausgeführten Aufgaben verlassen wir die Transaktion über das angeheftete Abbruchsereignis und steigen direkt erneut in die Reiseplanung ein, um einen Alternativtermin zu finden.

Dieser Prozess besitzt natürlich diverse Schwächen: Wir sollten die Buchung des Fluges an das Ende bzw. außerhalb der Transaktion positionieren, weil sie nicht storniert werden kann und wir offensichtlich auch nicht davon ausgehen, dass sie aus irgendwelchen Gründen fehlschlägt. Außerdem könnten wir einige Klärun-

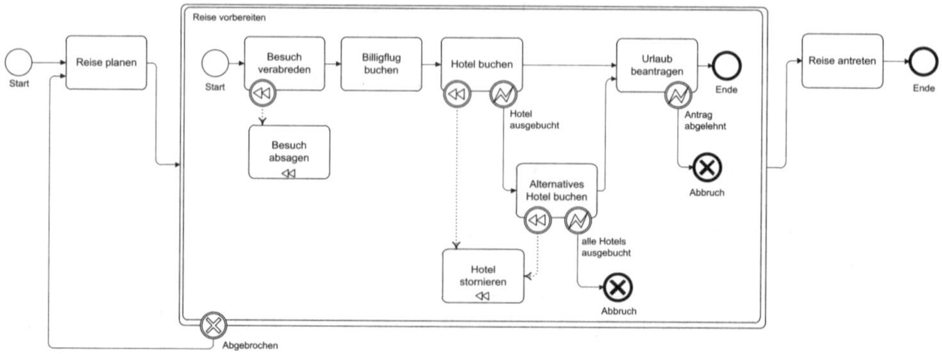

Abbildung 2.89: Der aufgeklappte Teilprozess „Reisevorbereitung" ist eine Transaktion, zu erkennen an der doppelten Linie.

gen im Vorfeld vornehmen, beispielsweise, ob wir zum gewünschten Termin wohl Urlaub nehmen können, und somit das Risiko einer Ablehnung minimieren. Aber genau das ist der Punkt: Transaktionen wurden für extrem kritische Prozesse entwickelt, in denen auch kleinste Risiken berücksichtigt werden müssen. Das Risiko eines abgelehnten Urlaubsantrags ist sicherlich sehr klein, wenn man den Termin im Vorfeld mit dem Chef abgestimmt hat. Aber ist es deshalb gleich null? Was, wenn in den zwei Tagen zwischen unverbindlicher Abstimmung und tatsächlichem Antrag plötzlich ein wichtiger Auftrag eingeht? Zur Absicherung gegenüber solchen Szenarien sind Transaktionen gedacht.

2.8.6 Ereignis-Teilprozesse

In der BPMN 2.0 wurde mit dem Ereignis-Teilprozess ein ganz neues Konstrukt eingeführt. Ein solcher Teilprozess befindet sich innerhalb eines anderen Prozesses oder Teilprozesses und ist an der gepunkteten Umrandung zu erkennen. Er wird stets durch ein einziges Startereignis ausgelöst und kann nur ausgelöst werden, solange der ihn umgebende Teilprozess aktiv ist. Für Ereignis-Teilprozesse kann es unterbrechende (durchgezogene Linie) und nicht-unterbrechende (gestrichelte Linie) Ereignisse geben, es findet also dieselbe Unterscheidung statt wie bei den angehefteten Zwischenereignissen. Je nach Art des Startereignisses wird der Ereignis-Teilprozess dementsprechend den umgebenden Teilprozess abbrechen oder wird gleichzeitig mit ihm ausgeführt. Nicht-unterbrechende Ereignis-Teilprozesse können beliebig häufig ausgelöst werden, solange der umgebende Teilprozess noch läuft.

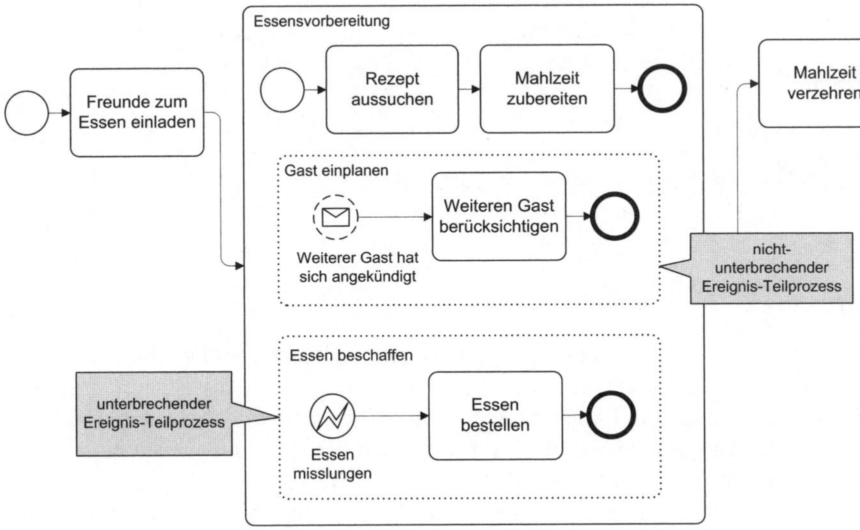

Abbildung 2.90: Beispiele für Ereignis-Teilprozesse

OK, das ist ziemlich abstrakt. In Abbildung 2.90 auf der vorherigen Seite demonstrieren wir das Ganze anhand eines Beispiels: Wir haben einige Freunde zum Essen eingeladen und starten nun den Teilprozess „Essensvorbereitung", indem wir zuerst ein Rezept aussuchen und dann die Mahlzeit zubereiten. Während wir das tun, könnte plötzlich das Telefon klingeln, und ein weiterer Gast lädt sich zum Essen ein. Spontan, wie wir sind, berücksichtigen wir diesen einfach noch und erhöhen beispielsweise die Menge an Zutaten oder decken einen weiteren Teller, ohne jedoch die Zubereitung der Mahlzeit abzubrechen. Wenn uns hingegen im Laufe der Zubereitung ein Missgeschick passiert, führt dies zu einem Fehler, der umgehend den unterbrechenden Ereignis-Teilprozess zur Behebung auslöst. In diesem bestellen wir das Essen von außerhalb. Wenn dieser Ereignis-Teilprozess abgearbeitet ist, verlassen wir den umgebenden Teilprozess über den regulären Ausgang und widmen uns dem Verzehr der Mahlzeit.

In Abbildung 2.91 auf der nächsten Seite sehen Sie, wie Ereignis-Teilprozesse dargestellt werden, wenn sie zugeklappt sind: Wieder ist die Umrandung gepunktet, und wir erkennen das von den regulären zugeklappten Teilprozessen bekannte Pluszeichen. In der linken oberen Ecke sehen wir zusätzlich noch das den Teilprozess auslösende Startereignis.

Ereignistypen, die nicht-unterbrechende Ereignis-Teilprozesse auslösen können, sind:

- Nachricht
- Zeit
- Eskalation
- Bedingung
- Signal
- Mehrfach
- Mehrfach parallel

Bei den unterbrechenden Ereignis-Teilprozessen kommen zwei Typen hinzu, nämlich:

- Fehler
- Kompensation

Vielleicht fragen Sie sich auch, ob man das dargestellte Beispiel nicht auch ohne Ereignis-Teilprozesse, sondern einfach mit angehefteten Ereignissen modellieren könnte. Man kann, und wir haben das in Abbildung 2.92 auf der nächsten Seite einmal gemacht. Vom reinen Ablauf her funktioniert der hier dargestellte Prozess genauso wie der in Abbildung 2.90 auf der vorherigen Seite. Wir müssen jedoch einen kleinen, aber feinen Unterschied erkennen. In dieser Darstellung wird die Planung eines weiteren Gasts bzw. die Bestellung einer alternativen Mahlzeit nicht innerhalb des Teilprozesses „Essensvorbereitung" durchgeführt, sondern im

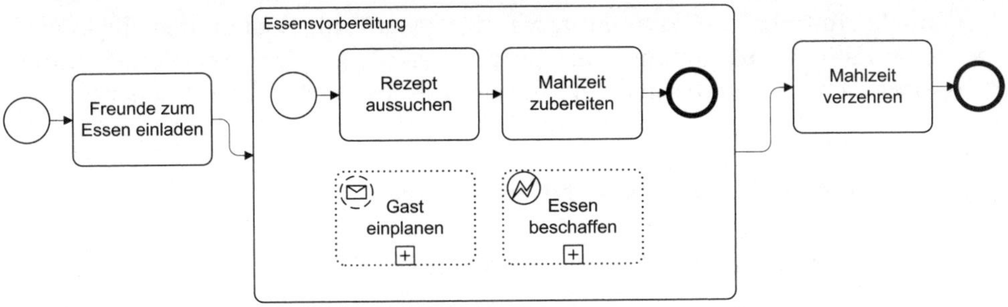

Abbildung 2.91: Zugeklappte Ereignis-Teilprozesse

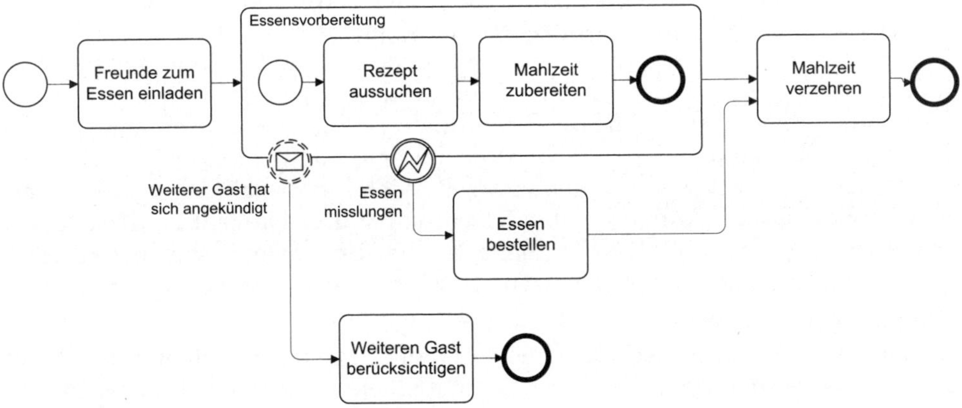

Abbildung 2.92: Dieser Prozess arbeitet genauso wie der in Abbildung 2.90 auf Seite 91 dargestellte.

Top-Level-Prozess. Insbesondere für globale Teilprozesse ergeben sich allerdings folgende Konsequenzen:

- Wenn der Teilprozess in einem anderen Verantwortungsbereich liegt als der Top-Level-Prozess, kümmern sich zwei unterschiedliche Rollen um die Durchführung des Teilprozesses bzw. die Behandlung der Ereignisse. Wenn die Behandlung innerhalb des Teilprozesses stattfindet, muss sich dieselbe Rolle darum kümmern.
- Weil der Teilprozess global und daher wiederverwendbar ist, kann und muss jeder Top-Level-Prozess gesondert festlegen, wie er auf diese beiden Ereignisse reagiert. Wenn die Behandlung hingegen innerhalb des Teilprozesses stattfindet, wird sie ebenfalls wiederverwendet – mit den damit verbundenen Vor- und Nachteilen.

- Globale Teilprozesse können nicht direkt auf die Daten des Top-Level-Prozesses (bzw. allgemein ihres Oberprozesses) zugreifen; es ist ein Mapping erforderlich. Das wäre mit einem Ereignis-Teilprozess nicht notwendig.

2.9 Pools und Nachrichtenflüsse

2.9.1 Der Dirigent und sein Orchester

In Abschnitt 2.5 auf Seite 44 haben wir gelernt, wie wir die Durchführungsverantwortung für bestimmte Aufgaben oder Teilprozesse innerhalb eines Prozesses mithilfe von Lanes den unterschiedlichen Aufgabenträgern zuordnen können. Diese Lanes befinden sich stets innerhalb eines bestimmten Pools, der gleichzeitig die Grenzen des Prozesses darstellt, ihn also von Anfang bis Ende umfasst. Der Pool repräsentiert aus Sicht der BPMN aber noch mehr: Er steht für eine den Lanes übergeordnete Instanz, die die Steuerung des Prozesses übernimmt, also die tatsächliche Zuordnung der Aufgaben vornimmt. Im Beispiel aus Abbildung 2.93 auf der nächsten Seite sorgt dieser „Dirigent" dafür, dass Falko Aufgabe 2 bearbeitet, sobald Robert Aufgabe 1 abgeschlossen hat. Der Dirigent beherrscht also den Prozess, er hat die totale Kontrolle, und jedes Instrument in seinem Orchester muss genau nach seiner Pfeife tanzen. Deshalb spricht man bei dieser Art von Prozess auch von „Orchestrierung".

Halten Sie das für unrealistisch? Viele gestandene Prozessmodellierer haben mit dieser Denkweise ihre Schwierigkeit. Sie modellieren eine solche Prozessabwicklung eher wie in Abbildung 2.94 auf der nächsten Seite gezeigt mit der Begründung, dass ein solcher allmächtiger Dirigent in ihrem Unternehmen nicht existiert und die einzelnen Prozessbeteiligten sich stattdessen untereinander für die Zusammenarbeit abstimmen müssen.

Eine solche Abstimmung müsste man im Sinne der BPMN jedoch wesentlich expliziter modellieren: Jeder Aufgabenträger würde einen separaten Pool erhalten, und die Weiterleitung des Vorgangs würde als Nachrichtenfluss modelliert werden (siehe Abbildung 2.95 auf Seite 96). Jetzt haben wir im Prinzip vier eigenständige Dirigenten definiert, die ihren jeweils eigenen Mini-Prozess unter ihrer Kontrolle haben und ansonsten nichts weiter tun können, als Nachrichten an ihre Nachfolger zu schicken, damit es weitergeht.

Vermutlich sind Sie von dieser Art der Darstellung spontan nicht so begeistert, weil sie relativ kompliziert erscheint. Keine Angst: Sie müssen diesen Weg in der praktischen Modellierung auch nicht unbedingt immer wählen. Aber es ist wichtig, dieses essenzielle Prinzip von BPMN einmal verstanden zu haben. Denn obwohl die Arbeit mit Lanes in BPMN auf den ersten Blick der Darstellung in anderen Prozessnotationen sehr ähnelt, haben wir es offensichtlich mit einer ganz anderen Denkweise zu tun. Das liegt einfach daran, dass die BPMN im Kontext der Prozessautomatisierung entwickelt wurde. Und hier haben wir natürlich eine

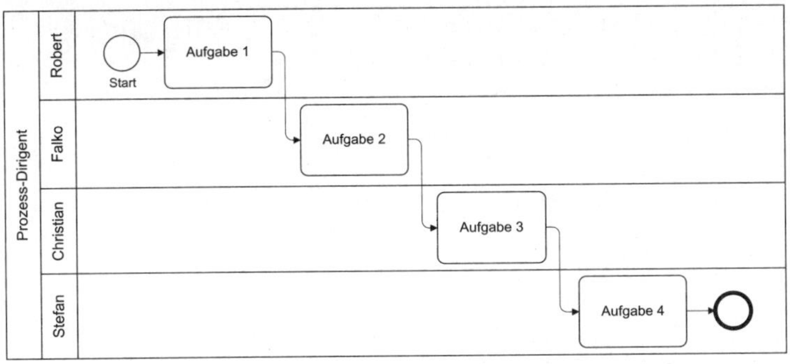

Abbildung 2.93: Aufgaben und Aufgabenträger

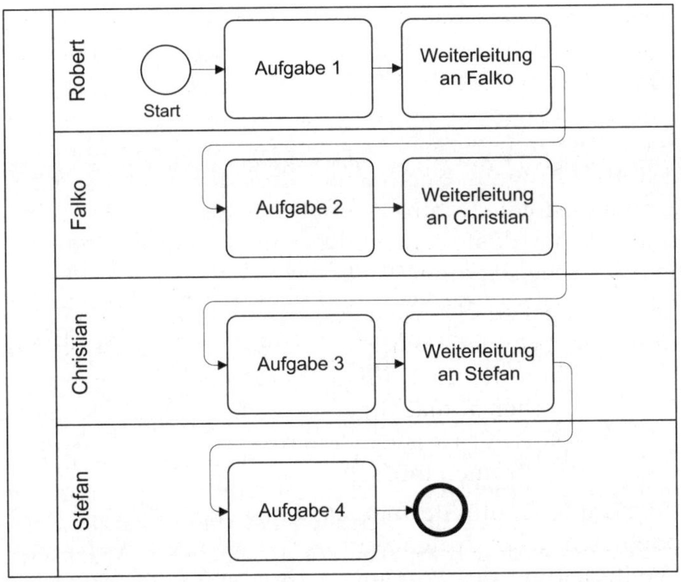

Abbildung 2.94: Die Aufgabenträger sorgen selbst dafür, dass der jeweilige Nachfolger die Bearbeitung aufnimmt.

Process Engine, die sämtliche Aufgaben im Prozess, auch wenn sie von unterschiedlichen Aufgabenträgern ausgeführt werden, zentral ansteuert. Die Process Engine ist also dieser mysteriöse, allmächtige Prozess-Dirigent. Vielleicht haben Sie im Zusammenhang mit Serviceorientierte Architektur (SOA) schon einmal von der sogenannten „Serviceorchestrierung" gehört? Nun, das ist ziemlich genau die Aufgabe einer Process Engine, nur dass diese Services nicht nur vollautomatische Webservices sind, sondern eben auch Aufgaben sein können, die von menschlichen Prozessbeteiligten auf Kommando der Process Engine ausgeführt werden.

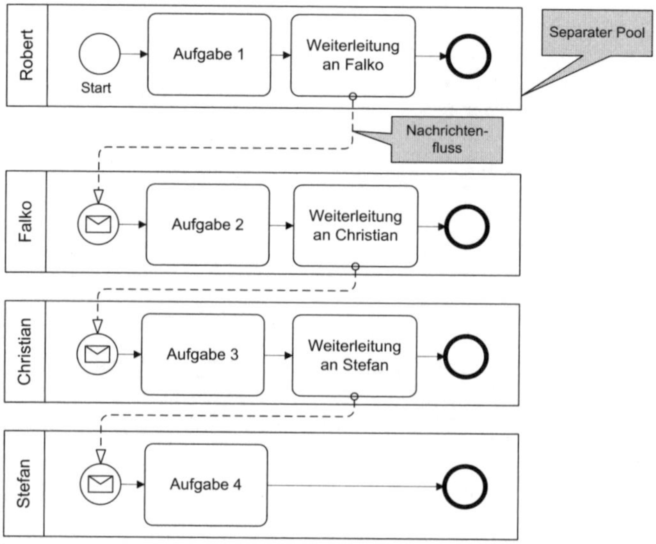

Abbildung 2.95: Jeder Aufgabenträger befindet sich in einem eigenen Pool.

Was bedeutet das aber für die rein fachliche Prozessmodellierung, in der Sie auch Prozesse beschreiben, die nicht von einer solchen Process Engine gesteuert werden? Diese Frage lässt sich leider nicht pauschal beantworten. Sie können natürlich komplett auf Pools verzichten und ausschließlich mit Lanes arbeiten, wobei Sie den Nachrichtenaustausch wie in Abbildung 2.94 auf der vorherigen Seite als normale Aufgaben ausmodellieren. Das wäre der traditionelle Weg, und zumindest für eine Übergangszeit kann das auch eine pragmatische Lösung sein, um die eigenen Kollegen nicht zu überfordern. Mittel- bis langfristig würden Sie mit den Pools jedoch auf ein sehr mächtiges Instrument verzichten, um die Aussagekraft von Prozessmodellen zu erhöhen. Im nächsten Abschnitt erklären wir lediglich die wichtigsten Regeln, die Sie bei der Arbeit mit Pools und Nachrichtenflüssen einhalten müssen. In den nachfolgenden Kapiteln zeigen wir anhand diverser Beispiele, wie nützlich diese „neue Denkweise" ist. Und eines müssen Sie sich klarmachen: Wenn Sie eine Harmonisierung Ihrer fachlichen und technischen Prozessmodelle für ein besseres Business-IT-Alignment anstreben, kommen Sie um diese Art der Prozessmodellierung ganz unabhängig von BPMN ohnehin nicht herum.

2.9.2 Regeln für die Anwendung

Wenn Sie mit Pools und Nachrichtenflüssen arbeiten, dürfen Sie folgende Dinge modellieren (siehe Abbildung 2.96 auf der nächsten Seite):

- Eingetretene Nachrichtenereignisse, in die Nachrichtenflüsse hineinlaufen

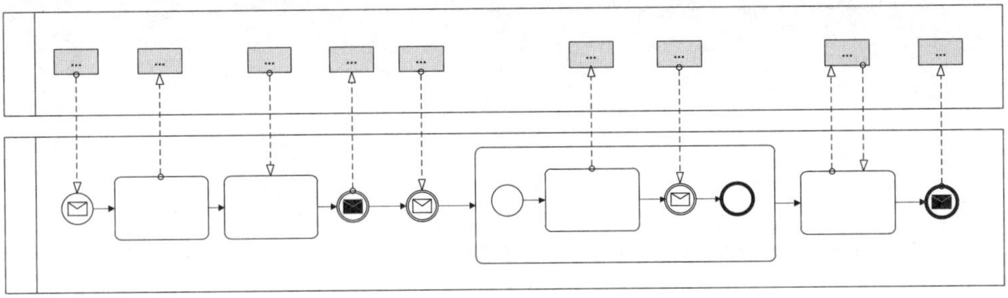

Abbildung 2.96: Erlaubte Konstrukte bei der Arbeit mit Pools und Nachrichtenflüssen

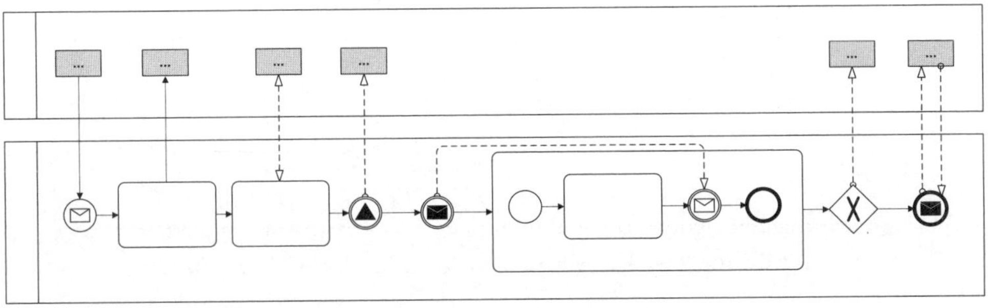

Abbildung 2.97: Verbotene Konstrukte bei der Arbeit mit Pools und Nachrichtenflüssen

- Ausgelöste Nachrichtenereignisse, aus denen Nachrichtenflüsse herauslaufen
- Aufgaben, in die Nachrichtenflüsse hinein- **oder** aus denen sie herauslaufen
- Aufgaben, in die Nachrichtenflüsse hinein- **und** aus denen sie herauslaufen
- (Aufgeklappte) Teilprozesse, in die Nachrichtenflüsse hinein- bzw. aus denen sie herauslaufen

Die folgenden Konstrukte verstoßen gegen die BPMN-Spezifikation und können daher **nicht** verwendet werden (siehe Abbildung 2.97):

- Sequenzflüsse, die Pool-Grenzen überschreiten
- Nachrichtenflüsse, die Pool-Grenzen **nicht** überschreiten
- Ereignisse mit Nachrichtenflüssen, die nicht vom Typ „Nachricht“ sind
- Ereignisse, in die Nachrichtenflüsse hinein- **und** aus denen sie herauslaufen
- Nachrichtenflüsse mit Pfeilspitzen am Anfang und Ende
- Gateways mit Nachrichtenflüssen

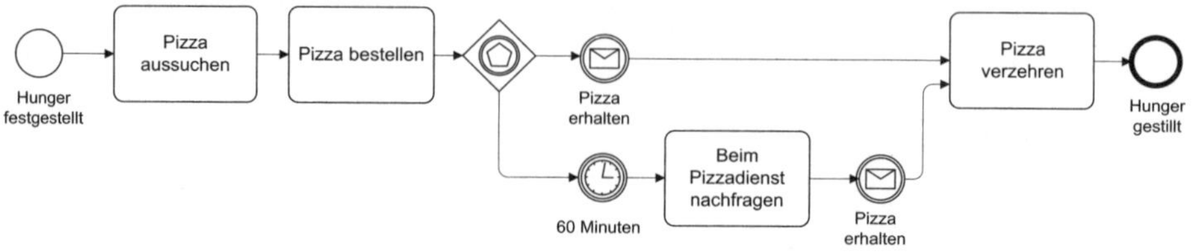

Abbildung 2.98: Nach dem Event-Split wird der Pfad durchlaufen, bei dem das Ereignis als Erstes eintritt.

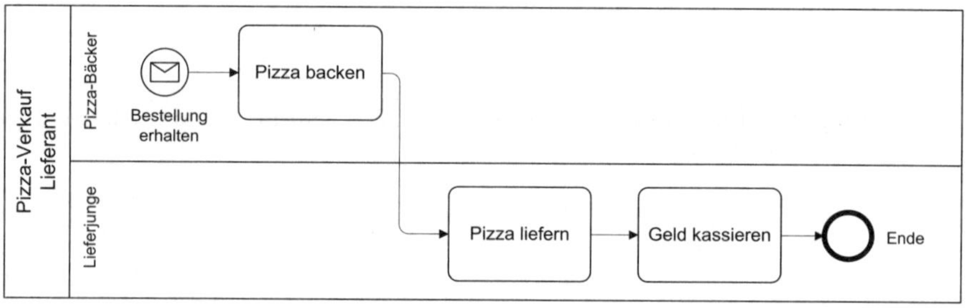

Abbildung 2.99: Der Vertriebsprozess des Pizza-Lieferanten

2.9.3 Die Kunst der Kollaboration

Im Zusammenhang mit dem ereignisbasierten Gateway haben wir den in Abbildung 2.98 dargestellten Prozess betrachtet. Wir wollen einen Blick über den Tellerrand wagen und darüber nachdenken, wie sich dieser Prozess wohl aus Sicht des Pizza-Lieferanten abspielt. Vermutlich sieht er in etwa so aus wie in Abbildung 2.99: Sobald wir eine Bestellung erhalten, backen wir die Pizza. Unser Lieferjunge bringt diese dann zum Kunden und kassiert das Geld, womit der Prozess aus unserer Sicht erfolgreich abgeschlossen ist.

Nun wollen wir diese beiden Prozesse in einen Zusammenhang bringen, also aus einer neutralen Vogelperspektive heraus das Zusammenspiel des Kunden und des Lieferanten betrachten. Wir können natürlich versuchen, dieses Zusammenspiel mit einem Pool und diversen Lanes zu modellieren, z.B. so wie in Abbildung 2.100 auf der nächsten Seite. Aber wirklich schön ist das nicht: Es gibt diverse Aufgaben und Ereignisse, die sich auf eine Interaktion innerhalb des Pools beziehen, z.B. das Warten auf die Lieferung oder das Kassieren. Andere Aufgaben wiederum werden von den jeweiligen Rollen völlig unabhängig vom „Partner" erledigt, wie z.B. das Backen und der Verzehr der Pizza. Eine visuelle Unterscheidung zwischen beidem ist aber nicht möglich. Genau genommen ist das Diagramm auch semantisch nicht korrekt, denn Nachrichtenereignisse beziehen sich immer auf Nachrichten, die der Prozess von außerhalb erhält, was hier natürlich nicht gegeben ist.

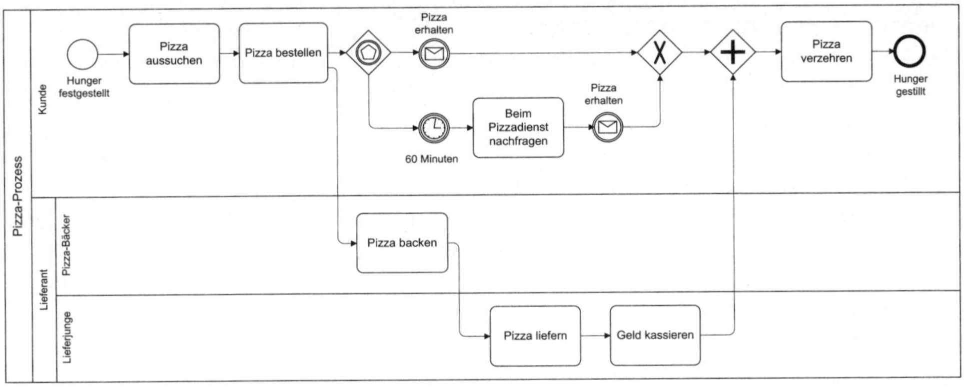

Abbildung 2.100: Der Pizza-Prozess im Überblick mit einem Pool und mehreren Lanes – eine ziemlich schlechte Lösung.

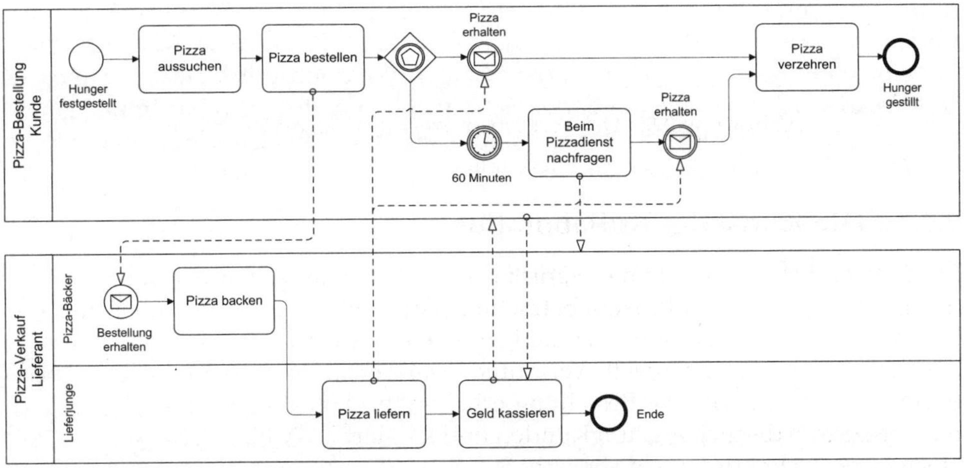

Abbildung 2.101: Der Pizza-Prozess im Überblick mit zwei Pools

Wenn wir den Weg über die Pools wählen, sähe das Ganze so aus wie in Abbildung 2.101. Die beiden Prozesse würden also in der kombinierten Darstellung genauso wie in der Einzelbetrachtung aussehen, werden aber über Nachrichtenflüsse miteinander verbunden. Diese Form der Visualisierung nennt man in BPMN ein Kollaborationsdiagramm, da sie die Zusammenarbeit (Kollaboration) zweier unabhängiger Prozesse zeigt.

In zwei Fällen enden die Nachrichtenflüsse nicht in einer Aktivität oder einem Ereignis, sondern an der Pool-Grenze des jeweiligen Teilnehmers: einmal bei der Aufgabe „Beim Pizzadienst nachfragen“ und einmal bei der Aufgabe „Geld kassieren“. Im zuerst genannten Fall liegt das daran, dass unsere Nachfrage den Sequenzfluss beim Lieferanten nicht beeinflusst. Möglicherweise wird er zwar eine Auskunft erteilen oder auch die Bearbeitung der Bestellung beschleunigen. Aber die Abarbeitung des eigentlichen Prozesses (Backen, Liefern, Kassieren) ändert sich dadurch nicht, und der Lieferant wartet auch zu keinem Zeitpunkt auf die Nachfrage des Kunden. Im zweiten Fall offenbart die Darstellung ein Defizit bei der Modellierung des Prozesses auf Kundenseite: Wir können davon ausgehen, dass wir die Pizza bezahlen, *bevor* wir sie verzehren. Das heißt, die Aufgabe fehlt in unserem Modell, und wir müssen sie noch hinzufügen. In Abbildung 2.102 ist das geschehen, und jetzt können wir die Nachrichtenflüsse auch direkt mit dieser Aufgabe verbinden.

2.9.4 Pools zuklappen

Wenn wir Prozesse in der Praxis modellieren, kommt es häufig vor, dass wir nicht die Prozesse aller Parteien im Detail kennen. Das ist häufig der Fall, wenn wir selbst eine dieser Parteien sind, also beispielsweise ein bestimmtes Unternehmen, und nur unseren eigenen Prozess kennen, nicht aber die Prozesse unserer Partner. Für eine reibungslose Zusammenarbeit ist lediglich erforderlich, dass wir und unsere Partner uns an die vereinbarten Schnittstellen halten, also bestimmte Nachrichten entgegennehmen oder versenden. Wenn wir nun also wieder in die Rolle des Pizza-Kunden schlüpfen, erwarten wir von unserem Lieferanten, dass er

- Pizza-Bestellungen entgegennimmt,
- bestellte Pizzen liefert und abkassiert,
- für Nachfragen zur Verfügung steht.

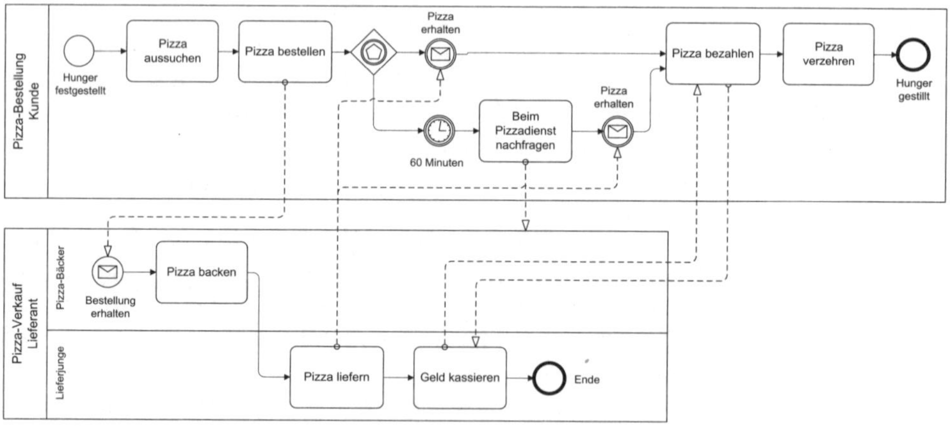

Abbildung 2.102: Im Prozess des Kunden ist die Aufgabe „Pizza bezahlen“ hinzugekommen.

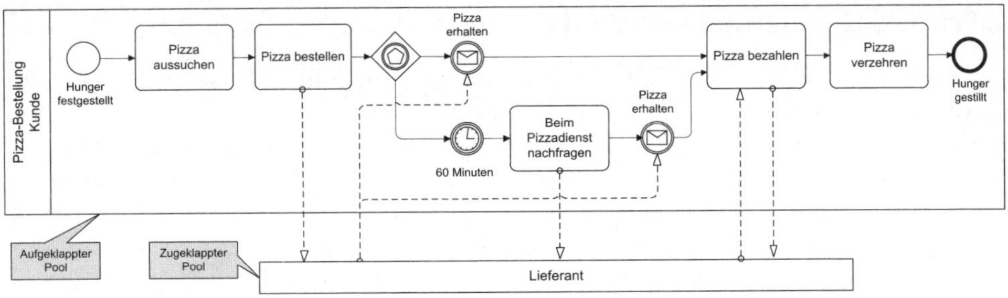

Abbildung 2.103: Der Pool des Lieferanten ist zugeklappt und verbirgt somit die Prozessdetails.

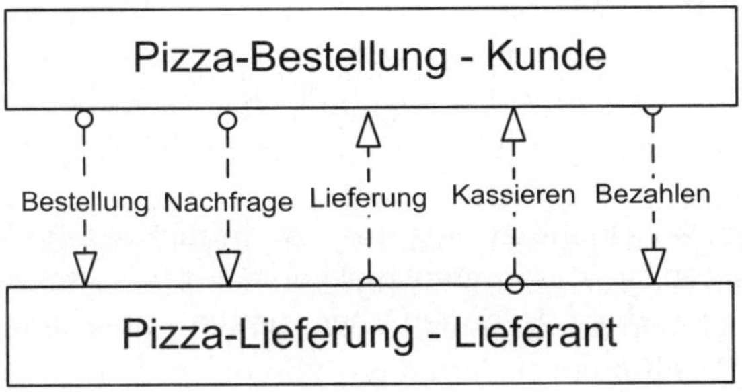

Abbildung 2.104: Beide Pools sind zugeklappt, und es werden nur noch die Nachrichtenflüsse gekennzeichnet.

Im Grunde interessiert uns der interne Prozess des Lieferanten überhaupt nicht. Möglicherweise wird er nach erhaltener Bestellung die Pizza backen und dann liefern, vielleicht wird er auch zu einem befreundeten Pizza-Bäcker fahren und dort die Pizza besorgen, weil er keine Zutaten mehr vorrätig hat. Das ist sein Problem – wir erwarten lediglich, dass wir unsere Pizza bekommen. In solchen Fällen liegt es nahe, den Prozess des Lieferanten komplett auszublenden und den Pool zuzuklappen, sodass alle Details verborgen werden (Abbildung 2.103).

Wir könnten sogar noch einen Schritt weitergehen und auch den Pool des Kunden zuklappen (Abbildung 2.104). Jetzt sehen wir lediglich noch die auszutauschenden Nachrichten, sofern wir die Pfeile beschriften, was uns einen guten Überblick verschafft. Der Nachteil ist jedoch, dass wir die Abhängigkeiten nicht mehr erkennen können. Wir können beispielsweise nicht sehen, ob die Nachfrage immer gesendet wird oder nur unter bestimmten Umständen, wie es ja der Fall ist. Um dieses Problem kümmert sich die BPMN in der Version 2.0 und führt hierfür eigens einen neuen Diagrammtyp ein. Wir beschreiben sogenannte Choreographiediagramme in Abschnitt 2.13 auf Seite 115.

2.9.5 Mehrfachinstanz-Pools

In Abschnitt 2.7.2 auf Seite 74 und Abschnitt 2.8.4 auf Seite 87 haben wir bereits gelernt, dass Aufgaben bzw. Teilprozesse als „Mehrfach" markiert werden können. Das bedeutet, dass diese Elemente während der Ausführung mehrfach instanziiert werden. Dieses Prinzip ist in der BPMN ab Version 2.0 auch für Pools vorgesehen. Da ein Pool immer einen Teilnehmer repräsentiert, nennen wir das Konstrukt „Mehrfach-Teilnehmer". In Abbildung 2.105 sehen wir ein Beispiel, wie man es verwenden kann. Wir haben darin drei Teilnehmer definiert: Kunde, Makler und Lieferant. Wenn der Prozess des Maklers instanziiert wird, passiert das, weil ein Kunde einen Auftrag erteilt hat. Nun geht der Makler los und führt mehrfach die Aufgabe „Angebot einholen" aus. Der Pool „Lieferant" ist nun mit derselben Markierung ausgestattet wie die mehrfach ausgeführte Aufgabe. Dies zeigt auf einen Blick, dass es nicht etwa immer derselbe Lieferant ist, bei dem ein Angebot eingeholt wird, sondern dass es sich um verschiedene Lieferanten handelt. Wenn alle Angebote eingeholt sind, wird eines davon ausgewählt und an den Kunden vermittelt.

Der Mehrfachinstanz-Teilnehmer hilft uns also immer dann, wenn wir in Kollaborationsdiagrammen das Zusammenspiel verschiedener Prozesse zeigen wollen, von denen im Rahmen der Zusammenarbeit manche nur einmalig, andere mehrfach instanziiert werden.

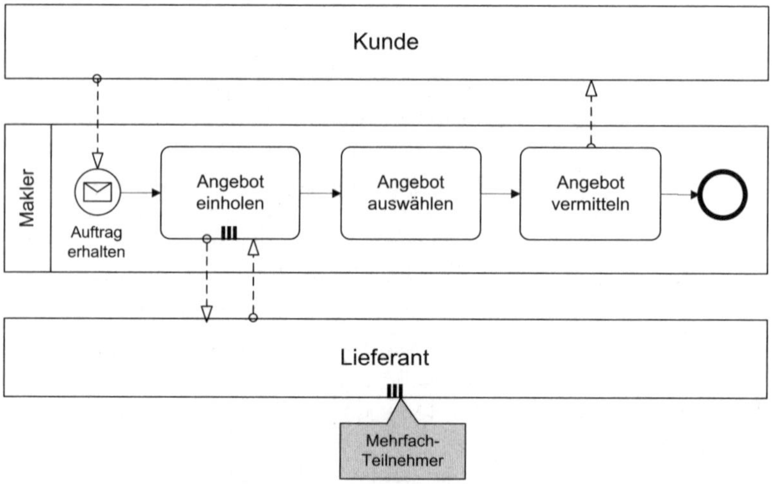

Abbildung 2.105: Mit der BPMN 2.0 kommen auch die Mehrfach-Teilnehmer.

2.10 Daten

Die BPMN konzentriert sich bei der Prozessbeschreibung auf den Sequenzfluss, also auf die Reihenfolge von Aufgaben, Gateways und Ereignissen. Alle weiteren Aspekte, die für die Prozessausführung relevant sein könnten, werden nachrangig behandelt. Das gilt auch für Informationen oder Dokumente, die im Prozess verwendet oder erzeugt werden. Sie können diese Aspekte in Ihrem Diagramm aber berücksichtigen, indem Sie sogenannte Datenobjekte modellieren. Datenobjekte repräsentieren alle möglichen Informationen, unabhängig von ihrer physischen Beschaffenheit (Papierdokumente, abstrakte Informationen oder elektronische Datensätze).

Datenobjekte werden über (Daten-)Assoziationen mit Flussobjekten und Sequenzflüssen gekoppelt. Neben ihrer Bezeichnung können sie auch einen bestimmten Status erhalten, der in BPMN mit eckigen Klammern gekennzeichnet wird. Typische Status für Datenobjekte sind:

- erzeugt
- zu prüfen
- geprüft
- zu überarbeiten

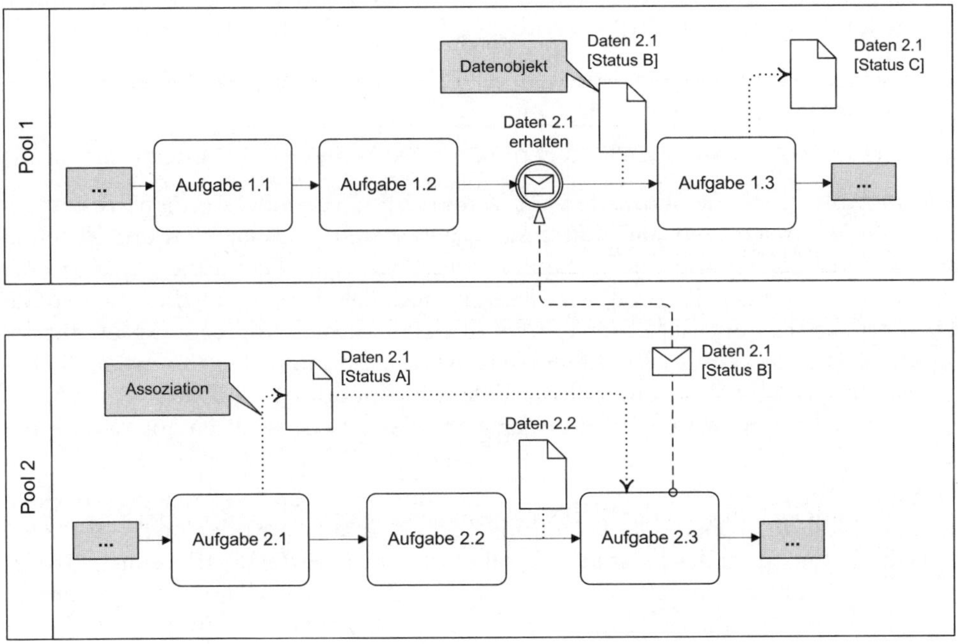

Abbildung 2.106: Beispiele für die Arbeit mit Datenobjekten

- überarbeitet
- abgelehnt
- freigegeben

Im abstrakten Beispiel in Abbildung 2.106 auf der vorherigen Seite ist folgendes Zusammenspiel der Pools 1 und 2 dargestellt: Pool 2 erzeugt in Aufgabe 2.1 das Datenobjekt 2.1 mit dem initialen Status A, was durch die gerichtete Assoziation von der Aufgabe hin zum Datenobjekt visualisiert wird. Dieses Datenobjekt wird in Aufgabe 2.3 als Input gebraucht, weshalb wir auch dorthin eine gerichtete Assoziation gezogen haben. Außerdem übernimmt Aufgabe 2.3 den Output von Aufgabe 2.2. Da diese Aufgaben direkt aufeinander folgen, können wir auf die gerichteten Assoziationen verzichten und das Datenobjekt 2.2 direkt an den Sequenzfluss docken. Es handelt sich hierbei also nur um eine visuelle „Abkürzung" der Input-/Output-Beziehung. Die Aufgabe 2.3 wiederum transformiert das Datenobjekt 2.1 von Status A in den Status B und schickt es über einen Nachrichtenfluss direkt an Pool 1. In BPMN 2.0 wird diese Tatsache jedoch nicht mehr über ein Datenobjekt, sondern eine Nachricht visualisiert, also einen Briefumschlag, der auf den Nachrichtenfluss gelegt wurde.

Pool 1 wartet bereits auf diese Nachricht und übergibt die erhaltenen Daten 2.1 an die Aufgabe 1.2, wo sie vom Status B in den Status C überführt werden.

Bei der gleichzeitigen Verwendung von Nachrichtenflüssen und gerichteten Assoziationen in einem Diagramm müssen Sie ein wenig aufpassen, weil die beiden relativ ähnlich aussehen. Die wesentlichen Unterscheidungsmerkmale sind:

- Nachrichtenflüsse sind gestrichelt, die Pfeilspitze ist ein geschlossenes Dreieck und der Beginn des Pfeils ein kleiner Kreis.
- Gerichtete Assoziationen sind gepunktet, die Pfeilspitze ist unten offen.

Die BPMN 2.0 räumt den Daten im Vergleich zu Version 1.2 einen wesentlich höheren Stellenwert ein und definiert sie neben den Flussobjekten und Artefakten als eigene Kategorie. Diese „Beförderung" geht vor allem auf die angestrebte direkte Ausführbarkeit von BPMN-Prozessmodellen zurück, für die eine explizitere Berücksichtigung der Daten notwendig ist. In diesem Kontext wurden mit der BPMN 2.0 neben dem Nachrichtenobjekt für Kollaborationsdiagramme auch einige weitere neue Symbole eingeführt, die wir in Abbildung 2.107 auf der nächsten Seite einmal exemplarisch auf den Pizza-Prozess des Lieferanten angewandt haben.

Wenn eine neue Bestellung eingeht, ist dies der Input für den Prozess, zu erkennen am Pfeil links oben. Die Bestellung kann sich auf eine oder mehrere Pizzen beziehen, was durch das klassische Symbol für eine Mehrfachinstanz ausgedrückt wird. Dementsprechend oft muss die Aufgabe „Pizza backen" ausgeführt werden, wobei sich die Anzahl dieser Instanzen nach der Anzahl der Positionen im **Listen-Input-Datenobjekt** richtet. Die Aufgabe „Geld kassieren" benötigt dieses Objekt ebenfalls, damit der Lieferjunge den korrekten Betrag verlangt. Die Buchhaltung

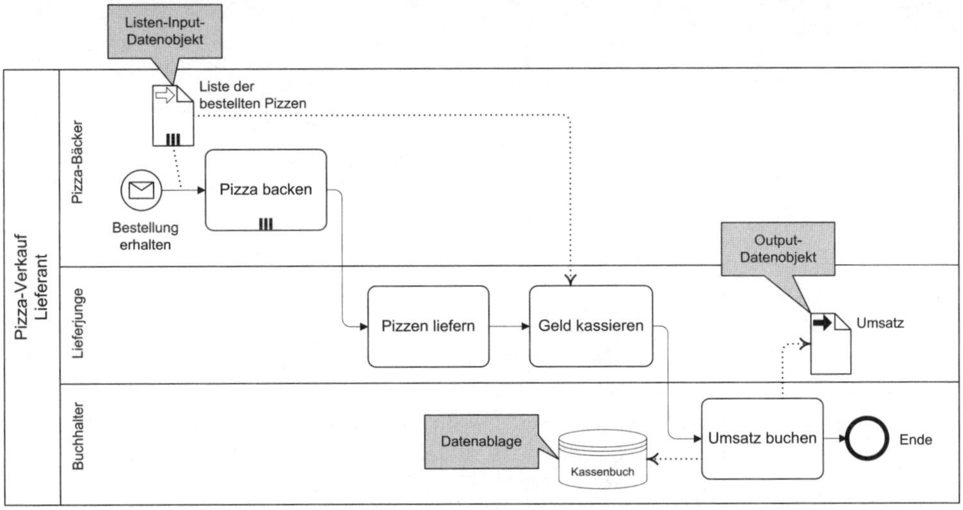

Abbildung 2.107: Neue Symbole in BPMN 2.0

wird den erzielten Umsatz in einem Kassenbuch eintragen. Dieser Umsatz ist der Output des Prozesses, zu erkennen am schwarz ausgemalten Pfeil. Das Kassenbuch ist eine **Datenablage**, und es existiert im Gegensatz zu den Datenobjekten unabhängig von der spezifischen Prozessinstanz. Somit steht dieses Kassenbuch auch dann noch zur Verfügung, wenn die Prozessinstanz längst beendet ist. Falls der Pizzabetrieb etwas moderner wäre, könnte er als Datenablage für die Buchhaltung natürlich auch eine bestimmte Software oder Datenbank verwenden.

2.11 Artefakte

2.11.1 Anmerkungen und Gruppierungen

Mit Anmerkungen können wir ergänzende Hinweise in unsere Diagramme schreiben. Der Inhalt dieser Hinweise ist völlig freigestellt. Über Assoziationen können Sie diese Anmerkungen mit anderen Elementen verbinden. Meistens verwendet man diese Möglichkeit, um zusätzliche Informationen zur Erledigung von Aufgaben zu liefern (siehe Abbildung 2.108 auf der nächsten Seite). In Abbildung 2.7 auf Seite 31 haben wir Anmerkungen verwendet, um die durchschnittlichen Bearbeitungszeiten festzuhalten, in Abbildung 2.72 auf Seite 75 kennzeichnen wir mit ihnen die Abbruchbedingung einer Schleifen-Aufgabe.

Im hier gezeigten Beispiel haben wir außerdem den Hinweis untergebracht, dass die Zubereitung der Speisen in der Küche erfolgen soll, der Verzehr dagegen im Esszimmer. Da sich dieser Hinweis gleichzeitig auf mehrere Elemente im

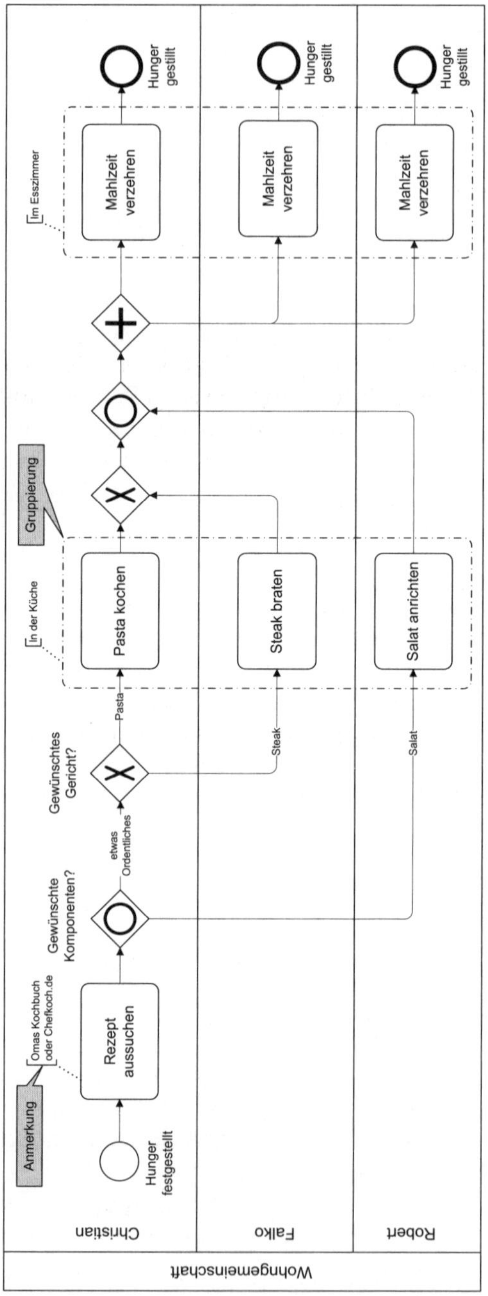

Abbildung 2.108: Anmerkungen und Gruppierungen

Diagramm bezieht, können wir diese mit einer Gruppierung visuell zusammenfassen. Eine solche Gruppierung hat wie alle Artefakte keinen Einfluss auf die Ausführungssemantik. Sie dürfen sie also nicht mit Teilprozessen o.Ä. verwechseln. Eine Gruppierung können Sie völlig frei verwenden, Sie können sie auch über Pool-Grenzen hinweg zeichnen. In der Praxis kann die Gruppierung ausgesprochen praktisch sein, um bestimmte Bereiche im Modell auf Basis eigener Konventionen zu kennzeichnen. Wir greifen diese Möglichkeit in den nächsten Kapiteln noch mehrfach auf.

2.11.2 Eigene Artefakte

Die BPMN erlaubt Ihnen auch die Verwendung eigener Artefakte. Damit können Sie Symbole einführen, die auf ihren individuellen Modellierungskonventionen basieren und weiterführende Informationen zum Prozessmodell enthalten. In Abbildung 2.109 haben wir den Pizza-Prozess des Lieferanten mit einem Fahrrad und einem Computer angereichert, um darzustellen, welche Hilfsmittel bei der Durchführung dieser Aufgaben verwendet werden. Für die Arbeit mit solchen Symbolen gelten dieselben Regeln wie für alle Artefakte: Sie dürfen sie mithilfe von Assoziationen an beliebige Flussobjekte andocken, können sie aber auch völlig frei im Diagramm platzieren.

> ***BPMN-Tooling***
>
> Eigene Artefakte können Sie natürlich nur dann verwenden, wenn Ihr BPMN-Tool diese Möglichkeit unterstützt. Das tun bislang leider nur relativ wenige Produkte.

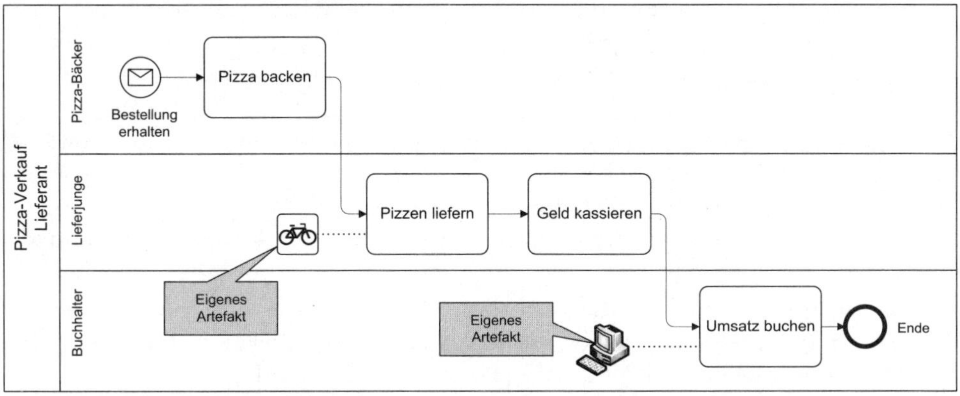

Abbildung 2.109: Verwendung eigener Artefakte

2.12 Vergleich mit anderen Notationen

Viele BPMN-Interessierte kennen bereits andere Notationen zur Prozessmodellierung. Sie fragen sich, ob sich ein Umstieg für sie überhaupt lohnt und worauf sie dabei achten müssen. Deshalb haben wir einmal vier Notationen herausgegriffen, die uns besonders häufig in der Praxis begegnen, und mit der BPMN verglichen. Die wichtigste Schwäche all dieser Notationen gegenüber der BPMN ist ihre mangelnde Fähigkeit, das Zusammenspiel autonom agierender Teilnehmer, also die Kollaboration von Prozessen, auszumodellieren. Wie wir bereits gelernt haben, reicht eine einfache Swimlane-Darstellung hierfür nicht aus. Zum Zweiten bietet die BPMN speziell im Umgang mit Ereignissen eine viel größere Präzision als alle anderen gängigen Prozessnotationen.

2.12.1 Erweiterte Ereignisgesteuerte Prozesskette (eEPK)

Die Ereignisgesteuerte Prozesskette (EPK) ist eine Komponente der ARIS-Methodik (Architektur integrierter Informationssysteme). Sie wurde 1992 von einer Arbeitsgruppe unter Leitung von Prof. August-Wilhelm Scheer an der Universität des Saarlandes in Kooperation mit der SAP AG entwickelt. Die IDS Scheer AG entwickelte auf Basis dieses Konzeptes eine BPM-Software namens ARIS Toolset und stellte eine enge Integration dieses Produktes mit den ERP-Lösungen von SAP sicher. In der Folge wurden die in SAP-Produkten implementierten Prozesse als EPK dokumentiert, was ein wesentlicher Grund für ihre große Verbreitung sein dürfte. Bis in das Jahr 2008 war sie hierzulande die dominierende Notation für die Prozessmodellierung. Mittlerweile zeichnet sich jedoch ab, dass sie von der BPMN verdrängt wird. Dementsprechend bereiten sich viele, an die EPK gewöhnte Prozessmodellierer auf einen Umstieg zur BPMN vor, was wegen der teilweise unterschiedlichen Denkansätze der beiden Notationen nicht immer ganz einfach ist. Auch ARIS bietet mittlerweile eine Prozessmodellierung mit BPMN an.

Die EPK besteht aus den drei Grundsatzsymbolen Funktion, Ereignis und Konnektor. Konnektoren können ähnlich wie die Gateways in BPMN als exklusive Verzweigung (XOR), Und-Oder-Verzweigung (OR) und als Parallelisierung (AND) wirken. Eine Unterscheidung zwischen daten- und ereignisbasierten Verzweigungen gibt es in der EPK nicht. In der erweiterten Fassung kommen weitere Symbole zur Beschreibung von Organisationseinheiten, Daten und Anwendungssystemen hinzu. Über sogenannte Prozesspfade oder Prozesswegweiser kann auf Teilprozesse verwiesen werden.

Die Übernahme von EPK-Prozessmodellen nach BPMN ist relativ einfach; in Abbildung 2.110 auf Seite 110 zeigen wir das anhand eines Beispiels. Ein wenig aufpassen müssen Sie bei der Übernahme von Ereignissen. Hier ist die EPK unserer Ansicht nach trotz ihres Namens etwas schwach. Sie interpretiert die möglichen Zustände von Daten genauso als Ereignis wie beispielsweise eingehende Nachrichten, die einen Prozess auslösen. Insofern müssen Sie achtgeben, dass Sie datenbasierte Entscheidungen nicht etwa mit einem ereignisbasierten Gateway modellieren, sondern als datenbasierte Gateways. Generell ist offensichtlich, dass die BPMN der EPK paradoxerweise gerade bei der Modellierung von Ereignissen überlegen ist: Die EPK unterscheidet weder zwischen Start-, End- und Zwischenereignissen noch kennt sie unterschiedliche Typen wie Nachricht oder Zeit. Auch das Anheften von Ereignissen erlaubt sie nicht, was beispielsweise die Modellierung von Überwachungsfunktionen, Fehlerbehandlungen und Eskalationen in EPKs stark erschwert bzw. unmöglich macht. Einen weiteren Vorteil der BPMN erkennen wir bei der Anordnung des Antrags als Datenobjekt: Wir hätten diesen wie in der EPK zwar als Input an die Aufgabe „Antrag prüfen" heften können. Aber wir haben beschlossen, ihn an den Sequenzfluss zwischen dem Startereignis und der Aufgabe zu heften, damit man auf einen Blick sieht, dass dieses Dokument nicht etwa bereits im Unternehmen vorhanden war, sondern zugeschickt wurde.

Aktuell kann sich die EPK aus historischen Gründen noch einer relativ breiten Anwenderbasis erfreuen, die den Umgang mit ihr gewöhnt ist und teilweise Schwierigkeiten hat, die neuen Modellierungsparadigmen der BPMN zu verinnerlichen. Weil die EPK jedoch für eine Prozessmodellierung im Kontext der Prozessautomatisierung vergleichsweise ungeeignet ist, sollte man sie für moderne BPM-Projekte nicht mehr in Erwägung ziehen.

2.12.2 UML-Aktivitätsdiagramm

Das Aktivitätsdiagramm gehört zu einer Gruppe von insgesamt 13 Diagrammarten, die in der aktuellen Version 2 der Unified Modeling Language (UML) enthalten sind. Genau wie die BPMN wird auch die UML von der Object Management Group (OMG) verwaltet, allerdings bereits seit 1997. Man sollte jedoch BPMN nicht als Nachfolger der UML missverstehen, da Letztere eine allgemeine Sprache für die Modellierung von Softwaresystemen darstellt und nicht für die Modellierung von Geschäftsprozessen entwickelt wurde. Allerdings wurden die in der UML enthaltenen Aktivitätsdiagramme in der Vergangenheit trotzdem auch gern für die Prozessmodellierung verwendet – vor allem, wenn diese im Kontext von IT-Projekten stattfand. Ein gängiger Anwendungsfall war also die Erarbeitung von SOLL-Prozessen als Aktivitätsdiagramm, um die Anforderungserhebung für eine neue Software zu unterstützen.

Die Notation für Aktivitätsdiagramme ist umfangreicher als beispielsweise die EPK. Es existieren einige Symbole, die sehr softwaretechnischer Natur sind und für die es keine direkte Entsprechung in BPMN gibt. Dies gilt insbesondere für die Verarbeitung von Objekten und ihren Parametern in einzelnen Aktionen. Die für die Modellierung von Geschäftsprozessen gängigen Symbole können aber weitestgehend problemlos übernommen werden. Schwierig wird es, wenn Sie in Ihren UML-Diagrammen mit Unterbrechungsbereichen arbeiten, die über mehrere Lanes hinweg laufen. Diese können wir nicht als eingebettete Teilprozesse in BPMN übernehmen, wie es eigentlich am saubersten wäre, denn solche Teilprozesse dürfen Lane-Grenzen nicht überschreiten. Die einzige Lösung besteht dann

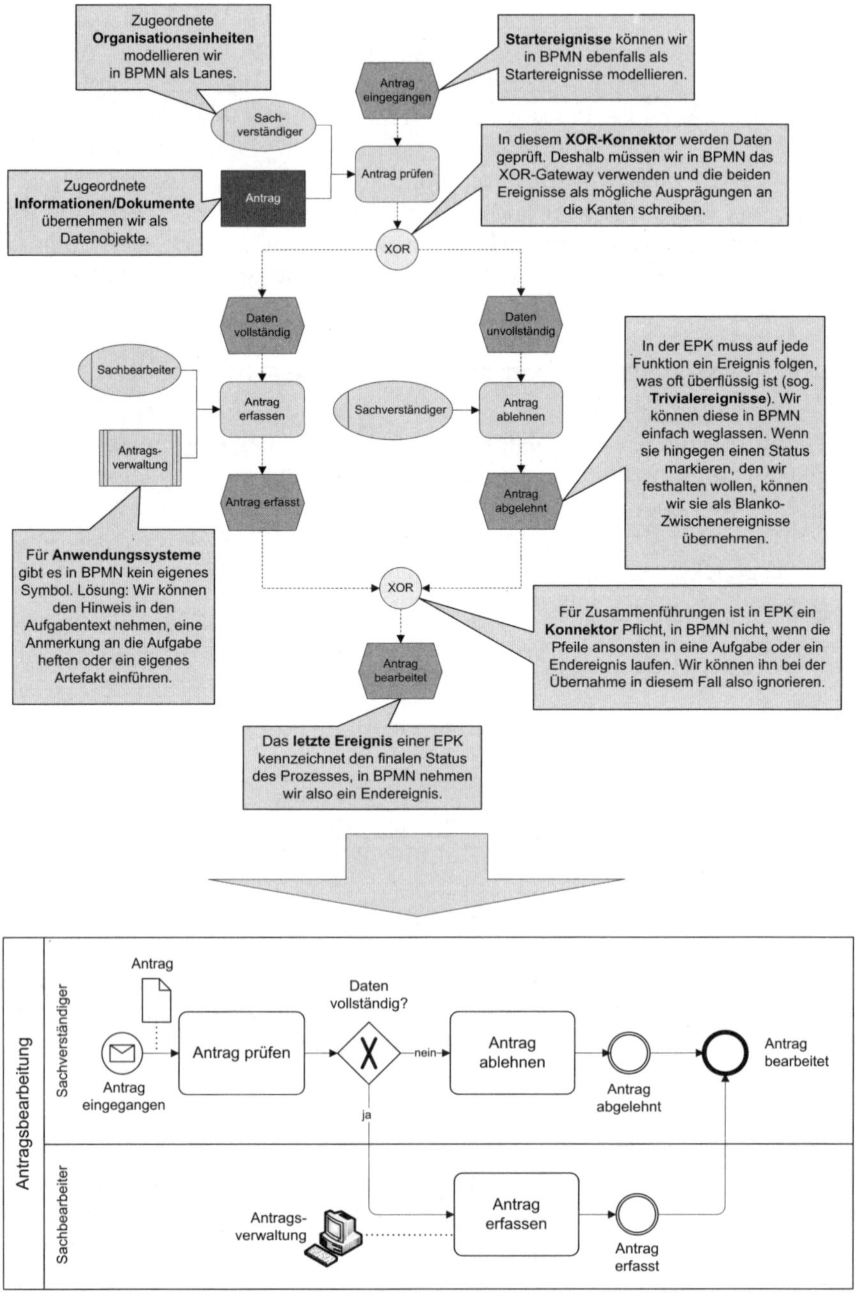

Abbildung 2.110: Exemplarische Überführung einer EPK nach BPMN

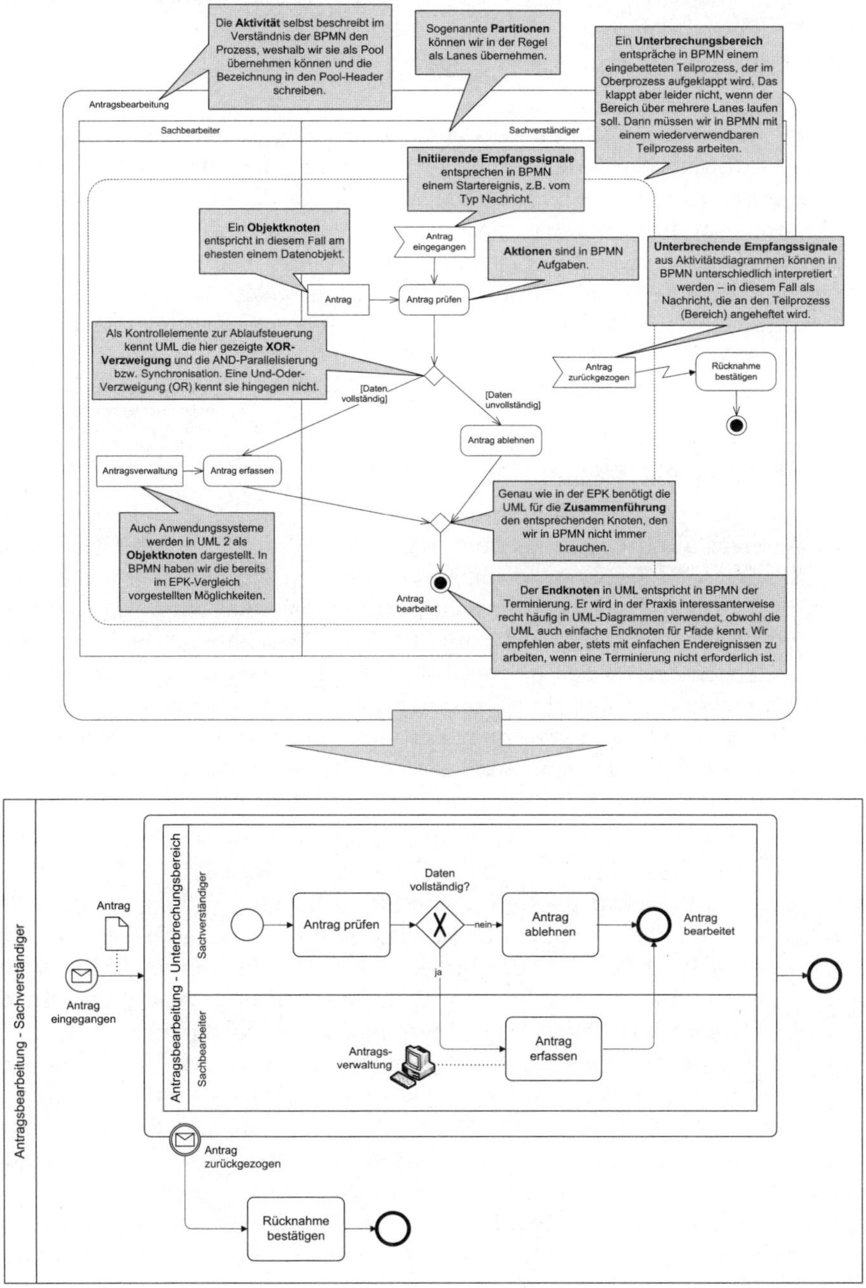

Abbildung 2.111: Exemplarische Überführung eines UML-Aktivitätsdiagramms nach BPMN

darin, den Teilprozess als global und dadurch wiederverwendbar zu definieren und den Pool mit den Lanes darin erneut auszumodellieren. Das sieht nicht schön aus, ist aber der einzig korrekte Weg (siehe Abbildung 2.111 auf der vorherigen Seite).

Für die Spezifikation softwaretechnischer Detailabläufe sind Aktivitätsdiagramme auch zukünftig von Bedeutung. Dafür spricht auch ihre Einbettung in das UML-Framework sowie die Standardisierung durch die OMG. Für das Requirements Engineering prozessgetriebener Anwendungen ist die BPMN unserer Ansicht nach aber besser geeignet. Das gilt insbesondere, wenn die zu unterstützenden Prozesse auch fachlich dokumentiert werden sollen. Die Definition technischer Prozesse, die direkt durch eine Process Engine ausgeführt werden, ist ohnehin die Domäne der BPMN. Hier kann ihr keine andere grafische Notation das Wasser reichen.

2.12.3 ibo-Folgeplan

Der ibo-Folgeplan wird von der ibo Beratung und Training GmbH gelehrt und ist in der BPM-Software Prometheus der ibo Software GmbH umgesetzt. Er ist insofern genau wie die EPK eine proprietäre Notation. Allerdings ist er stark am klassischen und in diversen Varianten weit verbreiteten Flussdiagramm angelehnt, weshalb wir ihn in unsere Übersicht mit aufgenommen haben. Die ibo ist eine seit mehr als 25 Jahren agierende Organisationsberatung, und die meisten ihrer Kunden sind Organisatoren aus der deutschsprachigen Bankenwelt. Der Folgeplan ist somit eine unter Orga-Prozessmanagern sehr bekannte und etablierte Notation zur Prozessmodellierung. Nichtsdestotrotz hat auch die ibo den Nutzen der BPMN erkannt und in ihr BPM-Softwareprodukt integriert.

Die meisten Symbole des Folgeplans können leicht nach BPMN überführt werden, wie wir es in Abbildung 2.112 auf der nächsten Seite einmal durchgespielt haben. Problematisch kann es nur werden, wenn Sie in Ihrem Folgeplan eine „zeitliche Unterbrechung" eingebaut haben. Diese lässt sich nur als Zeitereignis modellieren, wenn sie auch tatsächlich vom Prozessausführenden herbeigeführt wird, er also ganz bewusst eine bestimmte Zeitspanne lang gar nichts macht und erst dann den Prozess fortsetzt. Wir haben allerdings auch schon Folgepläne gesehen, in denen diese Unterbrechung als Indikator gemeint war, dass wir „in der Regel erst nach XX Tagen, Wochen etc." weitermachen *können*, weil wir so lange auf etwas anderes warten müssen. Das funktioniert in BPMN natürlich nicht. Die einzige Lösung wäre, das Ereignis, auf das wir warten, als entsprechenden Typen auszumodellieren (also z.B. Nachricht oder Bedingung) und als Anmerkung dazuzuschreiben, wie lange es für gewöhnlich dauert, bis dieses Ereignis eintritt. Dann haben wir wieder einen sauberen Kontrollfluss, ohne den Hinweis auf die durchschnittliche Wartezeit zu verlieren.

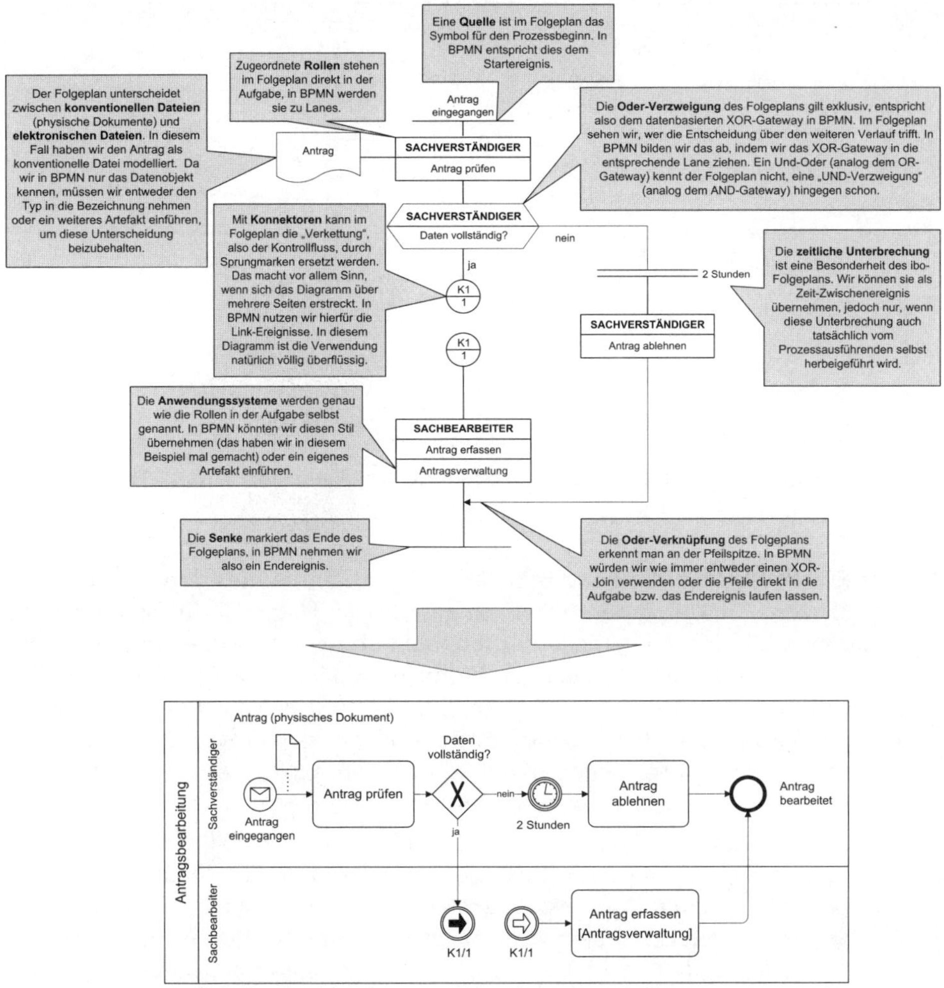

Abbildung 2.112: Exemplarische Überführung eines ibo-Folgeplans nach BPMN

2.12.4 Kennzahlen und Wahrscheinlichkeiten

„Kann BPMN auch Prozessanalyse und -simulation?" Diese Frage hören wir regelmäßig von Menschen, die bislang mit anderen Notationen gearbeitet haben. Der springende Punkt ist nur, dass diese Methoden primär keine Frage der Notation sind, sondern des Toolings. Es kommt also darauf an, welche BPM-Software Sie einsetzen und ob diese die Hinterlegung von Kennzahlen und Wahrscheinlichkeiten sowie eine entsprechende Auswertung erlaubt. Der Fairness halber muss man aber auch zugeben, dass in der BPMN-Spezifikation keine Attribute vorgesehen sind, die eine Aufnahme von Kennzahlen für die Prozessanalyse erlauben.

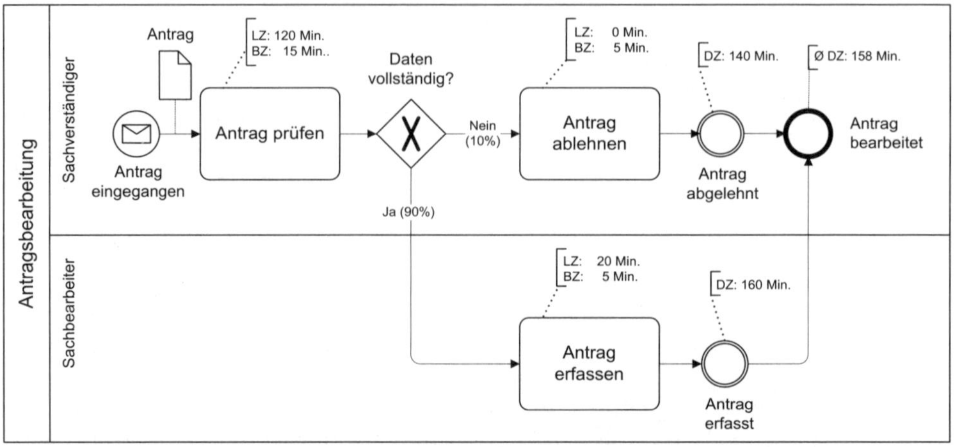

Abbildung 2.113: Mögliche Darstellung von Kennzahlen in BPMN

Das gilt leider auch für die neue BPMN 2.0. Man könnte dies dem Standard als Defizit anlasten. Auf der anderen Seite ist gerade das Thema Simulation hochgradig komplex, und die wenigsten Unternehmen können und wollen den Aufwand betreiben, es konsequent umzusetzen. Wenn man sämtliche Aspekte einer Prozesssimulation in der Spezifikation abgebildet hätte, wäre das Dokument wahrscheinlich noch mal um 50-100 Seiten umfangreicher geworden, und somit auch schwergewichtiger und weniger eingängig. Hier muss man also Kosten und Nutzen abwägen, was die Standardisierung angeht.

In Beispiel Abbildung 2.113 haben wir mal für einen simplen Fall gezeigt, wie man die Kennzahlen Bearbeitungszeit (BZ), Liegezeit (LZ) und Durchlaufzeit (DZ) sowie Wahrscheinlichkeiten in einem Prozessdiagramm visualisieren könnte: Wenn ein Antrag eingegangen ist, liegt er zunächst 2 Stunden herum, bis er geprüft wird. Diese Prüfung dauert 15 Minuten, dann entscheidet der Sachverständige, ob er ihn ablehnt oder der Sachbearbeiter ihn erfasst. Eine Erfassung erfolgt in 90% der Fälle, d.h. 9 von 10 eingereichten Anträgen sind vollständig ausgefüllt und werden nicht abgelehnt. Wir haben in diesem Beispiel unsere möglichen Zwischen-Status erneut ausmodelliert und können dort bereits eine erste Auswertung antragen: Die Durchlaufzeit vom Eingang eines Antrages, bis er erfasst wurde, beträgt 160 Minuten. Wenn er abgelehnt wird, beträgt diese Zeit nur 140 Minuten, da der Sachverständige dann „in einem Rutsch" arbeiten kann und die Liegezeit auf dem Schreibtisch des Sachbearbeiters entfällt. Wenn wir die Wahrscheinlichkeiten berücksichtigen, ergibt sich für diesen Prozess eine durchschnittliche Durchlaufzeit von 158 Minuten. Diese haben wir sinnvollerweise am Endereignis angetragen.

Diese Visualisierung ist natürlich nur ein Vorschlag. Die diversen BPMN-Werkzeuge definieren teilweise andere Kennzahlen und bieten andere Wege an, diese im Diagramm oder den Attributen zu hinterlegen bzw. ihre Auswertung zu visualisieren. Gerade die Simulation von Prozessen kann je nachdem, wie umfangreich sie betrieben wird, weitere Anforderungen an das Prozessmodell stellen. Dann kommt es beispielsweise auch auf Eintrittswahrscheinlichkeiten für unterschiedliche Ereignisse an, auf die Kapazitäten der verfügbaren Ressourcen usw.

2.13 Choreographien und Konversationen

In Abschnitt 2.9 auf Seite 94 haben wir bereits gelernt, dass die BPMN der Interaktion verschiedener Prozessteilnehmer einen besonders hohen Stellenwert beimisst. Mit der BPMN 2.0 werden sogar zwei völlig neue Modellierungswege beschrieben, die sich ausschließlich diesem Thema widmen. Noch liegen jedoch keine Praxiserfahrungen zum Einsatz dieser Möglichkeiten vor – der Standard wird ja gerade erst verabschiedet. Insofern wollen wir sie nur anhand eines Beispiels kurz vorstellen und erklären, inwieweit sie potenziell nützlich sein können. In Abbildung 2.114 auf der nächsten Seite finden wir ganz unten wieder unsere Pizza-Kollaboration aus Abschnitt 2.9 auf Seite 94. Sie wurde lediglich um die in BPMN 2.0 hinzugekommenen Nachrichtenobjekte (die Briefumschläge) angereichert, die wir auf den Nachrichtenflüssen positioniert haben.

In der vertikalen Mitte des Bildes ist nun das hierzu passende **Choreographiediagramm** zu sehen. Dieses Diagramm reduziert die Prozessbetrachtung auf den Nachrichtenaustausch zwischen den Teilnehmern. Wir haben das bereits in Abschnitt 2.9.4 auf Seite 100 gesehen, wo die Pools beider Teilnehmer zugeklappt wurden. Im Vergleich dazu sind Choreographiediagramme wesentlich genauer, denn es ist immer noch der prinzipielle Ablauf erkennbar. Wir sehen zum Beispiel, dass der Kunde lediglich nach der Lieferung fragt, wenn 60 Minuten seit der Bestellung vergangen sind. In einem Choreographiediagramm werden jedoch nur Aufgaben modelliert, die dem Nachrichtenaustausch dienen, und auch nur einmal für beide Teilnehmer. Das macht das Diagramm natürlich viel übersichtlicher. Der „sendende" Teilnehmer wird mit einem weißen Hintergrund genannt, der „empfangende" oder „reagierende" mit einem grauen. Ob man die Teilnehmer ober- oder unterhalb der Aufgabe platziert, ist freigestellt. In Choreographiediagrammen kann mach auch Teilprozesse definieren, die ihrerseits als Choreographien modelliert werden.

Im oberen Teil des Bildes wurde eine inhaltlich passende **Konversation** modelliert. Solche Diagramme sind die kompakteste Form, die an der Kollaboration beteiligten Teilnehmer und ihre prinzipielle Zusammenarbeit darzustellen. Eine Konversation steht hierbei für eine Menge an Nachrichten, die ausgetauscht werden und zueinander in einem logischen Zusammenhang stehen, also miteinander korreliert werden. In den meisten Fällen dürfte also eine Konversation für genau einen kollaborativen Prozess stehen. Der Korrektheit halber sollte man allerdings festhalten, dass Konversationen in BPMN 2.0 streng genommen keinen eigenen

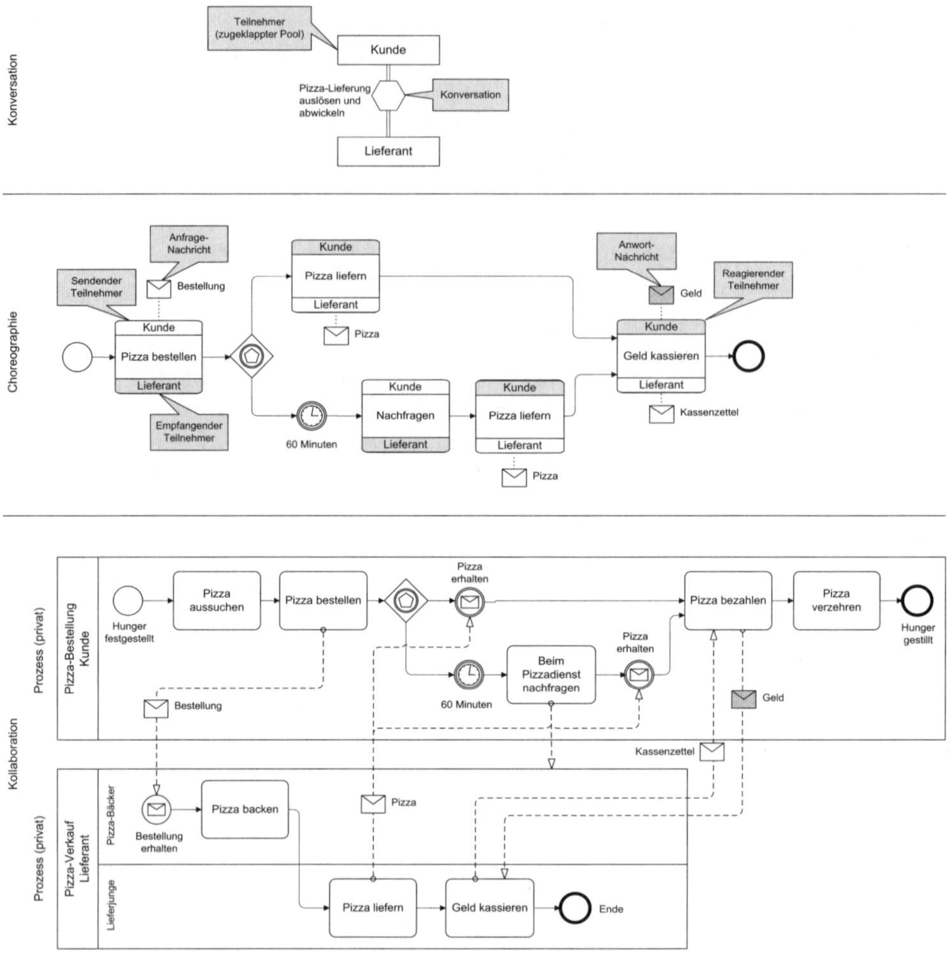

Abbildung 2.114: Die Pizza-Story als Konversation, Choreographie und Kollaboration

Diagrammtyp darstellen, sondern eine Ausprägung der Kollaborationsdiagramme sind.

Wann sind solche Diagramme sinnvoll? Es gibt BPMN-Experten, die sie für völlig überflüssig halten [Silver090602]. Diese Meinung teilen wir nicht. Die systematische Betrachtung von Prozessen, egal ob sie aus organisatorischer oder IT-technischer Perspektive erfolgt, wird umso wichtiger, je größer und heterogener die ausführende Organisation ist. In einem 1-Mann-Unternehmen ist Prozessmodellierung völlig unsinnig, um ein Gegenbeispiel zu nennen. Aber je mehr Menschen in den Prozessen zusammenarbeiten und je weniger man sich auf eine implizite Abstimmung unter diesen Menschen verlassen kann, desto wichtiger wird die Prozessmodellierung. Das gilt natürlich umso stärker für die Prozessumsetzung über IT-Systemgrenzen hinweg. Die beiden neuen Diagramme können für eine solche Situation sehr hilfreiche Landkarten darstellen, um die neuralgischen Punkte der Zusammenarbeit auf einen Blick zu erkennen und bei Bedarf in ausführlichen Kollaborationsdiagrammen auszumodellieren.

Insofern sollten Sie dieses Thema auch nicht auf die Modellierung von B2B-Prozessen reduzieren, also auf die Zusammenarbeit verschiedener Unternehmen. Im Zweifel können zwei Mittelständler, die seit Jahren vertrauensvoll zusammenarbeiten, besser auf eine solche Modellierung verzichten als die Abteilungen oder Niederlassungen eines international aufgestellten Großunternehmens.

Kapitel 3

Ebene 1: Strategische Prozessmodelle

3.1 Über diese Ebene

3.1.1 Ziel und Nutzen

Ein Prozessmodell auf Ebene 1 beschreibt den Ablauf so kompakt wie möglich. Das Ziel ist eine grobe Darstellung des Prozesses von Anfang bis Ende. Der Betrachter kann auf einen Blick erkennen, für wen der Prozess welche Leistung erbringt und wie dies im Wesentlichen geschieht. Unter Umständen kann zusätzlich die Zuordnung von Informationen, Systemen oder menschlichen Aufgabenträgern erforderlich sein, damit sich der Betrachter auch hierzu einen Überblick verschaffen kann.

Der typische Betrachter dieser Ebene ist eine Führungskraft, deren Bereich ganz oder teilweise für die Prozessdurchführung zuständig ist. Hierzu zählt vor allem der Process Manager, manchmal auch der Process Owner. Prinzipiell können die Modelle von Ebene 1 aber auch der groben Erklärung des Prozesses gegenüber den Participants selbst, dem Analyst, dem Engineer sowie externen Partnern dienen.

Typische Situationen der Verwendung von Ebene-1-Modellen sind:

- Klärung und Abgrenzung eines Prozesses
- Erkennen bzw. Zuordnung von Verantwortlichkeiten und Ressourcen für den Prozess
- Erkennung bzw. Festlegung von Leistungskennzahlen, z.B. eine maximale Durchlaufzeit

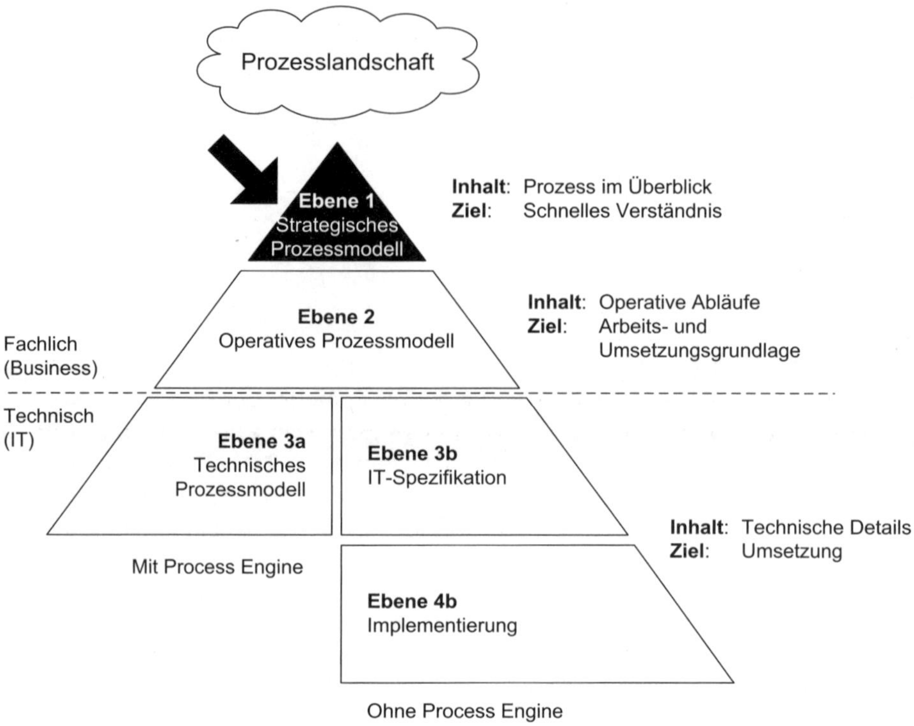

Abbildung 3.1: camunda BPMN-Framework, Ebene 1

- Erstmalige Besprechung des Prozesses im Zuge einer Verbesserungsmaßnahme

3.1.2 Anforderungen an das Modell

Um die oben genannten Zwecke erfüllen zu können, muss ein Prozessmodell auf Ebene 1 vor allem leicht verständlich sein. Es muss auch von Menschen begriffen und als Hilfestellung akzeptiert werden, die keine Vorkenntnisse in BPMN haben. Für die Gestaltung von Webseiten gibt es ein hervorragendes Buch von Steve Krug, dessen Titel auch als Leitfaden für die Erstellung von Prozessmodellen der Ebene 1 wunderbar passt:

> Don't make me think!

Diese Formulierung wirkt vielleicht etwas überspitzt, ist aber zutreffend.

Es sollte außerdem gut erkennbar sein, wer der Kunde des Prozesses ist. Gemäß der Philosophie des Prozessmanagements existiert der Prozess ja nur, um eine definierte Leistung gegenüber einem definierten Kunden zu erbringen. Und viele

Leistungsmerkmale des Prozesses werden ja gerade definiert, um die Kundenzufriedenheit sicherzustellen. Oft stehen auch genau diese Merkmale im Mittelpunkt eines Projektes zur Prozessverbesserung.

Kein Prozess lässt sich auf einen Blick erfassen, wenn sich das Modell über mehrere Seiten erstreckt. Unser Anspruch für Ebene-1-Modelle ist deshalb, den Prozess auf einem A4-Blatt im Querformat darzustellen. Damit wird das Modell automatisch auch PowerPoint-kompatibel. Natürlich sollten Sie dann nicht versuchen, möglichst viele Linien und Kästchen draufzuquetschen, um trotzdem noch möglichst viel unterzubringen. Deshalb geht unser Anspruch weiter: Wir wollen nicht mehr als 10 Flussobjekte und maximal 8 Artefakte im Modell platzieren.

Alles hat seinen Preis: Wenn wir leicht verständliche Prozessmodelle erzeugen wollen, können wir nicht die gesamte Symbolpalette der BPMN verwenden. Kaum jemand wird intuitiv verstehen, was ein Kompensationsereignis oder eine Aufgabe vom Typ Mehrfachinstanz ist. Mit dem Verzicht auf Symbole verlieren wir natürlich an Ausdrucksstärke, das Modell wird weniger präzise. Dasselbe ergibt sich aus der quantitativen Begrenzung der Symbole. Welche Symbole Sie auf Ebene 1 verwenden wollen und auf welche Sie aus Gründen der Vereinfachung verzichten, ist Ihre Entscheidung. In Abschnitt 3.3 auf Seite 126 schlagen wir Ihnen eine Palette vor. Es kann übrigens durchaus vorkommen, dass Sie zwar die Standardsymbole der BPMN für die Ebene 1 reduzieren, dafür aber ganz eigene Symbole als Artefakte hinzufügen. Auch diesen Fall besprechen wir im vorliegenden Abschnitt.

Den zweiten Abstrich machen wir bei der Semantik: Wir werden in Abschnitt 3.2 auf Seite 124 anhand eines Beispiels zeigen, dass Prozessmodelle der Ebene 1 semantisch häufig nicht ganz konsistent sind bzw. sein können. Die Entscheidung, das zuzulassen, ist uns zunächst sehr schwer gefallen. Aber wir haben viel zu oft festgestellt, dass konsistente Prozessmodelle der Ebene 1 von der Zielgruppe nicht mehr verstanden bzw. akzeptiert wurden, weil sie zu kompliziert erschienen. Damit verfehlen die Modelle ihr Ziel und verlieren ihre Existenzberechtigung. Der Kompromiss besteht deshalb darin, Inkonsistenzen bewusst hinzunehmen, jedoch nur auf Ebene 1. Wenn wir uns später auf Ebene 2 bewegen, sind sie nicht mehr akzeptabel.

Bei der Syntax sind wir strenger: Wir achten auch bei der Modellierung auf Ebene 1 darauf, syntaktisch korrekte Modelle zu erstellen. Oft haben wir auch gar keine andere Wahl, weil die verfügbaren BPMN-Tools eine Syntaxprüfung durchführen. In absoluten Ausnahmefällen sind wir auch schon von der BPMN-Syntax abgewichen, wenn diese Abweichung klein und im Tool erlaubt war und dadurch ein signifikanter Vorteil für das Verständnis erzielt wurde.

> ***Unser BPMN-Knigge***
>
> Prinzipiell gilt also auf Ebene 1: eine möglichst korrekte Syntax, zur Not aber eine inkonsistente Semantik.

3.1.3 Vorgehen

Wann modelliert man Prozesse auf Ebene 1? Entweder nach einer erstmaligen Prozesserhebung, wenn man sich also ein erstes Bild von einem bereits existierenden Prozess verschafft hat, oder zu Beginn der Prozesskonzeption, wenn der neue oder verbesserte Prozess grundsätzlich festgelegt wird (siehe Abbildung 3.2 auf der nächsten Seite).

Einen Prozess erstmalig zu erheben, ist viel schwieriger, als sich viele zunächst vorstellen. Manchmal gibt es vorhandene Dokumente, auf die Sie zurückgreifen können, zum Beispiel Verfahrensanweisungen. Meistens werden Sie sich aber direkt mit den Menschen unterhalten, die in den Prozessen arbeiten (Process Participants) oder für diese operativ verantwortlich sind (Process Manager). Sie können sie entweder einzeln interviewen oder veranstalten einen gemeinsamen Workshop.

Der Vorteil eines Workshops besteht darin, dass Sie gleichzeitig mehrere Perspektiven auf den Prozess zusammentragen und die Beteiligten relativ früh in das BPM-Projekt eingebunden werden, was häufig die Akzeptanz steigert. Aber er kann auch ziemlich anstrengend sein: Jeder hat eine eigene Vorstellung vom Prozess, will alle Varianten und Eventualitäten berücksichtigt wissen und weiß auch schon, was alles schiefläuft. Wenn dann auch noch unterschiedliche Abteilungen oder Teams vertreten sind, was aufgrund des übergreifenden Charakters von Prozessen recht häufig vorkommt, kann es auch schnell politisch werden. Da haben Sie eigentlich keine Chance, ein differenziertes Prozessmodell zu erstellen. Kaum haben Sie zwei Kästchen gezeichnet, kommen die Zwischenrufe:

- „Bevor wir den Liefertermin klären können, müssen wir die Bestelldaten auf Vollständigkeit prüfen."
- „Das passiert aber nicht immer direkt nach dem Bestelleingang! Manchmal müssen wir erst noch die Kundenbonität prüfen."
- „Aber doch nur, wenn das Auftragsvolumen 300.000 EUR übersteigt!"
- „Und es sich nicht um einen A-Kunden handelt!"
- „Ja stimmt, das wäre dann auch noch zu prüfen. Wer macht denn das?"
- „Der Kundenbetreuer."
- „Also bei uns macht das seine Assistentin. Zumindest, wenn der Kundenbetreuer gerade beschäftigt ist."
- „Im Ernst? Ist das überhaupt erlaubt? Bei uns legt sie ihm die Bestellung auf jeden Fall zur Prüfung vor!"

Und so weiter. Jeder gestandene BPM-Praktiker kennt das: Jeder Versuch, sich aus der Vogelperspektive ein Bild vom Prozess zu machen, geht sofort im allgemeinen Gequake der beteiligten Frösche unter, die – naturgemäß – vor allem ihre jeweilige Froschperspektive im Kopf haben. Wenn hier nicht mit „harter Hand" mo-

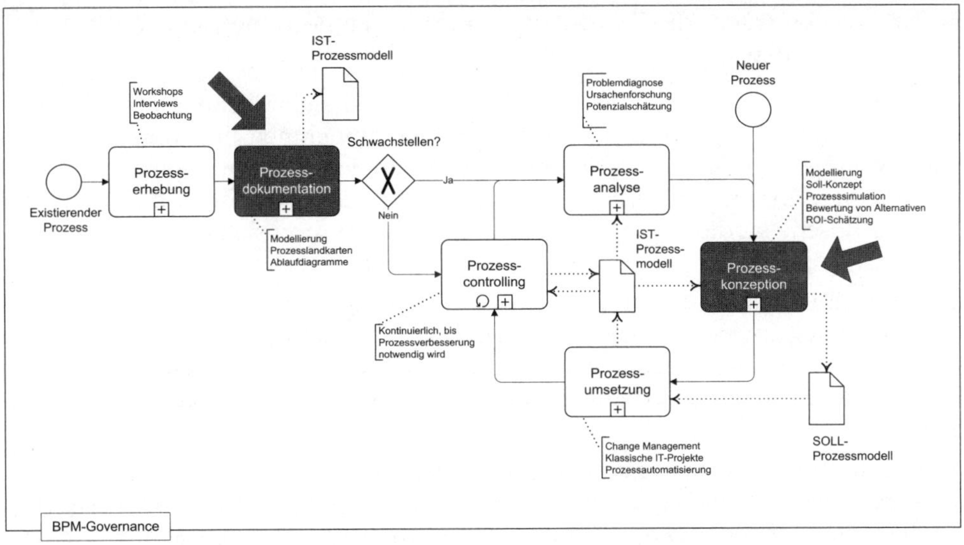

Abbildung 3.2: Ebene-1-Modelle können in zwei Phasen des BPM-Kreislaufes entstehen.

deriert wird, passiert das Unglück: Irgendwann geben alle entnervt auf und brechen die Sache ab oder, schlimmer noch, einigen sich auf ein Prozessmodell, das zwar vollständig aussieht, aber nicht vollständig ist und eventuell sogar falsch. Zu diesem Zeitpunkt können Sie Ihr BPMN-Vorhaben häufig bereits begraben – Ihr Prozessmodell wird Schrankware sein!

Wann immer Sie einen initialen Erhebungsworkshop durchführen, sollten Sie sich gedanklich auf folgendes Mantra einschwören:

> Jedes Prozessmodell ist unvollständig – aber manche sind brauchbar!

Dieses Zitat geht – in abgewandelter Form – auf den Statistiker George E. P. Box zurück. Wir meinen damit, dass Sie *niemals* versuchen sollten, auf der grünen Wiese einen Prozess so zu modellieren, dass alle Varianten und Eventualitäten enthalten sind. Es klappt einfach nicht.

Stattdessen sollten Sie zu Beginn des Workshops kommunizieren, dass Sie zunächst nur einen groben Überblick über den Prozess festhalten wollen. Für diese „erste Iteration" setzen Sie folgende Ziele:

- Wir wollen den Prozess vom Anfang bis zum Ende festhalten.
- Wir wollen den Prozess in maximal acht Schritten festhalten.
- Wir wollen lediglich den Standardablauf festhalten.
- Wir wollen die regulären Zuständigkeiten festhalten.

- Wir wollen weder die Schwachstellen festhalten noch mögliche Verbesserungen erarbeiten.

Wenn Sie diese Ziele zu Beginn des Workshops klarstellen, können Sie, gemeinsam mit Ihren Fröschen, die Vogelperspektive einnehmen und den Prozess in der ersten Iteration in 30-45 Minuten durchmodellieren! Sie müssen aber aufpassen, dass Sie in der Diskussion „auf Kurs" bleiben. Wann immer sich einer der Frösche anschickt, die Vogelperspektive zu verlassen und sich in seiner gewohnten Froschperspektive zu verlieren, müssen Sie ihn zurückpfeifen.

Diese erste Iteration ist auch psychologisch wichtig: Wenn sie durchlaufen wurde, hat die Gruppe ein erstes Erfolgserlebnis und sieht, dass man den Prozess „packen" kann. Dies ist Ihre Basis, von der aus Sie sich in die Tiefen des Prozesses wagen können, um in den folgenden Iterationen und Terminen die Details zu ermitteln.

Kann man für die erste Iteration bereits die BPMN verwenden? Prinzipiell schon. Es kann sogar helfen, um in der Gruppe ein erstes Gefühl für die Basisprinzipien und -symbole zu entwickeln. Es muss aber auch nicht unbedingt sein. Sie können das Ganze auch mit Moderationskarten durchführen. Wir experimentieren seit einiger Zeit mit BPMN-Schablonen, die wir mithilfe von Magneten am Whiteboard befestigen und in der gemeinsamen Diskussion hin- und herschieben.

3.2 Fallbeispiel Recruiting-Prozess

Robert, seines Zeichens Leiter einer Personalabteilung, strebt eine Verbesserung des Rekrutierungsprozesses an. Er glaubt, dass seine Mitarbeiter zu viele Aufgaben von Hand erledigen, die man heutzutage durch eine „kluge Software" bestimmt viel effizienter abwickeln könnte. Außerdem ist er es leid, dass sich die übrigen Abteilungen ständig über die lange Zeitspanne beschweren, die von der Meldung einer freien Stelle bis zu ihrer Besetzung vergeht. Robert ist sich sicher, dass ein guter Teil dieser Zeit verloren geht, weil sich die Abteilungsleiter selbst zu viel Zeit für die Prüfung der vorgeschlagenen Kandidaten lassen und bei Nachfragen zur Bedarfsmeldung entweder gar nicht oder nur unzureichend antworten. Ausreichend belegen kann er diese Verdachtsmomente aber nicht.

Wir sitzen mit Robert im Konferenzraum und besprechen seine Situation. Er beschreibt den Recruiting-Prozess:

„Wenn die Fachabteilung eine freie Stelle besetzen will, meldet sie mir diesen Bedarf per E-Mail. Dafür muss sie eine Excel-Datei ausfüllen, in der sie eine Stellenbezeichnung einträgt und eine Stellenbeschreibung, außerdem ihre Anforderungen und..."

An dieser Stelle unterbrechen wir Robert. Es geht jetzt nicht darum, das Excel-Dokument mit seinen diversen Feldern zu besprechen. Uns interessiert der prinzipielle Ablauf. Alles Weitere klären wir später.

„Ach so. OK, also sie meldet mir die Stelle per E-Mail. Ich muss dann erst mal schauen, wem ich die Meldung weiterleite. Das hängt davon ab, wer gerade frei ist. Meistens frage ich einfach herum, man sitzt ja beieinander."

Auch hier müssen wir Roberts Mitteilungsbedürfnis dämpfen. Es geht wirklich nur darum, die wichtigsten Schritte des Prozesses festzuhalten und alle operativen Details auszublenden! Er wirkt etwas konsterniert, fährt aber fort:

„Na ja, dann ist die Sache einfach: Wir schreiben die Stelle aus und warten auf entsprechende Bewerbungen. Diese prüfen wir dann, wählen einen Kandidaten aus und besetzen die Stelle. Im Prinzip ist unser Job erledigt, wenn der Wunschkandidat den Arbeitsvertrag unterschreibt, auch wenn wir natürlich noch seine Stammdaten in unserer Personalverwaltung erfassen müssen. Aber das ist Ihnen wohl schon wieder zu detailliert?"

So ist es. Uns reichen die folgenden Eckdaten zum Prozess:

- Ausgelöst durch den Bedarf der Fachabteilung, eine Stelle zu besetzen.
- Eine Stelle wird ausgeschrieben, Bewerber bewerben sich, die Bewerbungen werden geprüft, die Stelle wird besetzt.
- Der Prozess ist am Ziel, wenn die Stelle besetzt wurde, konkret durch den Abschluss des Arbeitsvertrages.

Daraus bauen wir das Prozessmodell in Abbildung 3.3, das Robert auf Anhieb versteht. Nur das Bedingungsereignis, das den Prozess auslöst, mussten wir kurz erläutern. Wir haben auch das Endereignis bewusst in die Lane der Fachabteilung gelegt, um dem BPM-Prinzip, dass der Prozess beim Kunden beginnt und endet, auch visuell Rechnung zu tragen.

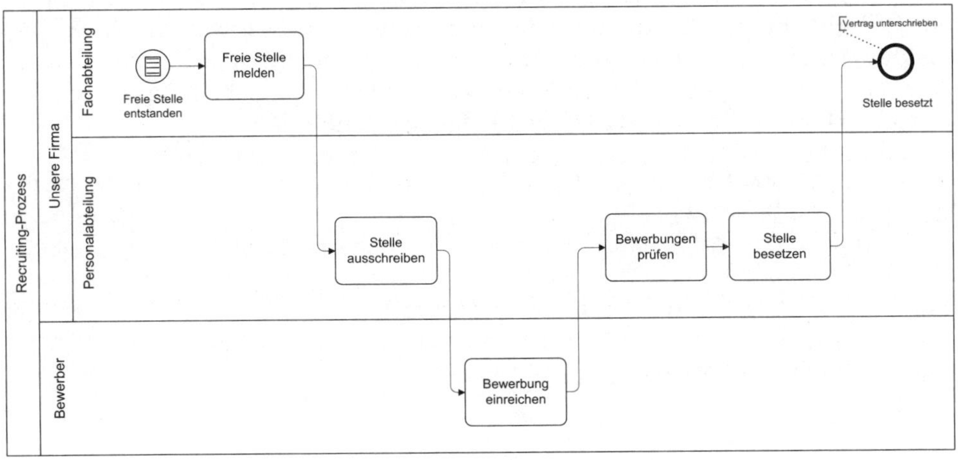

Abbildung 3.3: Der Recruiting-Prozess auf Ebene 1

Als BPMN-Kenner müsste Ihnen eine semantische Inkonsistenz in diesem Modell geradezu ins Auge springen: Wenn wir uns vorstellen, dass ein Token durch den Prozess läuft, haben wir ein großes Problem mit der Aufgabe „Bewerbung einreichen" einerseits und „Bewerbungen prüfen" andererseits. Wenn nur eine Bewerbung eingereicht wurde (Singular), können wir nicht mehrere Bewerbungen prüfen (Plural). Das ist ein inhaltlicher Widerspruch, eben eine semantische Inkonsistenz.

Das Problem wird nicht dadurch kleiner, dass man die Bezeichnung in „Bewerbungen einreichen" ändert, also hier den Plural nimmt. Denn jetzt sieht es so aus, als ob wir einen Bewerber haben, der sich mehrfach bewirbt, was natürlich ebenfalls Unsinn ist. Was tun? Eine syntaktisch korrekte und formal saubere Lösung für dieses Problem gibt es nicht. Zumindest nicht, wenn wir das Modell so leicht verständlich halten wollen, wie es aktuell ist.

Was würde Robert zu unserem Problem sagen? Vermutlich gar nichts, denn er kann gar kein Problem erkennen. Für ihn ist klar, in welchem Zusammenhang diese Aufgaben stehen, und er versteht den prinzipiellen Ablauf des Prozesses auf einen Blick. Damit ist der für Ebene 1 beanspruchte Kundennutzen erfüllt, und wir nehmen die semantische Inkonsistenz bewusst in Kauf.

Die Darstellung besitzt ein weiteres Manko: Es ist nicht erkennbar, dass die Prüfung der Bewerbungen auch die Mitarbeit der Fachabteilung erfordert und nicht allein von der Personalabteilung durchgeführt wird. Genau das ist ja einer der Punkte, an denen Robert auch eine Schwachstelle des Prozesses vermutet. Aber auch diese Ungenauigkeit wird auf Ebene 1 noch bewusst in Kauf genommen, denn noch steigen wir in keine Detailanalyse des Prozesses ein. Wenn wir also eine Aufgabe oder einen Teilprozess modellieren, bei dem mehr als nur ein Prozessbeteiligter involviert ist, ordnen wir diese Aktivität trotzdem einer spezifischen Lane zu, und zwar der Lane desjenigen, der für die erfolgreiche Abarbeitung **verantwortlich** ist.

3.3 Einschränkung der Symbolpalette

Die BPMN besitzt über 50 Symbole, die Sie allesamt bereits im zweiten Kapitel kennengelernt haben. Für die Ebene 1 sind das viel zu viele, wir würden unsere Zielgruppe hoffnungslos überfordern. Deshalb reduzieren wir die Symbolpalette der BPMN für diese Ebene und verwenden nur eine Teilmenge. Diese Maßnahme empfehlen wir Ihnen auf jeden Fall. Welche Symbole Sie für die Verwendung in Ebene 1 genau auswählen, müssen Sie natürlich selbst entscheiden, aber wir machen Ihnen einen Vorschlag.

3.3.1 Pools und Lanes

Wenn Sie Abschnitt 2.9 auf Seite 94 gelesen haben, müssten Sie die Darstellung in Abbildung 3.3 auf Seite 125 eigentlich sehr kritisch beurteilen. Schließlich setzt BPMN eigentlich für jeden Pool einen Dirigenten voraus, der sich um die Aufgabenzuweisung kümmert, also alle beteiligten Menschen und Systeme „orchestriert". Dieser Dirigent existiert für diesen Prozess nicht, schließlich wird er auch nicht durch eine Process Engine gesteuert. Eine Weiterleitung des Vorgangs, wie sie zum Beispiel durch die Bedarfsmeldung der Fachabteilung stattfindet, müsste man deshalb über einen Nachrichtenfluss modellieren und die Fachabteilung in einen anderen Pool ausgliedern.

Wir haben das in Abbildung 3.4 einmal gemacht. Jetzt meldet die Fachabteilung ihre freie Stelle explizit in Form einer Nachricht an die Personalabteilung, und wenn die Stelle besetzt werden konnte, wird wiederum die Fachabteilung informiert.

Diese Darstellung hat natürlich ihren Charme, aber sie ist immer noch problematisch: Die Bewerber müssten ebenfalls in einen eigenen Pool, schließlich werden auch diese nicht von einem Dirigenten orchestriert, der Personalabteilung und Bewerber gleichermaßen im Griff hätte. In Abbildung 3.5 auf der nächsten Seite sehen Sie den kollaborativen Prozess, wenn jede Partei ihren eigenen Pool erhält.

Das Fragezeichen beim Bewerber offenbart es schon: Je genauer wir das Zusammenspiel ausmodellieren, desto mehr neue Fragen entstehen bzw. desto mehr Un-

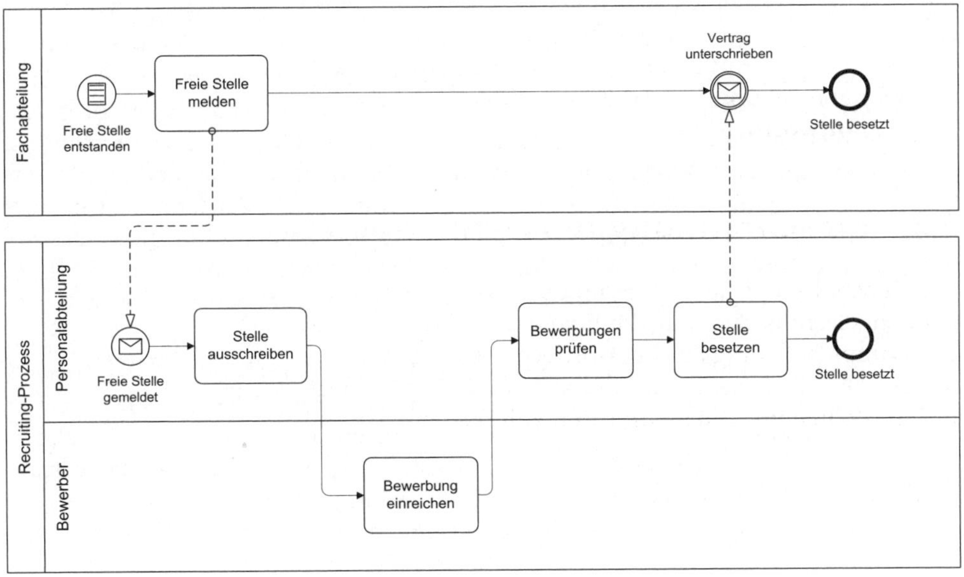

Abbildung 3.4: Auslagerung der Lane „Fachabteilung" in einen eigenen Pool

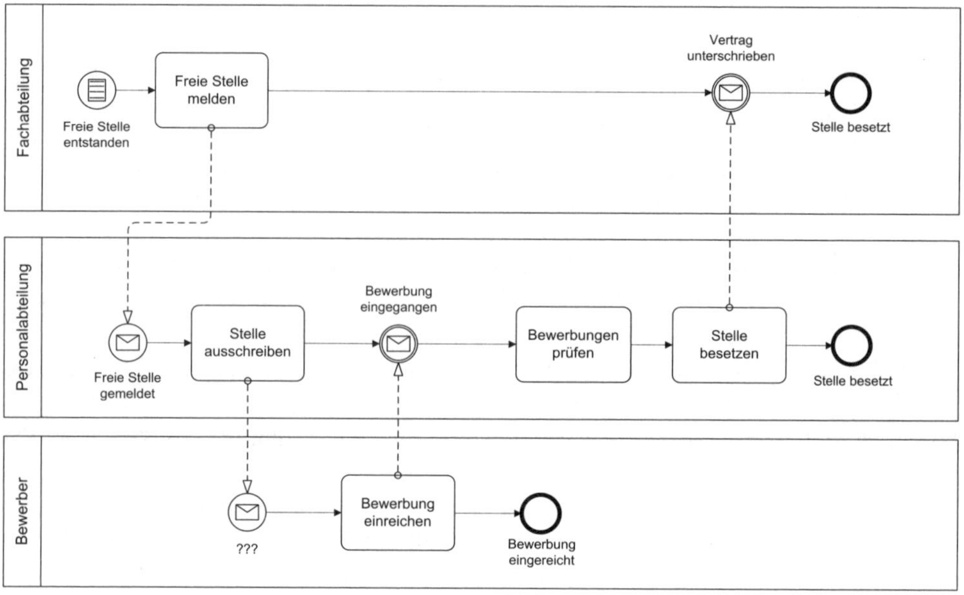

Abbildung 3.5: Jede Partei erhält ihren eigenen Pool.

genauigkeiten und Inkonsistenzen werden erkennbar. In welcher Form wird der Bewerber über die neue Stelle informiert? Normalerweise kennen wir die potenziellen Kandidaten ja noch gar nicht, geschweige denn ihre E-Mail-Adressen o.Ä. Wir müssen viel eher damit rechnen, dass sich der Bewerber auf eine publizierte Stellenanzeige bewirbt. Das müssten wir dann aber mit einem Signalereignis darstellen, nicht mit einer Nachricht. Und wir haben immer noch das Problem, dass wir nicht auf eine Bewerbung warten, wie das im Diagramm dargestellt ist, sondern auf mehrere. Wobei auch noch nicht klar ist, ob wir eingehende Bewerbungen sofort prüfen oder diese erst einmal sammeln. Außerdem sieht es jetzt eindeutig so aus, als ob der Bewerber nur seine Bewerbung einreichen müsste, um ggf. eingestellt zu werden. Für ihn ist der Prozess im Prinzip zu Ende, sobald er sich beworben hat. Eine spätere Teilnahme an einem Vorstellungsgespräch o.Ä. ist in diesem Fall eindeutig ausgeschlossen.

Wir könnten jetzt all diese Punkte mit Robert klären und das Modell entsprechend sauber ausarbeiten. Aber ist dies die Zielsetzung von Ebene 1? Nein. Schon als wir Robert das Modell in Abbildung 3.4 auf der vorherigen Seite zeigten, runzelte er die Stirn. Mithife einiger weitergehender Erläuterungen hat er es zwar verstanden. Aber ob das auch bei der nächsten Betrachtung der Fall ist, wenn wir nicht für eine Erläuterung verfügbar sind, bleibt fraglich. Wenn wir jetzt auch noch weitere Symbole wie das Signalereignis einführen oder auf die unterschiedliche Kardinalität der Instanzen (eine Stellenausschreibung, viele Bewerbungen) eingehen,

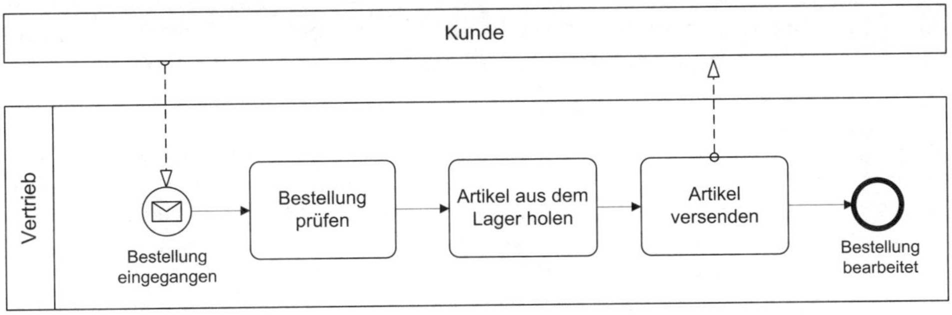

Abbildung 3.6: Der Kunde des Prozesses als zugeklappter Pool

wird Robert dieses Modell nicht mehr auf Anhieb verstehen und es deshalb auch nicht akzeptieren.

Wir legen das in Abbildung 3.5 auf der vorherigen Seite erzeugte Modell deshalb beiseite und merken es uns für Ebene 2. Dort können wir es weiterentwickeln.

Auf Ebene 1 verzichten wir also in aller Regel auf die Verwendung mehrerer Pools. Manchmal machen wir eine Ausnahme, wenn der Kunde des Prozesses tatsächlich extern ist, also auch ein Kunde des Unternehmens. Dann kann man diesen Aspekt hervorheben, indem man ihn in einen eigenen Pool zieht und beispielsweise die Abarbeitung einer Bestellung oder die Bearbeitung einer Reklamation in einem zweiten Pool im Überblick modelliert. Dieser Fall wird auch gerne als „Lehrstück" für die Arbeit mit unterschiedlichen Pools herangezogen. In unserem Beispiel in Abbildung 3.6 haben wir den Kunden obendrein als zugeklappten Pool dargestellt und betrachten ausschließlich den Prozessablauf ab dem Zeitpunkt, zu dem die Bestellung eingegangen ist. Es wäre schön, wenn alle Prozesse, die wir modellieren wollen, nach diesem Schnittmuster dargestellt werden könnten.

Aber gerade der Recruiting-Prozess zeigt, dass wir in der Praxis häufig auch externe Partner haben, die man nicht so einfach in einen eigenen Pool ausgliedern kann, ohne dass sofort neue Fragen auftauchen bzw. aufgrund der größeren Genauigkeit schnell ein falscher Eindruck des Prozessablaufes entsteht. Umgekehrt haben wir häufig Prozesse, deren Kunden intern sind, also demselben Unternehmen angehören, wie in diesem Fall die Fachabteilung als Kundin des Recruiting-Prozesses.

3.3.2 Aufgaben und Teilprozesse

Aufgaben kommen in unseren Modellen auch auf Ebene 1 sehr häufig vor, in den seltensten Fällen modellieren wir hier ausschließlich mit Teilprozessen. Eine Typisierung der Aufgaben (vgl. Abschnitt 2.7.1 auf Seite 72) nehmen wir auf Ebene 1 jedoch nicht vor. Auch auf die Verwendung von Markern (vgl. Abschnitt 2.7.2 auf

Seite 74) verzichten wir; einzige Ausnahme: Die Markierung als Schleife ist relativ intuitiv, sodass wir diese auch auf Ebene 1 schon mal eingesetzt haben.

Unser BPMN-Knigge

Bei der Erklärung von Aufgaben in Abschnitt 2.2 auf Seite 25 haben wir ja bereits unsere Konvention erwähnt, diese stets nach dem „Objekt + Verb"-Muster zu bezeichnen, also z.B. als „Freie Stelle melden". Bei der Bezeichnung von Teilprozessen versuchen wir auf Ebene 1, eine durchgängige Substantivierung vorzunehmen. Deshalb wurde aus „Stelle ausschreiben" jetzt die „Stellenausschreibung" und aus „Bewerbung prüfen" die „Bewerbungsprüfung". In manchen Fällen klingen die Substantivierungen etwas unglücklich, wie in diesem Fall die „Bewerbungseinreichung". Aber sie bringt uns zwei Vorteile: Erstens haben wir damit eine weitere Differenzierung zwischen Aufgabe und Teilprozess vorgenommen, um die beiden Konstrukte noch eindeutiger voneinander abzugrenzen. Und zweitens sind Teilprozesse im Gegensatz zu einfachen Aufgaben in der Praxis viel häufiger der Gegenstand von Diskussionen. Mit Hilfe der Substantivierung können sie von allen Beteiligten einheitlich und konkret benannt werden: „Die Bewerbungsprüfung ist noch viel zu aufwendig. Wir müssen...". Vielleicht erscheint Ihnen diese Wortklauberei pedantisch. Wir haben aber oft genug die Erfahrung gemacht, dass der Teufel bei der Projektkommunikation genau wie in der Softwareentwicklung stets im Detail steckt. Ein nachlässiger Umgang mit Sprache führt sehr schnell zu teuren Missverständnissen. Da lohnt es sich, auf solche Details zu achten.

Teilprozesse dienen der Verfeinerung von Prozessen bzw. Prozessmodellen. Man könnte im Modell zum Recruiting-Prozess die Schritte „Stelle ausschreiben", „Bewerbung einreichen", „Bewerbungen prüfen" und „Stelle besetzen" als Teilprozesse definieren, weil sich dahinter höchstwahrscheinlich komplexe Abläufe verbergen und nicht nur eine überschaubare Aufgabe. Der erste Schritt namens „Freie Stelle melden" scheint sich hingegen auf das Ausfüllen und Absenden eines Excel-Dokumentes zu beschränken, was nicht nach einem komplexen Ablauf klingt. Wir belassen es deshalb dabei, ihn als Aufgabe darzustellen.

Wenn wir diese Differenzierung vornehmen, könnte das Modell wie in Abbildung 3.7 auf der nächsten Seite gezeigt aussehen.

Die Frage ist jetzt, ob wir diese zugeklappten Teilprozesse auf Ebene 1 ausmodellieren wollen. Für gewöhnlich verzichten wir darauf. Es geht ja auf Ebene 1 noch nicht darum, die operativen Detailabläufe festzuhalten. Und eine „nahtlose" Verfeinerung ist über die Teilprozesse aufgrund der bereits beschriebenen semantischen Inkonsistenzen ohnehin nicht möglich.

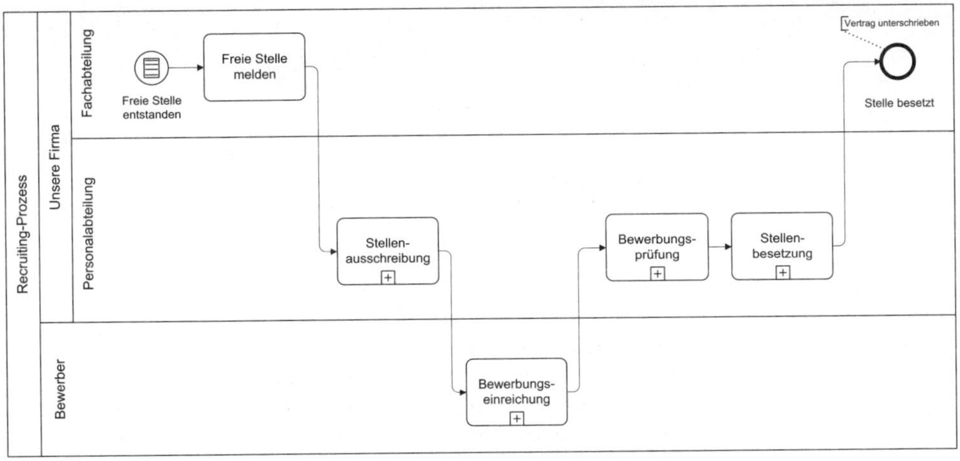

Abbildung 3.7: Unterscheidung zwischen Aufgaben und Teilprozessen im Recruiting-Prozess

3.3.3 Gateways

Der in Abbildung 3.7 gezeigte Recruiting-Prozess geht davon aus, dass wir die Stelle stets wie gewünscht besetzen können. Das ist natürlich nicht immer der Fall: Es kann ja durchaus passieren, dass kein passender Bewerber gefunden wird. Wir könnten diesen und andere Sonderfälle der Prozessausführung jetzt mit Gateways ausmodellieren, verzichten aber darauf. Auf Ebene 1 betrachten wir nur den sogenannten „Happy Path", also den Prozesspfad, den wir uns bei der Ausführung wünschen und für den der Prozess ursprünglich definiert wurde. In den meisten Fällen ist die Happy Path-Betrachtung für die Ebene 1 völlig ausreichend.

Mitunter kann es aber auch vorkommen, dass wir bereits auf dieser Ebene unterschiedliche Pfade modellieren. Wenn der Prozess beispielsweise produkt- oder kundenbezogen auch im Happy Path und ganz grundsätzlich in unterschiedlichen Varianten ausgeführt wird oder wenn er durch unterschiedliche Ereignisse ausgelöst werden kann.

In solchen Fällen empfehlen wir die folgende Verwendung von Gateways (siehe auch Abbildung 3.8 auf der nächsten Seite):

- XOR-Gateways für Verzweigungen, also **keine** bedingten Flüsse, die direkt aus Aufgaben herauslaufen. Wir haben festgestellt, dass die XOR-Gateways intuitiv besser verstanden werden als die bedingten Flüsse und die Verzweigung eher auf den ersten Blick ersichtlich ist.
- Die Zusammenführung in Aufgaben **ohne** XOR-Join, also ein direktes Hineinlaufen der Pfade. Hier verzichten wir auf die Gateways, weil sie bei einer Zusammenführung den unbedarften Betrachter eher verwirren. Das gilt ins-

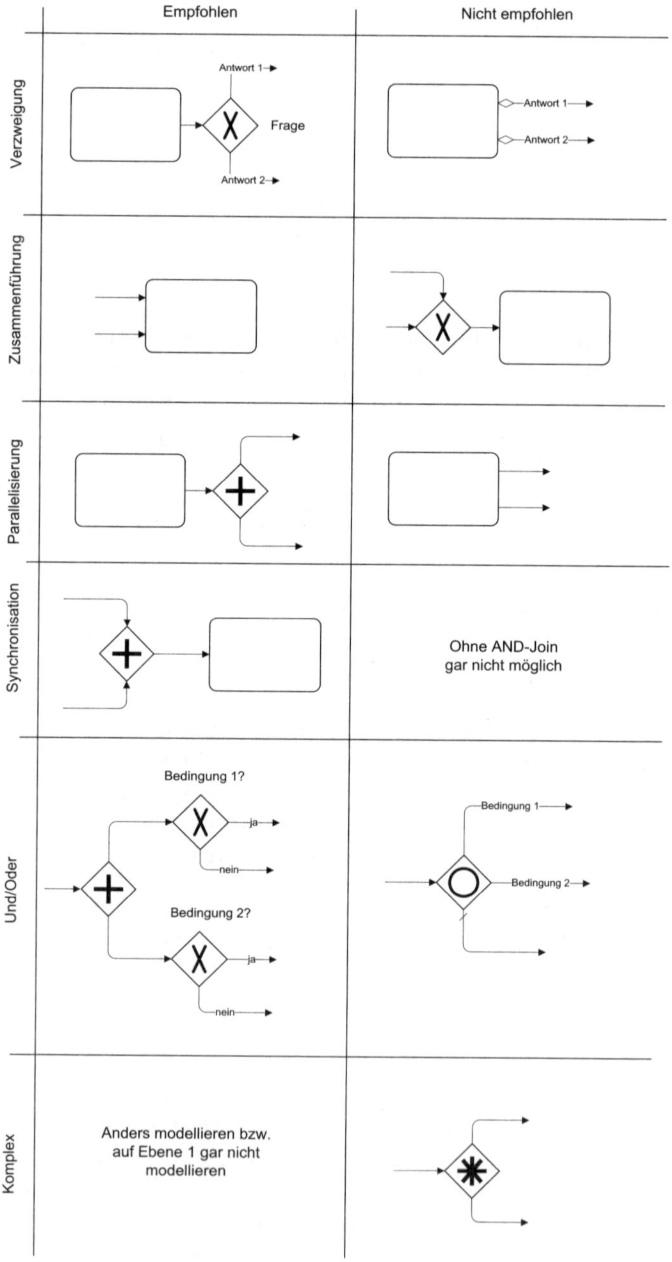

Abbildung 3.8: Empfehlungen zum Umgang mit Gateways auf Ebene 1

besondere für Schleifen. Ein positiver Nebeneffekt ist, dass der Verzicht das Diagramm kompakter macht. Natürlich müssen wir Gateways in bestimmten Fällen trotzdem noch für Zusammenführungen nutzen, zum Beispiel vor einem Zwischenereignis oder einem AND-Gateway. Diese Fälle sollten in einem Diagramm der Ebene 1 aufgrund der Vereinfachung aber ohnehin nicht auftauchen.

- Parallelisierungen und Synchronisationen mit dem AND-Gateway, also **kein** direktes Herauslaufen aus den Aufgaben. Fast immer muss eine Parallelisierung später auch wieder synchronisiert werden. Deshalb sollte das AND-Gateway in beiden Fällen verwendet werden, damit die Darstellung einheitlich ist und eine Irritation vermieden wird.
- **Keine** Verwendung des OR-Gateways, da dies aufgrund von Unbedachtheit in der Praxis leider sehr schnell zu unsinnigen Konstrukten führt. Man kann prinzipiell jedes OR-Gateway durch eine Kombination von XOR- und AND-Gateways darstellen, auch wenn das Diagramm dadurch natürlich umfangreicher wird. Auch hier sind wir aber der Ansicht, dass eine derart komplexe Logik ohnehin nicht in die Prozessbetrachtung auf Ebene 1 gehört.
- **Keine** Verwendung des komplexen Gateways. Wie der Name schon sagt, ist es eine Lösung, um komplexe Verzweigungs- oder Zusammenführungslogiken darzustellen. Das hat auf Ebene 1 nichts zu suchen.

3.3.4 Ereignisse und ereignisbasiertes Gateway

Auch auf Ebene 1 empfehlen wir die Verwendung von Start- und Endereignissen, um Beginn und Ende des Prozesses zu markieren. Sie könnten auch auf diese Symbole verzichten, dann sähe der Recruiting-Prozess so aus wie in Abbildung 3.9. Das Diagramm wird dadurch natürlich kompakter. Aber wir sehen nicht mehr, wodurch der Prozess ausgelöst wird und was am Ende als (gewünsch-

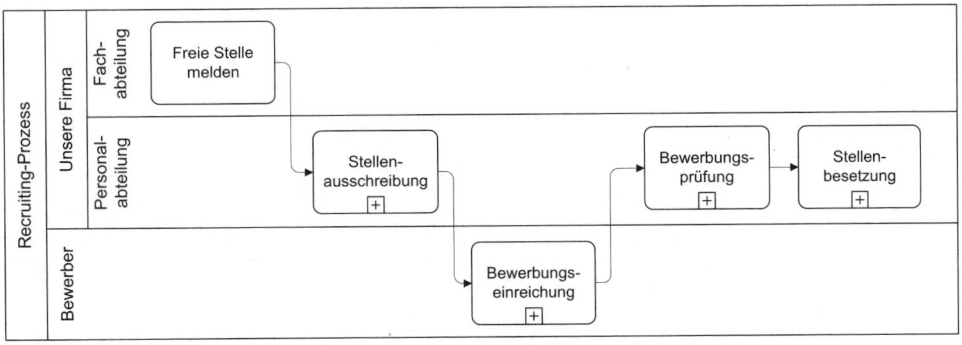

Abbildung 3.9: Der Recruiting-Prozess ohne Start- und Endereignisse

ter) Endzustand herauskommt. Das ist gerade für die End-to-end-Betrachtung, die wir ja auf Ebene 1 vornehmen wollen, problematisch.

Zwischenereignisse erfordern, anders als Start- und Endereignisse, häufig eine etwas ausführlichere Erklärung. Vielen Menschen fällt es zunächst schwer zu verstehen, dass ein eingetretenes Zwischenereignis bedeutet, dass der Prozess an dieser Stelle auf ein Ereignis wartet. Deshalb müssen wir uns bemühen, diese Ereignisse möglichst sprechend zu beschriften, damit die Bedeutung klar wird. Dann haben wir aber auch sehr gute Erfahrungen damit gemacht. Ausgelöste Zwischenereignisse hingegen sind für die Ebene 1 zu kompliziert (Ausnahme: Blankoereignis).

Wir lassen für die Ebene 1 nur einen Teil der möglichen Ereignistypen zu:

Blankoereignisse sind als Start-, Zwischen- und Endereignisse erlaubt. Das Zwischenereignis eignet sich zur Markierung eines Status, den der Prozess während der Abarbeitung erreicht. Solche Status werden gerade vom Prozessverantwortlichen gern festgelegt, um Meilensteine zu definieren und seine Anforderungen an das Monitoring des Prozessfortschritts festzuhalten. In Abbildung 3.10 wurden für den Recruiting-Prozess einmal exemplarisch zwei Meilensteine definiert. Natürlich hat man auch häufig den Fall, dass das Prozessmodell auf Ebene 1 so übersichtlich ist, dass man im Prinzip hinter jedem Schritt einen Meilenstein definieren könnte. Dann ist es meistens besser, auf die explizite Darstellung zu verzichten, um das Diagramm nicht zu überfrachten.

Nachrichten und **Zeiten** sind als Start- und Zwischenereignisse auch auf Ebene 1 erlaubt. Sie sind aufgrund der Symbolik nahezu selbsterklärend.

Das **Bedingungsereignis** ist etwas problematischer, da man es nicht auf Anhieb erkennt. Aber es ist auch auf Ebene 1 oft sehr hilfreich, weil gerade Prozessverantwortliche gern auf einen Blick sehen wollen, welche Rahmenbedingungen einen Prozess auslösen können bzw. wann eine Prozessdurchführung erforderlich

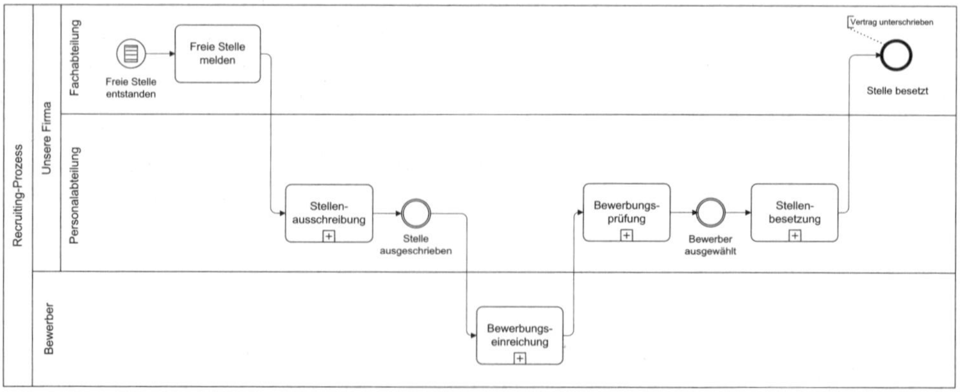

Abbildung 3.10: Definition von Meilensteinen für den Recruiting-Prozess

ist. Ein klassisches Beispiel ist der Ausschreibungsprozess, der aus Compliance-Gründen beginnen muss, sobald ein zu vergebender Auftrag eine bestimmte Volumengrenze überschreitet. Deshalb haben wir das Bedingungsereignis in unsere Palette für Ebene 1 aufgenommen und verwenden es sogar ziemlich häufig.

Prinzipiell bemühen wir uns, jeden Prozessstart zu typisieren, also entweder als Nachricht-, Zeit- oder Bedingungsereignis zu modellieren. Das gelingt auch fast immer. Wenn keines der Ereignisse zutrifft, überlegen wir zunächst, ob wir den Prozessbeginn im Modell richtig gewählt haben, ob also unser „Schnittmuster" für den Prozess passt oder ob er nicht vielleicht doch zu einem früheren oder späteren Zeitpunkt beginnt. In Ausnahmefällen kommt es aber auch vor, dass wir auf Ebene 1 ein Startereignis vom Typ „Blanko" modellieren. Wenn wir einen Teilprozess ausmodellieren, ist das Blanko-Startereignis natürlich für eine korrekte Syntax notwendig, da ein Teilprozess ja immer nur durch seinen Oberprozess gestartet werden kann.

Zwischenereignisse können ja auch an Aufgaben und Teilprozesse angeheftet werden. Auf Ebene 1 vermeiden wir diesen Fall aber, weil er einen Ausnahmefluss behandelt und wir auf dieser Ebene nur den Standardablauf festhalten wollen.

Das ereignisbasierte Gateway haben wir aus demselben Grund aus unserer Palette für Ebene 1 herausgenommen: Die Reaktion auf unterschiedliche Ereignisse beschreibt bereits einen operativen Detailablauf, der für die grundsätzliche Prozessdarstellung nicht relevant ist.

3.3.5 Daten und Artefakte

Die Textanmerkung ist auf Ebene 1 erlaubt, und wir verwenden sie häufig. Im Recruiting-Prozess hilft sie uns, das Endereignis „Stelle besetzt" mit der Zusatzinformation anzureichern, dass zu diesem Zeitpunkt der Arbeitsvertrag unterschrieben wurde.

Auch der Gruppierungsrahmen ist leicht verständlich und kann deshalb auf Ebene 1 verwendet werden. Der Fall kommt allerdings seltener vor, da unsere Modelle auf dieser Ebene ohnehin sehr überschaubar sind. Unter Umständen ist es daher sinnvoll, das Symbol gleich von vornherein auszublenden, um die Palette weiter zu vereinfachen. Wir haben sogar schon erlebt, dass unerfahrene Modellierer den Gruppierungsrahmen mit einem aufgeklappten Teilprozess verwechselten.

Datenobjekte können einerseits schnell zu einer optischen Überfrachtung des Prozessmodells führen. Andererseits können sie zwei Dinge visualisieren, die auch auf Ebene 1 gern betrachtet werden:

1. Die zentralen Input- und Output-Parameter eines Prozesses bzw. eines Teilprozesses.
2. Die Art der Kommunikation zwischen den Prozessbeteiligten.

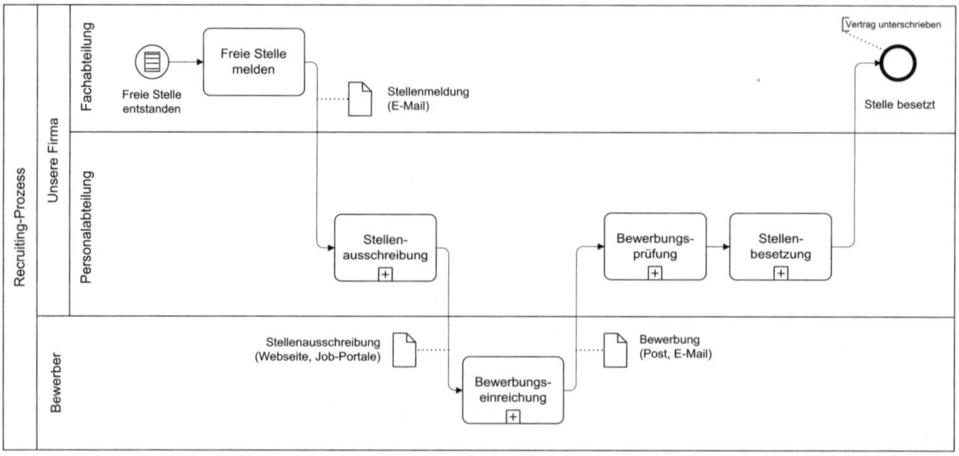

Abbildung 3.11: Datenobjekte kennzeichnen die Weitergabe von Informationen.

Der zweite Punkt ist ja eigentlich eine Domäne der Nachrichtenflüsse. Da wir auf Ebene 1 aber wie bereits dargestellt bewusst auf die Verwendung mehrerer Pools und daher auch auf Nachrichtenflüsse verzichten, greifen wir zu den Datenobjekten.

Auf die Frage, wie die Weitergabe von Informationen im Recruiting-Prozess im Wesentlichen abläuft, erklärt Robert: „Wie schon gesagt, erhalten wir Bedarfsmeldungen per E-Mail. Die Ausschreibung der Stelle erfolgt auf unserer Webseite und in den großen Job-Börsen im Internet. Neue Bewerbungen bekommen wir traditionell per Post, in letzter Zeit zunehmend auch per E-Mail."

Diese Hinweise können wir mit Datenobjekten modellieren, die wir per Assoziation an die Sequenzflüsse zwischen den Aufgaben hängen (siehe Abbildung 3.11). Die zentralen Input- und Output-Daten hängen wir für gewöhnlich an den Sequenzfluss zwischen dem Startereignis und der ersten Aufgabe des Prozesses bzw. zwischen der letzten Aufgabe und dem Endereignis. Das ist zwar formal nicht völlig korrekt, weil der Output ja nicht an das Endereignis übergeben wird, aber intuitiv gut verständlich und auf Ebene 1 deshalb in Ordnung.

3.3.6 Eigene Artefakte

Wie in Kapitel 2 beschrieben, dürfen Sie auch ganz eigene Symbole Ihrer BPMN-Palette hinzufügen, sofern diese nur als Artefakte verwendet werden. Artefakte dürfen lediglich über Assoziationen mit Flussobjekten (Aufgaben, Gateways, Ereignissen) verbunden werden, damit sie den Sequenzfluss nicht beeinflussen. Sie dienen der Darstellung von Hinweisen, die über den reinen Ablauf hinausgehen.

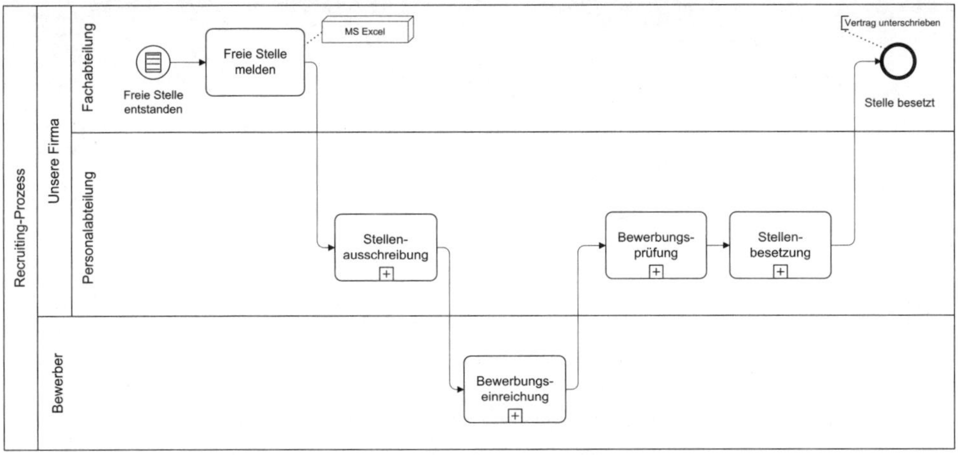

Abbildung 3.12: Die Softwareunterstützung beschränkt sich auf Microsoft Excel.

Nach unserer Erfahrung sind eigene Artefakte auf Ebene 1 sehr gut geeignet, um den individuellen Informationsbedürfnissen Ihrer Prozessverantwortlichen gerecht zu werden. Ein Klassiker ist die Darstellung der Softwaresysteme, die man für die Abarbeitung einzelner Aufgaben oder Teilprozesse verwendet. In der Praxis verwenden wir hierfür meistens einen Quader. Der Quader wird auch in den Use Case-Diagrammen der UML für die Darstellung von Systemen verwendet, weshalb er sich unserer Ansicht nach anbietet.

Auf die Frage, welche IT-Systeme im Recruiting-Prozess aktuell zum Einsatz kommen, antwortet Robert: „Bislang kaum welche. Die Stelle wird wie gesagt in Excel beschrieben, alles Weitere erfolgt ohne eine spezielle Software."

Die entsprechende Darstellung finden Sie in Abbildung 3.12.

Je nach Branche und individuellen Bedürfnissen können Sie eigene Artefakte aber auch für ganz andere Themen einführen. Die Versicherungsbranche befasst sich beispielsweise gerade mit den ordnungspolitischen Mindestanforderungen an das Risikomanagement (MARisk), in denen auch eine entsprechende Markierung von Risiken in der Prozessdokumentation erforderlich ist. Mit Hilfe eines eigenen Artefaktes lassen sich Risiken kennzeichnen, die mit der Abarbeitung von Aufgaben und Teilprozessen verbunden sind.

3.3.7 Ein- und Ausblenden von Symbolen

Den exemplarischen Recruiting-Prozess mit den bisher vorgenommenen Erweiterungen zum Thema Meilensteine, Datenweitergabe und IT-Systeme finden Sie in Abbildung 3.13 auf der nächsten Seite.

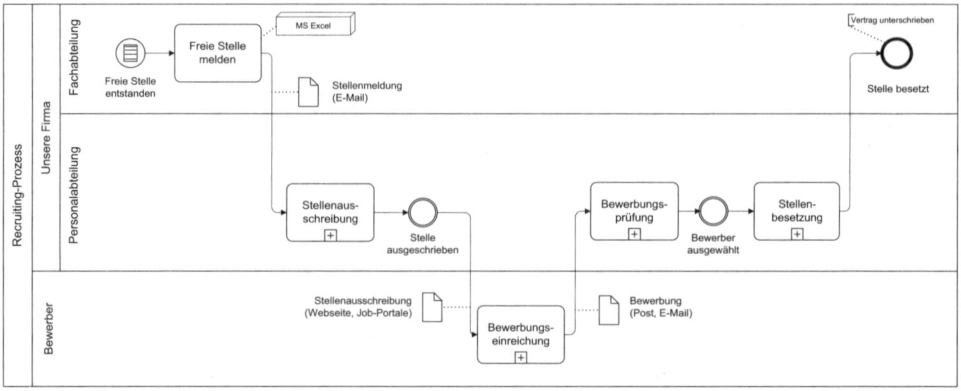

Abbildung 3.13: Der Recruiting-Prozess inklusive Meilensteine, Daten und IT-Systeme

Gerade für eine Diskussion des Prozesses sind diese Informationen hilfreich. Andererseits möchte der Betrachter sie vielleicht nicht immer sehen, weil das Diagramm dadurch auch schnell überfrachtet und somit unübersichtlich wird. Interessant ist es deshalb, solche Angaben bei Bedarf ein- und ausblenden zu können. Mit dieser Frage werden wir gerade in unseren BPMN-Schulungen häufig konfrontiert, deshalb wollen wir sie an dieser Stelle beantworten:

- Das Ein- und Ausblenden ist zunächst mal kein „Standard-Feature" der Notation, sondern muss durch das BPMN-Tool angeboten werden, mit dem Sie arbeiten.
- Im Fall von Artefakten wie Daten, Anmerkungen oder eigenen Symbolen ist das Ein- und Ausblenden relativ einfach und wird von einigen BPMN-Tools angeboten.
- Bei den Blanko-Zwischenereignissen ist es komplizierter, weil diese im Sequenzfluss hängen. Wenn man sie einfach ausblendet, müssen die Sequenzfluss-Pfeile sie ersetzen, und es ergibt sich automatisch ein größerer Abstand zwischen den Symbolen vor und nach dem Ereignis, der unschön ist. Wenn man diesen vermeiden will, muss das Tool über eine intelligente Funktion zur grafischen Neuanordnung des Diagramms verfügen. Außerdem hat man eventuell vor das Ereignis einen XOR-Join geschaltet, der dann plötzlich überflüssig wird, weil die Pfeile direkt in die Aufgabe nach dem Ereignis laufen könnten. Generell kann man also sagen, dass das Ein- und Ausblenden von Flussobjekten (Aktivitäten, Ereignisse, Gateways) softwaretechnisch ziemlich problematisch ist und deshalb von den meisten BPMN-Tools nicht oder nur sehr eingeschränkt angeboten wird.

3.4 Prozessanalyse auf Ebene 1

Nach dieser ersten groben Erhebung und Dokumentierung des Recruiting-Prozesses können wir zwei Dinge machen:

1. Entweder wir steigen in eine Detailerhebung ein, um den IST-Zustand des Prozesses auf Ebene 2 zu modellieren, oder
2. wir begnügen uns mit der Dokumentation auf Ebene 1.

Das hängt davon ab, wozu wir das Modell erstellt haben. Wenn wir eine ISO-Zertifizierung anstreben oder das Modell den Prozessbeteiligten zur Orientierung im täglichen Ablauf an die Hand geben wollen, muss es detaillierter werden.

In unserem Fallbeispiel geht es aber darum, dass Robert mit dem Prozess unzufrieden ist und über ein Projekt zur Verbesserung nachdenkt. Die symptomatischen Schwachstellen hat er bereits geschildert. Wenn wir uns an den BPM-Kreislauf erinnern, können wir jetzt also in die Analyse einsteigen, um den Ursachen dieser Schwachstellen auf den Grund zu gehen und Ideen zur Verbesserung zu entwickeln (Abbildung 3.14). Auch für diese Analyse kann eine detaillierte Erhebung und Dokumentation des IST-Zustandes hilfreich sein. Aber ganz ehrlich: Das Verhältnis zwischen Aufwand und Nutzen dieser Maßnahme ist so schlecht, dass in der Praxis meistens darauf verzichtet wird.

Die Ursachenforschung in der Analysephase erfolgt also in der Regel mithilfe eines Ebene-1-Modells.

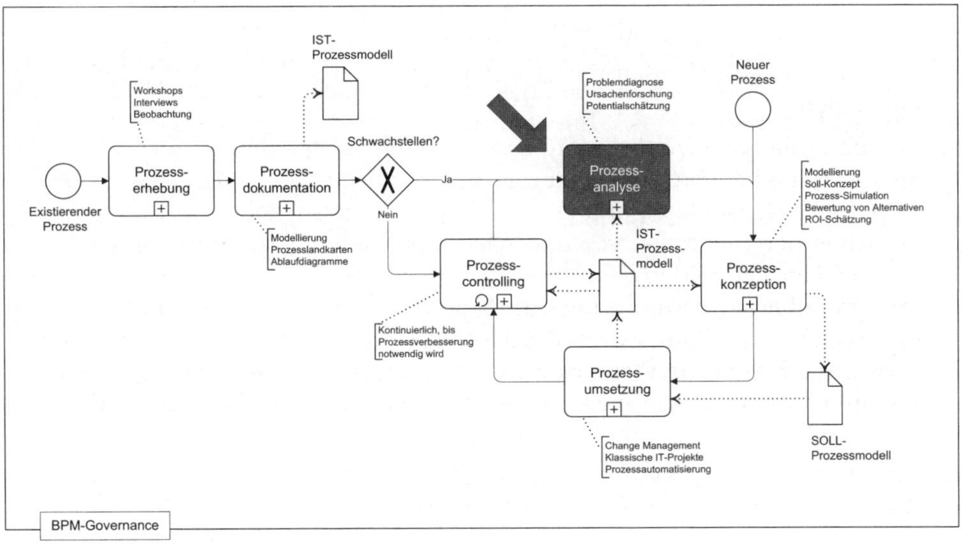

Abbildung 3.14: Die Prozessanalyse im camunda BPM-Kreislauf

Wie kann man sich eine solche „Ursachenforschung" vorstellen? In den meisten Fällen passiert in dieser Phase vor allem eines: Zuhören. Durchaus nicht nur dem Process Manager, sondern auch dem Kunden des Prozesses und natürlich den Process Participants. Zwar hängen Vorgehen und Werkzeuge in dieser Phase auch immer von der Komplexität des Prozesses ab. Aber häufig reichen bereits ein bis zwei Workshops mit den drei oben genannten Parteien, um die ursächlichen Schwachstellen des Prozesses zu identifizieren. Wir wollen jetzt nicht auf die diversen zwischenmenschlichen und politischen Aspekte eingehen, die bei der Durchführung solcher Workshops schnell zum Problem werden können, das ist nicht der Fokus dieses Buches. Aber wir wollen das Thema in vereinfachter Form am Fallbeispiel Recruiting-Prozess zumindest einmal kurz durchspielen.

Wir veranstalten also einen Workshop „Potenzialanalyse Recruiting-Prozess". Die Teilnehmer sind:

- Process Manager: Robert
- Kunde: Falko, Leiter Vertrieb und gleichzeitig als Vertreter der übrigen Fachabteilungen anwesend
- Process Participants: Marina, Christian und Stefan, Sachbearbeiter in der Personalabteilung
- Process Analyst: Sie!

Nach dem üblichen Warming Up mit Erläuterung der Zielsetzung dieses Workshops werfen Sie das Prozessmodell aus Abbildung 3.13 auf Seite 138 an die Wand und lassen es auf die Teilnehmer wirken. Jetzt gibt es verschiedene Moderationstechniken, um die Teilnehmer in die Schwachstellenanalyse einzubeziehen. Sie entscheiden sich für das einfachste Vorgehen, bei dem Sie zunächst die offenkundigen Symptome aufzählen und sich diese von den Teilnehmern bestätigen, korrigieren oder ergänzen lassen. Die Ergebnisse schreiben Sie auf rote Moderationskarten und heften sie an das Whiteboard:

- Der Prozess dauert zu lange.
- Der Prozess ist zu aufwendig.
- Der Prozess ist zu intransparent.

Die zu lange Durchlaufzeit wird von Falko genannt, während Robert den hohen Aufwand in der Abwicklung beklagt. Beide sind sich einig, dass davon unabhängig eine höhere Transparenz notwendig ist, um die Leistung des Prozesses allgemein und den akuten Fortschritt einzelner Vorgänge besser nachvollziehen zu können.

Jetzt nehmen Sie nach und nach die Ursachen auf, die für diese Symptome verantwortlich sind, und wiederum die Ursachen dieser Ursachen. Manche Symptome bzw. Ursachen können direkt einem bestimmten Teilprozess oder einer Aufgabe zugeordnet werden, dann wird das ebenfalls mit einer daneben angebrachten Karte visualisiert. Andere beziehen sich auf den Prozess als Ganzes.

In der Diskussion herrscht schnell Einigkeit darüber, dass zu viele Tätigkeiten im Prozess manuell ablaufen. „Da muss es doch eine technische Lösung für geben", ist die einhellige Vermutung. Der Vorwurf von Robert, dass die Stellenmeldungen der Fachabteilung häufig unvollständig, unklar oder gar fehlerhaft sind, stößt bei Falko natürlich nicht auf Gegenliebe. Er kann aber nicht leugnen, dass es mit der reinen Meldung meistens nicht getan ist und eine genauere Klärung zwischen Personal- und Fachabteilung stattfindet. Das führt er aber vor allem auf die Excel-Formulare zurück, die für die Meldung verwendet werden müssen: „Diese Dinger sind eine Katastrophe! Unübersichtlich und ohne jede Hilfestellung oder Erklärung. Es ist nicht mal erkennbar, welche Angaben Pflicht sind und welche man optional machen kann."

Ein schwieriges Thema sind die Liegezeiten im Prozess, also die Zeitspanne zwischen der Zuordnung einer Aufgabe und ihrer tatsächlichen Bearbeitung. Hier machen sich Robert und Falko gegenseitig Vorwürfe über die Verfügbarkeit und Reaktionszeit ihrer jeweiligen Untergebenen, ohne diese Behauptungen statistisch untermauern zu können. An dieser Stelle müssen Sie als Mediator wirken und die Streithähne auf den Kompromiss einschwören, dass hier vermutlich ein negativer Effekt für die Durchlaufzeit des Prozesses besteht, dieser aber noch nicht eindeutig festgestellt und zugeordnet werden kann.

Es ergibt sich die in Abbildung 3.15 auf der nächsten Seite gezeigte Kausalkette. Ausgehend von den drei zentralen Schwächen des Prozesses haben Sie jetzt vier Baustellen identifiziert, die im Rahmen eines Verbesserungsprojektes angegangen werden sollen:

- Manuelle Tätigkeiten sollen verringert werden.
- Korrekturschleifen sollen minimiert werden.
- Der aktuelle Stand zu einzelnen Vorgängen soll jederzeit einsehbar sein.
- Die Liegezeiten sollen erfasst und zugeordnet werden.

Vermutlich ahnen Sie bereits, dass die Lösung dieser Probleme überwiegend in IT bestehen wird. Das ist in der Praxis natürlich nicht immer der Fall. Wir wollen auch nicht suggerieren, dass man bei jedem Prozessproblem einfach mit einer Software „werfen" braucht, und dann ist es gelöst. Aber die BPMN wurde nun mal speziell für das Szenario einer Prozessverbesserung durch IT entwickelt, und deshalb ist dies auch das Szenario dieses Fallbeispiels.

Im BPM-Kreislauf treten Sie nun also in die Phase „Prozesskonzeption" ein und entwerfen einen verbesserten SOLL-Prozess. Jetzt ist es an der Zeit, dass wir uns mit Ebene 2 beschäftigen.

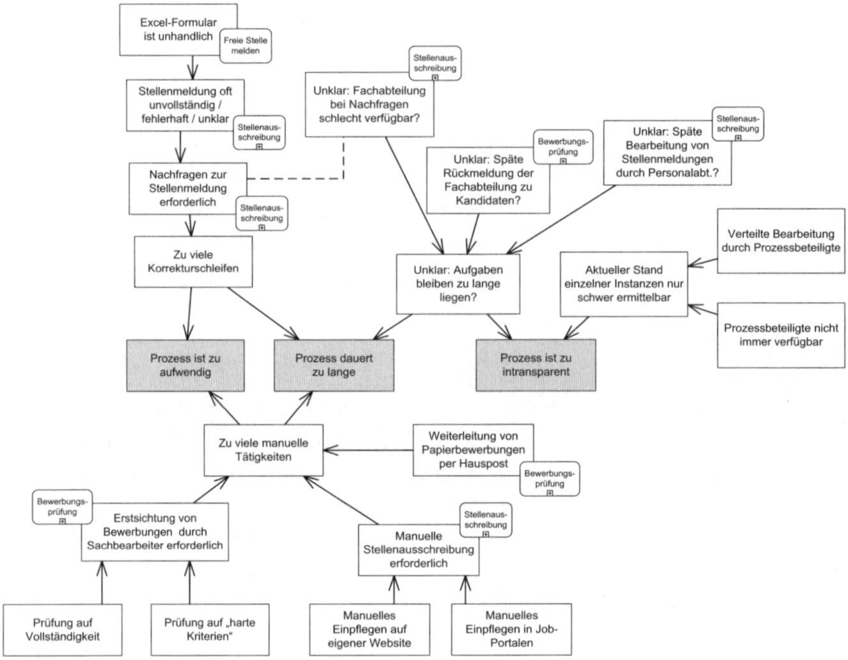

Abbildung 3.15: Kausalkette zur Darstellung der Prozessschwächen und ihrer Ursachen

3.5 Ebene 1 und BPMN 2.0

Unserer Einschätzung nach sind die neuen Symbole, die BPMN 2.0 für die Modellierung von Prozessdiagrammen anbietet, nur für die detaillierte Modellierung von Abläufen interessant und deshalb für die Ebene 1 nicht relevant.

Die Relevanz der neuen Möglichkeiten zur Modellierung von Konversationen und Choreographien sind aus heutiger Sicht schwer zu beurteilen: Einerseits sind sie für die übersichtliche Darstellung des Zusammenspiels der Prozessteilnehmer gedacht, was sie für Ebene 1 prädestiniert. Andererseits basieren sie auf neuen Symbolen, deren Bedeutung sich nicht von selbst erschließt. Wir müssen also befürchten, dass sie für die Zielgruppe von Ebene 1 zu kompliziert erscheinen.

Wenn wir uns den Rekrutierungsprozess als Konversation ansehen (Abbildung 3.16 auf der nächsten Seite), haben wir zwei Möglichkeiten: Im einfachsten Fall stellen wir lediglich dar, dass wir drei Teilnehmer dieses Prozesses haben und diese miteinander eine Konversation pflegen. Wir haben beim Bewerber das Mehrfach-Symbol eingefügt, um zu zeigen, dass zwar nur eine Fach- und eine Personalabteilung an dieser Konversation beteiligt sind, aber natürlich bzw. hoffentlich mehr als ein Bewerber. Das ist natürlich hilfreich, um gleich auf die unterschiedlichen Kardinalitäten hinzuweisen. Aber es erfordert eben auch vom

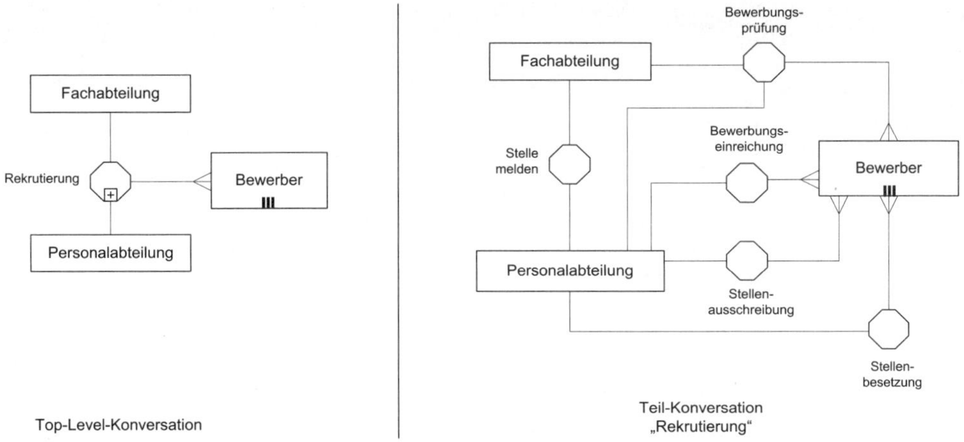

Abbildung 3.16: Die Konversation im Rekrutierungsprozess auf zwei Granularitätsebenen

Betrachter, die Symbole zu kennen und zu verstehen. Ansonsten ist das Konversationsdiagramm eine schöne Möglichkeit, auf einen Blick alle Parteien darzustellen.

Wir können diese Konversation sogar verfeinern und die Teil-Konversationen ausmodellieren. Das Pluszeichen im Sechseck der Top-Level-Darstellung weist auf diese Verfeinerung hin, analog dem Symbol für Teilprozesse in Prozessdiagrammen. In der Verfeinerung sehen wir, dass nicht an allen Teil-Konversationen alle Teilnehmer beteiligt sind: Die Bewerber sind nicht an der Stellenmeldung beteiligt, die Fachabteilung nicht an der Stellenausschreibung und -besetzung.

Auch in dieser Darstellung haben wir ein semantisches Problem, weil die Stellenausschreibung ja keine direkte Nachricht ist, die dem Bewerber zugeht. Das wird aber durch die Konversationsbeziehung so modelliert. Wir tendieren dazu, genau wie bei unserem Prozessdiagramm diesen semantischen Fehler der Übersicht und Verständlichkeit zu opfern. Ein Vorteil gegenüber der Ablaufdarstellung im Prozessdiagramm ist hier also, dass wir die unterschiedlichen Kommunikationsbeziehungen der Teilnehmer berücksichtigen können, ohne eine komplizierte Darstellung mit mehreren Pools und diversen Nachrichtenflüssen in Kauf nehmen zu müssen.

Die Darstellung als Choreographie in Abbildung 3.17 auf der nächsten Seite ist noch präziser, weil sie auch die Reihenfolge der Kommunikation berücksichtigt und wir die unterschiedlichen Nachrichten sehen. Sie stellt sich als Mischung aus Konversation und Prozessdiagramm dar, weil wir immer noch die unterschiedlichen Teilnehmer sehen, die an den jeweiligen Choreographie-Aufgaben bzw. -Teilprozessen beteiligt sind. Ein Vorteil ist hier die differenziertere Betrachtung der Kardinalitäten: Die Stellenausschreibung findet einmal statt und stellt eine Nachricht von der Personalabteilung an eine Reihe von Bewerbern dar (dass das

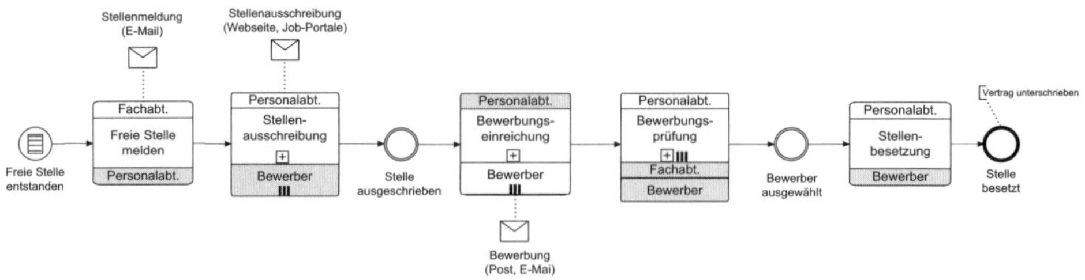

Abbildung 3.17: Der Rekrutierungsprozess als Choreographie

semantisch nicht ganz richtig ist, aber für die Vereinfachung in Kauf genommen wird, haben wir ja schon mehrmals angesprochen). Im nächsten Schritt „Bewerbungseinreichung" schicken mehrere Bewerber ihre Bewerbung an die Personalabteilung: Es ist also richtig, dass „Bewerbungseinreichung" ohne Mehrfachinstanz dargestellt ist, denn dieser Teilprozess wird von jedem einzelnen Bewerber nur einmal ausgeführt. Die Bewerbungsprüfung hingegen erfolgt genauso oft, wie Bewerbungen eingegangen sind, also mehrfach. Allerdings findet sie auch für jeden Bewerber einzeln statt, was sich auch auf die Kardinalität des Kommunikationspartners „Bewerber" auswirkt: Jeder Bewerber wird einzeln eingeladen und nimmt einzeln an den Bewerbungsgesprächen teil. Deshalb hat der Bewerber in diesem Teilprozess kein Symbol für eine Mehrfachinstanz. Der letzte Teilprozess „Stellenbesetzung" findet nur noch einmal statt: Hier wird mit dem ausgewählten Bewerber der Vertrag unterzeichnet.

Der Vorteil des Choreographiediagramms ist also die kompakte Darstellung auch komplizierter Kommunikationsbeziehungen der Prozessteilnehmer. Damit eignet es sich eigentlich hervorragend, um einen ersten Überblick zu kommunikationsintensiven Prozessen zu geben. Die Frage ist natürlich auch hier, ob diese Diagramme von der Zielgruppe der Ebene 1 akzeptiert und verstanden werden. Nach unserer bisherigen Erfahrung ist es bereits schwierig genug, diese Zielgruppe an die regulären Symbole der BPMN heranzuführen.

Davon abgesehen glauben wir aber, dass diese Diagramme als Landkarte eine große Hilfe für Prozessanalysten sind, die in die Ebene 2 einsteigen wollen. Und genau das machen wir jetzt.

Kapitel 4

Ebene 2: Operative Prozessmodelle

4.1 Über diese Ebene

4.1.1 Ziel und Nutzen

Die zweite Ebene ist der Dreh- und Angelpunkt des BPMN-Frameworks. Hier werden die operativen Details der modellierten Prozesse offenbart. Sie werden zum Ersten von den Process Participants verwendet, um sich bei der täglichen Arbeit zu orientieren. Zum Zweiten sind sie der Betrachtungsgegenstand von Process Analysts, wenn es um die Bewertung und Verbesserung der Prozesse geht. Und zum Dritten stellen sie den Ausgangspunkt für die technische Prozessumsetzung in einer Software dar, im Idealfall einer Process Engine.

Der Prozess wird deshalb auf Ebene 2 sehr viel detaillierter beschrieben als auf Ebene 1. Allerdings ergibt sich daraus auch ein Problem:

Der gesamte Prozess ist meistens ein komplexes Zusammenspiel der diversen Menschen und IT-Systeme, die im Prozess die einzelnen Aufgaben ausführen. Für den **Process Analyst** kommt es darauf an, genau dieses Zusammenspiel gedanklich zu durchdringen, damit er organisatorische oder technische Verbesserungen entwerfen kann. Er fragt sich:

> Wie wird gearbeitet – und wie könnte es besser gehen?

Der **Process Participant** interessiert sich hingegen nur für die Aspekte des Prozesses, die ihn selbst betreffen. Er will wissen:

> Wie muss ich selbst arbeiten?

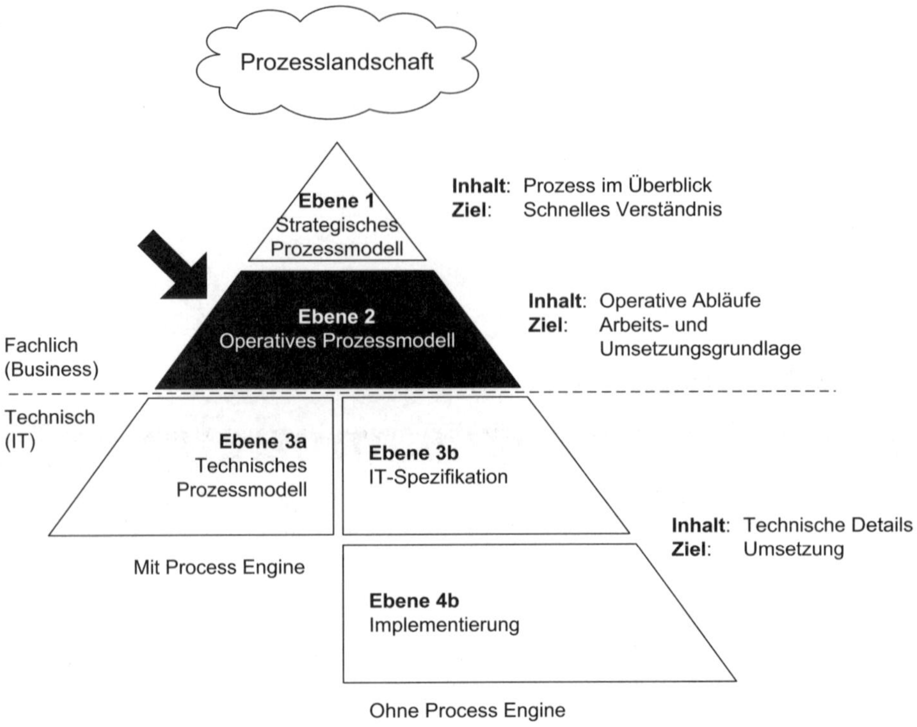

Abbildung 4.1: camunda BPMN Framework – Ebene 2

Wenn eine technische Umsetzung des Prozesses angedacht ist, kommt der **Process Engineer** ins Spiel. Es ist zwar auf Ebene 2 noch nicht vorgesehen, dass der Prozess direkt ablauffähig modelliert wird; das kommt erst auf Ebene 3. Aber es muss geklärt werden, was diese technische Umsetzung aus fachlicher Sicht leisten soll. Der Process Engineer fragt sich also:

> Was soll die Engine leisten?

Diese drei Rollen und ihre zentralen Fragen unter einen Hut zu bringen, ist die Herausforderung von Ebene 2. Das ist schwierig, aber wenn Sie sie meistern, können Sie von erheblichen Vorteilen profitieren:

- Das operative Prozessmodell entspricht in seiner grundsätzlichen Logik vollständig der technischen Umsetzung. Dies führt dazu, dass der Prozess tatsächlich so gelebt wird, wie er dokumentiert wurde, und nicht als unnütze „Schrankware" endet.
- Die Verständniskluft zwischen Business und IT wird verringert: Beide Seiten reden tatsächlich über dasselbe Prozessmodell und erkennen sofort, welche

technischen Auswirkungen bestimmte Wünsche der Fachseite oder welche Auswirkungen bestimmte technische Umsetzungen auf den fachlichen Prozess haben.

- Wenn der Prozess durch die Process Engine umgesetzt wird, kann ein direktes Messen und fachliches Aggregieren von Kennzahlen erfolgen, was ein umfangreiches Monitoring und Reporting der Prozesse ermöglicht.

Kurz gesagt: Wenn Sie Ebene 2 meistern, haben Sie endlich die „gemeinsame Sprache für Business und IT" gefunden. Zumindest, wenn es um die Prozessmodellierung geht.

4.1.2 Anforderungen an das Modell

Genau wie in Ebene 1 müssen auch die Prozessdiagramme auf Ebene 2 syntaktisch korrekt sein. Zusätzlich müssen sie aber auch semantisch konsistent sein: Auf Ebene 2 wird beschrieben, wie tatsächlich gearbeitet wird. Da darf es natürlich keine inhaltlichen Widersprüche oder formalen Fehler geben, wie das auf Ebene 1 noch erlaubt ist.

Falls die Prozessmodellierung im Rahmen eines Projektes erfolgt, bei dem auch eine technische Prozessumsetzung geplant ist, ergibt sich eine weitere Anforderung: Alle Fragen, die ein Process Engineer der Fachseite stellen könnte, um das gewünschte Ergebnis zu verstehen, werden auf Ebene 2 geklärt. Auf Ebene 3 geht es „nur" noch um die technische Umsetzung des Prozesses. Das Prozessmodell muss auf Ebene 2 also auch die Präzision besitzen, die zur Klärung dieser Fragen erforderlich ist.

Die Präzision ist aber nicht nur für den Process Engineer wichtig: Auch der Process Participant braucht eine präzise Beschreibung, denn er soll sich ja am Prozessmodell orientieren können, wenn er Fragen zur Prozessabwicklung hat. Im Fall des Participants ergibt sich darüber hinaus ein weiterer Aspekt: Obwohl er eine präzise Beschreibung braucht, darf er nicht mit zu komplexen Darstellungen überfordert werden. Anders als bei Analyst und Engineer liegt die Kernkompetenz des Participant nicht im Thema BPM, sondern in seinem Fachgebiet. Die Prozessmodelle sind für ihn nur ein Mittel zum Zweck, das er vielleicht sogar nur selten betrachtet.

4.1.3 Vorgehen

Fassen wir zusammen: Das Prozessmodell muss auf Ebene 2 ausreichend präzise sein, es darf aber auch nicht zu kompliziert werden. Das klingt nach einem Widerspruch, denn eine präzise Beschreibung, egal ob verbal oder in Form von Diagrammen, führt automatisch zu Komplexität. Wir haben nur eine Chance, dieses Problem zu umgehen: indem wir jeder Rolle eine bestimmte Sicht auf das Prozessmodell bereitstellen und den Rest ausklammern, wie in Abbildung 4.2 auf der nächsten Seite dargestellt. Genau genommen bezieht sich diese eingeschränk-

Betrachter	Process **Participant**	Process **Analyst**	Process **Engineer**
Zentrale Frage	„Wie muss ich arbeiten?“	„Wie wird gearbeitet?“	„Was macht die Engine?“
Sicht	Eigene Orchestrierung	Gesamte Kollaboration	Orchestrierung der Process Engine

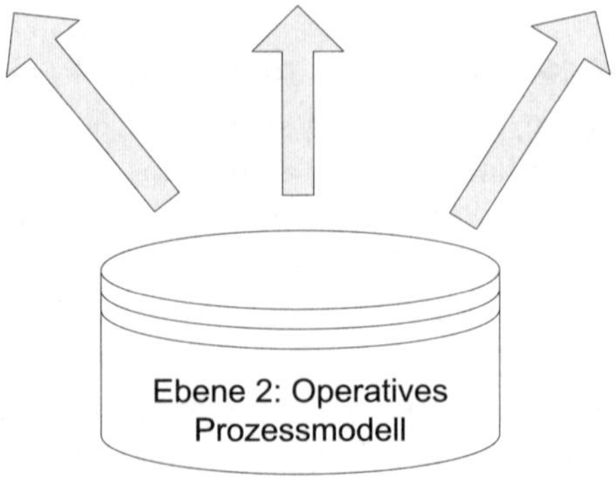

Abbildung 4.2: Die Rollen und ihre Sichten auf Ebene 2

te Sicht vor allem auf den Participant: Wenn wir diesem nur den Prozess zeigen, wie er aus seiner Perspektive funktioniert, ist er zufrieden. Er weiß, was er zu tun hat, wann andere an der Reihe sind und wann er darauf warten muss, dass diese fertig sind. Gleichzeitig wird er nicht mit den Prozessdetails der anderen Participants belästigt, die das Diagramm so kompliziert machen.

Die Kernidee von Ebene 2 ist deshalb eine konsequente Unterscheidung zwischen Orchestrierung und Kollaboration, die wir in Abschnitt 2.9 auf Seite 94 erklärt haben: Jeder Participant bekommt seinen eigenen Pool. Darin ist der Prozess so weit dargestellt, wie er sich bei diesem Participant abspielt. Wie wir wissen, repräsentiert jeder Pool einen in sich geschlossenen, eigenen Prozess. Das Kollaborationsdiagramm, in dem das Zusammenspiel dieser Prozesse dargestellt wird, bleibt dem Process Analyst vorbehalten. Dieser muss in der Lage sein, mit der Komplexität dieser Darstellung umzugehen. Für die Process Engine führen wir einen eigenen Participant ein, weisen ihr also einen eigenen Pool zu. Dieser Pool steht im Fokus der Betrachtung durch den Process Engineer. Letztendlich folgen wir mit diesem Ansatz genau dem Grundgedanken der BPMN, wonach hinter jedem Pool auch ein Dirigent steht, der den darin enthaltenen Prozess steuern kann. Der Punkt ist, dass die BPMN dabei stets an eine Process Engine denkt und wir den Gedanken auf menschliche „Process Engines“ übertragen.

Diese Differenzierung ist neben der Bereitstellung spezieller Sichten auch deshalb notwendig, weil in der Praxis so gut wie nie der gesamte Prozess vollständig von Process Engines gesteuert wird. Es gibt immer Teile, die von den beteiligten menschlichen Aufgabenträgern autonom entschieden und abgewickelt werden. Wenn wir den Prozess wirklich vollständig abbilden wollen, müssen wir auch dieser Tatsache im Prozessmodell Rechnung tragen. Und genau das tun wir, indem jeder Participant, egal ob menschlich oder Engine, einen eigenen Pool bekommt.

Wie kommen wir zu einem derart differenzierten Prozessmodell? Die tragende Rolle spielt dabei der Process Analyst. Er muss die BPMN vollständig verstanden haben und in der Lage sein, den Prozess aus Sicht der unterschiedlichen Participants zu modellieren. Wenn der SOLL-Prozess in einer Process Engine umgesetzt werden soll, muss er das Modell von Ebene 1 kommend bis hin zur Überführung nach Ebene 3 entwickeln und pflegen.

Das kann in folgenden Schritten passieren:

1. Klärung des SOLL-Prozesses auf Ebene 1. Diesem Thema haben wir uns in Kapitel 3 gewidmet.
2. Auflösen der Lanes in separate Pools (Abschnitt 4.2 auf der nächsten Seite).
3. Modellierung des SOLL-Prozesses aus Sicht der unterschiedlichen Participants. Die hierfür notwendigen Klärungen müssen mit dem Process Manager und den Participants selbst erfolgen (Abschnitt 4.3 auf Seite 153).
4. Modellierung, welche Schritte der Participants in welcher Form durch die Process Engine unterstützt werden sollen. Auch diese Klärung erfolgt mit dem Manager bzw. den Participants (Abschnitt 4.4 auf Seite 156).
5. Grundsätzliche Modellierung des Prozesses aus Sicht der Process Engine, soweit er sich aus den Prozessen der Participants ableiten lässt. Diese Modellierung kann durch den Process Analyst oder auch bereits durch den Process Engineer erfolgen. Das Modell ist noch nicht direkt ablauffähig, kann aber zu diesem Zweck auf Ebene 3 durch den Process Engineer angereichert werden (Abschnitt 4.4.2 auf Seite 159).
6. Klärung und Dokumentation weiterer Anforderungen wie Masken, Daten und Geschäftsregeln. Diese werden rund um das Prozessmodell gruppiert, indem sie aus den entsprechenden Symbolen im Prozessdiagramm referenziert werden (Abschnitt 4.4.3 auf Seite 162).

Wenn das Modell entsprechend entwickelt wurde, können den jeweiligen Rollen ihre jeweiligen Sichten angeboten werden. Es ist naheliegend, dass für den praktischen Einsatz dieser Herangehensweise auch ein leistungsfähiges Tooling erforderlich ist: Vor allem das Ein- und Ausblenden von Pools ist notwendig, um die unterschiedlichen Sichten anbieten zu können und nicht eine große Anzahl von Diagrammen mit redundant modellierten Pools zeichnen zu müssen. Über eine sinnvolle Tool-Unterstützung für BPMN allgemein und unser Framework im Speziellen sprechen wir in Abschnitt 6.4.2 auf Seite 270.

4.2 Von Ebene 1 zu Ebene 2

Für gewöhnlich haben wir bereits ein Ebene-1-Modell des Prozesses erstellt, bevor wir ihn auf Ebene 2 detailliert ausmodellieren. In unserem Fallbeispiel „Recruiting-Prozess" haben wir ein solches Modell (siehe Abbildung 4.3) in Abschnitt 3.2 auf Seite 124 erstellt und in Abschnitt 3.4 auf Seite 139 darüber gesprochen, welche Schwachstellen der Prozess im IST-Zustand besitzt. Es ist klargeworden, dass der Prozessablauf an sich gar nicht so schlecht ist, aber viele Reibungsverluste durch eine unzureichende IT-Unterstützung entstehen. Wir wollen den Prozess deshalb jetzt auf der operativen Ebene modellieren. Im ersten Schritt betrachten wir den Ablauf rein organisatorisch und überlegen im zweiten Schritt, was eine Process Engine zur Prozessverbesserung beitragen könnte.

Schon im letzten Kapitel haben wir darauf hingewiesen, dass Prozessmodelle auf Ebene 1 häufig semantische Widersprüche besitzen, die eine direkte Verfeinerung des Modells unmöglich machen. Es ist völlig normal, dass sich die „strategische Sicht" auf einen Prozess von der operativen Sicht stark unterscheidet. Wir können auch davon ausgehen, dass sich ein Prozessmodell auf Ebene 1 nur selten ändert. Auf Ebene 2 hingegen müssen wir häufiger mit Änderungen rechnen, ein weiteres Argument dafür, dass sich Modelle auf dieser Ebene in ihrer Grundstruktur nicht mehr von der technischen Umsetzung unterscheiden dürfen.

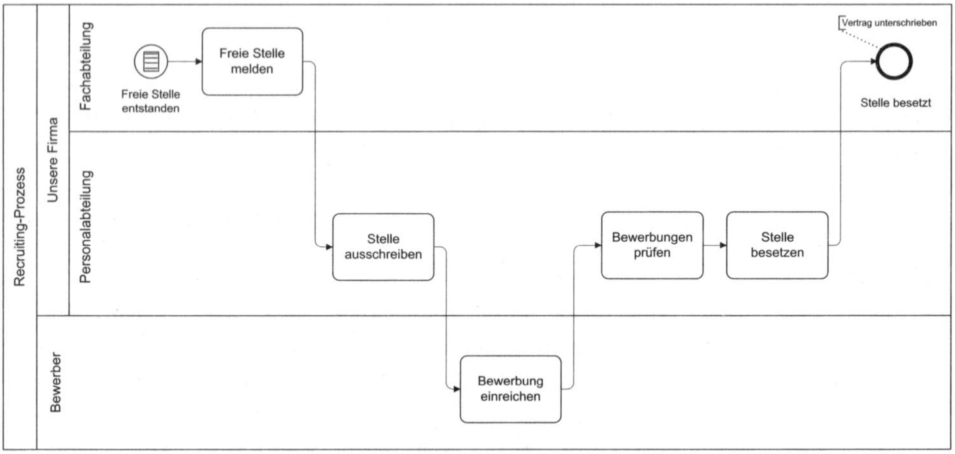

Abbildung 4.3: Der Recruiting-Prozess auf Ebene 1

In der Konsequenz haben wir häufig keine andere Wahl, als das Modell von Ebene 1 für die Ebene 2 zwar zur Orientierung zu verwenden, den Prozess auf Ebene 2 aber ansonsten ganz neu zu modellieren. Das klingt erst mal sehr unschön, ist aber in der Praxis meistens unkritisch: Die Ebene-1-Modelle können mit sehr wenig Aufwand erstellt werden. Es ist also nicht so, dass man doppelten Aufwand betreiben würde. Und wie schon erwähnt, ändert sich ein Prozessmodell auf Ebene 1 nur ausgesprochen selten. Man muss also nicht damit rechnen, zukünftig einen doppelten Aufwand in die kontinuierliche Aktualisierung der Prozessmodelle von Ebene 1 und Ebene 2 stecken zu müssen.

Eine Schwierigkeit bei unserem Fallbeispiel ist auf Ebene 1 die unterschiedliche Kardinalität der Instanzen, die sich im Prozessablauf ergeben kann: Wenn der Prozess instanziiert wird, wird nur eine Stelle gemeldet und ausgeschrieben. Es können aber viele Bewerber eine Bewerbung einreichen, und dementsprechend viele Prüfungen der Bewerbung werden stattfinden. Am Ende wird nur ein einziger Bewerber ausgewählt, und mit diesem wird die Stelle besetzt. Eine weitere Schwierigkeit ist die Tatsache, dass wir unsere Bewerber zunächst noch gar nicht kennen. Das sind schon zwei Gründe, warum der Bewerber für eine operative Betrachtung nicht als Lane innerhalb desselben Pools wie die übrigen Participants dargestellt werden kann.

Auch das Zusammenspiel von Fach- und Personalabteilung in der operativen Sicht muss präzisiert werden. Es ist ja nicht wirklich so, dass die „Stellenausschreibung" und „Bewerbungsprüfung" von der Personalabteilung ohne Einbeziehung der Fachabteilung erledigt würden. Im Gegenteil: In der Prozessanalyse in Abschnitt 3.4 auf Seite 139 haben wir erfahren, dass hier eine rege Kommunikation zwischen den beiden Abteilungen stattfindet. Und genau diese Kommunikation ist es auch, bei der die meisten Reibungsverluste und Unklarheiten entstehen. Deshalb ist es sinnvoll, auch die Prozesse dieser Participants in eigenen Pools auszumodellieren, um die organisatorischen Schnittstellen explizit zu beleuchten. Ein weiteres Argument ist, dass wir auf diese Weise jedem Participant genau die Informationen bereitstellen können, die für ihn relevant sind, und ihn nicht mit den internen Abläufen der anderen Participants konfrontieren, die automatisch zu einer höheren Komplexität des Prozessmodells führen.

In Abbildung 4.4 auf der nächsten Seite sehen Sie den Recruiting-Prozess, wenn wir die Lanes in separate Pools ziehen und berücksichtigen, dass einige Aktivitäten einen Austausch zwischen den Participants erfordern. Der Bewerber reagiert jetzt auf das Signal, dass eine Stelle ausgeschrieben wurde. Die drei Striche, die beim Bewerber-Pool in der Mitte unten zu sehen sind, weisen auf eine mehrfache Instanz dieses Participants hin (siehe auch Abschnitt 2.9.5 auf Seite 102). Wir haben ja nicht nur einen Bewerber, sondern mehrere. Deshalb haben wir auch hinter dem Nachrichtenereignis „Bewerbung erhalten" einen AND-Split modelliert. Damit zeigen wir, dass die Personalabteilung nicht nur auf eine Bewerbung wartet, sondern jede Bewerbung bearbeiten wird, die eintrifft. Das Terminierungser-

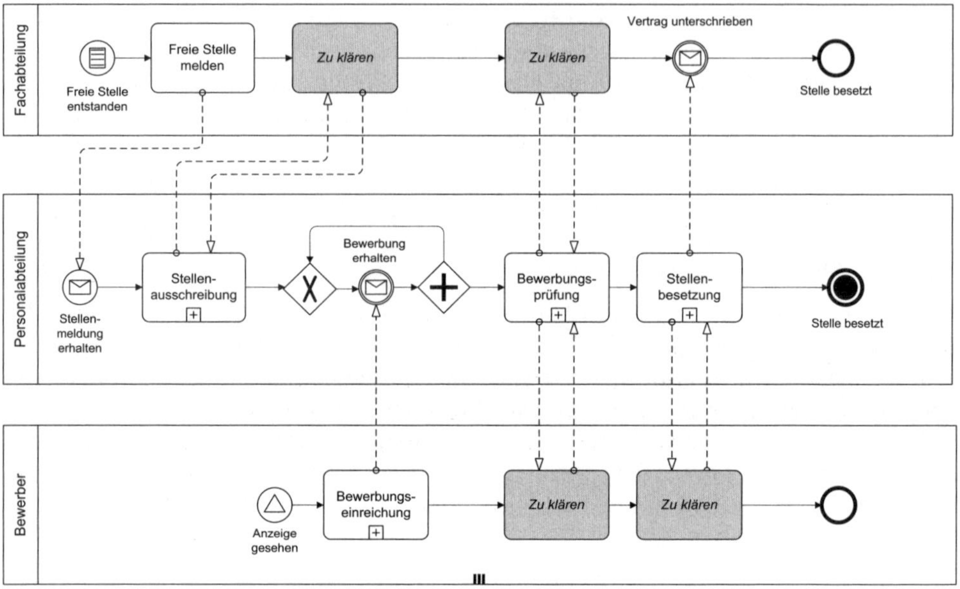

Abbildung 4.4: Beginn der Überführung nach Ebene 2

eignis am Ende des Pools sorgt dafür, dass dies nur so lange geschieht, bis ein Bewerber ausgewählt und eingestellt wurde.

Jetzt geht es darum, die noch offenen Punkte in den Pools zu klären und die Prozesse der Participants auszumodellieren. Hier ist noch einiges zu tun: Es müssen nicht nur die momentan noch unklaren Aktivitäten definiert (gekennzeichnet als „zu klären"), sondern auch die vielen möglichen Sonderfälle berücksichtigt werden. Beispielsweise kann es passieren, dass

- ein Bewerber ungeeignet ist und deshalb abgelehnt wird,
- gar kein Bewerber geeignet ist,
- noch nicht einmal eine Bewerbung eingeht.

In den folgenden Abschnitten werden wir allerdings nur den ersten Teil des Fallbeispiels vertiefen und den Abschnitt von der Feststellung eines Personalbedarfs bis zur Ausschreibung der Stelle betrachten. Eine Betrachtung des Gesamtprozesses auf Ebene 2 würde den Rahmen dieses Buches sprengen, sowohl inhaltlich als auch in Bezug auf den Umfang der Prozessdiagramme. Sie finden das komplette Beispiel auf BPM-Guide.de/BPMN.

4.3 Prozesse der Participants

Die Prozessmodellierung auf Ebene 2 wird, wie schon beschrieben, vom Process Analyst vorgenommen. Woher erfährt der Process Analyst nun die Details über die operativen Prozesse? Meistens von den Process Participants selbst, also von den Menschen, die in den Prozessen arbeiten. In unserem Fallbeispiel „Stellenausschreibung" werden wir deshalb zunächst Falko interviewen, der als repräsentative Führungskraft eines Fachbereiches für ein Gespräch zur Verfügung steht.

Falko beschreibt seinen Beitrag zur Stellenausschreibung wie folgt:

„Wenn ich einen Personalbedarf erkannt habe, melde ich die freie Stelle an die Personalabteilung. Dann warte ich darauf, dass ich die Stellenbeschreibung zur Prüfung vorgelegt bekomme, bevor es zu einer Ausschreibung kommt. Unter Umständen muss ich nochmal um Korrekturen bitten, ansonsten gebe ich die Stellenbeschreibung frei. Manchmal kommt es auch vor, dass der Kollege aus der Personalabteilung noch Fragen zu den Aufgaben und Anforderungen hat, bevor er die Stelle beschreiben kann. Dann stehe ich für eine Klärung natürlich zur Verfügung. "

Wenn wir Falkos Prozess modellieren und den Sachbearbeiter aus dem Personal zwar zur Veranschaulichung in das Diagramm aufnehmen, seinen Pool aber zuklappen, ergibt sich Abbildung 4.5.

Hinweis: In der BPMN 2.0 wird verboten, dass mehrere Sequenzflüsse direkt in ein Zwischenereignis laufen, das auf ein Event-Gateway folgt. Wir halten dieses Verbot eigentlich für überflüssig, konnten bislang aber nicht erreichen, dass es aufgehoben wird. Eigentlich müssten Sie deshalb eine Darstellung wie in Abbildung 4.6 auf der nächsten Seite gezeigt wählen, um syntaktisch 100%ig korrekt zu modellieren.

Nun sprechen wir über die Stellenausschreibung, wie sie aus Sicht des Sachbearbeiters der Personalabteilung abläuft. Diese Schilderung bekommen wir von Christian, einem Sachbearbeiter der Personalabteilung:

„Wenn ich eine freie Stelle gemeldet bekomme, erstelle ich anhand der Angaben eine Stellenbeschreibung. Manchmal gibt es hier noch Unklarheiten in der Mel-

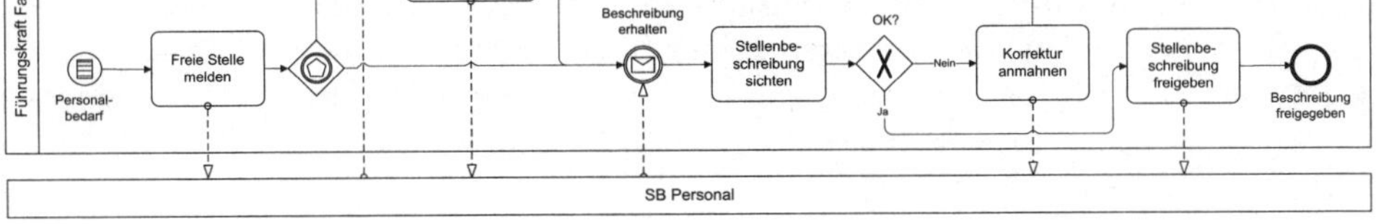

Abbildung 4.5: Die Stellenausschreibung aus Sicht der Führungskraft des Fachbereiches

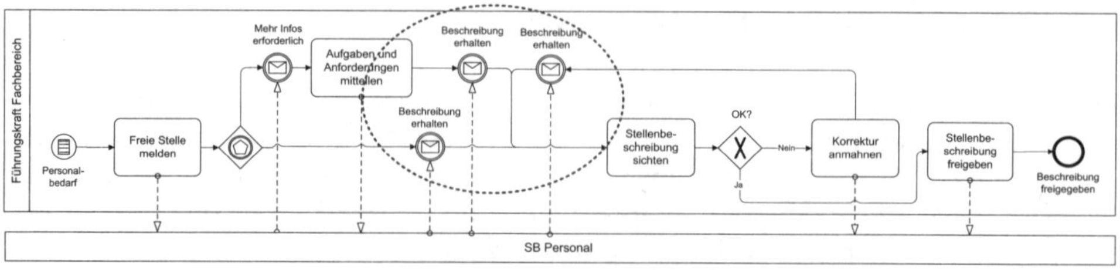

Abbildung 4.6: Diese Darstellung wäre nach aktuellem Stand von BPMN 2.0 erforderlich, ist aber nach unserer Auffassung sowohl unpraktisch als auch unnötig.

dung, dann muss ich vorher beim Fachbereich noch mal nachfragen. Die Stellenbeschreibung lege ich zur Prüfung vor und warte auf die Freigabe. Es kann aber auch passieren, dass der Fachbereich sie nicht freigibt, sondern sie zurückweist und eine Korrektur anfordert. Dann korrigiere ich die Beschreibung und lege sie erneut zur Prüfung vor. Wenn die Beschreibung endgültig freigegeben ist, schreibe ich die Stelle aus."

Das entsprechende Prozessmodell finden Sie in Abbildung 4.7.

Was haben wir jetzt erreicht? Wir haben einerseits die operativen Details der Stellenausschreibung explizit ausmodelliert und gleichzeitig zwei Prozessmodelle erstellt, die für sich allein genommen nicht besonders kompliziert sind.

Natürlich muss ein Betrachter dieser Modelle gewisse Grundkenntnisse in BPMN besitzen, um sie zu verstehen. Er muss:

- das Prinzip der Ereignisse verstehen, speziell der Zwischenereignisse,
- den Unterschied zwischen einem datenbasierten und einem ereignisbasierten Gateway verstehen,
- den Unterschied zwischen Sequenz- und Nachrichtenfluss verstehen.

Somit ist der Anspruch an den Betrachter auf Ebene 2 höher als auf Ebene 1, auch wenn wir noch gar nicht über die Abbildung in einer Softwarelösung spre-

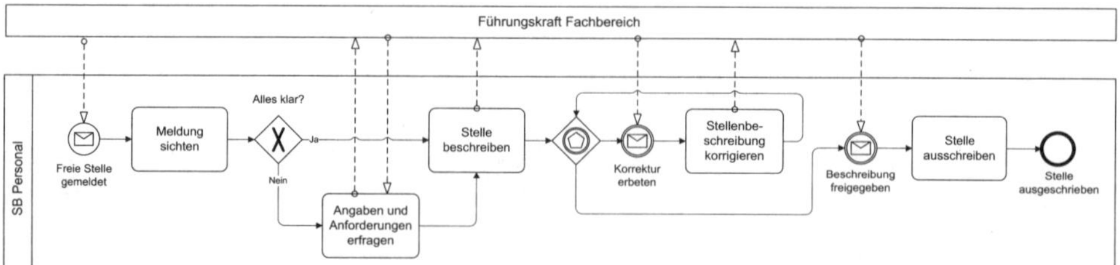

Abbildung 4.7: Die Stellenausschreibung aus Sicht des Sachbearbeiters in der Personalabteilung

chen. Die erste Zielgruppe für diese Ebene ist der Process Analyst selbst, der diese Prozessmodelle für detaillierte Analysen und als Ausgangspunkt für eine IT-Umsetzung nutzen kann, wie wir später zeigen werden. Weil die Kenntnis der BPMN zu seinen Kernkompetenzen zählt, sollte er mit dem Verständnis keine Probleme haben, er hat die Modelle ja auch selbst erstellt. Die zweite Zielgruppe sind die Process Participants, deren Arbeit in den Modellen dargestellt ist, in diesem Fall also Falko und Christian. Die Participants sind Gesprächspartner des Process Analyst, wenn es um Prozessverbesserungen geht, weshalb sie diese Modelle zumindest verstehen müssen. Zu einem späteren Zeitpunkt kann es auch sein, dass sie die Diagramme in ihrem betrieblichen Alltag betrachten, um sich zu orientieren: „Wie muss ich arbeiten? Was ist als Nächstes zu tun?“ Die spannende Frage ist also: Werden die Process Participants diese Modelle akzeptieren?

Wir haben die Erfahrung gemacht, dass das funktionieren kann. Hierfür müssen zwei Dinge gegeben sein:

- Die Participants sehen wirklich nur ihren eigenen Pool und nicht die Komplexität des Gesamtprozesses. Das erfordert zum einen die entsprechende Prozessmodellierung und zum anderen ein intelligentes Tool.
- Die Participants haben eine kurze Einweisung in die BPMN erhalten und verfügen über eine rudimentäre Legende, falls es Unklarheiten gibt. Um die Einweisung müssen Sie sich als Process Analyst selbst kümmern, die Legende kann prinzipiell ebenfalls vom Tool bereitgestellt werden.

Natürlich können wir uns die Stellenausschreibung auch komplett ansehen, also beide Pools aufklappen und in einem ausführlichen Kollaborationsdiagramm einblenden (Abbildung 4.8). Aber es ist auch klar, dass dieses Diagramm wesentlich

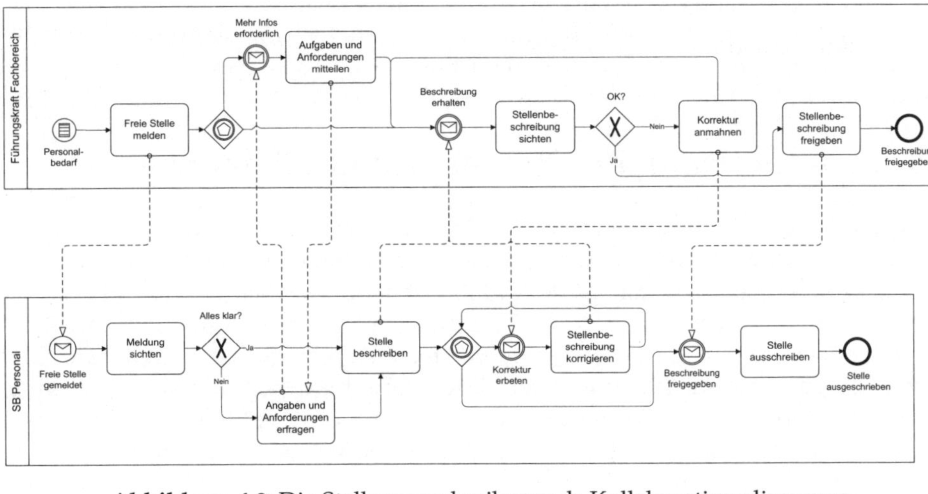

Abbildung 4.8: Die Stellenausschreibung als Kollaborationsdiagramm

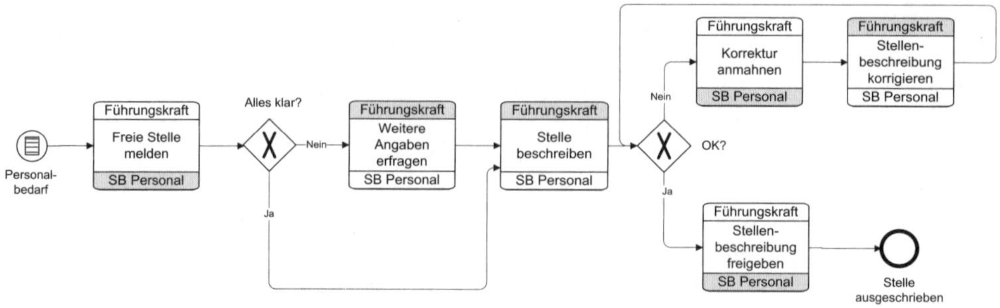

Abbildung 4.9: Die Stellenausschreibung als Choreographiediagramm

komplizierter erscheint als die jeweilige separate Betrachtung der Pools und deshalb auch eher nicht von den Process Participants akzeptiert und genutzt wird. Aber das muss es auch nicht. Die gesamte Kollaboration ist im Grunde nur für den Process Analyst wichtig, der das Diagramm dank seiner BPMN-Kompetenz auch meistern kann. In den nächsten beiden Abschnitten werden wir das Kollaborationsdiagramm noch häufiger betrachten, wenn wir über eine Prozessautomatisierung nachdenken.

Mit der BPMN 2.0 haben wir die Möglichkeit erhalten, die Komplexität der Kollaboration in einem Choreographiediagramm zu verbergen (Abbildung 4.9). Der Vorteil ist, dass es das Zusammenspiel der Participants wesentlich kompakter darstellt und für den Process Analyst deshalb eine gute Orientierungsgrundlage bieten kann. Der Nachteil: Interne Schritte, die nicht der Kommunikation zwischen den Participants dienen, werden in dieser Darstellung ausgeklammert. Es ist zum Beispiel nicht erkennbar, dass der Sachbearbeiter in der Personalabteilung die Aufgabe „Stelle ausschreiben" erledigt. Das Choreographiediagramm ist deshalb unserer Ansicht nach für Ebene 2 eine gute Ergänzung zum Kollaborationsdiagramm, wird es aber nur selten wirklich ersetzen können.

4.4 Vorbereitung der Prozessautomatisierung

Die organisatorische Beschreibung der Prozessabwicklung ist nur eine Aufgabe der 2. Ebene unseres Frameworks, und sie ist noch nicht einmal die spannendste. Der eigentliche „Heilige Gral" ist der möglichst nahtlose Übergang von Ebene 2 zu Ebene 3, d.h. vom fachlichen zum technischen Prozessmodell. In Abschnitt 1.1.4 auf Seite 6 haben wir dargestellt, wie ein technisches Prozessmodell von einer Process Engine zur Ausführung direkt interpretiert wird, indem sie das Human Workflow Management mit der Service Orchestration kombiniert. Dies ist auch die Kernidee der IT-Perspektive von BPM, weshalb wir uns in den folgenden Abschnitten und im gesamten 5. Kapitel auf diesen Weg konzentrieren werden (Abbildung 4.10 auf der nächsten Seite).

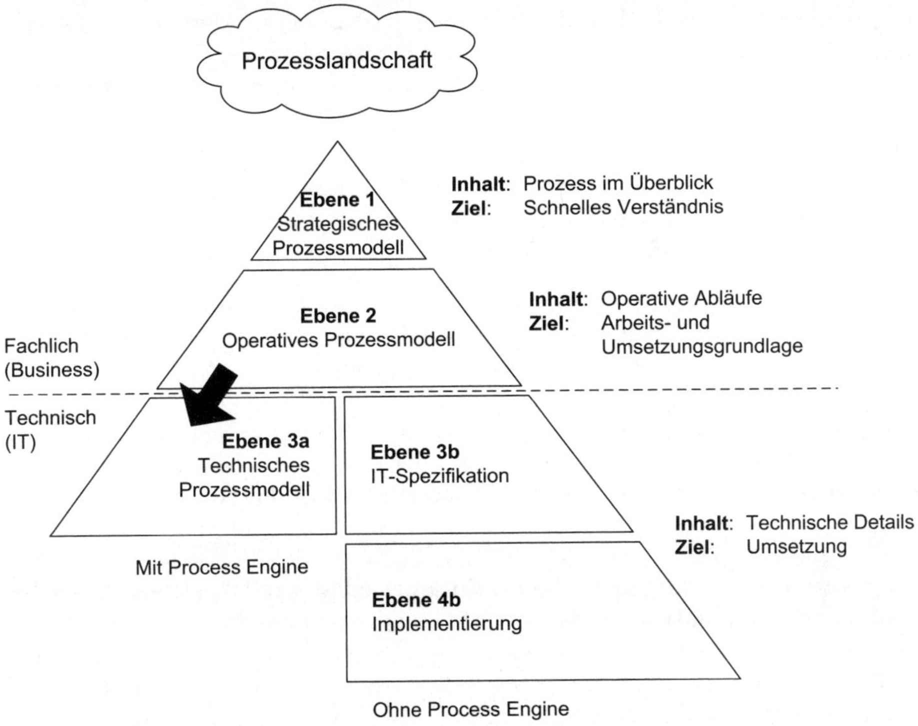

Abbildung 4.10: Wir konzentrieren uns auf den Übergang von Ebene 2 zu Ebene 3a.

Eine Alternative wäre natürlich die Umsetzung der Prozesslogik in einer allgemeinen Programmiersprache wie Java oder C#, ohne eine spezielle Process Engine einzusetzen. Dieses Szenario werden wir in Abschnitt 4.4.5 auf Seite 166 noch einmal aufgreifen.

4.4.1 Konzeption der Unterstützung durch eine Process Engine

Die gewünschte technische Unterstützung des Prozesses lässt sich anhand der bereits modellierten Prozesse der einzelnen Participants diskutieren und dokumentieren. Wir betrachten den Participant nun also auch als Anwender einer Software und klären, welche Leistungen er sich von einem automatisierten Prozess verspricht. Die Process Engine wird in diesem Gedankenspiel selbst zu einem Participant, mit dem der Anwender interagiert, also Nachrichten austauscht.

Falko, als Leiter einer Fachabteilung, beschreibt die gewünschte Unterstützung in der Stellenausschreibung folgendermaßen:

„Eine freie Stelle trage ich in unserem Portal in einem Formular ein und schicke sie ab. Wenn die Stellenbeschreibung geprüft werden kann, möchte ich das in meiner

Aufgabenliste im Portal sehen. Ich bearbeite die Aufgabe, indem ich die Beschreibung sichte und entweder einen Hinweis zur notwendigen Korrektur eintrage oder aber die Beschreibung freigebe. Wenn die Stelle erfolgreich ausgeschrieben wurde, möchte ich noch eine kurze Meldung per E-Mail erhalten, dass alles geklappt hat."

Wenn Sie sich an das Prozessmodell für Falko erinnern (Abbildung 4.5 auf Seite 153), werden Sie sehr viel aus dieser Beschreibung wiedererkennen. Es existieren allerdings auch zwei wichtige Unterschiede:

- Die Reaktion auf Nachfragen der Personalabteilung soll offensichtlich nicht als Aufgabe im Portal erscheinen, sondern wird nach wie vor über die herkömmlichen Kanäle wie E-Mail oder Telefon abgewickelt.
- Die Bestätigungsnachricht nach erfolgter Ausschreibung war bislang nicht vorgesehen.

Wir nehmen jetzt das bereits erstellte Prozessmodell und erweitern es:

- Wir unterteilen es in die beiden Lanes „Portal" und „Sonstiges".
- Wir ordnen alle Aufgaben, die im Portal erledigt werden sollen, dieser Lane zu. Hierbei repräsentieren Nachrichtenereignisse neue Human Tasks (Aufgaben), die in der Aufgabenliste angezeigt werden. Aufgaben mit ausgehenden Nachrichtenflüssen stellen dar, dass der Anwender die Bearbeitung des Human Task abgeschlossen hat. Mit dem XOR-Gateway wird deutlich, dass das Ergebnis der Aufgabe unterschiedlich ausfallen kann („Korrektur anmahnen" oder „Stellenbeschreibung freigeben").
- Die erste Aufgabe in der Lane „Portal", die Aufgabe „Stelle melden", ist keine Aufgabe, die dem Anwender von der Process Engine zugewiesen wurde, da sie nicht auf das entsprechende Nachrichtenereignis folgt. Sie stellt hingegen die Möglichkeit dar, dass der Anwender den Prozess anstößt, also überhaupt erst mal eine Instanziierung erfolgt. Die Process Engine muss die entsprechende Möglichkeit bieten, meistens geschieht dies durch ein Formular, das im Portal bereitsteht und jederzeit ausgefüllt werden kann.
- Die Nachfrage der Personalabteilung sowie die Reaktion darauf werden der Lane „Sonstiges" zugeordnet, da sie nicht über das Portal erfolgen, sondern auf herkömmlichen Kanälen, also z.B. telefonisch oder per E-Mail. Auch die Nachricht, dass die Ausschreibung erfolgt ist, gehört in diese Lane. Sie wird zwar von der Process Engine verschickt, erreicht den Anwender aber per E-Mail und nicht als Hinweis im Portal.

Das Ergebnis sehen Sie in Abbildung 4.11 auf der nächsten Seite, wo die Process Engine bereits als weiterer Participant dargestellt ist, allerdings noch mit zugeklapptem Pool.

Für Christian, den Sachbearbeiter der Personalabteilung, soll Folgendes bereitgestellt werden:

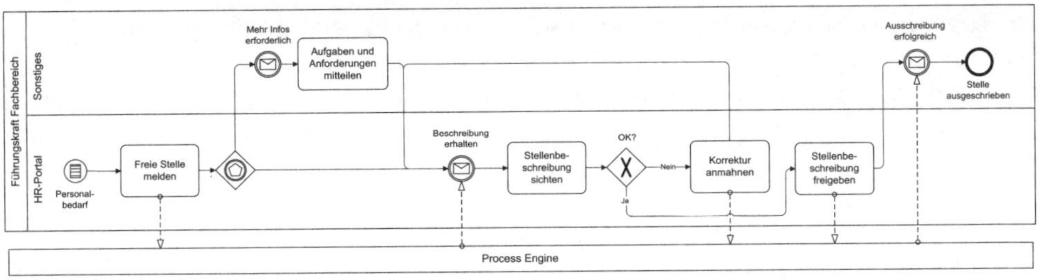

Abbildung 4.11: IT-Unterstützung der Führungskraft im Fachbereich für die Stellenausschreibung

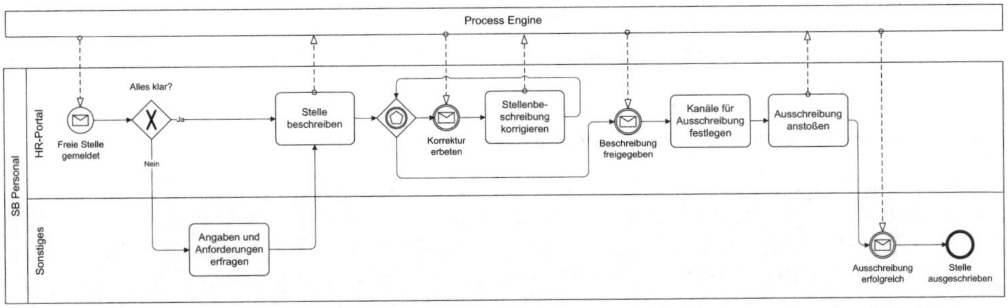

Abbildung 4.12: IT-Unterstützung des Sachbearbeiters in der Personalabteilung

„Eine Stellenmeldung erscheint als neuer Eintrag in meiner Aufgabenliste im HR-Portal. Dort beschreibe ich auch die Stelle und gebe sie zur Prüfung an den Fachbereich, womit diese Aufgabe abgeschlossen wäre. Falls ich die Beschreibung korrigieren muss, erscheint auch dies als Aufgabe in meiner Liste. Wenn hingegen die Stellenbeschreibung freigegeben wurde, bekomme ich mit der Aufgabe 'Ausschreibung anstoßen' den entsprechenden Hinweis. Nun lege ich im Portal die gewünschten Ausschreibungskanäle fest und stoße die Ausschreibung an. Wenn die Stelle erfolgreich ausgeschrieben wurde, möchte ich noch eine kurze Meldung per E-Mail erhalten, dass alles geklappt hat."

Durch Anwendung der bereits dargestellten Prinzipien ergibt sich ein Prozessmodell wie in Abbildung 4.12 – mit einem Unterschied: Der Prozess wird jetzt nicht mehr vom Anwender angestoßen, denn darum hat sich ja bereits Falko gekümmert. Christian reagiert stattdessen auf den neuen Eintrag in seiner Aufgabenliste im Portal, was am Startereignis vom Typ „Nachricht" erkennbar ist.

4.4.2 Notwendige Prozesse der Process Engine

Wir befinden uns nun an der Grenze zur Ebene 3. Als Process Analyst werden wir ab jetzt nicht mehr vorrangig mit den Process Participants sprechen, sondern wenden uns stattdessen an den Process Engineer. Mit ihm klären wir, wie der

Prozess auf der Process Engine umgesetzt werden muss, um die spezifizierte Unterstützung zu gewährleisten.

Dazu blenden wir in einem Kollaborationsdiagramm die Pools der menschlichen Participants ein und klappen den Pool der Process Engine als weiteren Participant auf. Diesen unterteilen wir in drei Lanes:

- Je eine Lane für die Führungskraft des Fachbereiches und den Sachbearbeiter der Personalabteilung. Alle Aufgaben, die in diese Lanes gelegt werden, sind Benutzeraufgaben, repräsentieren also Human Tasks.
- Eine weitere Lane für vollautomatisierte Schritte. Hierbei handelt es sich um Aufgaben wie Schnittstellenaufrufe (Service Tasks) oder interne Programmfragmente (Script Tasks). Es können aber auch ganze Teilprozesse abgelegt werden.

Die in der Engine umzusetzenden Prozessschritte ergeben sich direkt aus dem Verhalten der Anwender Falko und Christian:

Der Prozess beginnt, weil Falko das Formular zur Meldung einer Stelle im Portal ausgefüllt und abgeschickt hat. Dies wird durch das Startereignis vom Typ „Nachricht" dargestellt. Die Process Engine weist daraufhin Christian die Aufgabe „Stelle beschreiben" zu. Nach Abschluss der Aufgabe kann die Engine Falko die Aufgabe „Stellenbeschreibung prüfen" zuweisen. Das Ergebnis dieser Aufgabe ist entweder die Freigabe oder die Bitte um Korrektur. Je nachdem wird die Engine Christian entweder die Aufgabe „Ausschreibung anstoßen" oder „Stellenbeschreibung korrigieren" zuweisen. Im Fall einer notwendigen Korrektur wird die Beschreibung danach wieder Falko zur Prüfung vorgelegt. Diese Schleife wiederholt sich so lange, bis er die Beschreibung freigibt. Die Aufgabe „Ausschreibung anstoßen", die Christian nach erfolgter Freigabe bekommt, beinhaltet zunächst die Festlegung der Kanäle, über die die Stelle ausgeschrieben werden soll. Danach erfolgt das eigentliche „Anstoßen", was für die Engine den Abschluss dieser Aufgabe bedeutet. Jetzt führt sie den Teilprozess „Ausschreibung durchführen" aus, der im Wesentlichen aus diversen Schnittstellenaufrufen besteht. Er wird an dieser Stelle als Teilprozess gekapselt, um das Diagramm nicht zu überfrachten. Im letzten Schritt schickt die Engine eine Bestätigungsmail an die beiden Participants, um sie über die erfolgte Ausschreibung zu informieren.

Das Kollaborationsdiagramm in Abbildung 4.13 auf der nächsten Seite enthält den Prozess, der in der Process Engine umzusetzen ist. Es ergibt sich zwar eine Redundanz, weil die Anwender einerseits als eigene Pools dargestellt sind, gleichzeitig aber auch als Lanes im Pool der Process Engine. Wir erreichen darüber aber auch eine ganz wichtige Trennung der Verantwortlichkeiten: Alle Routing-Entscheidungen innerhalb eines Pools, also die Frage, welcher Pfad bei einem XOR-Gateway eingeschlagen wird, werden vom jeweiligen Participant getroffen. Beispielsweise entscheidet Christian, ob er die Stelle direkt beschreiben kann oder ob er aufgrund von Unklarheiten zunächst bei Falko nachfragen muss. Diese Entscheidung kann die Process Engine nicht treffen, im Gegenteil, sie bekommt

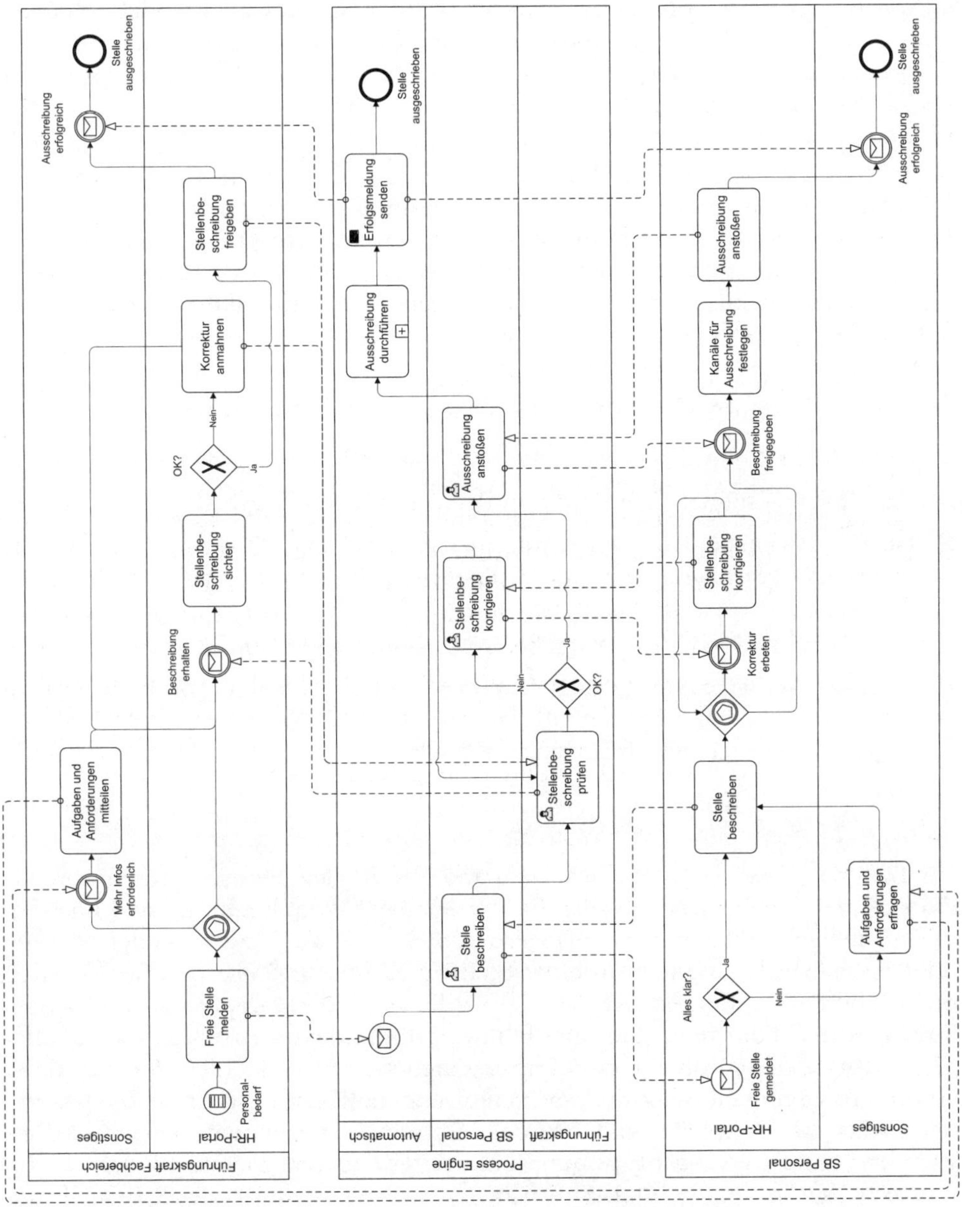

Abbildung 4.13: Abbildung der Stellenausschreibung in einer Process Engine

davon gar nichts mit. Andererseits entscheidet die Process Engine, ob Christian als Nächstes die Aufgabe „Stellenbeschreibung korrigieren" oder „Ausschreibung anstoßen" ausführen muss. Das entsprechende XOR-Gateway befindet sich in ihrem Pool. Natürlich trifft die Process Engine diese Entscheidung aufgrund der Aussage, die zuvor Falko getroffen hat. Aber die letztendliche *Entscheidung*, was als Nächstes passiert, trifft die Engine.

Damit haben wir ein in der Praxis sehr häufiges Problem gelöst, das beim Übergang vom fachlichen zum technischen Prozessmodell auftritt: Der Prozess wird End-to-end in den seltensten Fällen komplett und bis ins Detail durch eine Process Engine gesteuert. Es kommt immer wieder zu Abschnitten, in denen ein Mensch die Kontrolle übernimmt und entscheidet, was als Nächstes passiert. Wenn wir diese Kontrollinstanzen (Process Engine einerseits und menschliche Prozessbeteiligte andererseits) in einem Pool vermischen würden, wäre eine nahtlose Verfeinerung in ein direkt ausführbares, technisches Prozessmodell unmöglich.

Der zweite Vorteil ist, dass wir nach wie vor zielgruppengerechte Sichten haben:

- Der Process Analyst sieht das gesamte Kollaborationsdiagramm.
- Der Process Engineer sieht nur den Pool der Process Engine.
- Die Process Participants sehen nur ihre eigenen Pools. Diese sind nicht nur weniger komplex als das gesamte Kollaborationsdiagramm, sie enthalten auch zusätzliche Prozessinformationen, die im Pool der Process Engine nicht enthalten sind (dass z.B. bei Unklarheiten nachgefragt wird).

Kurz gesagt, ist dieser Ansatz nach unserer Auffassung nicht nur praktikabel, sondern auch der einzige Weg, um auf der Basis von BPMN ein echtes Business-IT-Alignment von Prozessmodellen zu erreichen.

4.4.3 Weitere Anforderungen

Könnte unser Process Engineer nur anhand des dargestellten Diagramms bereits die komplette technische Umsetzung vornehmen? Wohl kaum. Es sind noch diverse Themen zu klären, beispielsweise in Bezug auf die anzuzeigenden Masken oder die genauen Angaben in einer Stellenmeldung und einer Stellenbeschreibung. Hierbei handelt es sich um klassische Anforderungen, wie sie in jedem Softwareprojekt auftreten. Sie betreffen nicht direkt die umzusetzende Prozesslogik, wenngleich sie mit ihr in Beziehung stehen. Wir empfehlen deshalb, diese Anforderungen nicht direkt in BPMN zu dokumentieren, sie aber an den passenden Stellen mit dem Prozess der Process Engine zu „verlinken", sodass der Prozess den zentralen Ausgangspunkt der Anforderungsdokumentation darstellt. Eine solche Verlinkung gelingt natürlich nur, wenn das BPMN-Tool sie auch unterstützt.

In Abbildung 4.14 auf der nächsten Seite haben wir die typischen Anforderungen, wie sie in Projekten mit technischer Prozessumsetzung auftreten, kategorisiert. Neben der BPMN nutzen wir in unseren Projekten besonders häufig grafi-

Typ	Erklärung	Beispiele	Notationen	BPD Link
Funktional	Funktionen, die von der Lösung bereitgestellt werden sollen.	- Prozesslogik - Features - Anwendungsfälle - Schnittstellen - Geschäftslogik	- BPMN - UML (UseCases) - User Stories - Akzeptanztests - allg. Text	- Aufgabe
Nicht funktional	Eigenschaften, die die Software erfüllen soll.	- Service Level Agreements (SLA) - Antwortzeiten - Belastbarkeit - Wartbarkeit - Plattformfähigkeit	- Text	- Pool
Benutzer-oberfläche	Kanäle, über die ein Anwender mit der Software interagiert.	- Masken - Dialogworkflows - Mobile Devices - E-Mail-Rollen	- BPMN - Maskenskizzen - User Stories - Akzeptanztests	- Aufgabe
Daten	Daten, die von der Software zu verarbeiten sind.	- Inhalte - Restriktionen - Formate - Kanäle - Mappings	- ER-Diagramme - UML (Klassen-diagramme) - Tabellen	- Pool - Datenobjekte
Regeln	Vorgaben, nach denen die Software Entscheidungen treffen soll.	- Validierungen - Prüfungen - Berechnungen - Kontrollpunkte	- Tabellen - Bäume - Text	- Aufgabe

Abbildung 4.14: Typische Anforderungen für eine technische Prozessumsetzung

sche Maskenentwürfe, Klassendiagramme, Entscheidungstabellen und allgemeinen Text, um Anforderungen zu dokumentieren. In integrationslastigen Projekten kommen meistens noch Diagramme zur Beschreibung der Systemlandschaft hinzu.

Für das Beispiel „Stellenausschreibung" finden Sie zur Veranschaulichung den Entwurf der Masken und Bestätigungsmails sowie ihre Zuordnung zu den Elementen im Prozessmodell in Abbildung 4.15 auf der nächsten Seite. Mitunter lassen sich die Steuerelemente, die in den Masken angeboten werden sollen, aus den Pools der Participants ableiten: Wir wissen beispielsweise, dass Falko eine Stellenbeschreibung freigeben oder die Korrektur anmahnen kann, was in der Regel zu Optionsfeldern in der Maske führt. In der Maske, in der die Ausschreibung angestoßen werden soll, muss er zuvor die Ausschreibungskanäle festlegen. Das ergibt sich wiederum aus dem Pool von Christian.

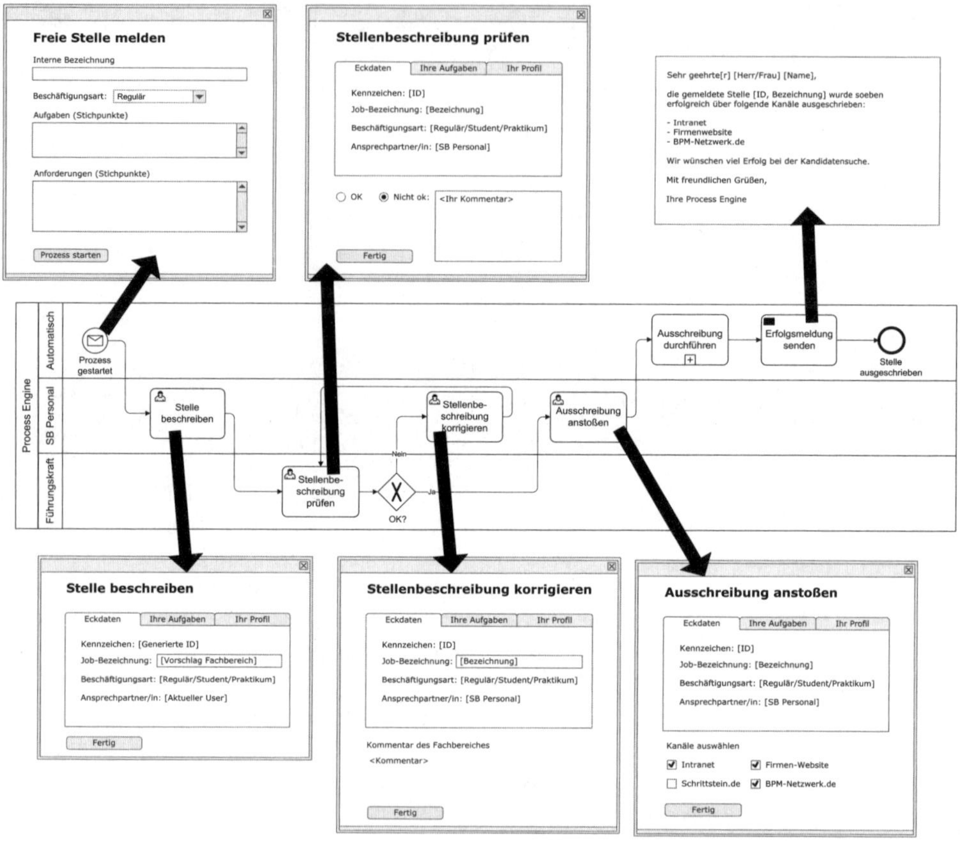

Abbildung 4.15: Entwürfe der Masken und E-Mail für die Stellenausschreibung

4.4.4 Technische Umsetzungen außerhalb der Process Engine

Es wird häufig vorkommen, dass Sie in Ihrem BPM-Projekt bestimmte Softwarekomponenten außerhalb der Process Engine umsetzen müssen. In unseren Projekten sind das besonders häufig:

- Geschäftslogiken und -regeln
- Masken bzw. Maskenflüsse
- Datentransformationen

Geschäftslogiken und -regeln

Geschäftslogiken sind beispielsweise Berechnungen, die ausprogrammiert werden müssen. Diese sollten sinnvollerweise als Services gekapselt werden, damit sie von der Process Engine über Serviceaufgaben aufgerufen werden können.

An dieser Stelle haben wir den direkten Bezug zum Paradigma der Serviceorientierten Architektur (SOA). Geschäftsregeln werden am besten in einer Rule Engine abgebildet und können seit BPMN 2.0 aus der Process Engine über die eigens geschaffenen Geschäftsregel-Aufgaben aufgerufen werden. Dieses Thema behandeln wir in Abschnitt 4.5.4 auf Seite 178 und Abschnitt 5.9 auf Seite 245.

In beiden Fällen ergibt es keinen Sinn, wenn man die entsprechenden Anforderungen in BPMN ausmodelliert. Besser ist es, auf diese im Prozessdiagramm über Service- bzw. Geschäftsregelaufgaben lediglich zu referenzieren.

Maskenflüsse

Maskenflüsse sind ein Grenzfall, weil auch ein Maskenfluss aus Sicht der Prozessautomatisierung nur der Abarbeitung einer einzelnen Aufgabe dient. Schwierig wird es aber, wenn die Reihenfolge der angezeigten Masken je nach Eingaben des Benutzers oder gar abhängig von vorhandenen Daten, die zwischendurch zu ermitteln sind, variieren kann. Im Grunde handelt es sich dabei ja auch um einen Prozess, und gerade die UML-Aktivitätsdiagramme werden für die Modellierung solcher Maskenflüsse traditionell gern eingesetzt. Eine Darstellung durch die BPMN ist also naheliegend. In einer sauberen BPM-Architektur sind Maskenflüsse und technisches Prozessmodell aber streng getrennt, d.h. es wird eine Process Engine mit einer Maskenflussanwendung über klar definierte Schnittstellen lose gekoppelt. Wenn Sie diese Entkopplung konsequent anwenden wollen, müssten Sie für die Maskenflussanwendung einen eigenen Pool definieren, der mit der Process Engine und dem Anwender über Nachrichtenflüsse verbunden ist. Aus Sicht dieser Anwendung wäre jeder Maskenfluss ein isolierter Prozess. Wenn Sie also in Ihrem Prozess mehrere Maskenflüsse haben, müssten Sie für jeden Maskenfluss einen separaten Pool anlegen, auch wenn die Steuerung immer durch dieselbe Maskenflussanwendung erfolgt.

Wenn Ihnen das zu kompliziert erscheint oder Ihre Process Engine die Steuerung des Maskenflusses mit dem technischen Prozessmodell kombiniert, können Sie natürlich darauf verzichten und den Maskenfluss als Zusammenspiel von Anwender und Process Engine ausmodellieren. Empfehlen können wir dieses Vorgehen aber nicht, weil diese Vermischung zu technischen Prozessmodellen führt, die schwerer wartbar und fehleranfälliger sind.

Ein guter Kompromiss kann es sein, die Maskenflüsse im eingebetteten Teilprozess zu kapseln.

Datentransformationen

Datentransformationen sind vor allem in integrationslastigen Prozessen notwendig. Auch hier verlangt eine saubere BPM-Architektur, dass das technische Prozessmodell von den Details der Schnittstellenaufrufe entkoppelt wird. An dieser Stelle kommt der Enterprise Service Bus (ESB) ins Spiel, der im Zweifel als eigener Pool dargestellt werden sollte und in der Modellierung ähnlich wie eine Maskenflussanwendung zu handhaben ist. Sie können aber auch wie bei den Maskenflüssen diese Schritte direkt in das Prozessmodell der Process Engine integrieren, indem Sie dort mit Skriptaufgaben arbeiten. Diese repräsentieren interne Schritte der Process Engine – beispielsweise Datentransformationen. Natürlich könnten Sie auch die Datentransformation in einem Service kapseln und über Service-Aufgaben aufrufen. Der Unterschied wäre, dass die Transformationsengine, also z.B. ein XSLT-Prozessor zur Transformation von XML-Daten, im Fall der Skriptaufgabe eine interne Komponente der Process Engine wäre und im Fall der Service-Aufgabe durch eine externe Software bereitgestellt würde.

4.4.5 Technische Umsetzung ohne Process Engine

Natürlich können Sie für die technische Umsetzung der Prozesslogik auch gar keine Process Engine einsetzen und diese stattdessen in Java, C# oder einer anderen „klassischen" Programmiersprache ausprogrammieren (Abbildung 4.16). Für den Übergang von Ebene 2 zu Ebene 3 ist das im Wesentlichen unerheblich. Ihre „Process Engine" wäre dann eben Ihr Compiler oder Interpreter. In Bezug auf das Vorgehen würde der Verzicht auf eine Process Engine jedoch häufig bedeuten, dass Sie die Prozesslogik nicht ausgehend von Ebene-2-Modellen direkt technisch umsetzen können. Stattdessen wird vor der Implementierung noch eine Spezifikation (manche nennen es auch DV-Konzept, Pflichtenheft oder technische Feinspezifikation) erforderlich sein. In diese IT-Spezifikation können die auf Ebene 2

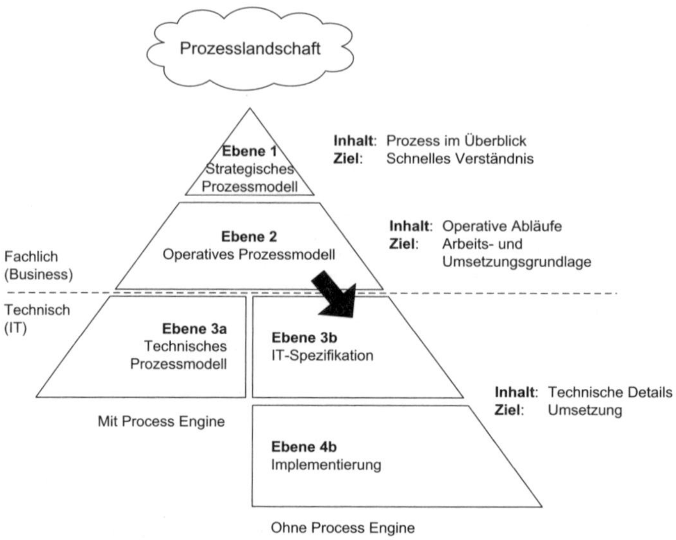

Abbildung 4.16: Der Übergang von Ebene 2 zu Ebene 3b kann im Prinzip genauso wie der Übergang zu Ebene 3a funktionieren.

erstellten Prozessdiagramme eingebunden werden, um einen Ausgangspunkt für die technische Konzeption der Umsetzung zu bilden.

In der „klassischen" Softwareentwicklung werden häufig Anwendungen erstellt, die nicht auf die End-to-end-Abbildung von Prozessen ausgelegt sind. Sie stellen eher eine Sammlung an Funktionen bereit, die je nach Prozess, den der Anwender abwickeln möchte, von diesem in einer bestimmten Reihenfolge ausgeführt werden. Diese Funktionen lassen sich in der Konzeptionsphase auch als Anwendungsfälle oder „Use Cases" definieren, womit wir bei der klassischen Domäne der Unified Modeling Language (UML) angekommen wären.

Sie können die BPMN und unser Framework in solchen Projekten anwenden, müssen sich aber klarmachen, dass jeder Anwendungsfall aus Sicht der zu entwickelnden Anwendung einen eigenständigen Prozess darstellt. Sie müssten dann also auch für jeden Anwendungsfall einen eigenen Pool definieren. Die Verknüpfung der Anwendungsfälle zu einem End-to-end-Gesamtprozess liegt im Gegensatz zur Umsetzung in einer Process Engine nun in der Verantwortung des Anwenders, sodass dieser auch in einem einzigen Pool modelliert werden sollte.

Hinzu kommt, dass derselbe Anwendungsfall mitunter in verschiedenen Szenarien zum Einsatz kommt. Deshalb empfehlen wir, die Szenarien für die jeweiligen Rollen als einfache Prozesse zu modellieren und die Anwendungsfälle darin als

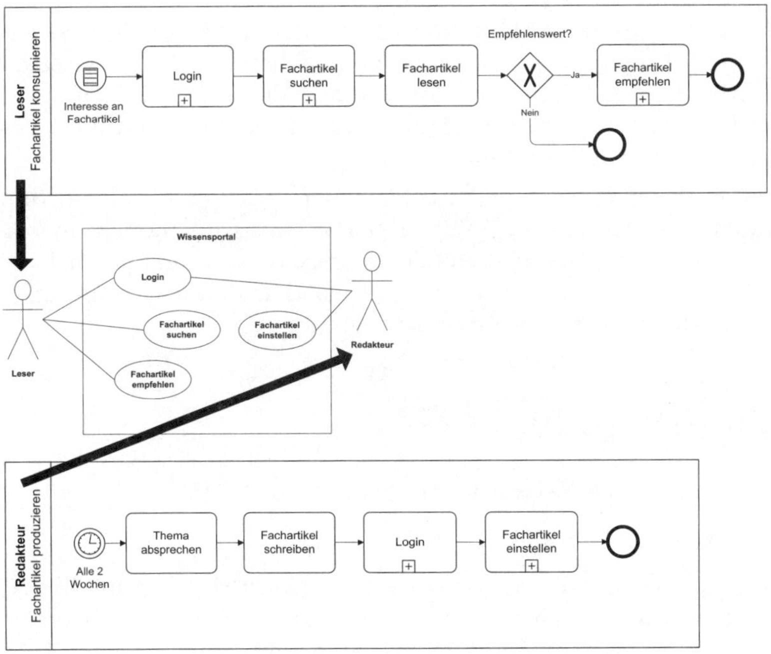

Abbildung 4.17: Ableitung von Anwendungsfällen aus Prozessmodellen

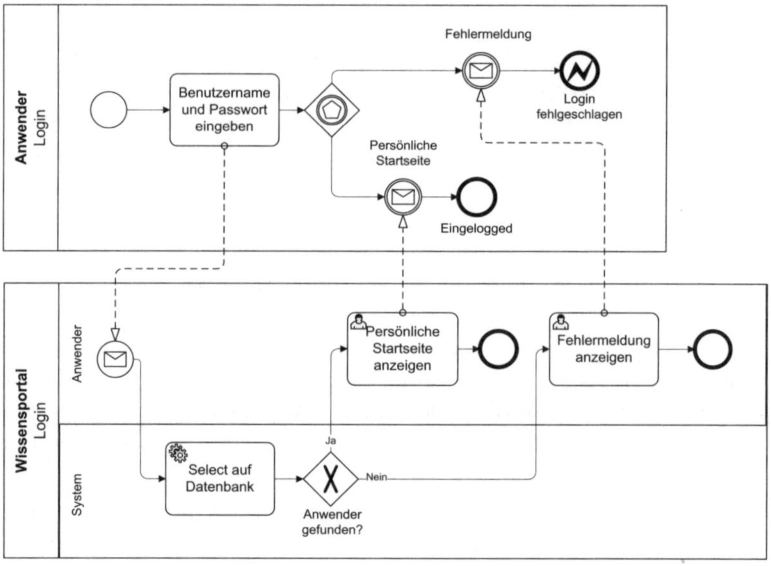

Abbildung 4.18: Der Anwendungsfall „Login" als ausmodellierte Kollaboration des Anwenders mit der Software

Teilprozesse zu kapseln. In Abbildung 4.17 auf der vorherigen Seite sehen Sie zwei Beispiele hierfür. Zwischen den beiden Pools sehen Sie ein Use-Case-Diagramm aus der UML, das die definierten Anwendungsfälle gesammelt darstellt. Hier lassen sich UML und BPMN also ganz gut kombinieren. In Abbildung 4.18 sehen Sie den ausmodellierten Anwendungsfall „Login".

Prinzipiell kann man zwar durchaus festhalten, dass die BPMN auch in solchen „klassischen" IT-Projekten gegenüber anderen Prozessnotationen einen Mehrwert stiften kann. Aber wir müssen betonen, dass sie dafür eigentlich nicht entwickelt wurde. Und aus heutiger Sicht ist es auch generell ziemlich unsinnig, prozesslastige IT-Projekte ohne Process Engine durchzuführen.

4.5 Praxistipps für Ebene 2

4.5.1 Vom Happy Path zur bitteren Wahrheit

Der First Pass Yield und BPMN

Im organisatorischen Prozessmanagement existiert der Begriff des „First Pass Yield (FPY)". Darunter „wird der Prozentsatz an Ergebnissen verstanden, die bereits im ersten Prozessdurchlauf korrekt sind und keine Nacharbeit erfordern" [Fis06].

Wie Sie sich vorstellen können, dreht sich ein großer Teil der Prozessoptimierung darum, genau diesen FPY zu maximieren. Hierfür existieren verschiedene Analysemethoden, die von den traditionellen Orga-Prozessberatern bereits seit Jahren erfolgreich angewandt werden. Ein Problem dabei ist jedoch, dass diese Methoden auf Kennzahlen basieren, die sich beispielsweise auf Fehlerquoten oder Bearbeitungszeiten beziehen. Diese Kennzahlen müssen im organisatorischen Prozessmanagement entweder geschätzt oder manuell ermittelt werden – beides ist fehlerträchtig und aufwendig. Es wäre also sehr spannend, den FPY-Ansatz in die Welt des modernen BPM und somit auch in die BPMN zu integrieren, wo solche Kennzahlen durch die Process Engine vergleichsweise einfach, präzise und in Echtzeit gemessen werden können.

Hierfür muss man zunächst verstehen, wie der FPY-Ansatz auf „traditionelle" Ablaufnotationen angewandt wird. Also schauen wir uns in Abbildung 4.19 ein typisches Folgeplan-Prozessmodell an, das für eine FPY-Analyse geeignet ist (der Folgeplan wird in Abschnitt 2.12.3 auf Seite 112 mit der BPMN verglichen):

Beim vorliegenden Prozess gibt es einen „Hauptpfad", der von links oben gerade nach unten bis zum Versand des Ergebnisses führt. Falls das Ergebnis korrigiert werden muss, wird ein „Korrekturpfad" durchlaufen. Weil der Hauptpfad offensichtlich den Weg darstellt, den wir uns als Process Manager wünschen, nennt man ihn auch den „Happy Path". Die Wahrscheinlichkeit, dass das Ergebnis nicht ok ist und korrigiert werden muss, beträgt laut diesem Modell 30%. Umgekehrt können 70% der Prozessinstanzen ohne Korrektur durchlaufen werden – das ist der FPY. Mit Hilfe unterschiedlicher Analyseverfahren können nun die an den

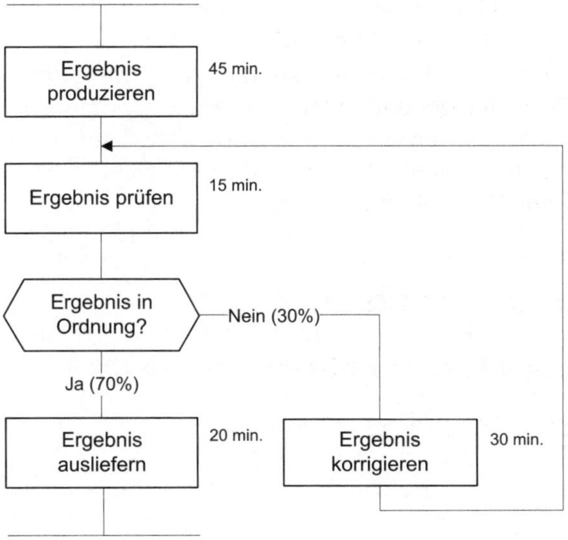

Abbildung 4.19: Prozess als Folgeplan mit Korrekturast

Aufgaben angetragenen Kennzahlen wie beispielsweise Durchlaufzeiten ausgewertet werden, um zu einer Aussage für bestimmte Key Performance Indicators (KPI) zu kommen. In diesem einfachen Beispiel könnte man über die Durchlaufzeit des Prozesses drei Aussagen treffen:

Variante	**Zeit**
First Pass Yield	80 Minuten
Worst Case	110 Minuten
Durchschnitt	89 Minuten

Der Durchschnitt ergibt sich hierbei durch die folgende Berechnung: FPY * 0,7 + Worst Case * 0,3 = 56 + 33 = 89 Minuten. Diese Art der Berechnung nennt man auch die „variantenweise Berechnung“, bei der aus Vereinfachungsgründen ein nicht-iteratives Verfahren angewandt wird. Man geht also davon aus, dass eine Ergebniskorrektur pro Instanz wenn überhaupt, dann nur einmalig notwendig ist. Wenn Sie mehr über solche Methoden erfahren wollen, können wir Ihnen das entsprechende Standardwerk von Guido Fischermanns empfehlen [Fis06].

Könnten wir den FPY-Ansatz auch in BPMN anwenden? Prinzipiell schon, und wir haben in Abschnitt 2.12.4 auf Seite 113 bereits gezeigt, wie man Kennzahlen und gemittelte Durchlaufzeiten in Prozessdiagrammen hinterlegen bzw. errechnen lassen kann. In unserem Fallbeispiel „Stellenausschreibung“ gibt es zwei Korrekturschleifen, die unter Umständen durchlaufen werden:

1. Die Stellenmeldung ist für Christian noch nicht ausreichend, und er muss bei Falko nachfragen. Hier gehen wir bereits im Prozessmodell davon aus, dass dies nur einmal erforderlich ist.
2. Die Stellenbeschreibung gefällt Falko noch nicht, und er bittet Christian um eine Korrektur. Diese Schleife könnte laut Prozessmodell theoretisch unendlich oft durchlaufen werden, wir würden bei der Bewertung der Kennzahlen aber ein nicht-iteratives Verfahren anwenden.

Das Spezielle in BPMN ist, dass wir den Prozess auf Ebene 2 aus drei Perspektiven modelliert haben und die FPY-Methodik daher auch auf drei verschiedene Pools anwenden sollten (Falko, Christian und die Process Engine). Sofern wir den Prozess End-to-end in der Process Engine abbilden, reicht natürlich die Betrachtung ihres Pools für eine Anwendung des FPY-Ansatzes.

Im Kollaborationsdiagramm (Abbildung 4.13 auf Seite 161) wird sehr deutlich erkennbar, welche Teile des Prozesses durch die Process Engine in ihren Messungen direkt erfasst werden können und welche nicht. Dieses Wissen leitet sich direkt aus dem Prozess ab, der in ihrem Pool modelliert ist:

1. Die Process Engine kann die Durchlaufzeit der Aufgaben „Stelle beschreiben“, „Stellenbeschreibung prüfen“, „Stellenbeschreibung korrigieren“, „Stellenbeschreibung anstoßen“ und des Teilprozesses „Stelle ausschreiben“ messen.

2. Sie kann außerdem messen, wie oft die Stellenbeschreibung korrigiert werden muss.

Diese Kennzahlen können Sie mithilfe einer entsprechenden Reporting Engine, im Zweifel auch einfach mit Microsoft Excel, über eine definierte Anzahl von Prozessinstanzen hinweg auswerten, Mittelwerte bilden und all die bunten Diagramme generieren, die Sie Ihrem Top-Management vorlegen müssen, damit es glücklich ist.

Wir sehen aber auch, welche Schritte die Process Engine nicht messen kann: Sie bekommt nichts davon mit, dass Christian mitunter bei Falko nachfragen muss, kann die Quote dieser notwendigen Korrekturläufe also nicht erfassen und für eine spätere Auswertung speichern. Sie weiß auch nicht, wie lange diese Klärung dauert. Aus ihrer Sicht gehört all das zur Aufgabe „Stelle beschreiben", die sie Christian zugewiesen hatte. Das kann natürlich zu Verzerrungen in der Messung führen, deren man sich bewusst sein muss. Es gibt drei Möglichkeiten, mit diesen Verzerrungen umzugehen:

1. Sie nehmen die Verzerrung bewusst in Kauf, weil Sie immerhin wissen, dass sie auf die Bewertung der Durchlaufzeit von „Stelle beschreiben" eingegrenzt werden kann.
2. Sie schätzen von Hand die Quote der notwendigen Klärungen sowie die durchschnittliche Zeit, die diese in Anspruch nehmen, und tragen diese Schätzungen manuell in der Datenbasis ein. Dann leiden Sie für diesen Teilaspekt des Prozesses unter denselben Nachteilen wie im klassischen organisatorischen Prozessmanagement.
3. Sie entscheiden, dass auch die Nachfrage bei einer unklaren Stellenmeldung als Human Workflow in der Process Engine abgebildet werden soll. Dann können Sie die entsprechenden Quoten und Zeiten differenziert messen und auswerten. Die Gefahr ist allerdings, dass Christian und Falko von dieser Idee wenig begeistert sein werden und die Klärungen auch zukünftig einfach an der Process Engine vorbei erledigen, weil ein Telefonat in einem solchen Fall nun mal einfach effektiver ist.

Wie Sie sehen, ist die Prozessautomatisierung zwar auch für das Prozesscontrolling ein sehr mächtiges Instrument, doch man sollte ihren Einsatz auch nicht zu weit treiben. Wie Sie aber hoffentlich ebenfalls sehen, hilft uns die BPMN dabei, genau diese Grenzen rechtzeitig zu erkennen und uns darauf einzustellen.

Auf der anderen Seite müssen wir uns klarmachen, dass die BPMN in „Rohform" keine ausreichende Unterstützung für eine kennzahlenbasierte Prozessanalyse bietet. Diese wird erst durch ein entsprechend mächtiges BPMN-Werkzeug ermöglicht, das die Kennzahlen im Idealfall aus der Process Engine erhält und diese dank konsistenter Prozessmodelle für die fachliche Analyse aggregieren kann.

Explizite Modellierung von Fehlern

Anders als in anderen Notationen haben wir in BPMN die Möglichkeit, Fehler mithilfe des entsprechenden Ereignistyps explizit zu modellieren (Abschnitt 2.6.4 auf Seite 57). Die Frage ist, wann wir diese Technik anwenden wollen. Im letzten Abschnitt haben wir über die Korrekturschleifen in der Stellenausschreibung gesprochen, die ja nur im Fall eines Fehlers durchlaufen werden. Trotzdem würden wir nicht dazu raten, in einem solchen Szenario mit Fehlerereignissen zu arbeiten. Mit einem Fehlerereignis stelle ich dar, dass eine Aktivität tatsächlich fehlgeschlagen ist, also nicht erfolgreich ausgeführt werden konnte. Es ist etwas anderes, wenn die Aktivität zwar erfolgreich ausgeführt werden konnte, aber das *Ergebnis* nicht gefällt. Diese Trennung ist nicht immer einfach, und es existieren durchaus Grauzonen. Sehen wir uns zur Veranschaulichung einen ganz einfachen Prozess an.

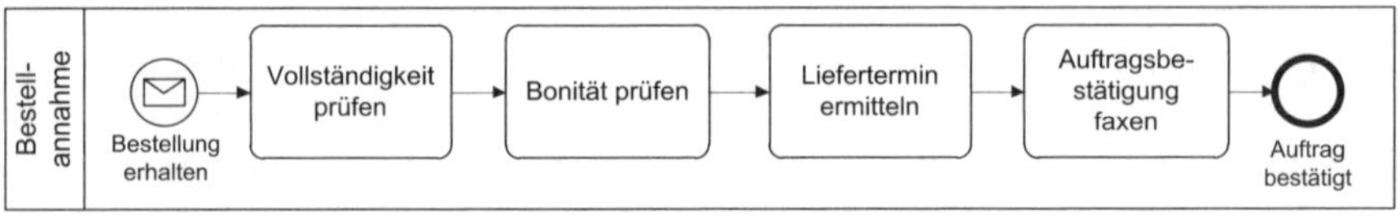

Abbildung 4.20: Die Bestellannahme im „Happy Path"

Die „Bestellannahme" besteht aus vier Schritten: Bei einer neuen Bestellung werden die Angaben in der Bestellung auf Vollständigkeit geprüft. Danach wird geprüft, ob der Kunde für diese Bestellung eine ausreichende Bonität besitzt. Als Nächstes wird ermittelt, zu welchem Termin die gewünschte Ware geliefert werden kann, und am Ende wird die Auftragsbestätigung gefaxt. In Abbildung 4.20 sehen wir den „Happy Path" für diesen Prozess. Die Frage ist jetzt, was alles schiefgehen kann, wie darauf reagiert werden soll und wie wir das im Prozessmodell darstellen wollen. Dazu gehen wir rückwärts vor: Das Ergebnis im „Happy Path" ist, dass der Auftrag bestätigt wurde. Was kann also alles dazu führen, dass der Auftrag **nicht** bestätigt wird? Theoretisch natürlich alles Mögliche bis hin zu Erdbeben oder ähnlich unwahrscheinlichen Ereignissen. Wir müssen also von vorneherein eine Auswahl treffen, die natürlich auch immer zu umfangreich oder zu kurz gegriffen sein kann. Wir haben uns hierfür entschieden:

1. Die Bestelldaten sind unvollständig.
2. Die Bestelldaten sind unleserlich.
3. Die Kundennummer in der Bestellung ist falsch.
4. Der Kunde besitzt keine ausreichende Bonität.
5. Der bestellte Artikel ist nicht lieferbar.
6. Beim Faxen der Auftragsbestätigung hebt am anderen Ende der Leitung eine Person ab und fragt unser Faxgerät, ob das ein schlechter Scherz sein soll.

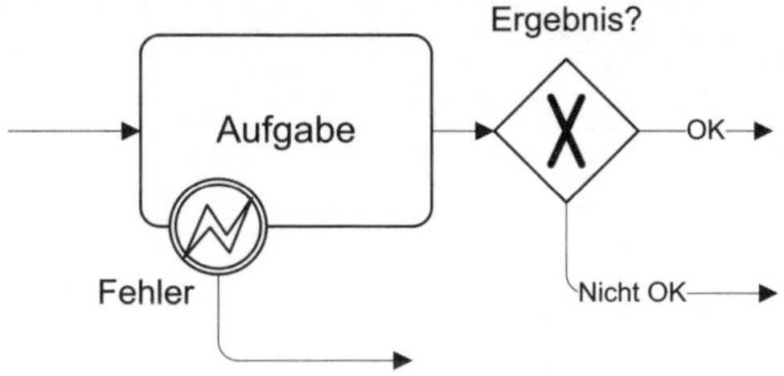

Abbildung 4.21: Mögliche Darstellung von Problemen im Prozess

Wenn wir all diese Eventualitäten im Prozess modellieren wollten, wie würden wir das tun? Prinzipiell haben wir zwei Möglichkeiten (in abstrakter Form in Abbildung 4.21 dargestellt): Entweder hat uns eine Aufgabe eine Information verschafft, die wir als „nicht ok“ bewerten, dann modellieren wir dies über ein XOR-Split hinter der Aufgabe. Oder aber die Aufgabe konnte überhaupt nicht erfolgreich ausgeführt werden, dann brauchen wir das Fehlerereignis. Jetzt entscheiden wir für jeden unserer skizzierten Fälle, welches Konstrukt wir anwenden wollen. Denken Sie bitte zunächst einmal selbst darüber nach, was Sie nehmen würden, und lesen Sie dann erst weiter.

In Abbildung 4.22 auf der nächsten Seite haben wir das Ganze einmal ausmodelliert.

- **Die Bestelldaten sind unvollständig.**

  Das ist einfach: Die Vollständigkeit wurde erfolgreich geprüft, aber das Ergebnis ist problematisch. Also ein XOR-Split hinter der Aufgabe.

- **Die Bestelldaten sind unleserlich.**

  Kann die Vollständigkeit der Angaben geprüft werden, wenn diese unleserlich sind? Nicht ganz so eindeutig wie im ersten Szenario, aber wir entscheiden uns für „Ja“: Wenn wir eine Angabe nicht entziffern können, ist sie für uns auch nicht vorhanden, weshalb die Angaben unvollständig sind. Wir dürfen allerdings nicht vergessen, das dem Kunden auch entsprechend differenziert mitzuteilen, wenn wir die Bestellung ablehnen.

- **Die Kundennummer in der Bestellung ist falsch.**

  Ist das für die Bestellannahme überhaupt ein Problem? Möglicherweise, wenn wir die Bonität prüfen wollen und uns dafür die Daten unseres Bestandskunden aus dem CRM-System holen. Wir geben die falsche Kundennummer ein und bekommen vom System eine Meldung, dass der Kunde nicht gefunden wurde. Vielleicht bekommen wir sogar Kundendaten angezeigt, aber diese passen eindeutig nicht zu den Angaben auf dem Bestellformular. Dann wissen wir, dass die Kundennummer falsch ist und die Aufgabe „Bonität prüfen“ nicht erfolgreich ausgeführt werden kann. Ein klarer Fall für ein angeheftetes Fehlerereignis.

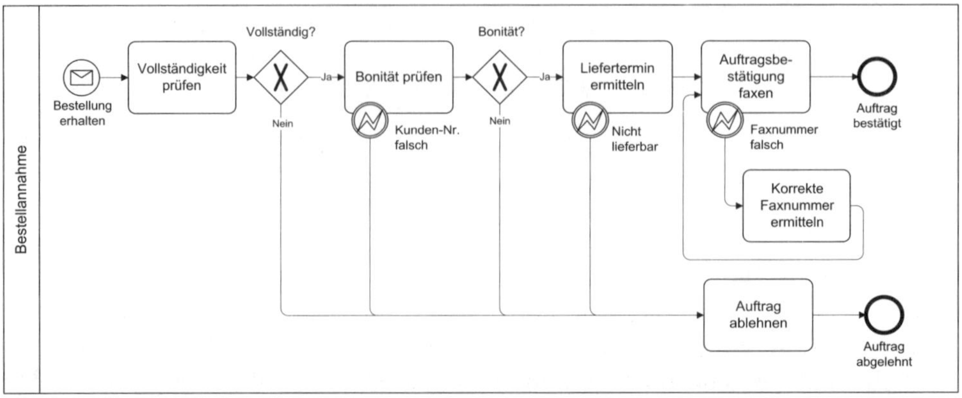

Abbildung 4.22: Darstellung der möglichen Alternativen zum „Happy Path"

- **Der Kunde besitzt keine ausreichende Bonität.**

  Die Bonitätsprüfung war erfolgreich, das Ergebnis verhindert aber eine Auftragsbestätigung. Also ein XOR-Split hinter der Aufgabe.

- **Der bestellte Artikel ist nicht lieferbar.**

  Nicht ganz so einfach, weshalb man pedantisch sein sollte. Wenn wir den Liefertermin ermitteln wollen, dann ist diese Aufgabe nur unter einer Bedingung „erfolgreich" ausgeführt worden: dass wir einen Termin ermittelt haben. Wenn der Artikel nicht lieferbar ist, kann natürlich auch kein Termin ermittelt werden, und das bedeutet, dass die Aufgabe nicht erfolgreich ausgeführt werden konnte. Wir müssen also ein Fehlerereignis anheften.

- **Beim Faxen der Auftragsbestätigung nimmt am anderen Ende der Leitung eine Person ab und fragt unser Faxgerät, ob das ein schlechter Scherz sein soll.**

  Die Art der Darstellung können Sie vermutlich selbst erraten.

Vielleicht fragen Sie sich, warum man überhaupt zwischen Fehlerereignissen und XOR-Gateways unterscheiden sollte, anstatt einfach alle Fehlerfälle wie in anderen Prozessnotationen auch über XOR-Gateways darzustellen. Grundsätzlich können Sie das auf jeden Fall tun, die BPMN kann es Ihnen nicht verbieten. Wir empfehlen die Unterscheidung aus folgenden Gründen:

- Wenn Prozesse im SOLL-Zustand konzipiert werden, denken die meisten Menschen nur an einen Teil der möglichen Probleme. Das ist genau der Teil, den sie in „Prüfungsaufgaben" und nachgelagerten XOR-Gateways ausmodellieren. Wenn der Prozess dann technisch umgesetzt werden soll, kommen häufig Fragen zu möglichen Problemen aus der IT, mit denen zuvor keiner gerechnet hat. Diese Fragen betreffen fast immer den Fall, dass bestimmte

Aufgaben, auch und gerade die „Prüfungsaufgaben", nicht erfolgreich ausgeführt werden konnten. Im Rahmen des obligatorischen Ping-Pong-Spiels zwischen Business und IT dokumentieren wir diese Fragen mit angehefteten Fehlerereignissen. Dann können wir sie gezielt klären. Und nicht selten werden im Rahmen der Klärung daraus neue, vorgelagerte Prüfungsaufgaben, hinter denen dann wieder ein XOR-Gateway folgt. Man könnte z.B. vor die Aufgabe „Liefertermin ermitteln" zunächst einmal eine Aufgabe „Verfügbarkeit prüfen" setzen, was das Fehlerereignis bei „Liefertermin ermitteln" obsolet machen würde.

- Mit Fehlerereignissen können wir Prozesse absichern. Was passiert, wenn *irgendetwas* in der Prozessausführung schiefgeht? Dieses doppelte Netz lässt sich für einen ganzen Prozess oder auch einen Abschnitt innerhalb eines Prozesses nur mit einem angehefteten Fehlerereignis definieren.
- XOR-Gateways sind eine allgemeine Form, um Fallunterscheidungen darzustellen. Diese können sich auf Fehler beziehen, aber es können auch durchaus „positive" Unterscheidungen sein, z.B. bestimmte Schritte, die abhängig von der Art des bestellten Artikels sind. Das bedeutet: Auch ein „Happy Path" existiert nicht immer ohne XOR-Gateways. Aber solche „positiven" XOR-Gateways lassen sich von den XOR-Gateways zur Fehlerbehandlung nicht syntaktisch, geschweige denn optisch unterscheiden. Fehlerereignisse sind also visuell eindeutiger, und mit dem richtigen Tooling können wir mit ihrer Hilfe sogar zwischen einer vereinfachten „Happy Path"-Ansicht und einer kompletten Ansicht des Prozesses hin- und herschalten.

Kurz gesagt: Fehlerereignisse können ein sehr hilfreiches Instrument für die Prozessmodellierung sein, und Sie sollten davon Gebrauch machen.

4.5.2 Der wahre Nutzen von Teilprozessen

Sie wissen bereits, dass unser BPMN-Framework aus mehreren Ebenen besteht, die unterschiedlich detaillierte Prozessmodelle enthalten. Auf der 2. Ebene arbeiten wir zusätzlich mit unterschiedlichen Sichten auf dasselbe Prozessmodell, um den jeweiligen Rollen immer nur das Diagramm zu zeigen, das für sie am hilfreichsten ist.

Vielleicht haben Sie sich schon gefragt, welche Rolle das BPMN-Symbol „Teilprozess" in diesem Framework spielt. In Abschnitt 2.8 auf Seite 78 haben wir dargestellt, dass Teilprozesse in BPMN vor allem für drei Dinge geeignet sind:

- Um komplexe Detailabläufe in kompakten, weil zugeklappten Teilprozessen zu verbergen und somit die Übersichtlichkeit im Diagramm zu erhöhen.
- Um eine Modularisierung und Wiederverwendbarkeit von Abläufen zu ermöglichen.

- Um innerhalb eines Prozesses einen Bereich (engl. „Scope") zu definieren und für diesen Bereich die Reaktion auf eingetretene Ereignisse zu definieren, indem diese angeheftet werden.

Diese Vorteile können Sie auf allen drei Ebenen unseres Frameworks nutzen. Im Prozessmodell zur „Stellenausschreibung" haben wir beispielsweise im Pool der Process Engine den Teilprozess „Ausschreibung durchführen" definiert, um das Diagramm nicht mit den diversen Schnittstellenaufrufen zu überfrachten (Abbildung 4.13 auf Seite 161). Wir hätten jetzt außerdem die Möglichkeit, für den gesamten Teilprozess eine Fehlerbehandlung zu definieren, indem wir ein Fehlerereignis anheften. Da wir diesen Teilprozess vermutlich in keinem anderen Prozess brauchen werden, sollten wir ihn in unserem BPMN-Tool auch nicht als „global" definieren. Da der Teilprozess somit „eingebettet" ist, handelt es sich gar nicht mehr um ein eigenständiges Modul, sondern nur um einen Bereich innerhalb des Oberprozesses, den man zwecks Übersichtlichkeit zuklappen kann.

Man verwendet Teilprozesse in BPMN also nicht zwangsläufig, um eine organisatorische Verfeinerung des Prozesses zu kennzeichnen. In der Praxis ist das sogar relativ selten der Fall. Deshalb kommt es auch häufig vor, dass wir im selben Diagramm Aufgaben und Teilprozesse mischen. Das ist nicht etwa eine unzulässige oder unschöne Vermischung der Granularitäten, sondern völlig in Ordnung. Wenn Sie keine anderen Prozessnotationen kennen, erscheint Ihnen diese Aussage vielleicht selbstverständlich. Aber die erfahreneren Prozessmodellierer unter Ihnen haben vermutlich Methoden kennengelernt, bei denen Teilprozesse ausschließlich für die inhaltlich-organisatorische Verfeinerung von Prozessmodellen verwendet wurden. Vielleicht haben Sie Ebenenkonzepte angewandt, bei denen jede Ebene einen gewissen Grad an „Prozesskomplexität" kennzeichnete, und jeder Teilprozess auf dieser Ebene musste in etwa so komplex sein wie die anderen Teilprozesse derselben Ebene. Falls Sie dieses Paradigma verinnerlicht haben sollten: Vergessen Sie es! Zumindest in Bezug auf BPMN. Dieses Verständnis von Teilprozessen ist, wenn überhaupt, nur auf Ebene der Prozesslandschaften sinnvoll, also oberhalb der Betrachtung einzelner Prozesse. In Ihren Prozesslandkarten können Sie wunderbar Prozessgruppen oder -cluster bilden, und Sie können diese auch mehr oder weniger einheitlich hierarchisieren. Aber tun Sie das bitte nicht, wenn Sie sich mit einem einzelnen End-to-end-Prozess beschäftigen.

Für die Arbeit mit BPMN ist es also wichtig zu verstehen, dass „Teilprozesse" zunächst einmal ein rein handwerkliches Konstrukt für die Prozessmodellierung sind und ihnen per se überhaupt kein inhaltlicher Grad an Komplexität zugeordnet werden kann. Sie können genauso gut einen Teilprozess „Vertrieb" definieren, wie Sie einen Teilprozess „Schnürsenkel zubinden" definieren können. Und wenn Sie jetzt die beiden Teilprozesse zuklappen und in dasselbe Diagramm legen, ist das völlig in Ordnung.

Natürlich ist die Wahrscheinlichkeit groß, dass auch in unserem Framework auf Ebene 1 mehr Teilprozesse definiert werden als auf Ebene 2. Aber ein entsprechender Zwang existiert nicht. Sie können alle Ebenen unseres Frameworks auch auf extrem feingranulare Prozesse anwenden, und sei es der Prozess, wie man seine Schnürsenkel zubindet. Das Framework soll einfach nur den Übergang von einer grundsätzlichen, ergebnisorientierten Darstellung eines Prozesses (Ebene 1) über die operative Darstellung der organisatorischen und technischen Abwicklung (Ebene 2) bis hin zur tatsächlichen technischen Implementierung (Ebene 3) erleichtern. Teilprozesse können hierbei, genauso wie Aufgaben, auf allen Ebenen hilfreich sein.

4.5.3 Die Grenzen der Formalisierung

BPMN basiert auf der Annahme, dass wir den Ablauf eines Prozesses als eindeutigen Kontrollfluss definieren können. Je genauer wir einen SOLL-Prozess in BPMN ausmodellieren, umso enger setzen wir den Rahmen, innerhalb dessen die Menschen in diesem Prozess agieren können. Überspitzt gesagt wäre eine totale Anwendung dieses Paradigmas das Äquivalent zur industriellen Fließbandarbeit, bei der die Arbeiten der einzelnen Prozessbeteiligten bis ins Detail vorgegeben werden und keine Gestaltungsspielräume existieren. Dieser Ansatz stößt nicht immer auf Gegenliebe, und in diversen Internetforen finden mitunter Diskussionen über die Sinnhaftigkeit von BPM statt, die schon fast ideologischer Natur sind. Die Gegner von BPM begreifen sich dann als eine Art Humanisten, die sich der zunehmenden Technokratisierung unserer Gesellschaft entgegenstellen.

In diesem Buch wollen wir diese Diskussion nicht führen, aber wir wollen einen ganz pragmatischen Hinweis geben: In vielen BPM-Projekten, in die wir involviert waren, haben wir „weiße Flecken" in den Prozessmodellen in Kauf nehmen müssen. So bezeichnen wir Abschnitte im Prozess, also Teilprozesse, die im Rahmen einer IST-Erhebung oder SOLL-Konzeption nicht eindeutig geklärt werden können. Hierfür gibt es eine negative und eine positive Ursache:

- Im negativen Fall herrscht eine zu große Unklarheit darüber, wie der Teilprozess genau abgewickelt wird oder werden soll. Das Wissen ist einfach aus den unterschiedlichsten Gründen (noch) nicht verfügbar. Diesen Zustand wollen wir aber ändern.
- Im positiven Fall wird der Teilprozess genauso abgewickelt, wie es am besten ist. Das Wissen darüber steckt zwar in den Köpfen der ausführenden Menschen, ist also impliziter Natur. Aber wir akzeptieren das.

Im ersten Fall müssen wir also einen unerwünschten Zwischenstand dokumentieren, wenn wir den Prozess modellieren. Im zweiten Fall dokumentieren wir einen gewünschten endgültigen Zustand. Für beide Fälle haben Sie in Abschnitt 2.8.4 auf Seite 87 bereits das Konstrukt kennengelernt, das uns dabei hilft: der Ad-hoc-Teilprozess (Beispiel in Abbildung 4.23 auf der nächsten Seite).

Ad-hoc-Teilprozesse sind eine Art „Freibrief" für den Process Analyst: Sie halten ganz unverbindlich fest, welche Aufgaben im Rahmen seiner Abarbeitung ausgeführt werden können. Wie oft das passiert, in welcher Reihenfolge oder ob sie

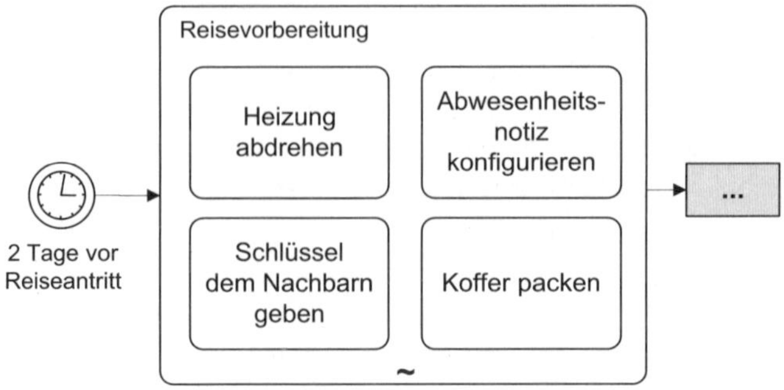

Abbildung 4.23: Die Reisevorbereitung kann, muss aber nicht aus diesen Aufgaben bestehen.

überhaupt ausgeführt werden, wird komplett dem Participant überlassen. Mit einem Ad-hoc-Teilprozess können Sie auch im Rahmen einer IST-Erhebung oder SOLL-Konzeption ganz gezielt Bereiche eingrenzen, die noch unklar sind, und den Prozess drumherum trotzdem schon mal präzisieren. Der Ad-hoc-Teilprozess ist also ein sehr dankbares Werkzeug, das wir oft und gerne in unseren BPM-Projekten einsetzen.

Wenn Sie einen Ad-hoc-Teilprozess automatisieren wollen, kann es natürlich schwierig werden. Hier geraten wir schnell in angrenzende Disziplinen wie beispielsweise das Case Management, die in klassischen Process Engines gar nicht immer abgebildet werden können. In gewisser Hinsicht entspricht ein Ad-hoc-Teilprozess dann sogar dem klassischen Use-Case-Diagramm in UML, bei dem einfach aufgelistet wird, welche Funktionen ein Anwender in seiner Software aufrufen kann, ohne dass hierbei eine bestimmte Reihenfolge einzuhalten wäre. Es kann also durchaus passieren, dass Sie mit einem Ad-hoc-Teilprozess auch in der Prozessautomatisierung einen „weißen Flecken" erzeugen, der von der Process Engine weder gesteuert noch überwacht werden kann.

4.5.4 Geschäftsregeln aus den Prozessen holen

In Abschnitt 4.5.1 auf Seite 172 haben wir uns den Prozess „Bestellannahme" angesehen und besprochen, welche Fehler während der Abarbeitung auftreten könnten.

Wir wollen uns jetzt eine weitere Frage stellen: Unter welchen Umständen muss die Bonität des Kunden überhaupt geprüft werden? Nehmen wir einmal an, dass diese Frage von bestimmten Eigenschaften des Kunden und dem Wert der Bestellung abhängt. Dann definieren wir den ersten Schritt im Prozess jetzt allgemein als „Bestelldaten prüfen" und entscheiden dann, ob eine Bonitätsprüfung erforderlich ist (Abbildung 4.24 auf der nächsten Seite).

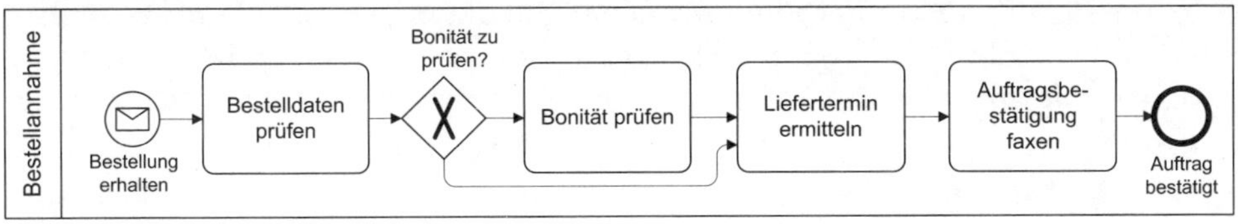

Abbildung 4.24: Bestellannahme mit Prüfung der Kundenbonität unter bestimmten Umständen

Jetzt müssen wir uns mit den konkreten Bedingungen beschäftigen, unter denen die Kundenbonität zu prüfen ist. Gehen wir einmal von folgenden Bedingungen aus:

- Die Bonität muss geprüft werden, wenn der Bestellwert 300.000 EUR übersteigt.
- Wenn der Kunde ein Neukunde ist, muss die Bonität bereits ab einem Bestellwert von 50.000 EUR geprüft werden.
- Wenn der Kunde ein A-Kunde ist, muss die Bonität gar nicht geprüft werden.

Jetzt könnten wir natürlich diese Bedingungen im Prozessdiagramm vollständig ausmodellieren, wie es in Abbildung 4.25 zu sehen ist.

Was halten Sie von diesem Diagramm? Stellen Sie sich vor, dass noch einige weitere Bedingungen hinzukommen, die beispielsweise nur für ganz bestimmte Kunden gelten. Vermutlich denken Sie gerade selbst an die Probleme, die damit verbunden sind:

- Jede weitere Bedingung bläht das Diagramm um ein weiteres Gateway mit weiteren Kanten auf.
- Dieses Problem verschärft sich, wenn die Bedingungen verschachtelt sind (in unserem Beispiel der Kundentyp und der Bestellwert).
- Das Prozessdiagramm wird sehr schnell sehr unübersichtlich.

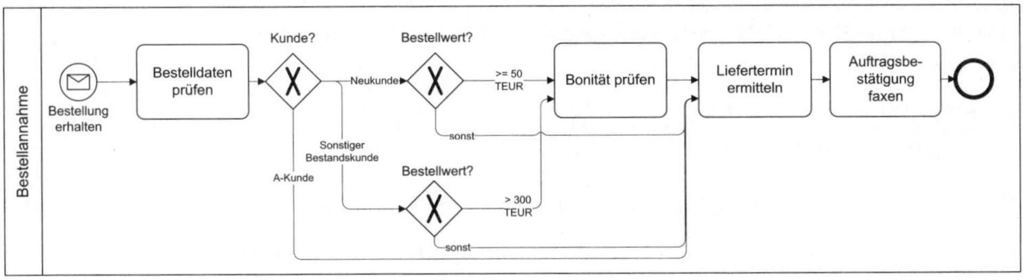

Abbildung 4.25: Bedingungen, die zur Prüfung der Kundenbonität führen

- Wenn sich Bedingungen ändern, neue hinzukommen oder alte wegfallen, muss das im Diagramm angepasst werden, was einen wahren Rattenschwanz bei der Neuanordnung der umgebenden Symbole und Kanten nach sich ziehen kann.
- Falls die Kundenbonität auch noch in anderen Prozessen zu prüfen ist, zum Beispiel im Rahmen einer unverbindlichen Anfrage, müssten Sie diese Bedingungen redundant ausmodellieren – und pflegen.

Die Kurzfassung: Dieser Umgang mit komplexen Entscheidungsbedingungen ist absolut nicht „Best Practice", sondern ein klassischer Fehler in der Prozessmodellierung. Um ihn zu vermeiden, müssen wir lernen, solche Bedingungen als „Geschäftsregeln" zu verstehen und sie von den in Gateways umgesetzten „Routing-Regeln" (Routing = engl. für leiten, über eine Strecke führen) zu separieren.

Der Umgang mit Geschäftsregeln, das sogenannte „Business Rules Management", ist eine Disziplin für sich. Wie der Name schon sagt, regeln sie unser Geschäft. Unter anderem geben sie also die Bedingungen vor, unter denen wir tagtäglich bestimmte Aufgaben ausführen oder unterlassen. Die Geschäftsregeln zentral, einfach und flexibel verwalten zu können, ist ein absolut kritischer Erfolgsfaktor für das Prozessmanagement. Für die Prozessmodellierung müssen wir deshalb einen Weg finden, Geschäfts- und Routing-Regeln zu separieren. Mit dieser Meinung stehen wir nicht allein da: Es existiert sogar ein Manifest der sogenannten „Business Rules Group", in dem eine strikte Trennung der Geschäftsregeln von den Prozessen proklamiert wird [SG06].

Dafür sollten wir zunächst ein geeignetes Medium für die Regelmodellierung auswählen. Bei relativ einfachen Regeln verwenden wir eigentlich immer Entscheidungstabellen, da diese von jedem auf Anhieb verstanden und ohne spezielle Software-Tools verwendet werden können. Ansonsten können Sie die Regeln durchaus auch verbal beschreiben. Für komplexe Regelwerke existieren wesentlich mächtigere Notationen und Werkzeuge, sogenante Business Rules Management-Systeme (BRMS), auf die wir in Abschnitt 5.9 auf Seite 245 noch einen kleinen Blick werfen werden.

Eine Entscheidungstabelle für die Frage, ob die Kundenbonität geprüft werden soll, könnte so aussehen wie in Abbildung 4.26 auf der nächsten Seite.

Bei der Formulierung der Bedingungen sollten Sie grundsätzlich möglichst formal arbeiten:

- Schlecht: „Falls die Länge der übertragenen Bestellnummer mehr als 10 Zeichen hat ..."
- Besser: „Wenn Anzahl Zeichen (Bestellnummer) $>$ 10"

Damit reduzieren Sie die Gefahr von Missverständnissen, die mit der natürlichen Sprache immer verbunden ist. Und Sie schaffen bereits die Grundlage dafür, dass

Bedingungen		Entscheidung
Kundentyp	**Bestellhöhe**	**Bonität zu prüfen?**
A-Kunde	egal	NEIN
Sonstiger Bestandskunde	> 300.000 €	JA
	<= 300.000 €	NEIN
Neukunde	>= 50.000 €	JA
	< 50.000 €	NEIN

Abbildung 4.26: Entscheidungstabelle für die Frage, ob die Bonität zu prüfen ist

diese Regeln nicht nur von Menschen, sondern auch von einer Software interpretiert werden können.

Wie bringen wir jetzt unsere Entscheidungstabelle mit dem Prozessmodell zusammen? Dafür können wir ein einfaches Muster anwenden (siehe Beispiel in Abbildung 4.27):

- Vor dem XOR-Gateway wird eine Aufgabe eingefügt, die einzig und allein für die Anwendung der definierten Regeln vorgesehen ist.
- Das Ergebnis der Aufgabe ist die Entscheidung, was als Nächstes zu tun ist.
- Das XOR-Gateway bezieht sich nur noch auf diese Entscheidung und leitet entsprechend den Prozessfluss.
- Die Verknüpfung mit der Entscheidungstabelle nehmen wir entweder direkt in der Aufgabe vor oder wir definieren ein Input-Datenobjekt, das auf die Tabelle referenziert.

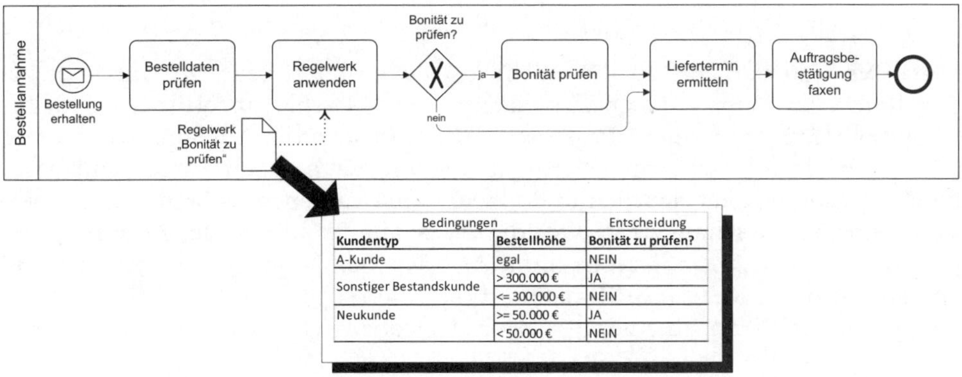

Abbildung 4.27: Bestellannahme mit Referenzierung auf die Entscheidungstabelle

BPMN-Tooling

Die dargestellte Verknüpfung des Datenobjektes mit der Entscheidungstabelle ist kein Bestandteil der Notation, sondern muss von Ihrem BPMN-Tool unterstützt werden. Die BPMN-Spezifikation erlaubt die Anreicherung von Datenobjekten um individuelle Eigenschaften („Properties"). Diese Möglichkeit nutzen viele Tool-Hersteller, sodass Sie bei den Datenobjekten beispielsweise Hyperlinks auf externe Dateien oder Webseiten hinterlegen können. Der Betrachter des Prozessmodells kann dann bei Interesse auf das Datenobjekt klicken, was zum Öffnen der zentral hinterlegten Entscheidungstabelle führt. Das funktioniert auch, wenn das Prozessmodell in Form einer Webseite im unternehmensweiten Intranet zugänglich gemacht wird.

Bitte machen Sie sich noch einmal die Unterscheidung der beiden Regeltypen bewusst:

- **Routing-Regeln** werden von XOR-Gateways, OR-Gateways oder Bedingungs-Sequenzflüssen ausgewertet. Sie sind prinzipiell sehr einfach und bestehen aus genauso vielen möglichen Bedingungen, wie es ausgehende Kanten gibt. Routing-Regeln werden direkt im Prozessmodell hinterlegt.
- **Geschäftsregeln** können ausgesprochen komplex sein und werden stets außerhalb des Prozessmodells verwaltet. Ein Geschäftsregelwerk kann dazu dienen, die für die Routing-Regel relevante Bedingung zu ermitteln. Beispiel: Das Geschäftsregelwerk „Bonität zu prüfen?" basiert auf dem Kundentyp und der Bestellhöhe und muss insgesamt fünf unterschiedliche Bedingungskombinationen prüfen. Es kann nur zwei mögliche Ergebnisse erzeugen: „Ja" oder „Nein". Das sind genau die beiden möglichen Bedingungen, auf die sich die entsprechende Routing-Regel im XOR-Gateway des Prozessmodells bezieht.

Die BPMN 2.0 definiert zu diesem Thema, wie in Abschnitt 2.7 auf Seite 72 erwähnt, sogar einen eigenen Aufgabentyp, die Geschäftsregel-Aufgabe, siehe Abbildung 4.28. In unserem Prozessbeispiel wäre also die Aufgabe „Regelwerk anwenden" eine Geschäftsregel-Aufgabe, wenn wir es denn konsequent nach BPMN 2.0 modellieren würden und einen Typen vergeben wollten. Diese Typisierung ist ein Beleg dafür, dass auch die OMG dem Paradigma der Trennung von Prozess- und Regelmodellen zustimmt. Mit dem Semantics of Business Vocabulary and Business Rules (SBVR) definiert die OMG sogar eine eigene Sprache für die Regelmodellierung, die wir in diesem Buch aber nicht weiter erläutern. Unse-

Abbildung 4.28: Geschäftsregel-Aufgabe

rer Meinung nach ist die praktische Relevanz von SBVR weit geringer als die von BPMN. Es existiert auch keine SBVR-spezifische Erweiterung in der BPMN 2.0. Für die meisten von Ihnen dürften die simplen Entscheidungstabellen deshalb die richtige Darstellungsform sein.

Natürlich kann auch das Bedingungsereignis mit Geschäftsregeln verknüpft werden. Leider ist die BPMN-Spezifikation etwas wortkarg, was dieses Ereignis angeht. Aus der technischen Perspektive kann man es so interpretieren, dass eine Rule Engine kontinuierlich prüft, ob die am Ereignis hinterlegte Bedingung eintritt. Wenn sie eintritt, meldet sie dies an die Process Engine, die das Ereignis nun als eingetreten wertet und den Prozess entsprechend startet oder fortsetzt (siehe Abbildung 4.29).

Für das Business-IT-Alignment ist es wie immer wichtig, dass Sie das Grundprinzip hinter dieser Struktur verstehen, denn das ist keineswegs auf die technische Umsetzung beschränkt! Genau dieses Prinzip finden wir auch vor, wenn wir an eine rein organisatorische Umsetzung des Prozesses denken: In unserem Unternehmen sind gewisse Regeln einzuhalten, z.B. gesetzliche Vorgaben oder Sicherheitsbestimmungen. Jemand muss permanent überwachen, ob die Rahmenbedingungen eintreten, auf die sich diese Regeln beziehen. Wenn sie eintreten, muss etwas getan werden, es muss also ein Prozess gestartet werden. Andersherum darf ein Prozess vielleicht erst gestartet oder fortgesetzt werden, wenn eine definierte Bedingung eingetreten ist.

Die Kombination von BRM und BPM hat das derzeit vielversprechendste Potenzial, wenn es um die Steigerung der Prozessagilität geht: Während die grundsätzlichen Abläufe in den Prozessen relativ stabil sind, ändern sich die Regeln, nach denen im Prozess verzweigt wird, ziemlich häufig. Mit Hilfe des Business Rules

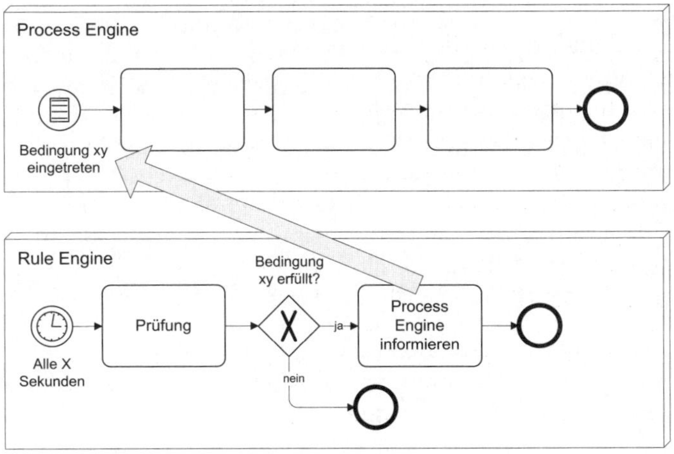

Abbildung 4.29: Bedingungsereignis und Rule Engine

Management ist es nun möglich, dass diese Regeln von den Fachabteilungen definiert und bei Bedarf angepasst werden. Die Anwendung der hinterlegten Regeln durch eine Process Engine, die mit der Rule Engine verknüpft ist, führt dazu, dass sie 1:1 und ohne Zeitverzug in der Prozessrealität ankommen. Business RULES! In Abschnitt 5.9 auf Seite 245 werden wir dieses Prinzip auf technischer Ebene noch einmal genauer erklären.

Wie Sie sehen, ist das Thema „Business Rules Management" ziemlich facettenreich, und es gibt sehr unterschiedliche Ausprägungen von Geschäftsregeln. Nehmen Sie sich die Zeit, diese Disziplin ausführlicher kennenzulernen. In diesem Buch können wir sie nur anreißen und zeigen, dass sie mit Business Process Management kombiniert werden sollte.

Kleine Randnotiz: Dass die Aufgabe „Bonität prüfen" in unserer Bestellannahme ebenfalls die Anwendung eines Regelwerkes darstellt, sollte für Sie jetzt offensichtlich sein.

4.6 Einschränkung der Symbolpalette?

Für die Erstellung von Ebene-2-Modellen geben wir keine allgemeine Empfehlung zur Einschränkung der Symbolpalette. Der Grund ist einfach, dass es sehr stark von Ihrer Organisation und Ihren Bedürfnissen abhängt, welche Symbole auf Ebene 2 verwendet werden sollten. Es kann beispielsweise auch für ein rein fachliches Prozessmodell extrem wichtig sein, eine Transaktion mit den entsprechenden Kompensationspfaden auszumodellieren, wie wir sie in Abschnitt 2.8.5 auf Seite 89 vorgestellt haben. Auch wenn wir davon ausgehen, dass viele von Ihnen das nie tun werden, haben wir doch genug Kunden in unterschiedlichen Branchen, für die genau dieses Thema absolut erfolgskritisch ist.

Es gibt also kein einziges BPMN-Symbol, das man für die Verwendung auf Ebene 2 allgemeingültig ausschließen kann. Falls Sie die Symbolpalette auf dieser Ebene unbedingt einschränken wollen, müssen Sie diese Entscheidung selbst treffen. In Abbildung 4.30 auf der nächsten Seite haben wir als erste Orientierung einmal zusammengestellt, welche Symbole wir in unseren Projekten bislang mit welcher Häufigkeit eingesetzt haben. Wir haben die neuen Symbole der BPMN 2.0 explizit gekennzeichnet.

Im Sommer 2008 haben wir 127 BPMN-Anwender im deutschsprachigen Raum gefragt, welche BPMN-Symbole sie bislang eingesetzt haben. Wir haben darin teilweise auffällige Abweichungen von unseren eigenen Erfahrungen festgestellt, d.h. einige Symbole wurden von den Befragten deutlich seltener eingesetzt als von uns. Dies betraf vor allem das ereignisbasierte Gateway, das Bedingungsereignis und den Ad-hoc-Teilprozess. Wir fragten uns damals, warum diese Symbole, die wir für sehr nützlich hielten, so wenig Verwendung fanden. Die weiteren Ergebnisse der Befragung und einige Einzelinterviews, die wir im Anschluss führten, lieferten die Antwort: Die meisten Befragten kannten diese Symbole überhaupt

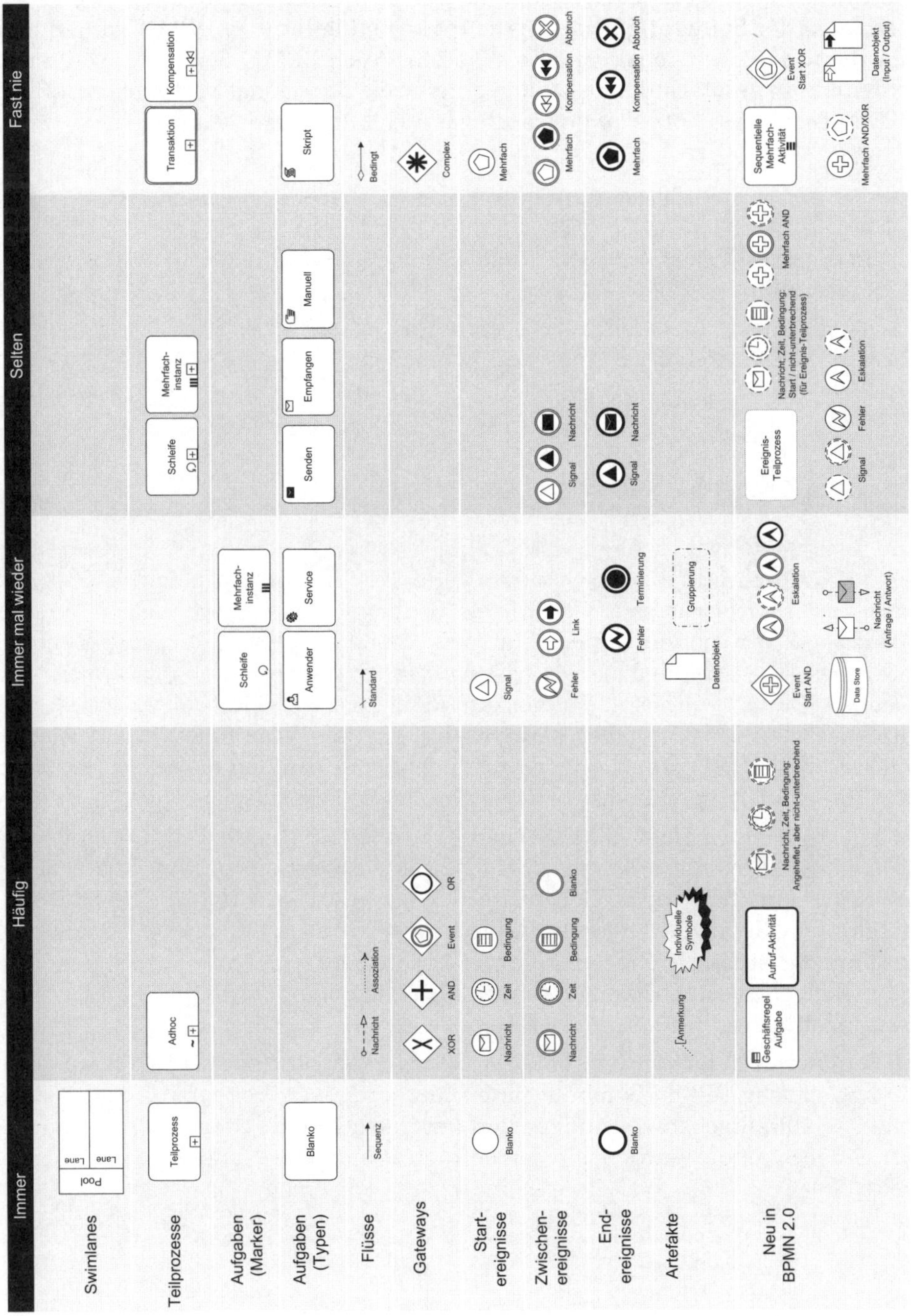

Abbildung 4.30: Häufigkeit der Symbole in unseren Prozessdiagrammen auf Ebene 2

nicht. Viele setzten die BPMN einfach so ein, wie sie ihre bisherige „einfache" Flowcharting-Notation einsetzten. Man muss fairerweise festhalten, dass es zum Zeitpunkt der Befragung noch überhaupt keine Literatur zu BPMN gab, sondern nur die in Englisch gehaltene Spezifikation. Auch BPMN-Seminare waren noch extrem dünn gesät. Und zum Dritten boten viele der damals verfügbaren, offiziell BPMN-tauglichen Softwaretools noch gar nicht alle Symbole an.

Kapitel 5

Ebene 3: Technische Prozessmodelle und Process Execution

5.1 Über diese Ebene

5.1.1 Ziel und Nutzen

Auf der dritten Ebene geht es darum, Prozess per Software zu automatisieren. Im letzten Kapitel haben wir bereits darauf hingewiesen, dass dies über klassische Softwareentwicklung geschehen kann. Viel interessanter – vor allem im Rahmen des Business-IT-Alignments – ist es jedoch, eine Process Engine zu verwenden. Diese Möglichkeit werden wir Ihnen in diesem Kapitel noch genauer vorstellen.

In Fall der Process Engine gibt es in Ebene 3 technische Prozessmodelle, die direkt ausführbar sind und somit auch als Quellcode einer Softwarelösung angesehen werden können. Dies hat eine wichtige Auswirkung: Die Prozessmodelle müssen sehr exakt und detailliert definiert sein, mit Interpretationsspielraum kann eine Process Engine nichts anfangen.

Dass diese Prozessmodelle Quellcode sind, birgt aber auch einen sehr großen Vorteil. Die technischen Prozessmodelle spiegeln immer den IST-Zustand wider, zumindest der in der Process Engine automatisierten Prozessteile. Werden Änderungen vorgenommen, muss man das Prozessmodell anpassen. Nun sind wir bei einem zweiten sehr wichtigen Aspekt unseres Frameworks: Werden die Prozessmodelle der zweiten und dritten Ebene intelligent miteinander verknüpft, hat man eine Chance, die fachlichen Prozessmodelle auf Ebene 2 aktuell zu halten! Geeignete Tools könnten technische Änderungen ins fachliche Modell projizieren und

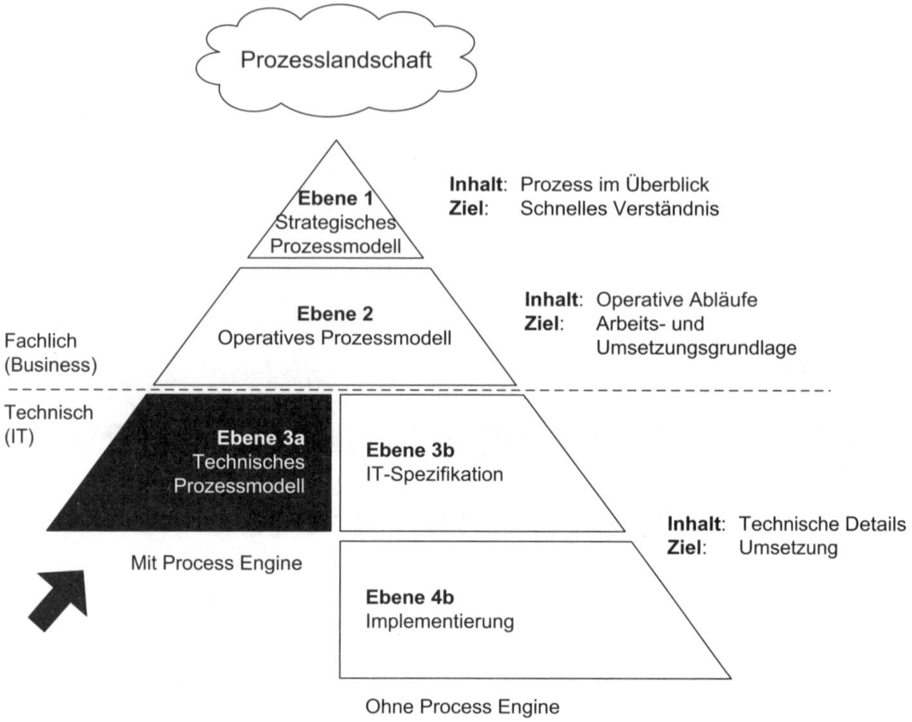

Abbildung 5.1: camunda BPMN Framework – Ebene 3

im Rahmen des Prozesscontrollings Kennzahlen, von der Process Engine gemessen, in fachlichen Modellen anzeigen.

Zugegeben, das haben schon viele behauptet. Es gibt jedoch einen wesentlichen Unterschied des vorgeschlagenen Frameworks zu früheren Ansätzen: Das fachliche Modell auf Ebene 2 muss entsprechend präzise modelliert werden. Dies stellt eine große Herausforderung für den Process Analyst dar. Viele Hersteller haben bisher versucht, diese Komplexität im fachlichen Modell zu verstecken, was aber leider nie funktioniert hat. Somit glauben wir, dass Ebene 2 und 3 das Business-IT-Alignment ermöglichen können – mit den Anforderungen, die daraus resultieren, ein entsprechendes Tooling vorausgesetzt (hierauf gehen wir in Abschnitt 6.4.2 auf Seite 270 nochmals ein).

5.1.2 Anforderungen an das Modell

Prozessdiagramme auf Ebene 3 müssen nicht nur syntaktisch und semantisch korrekt sein, sondern es gilt auch, alle notwendigen technischen Details für die Automatisierung mit der Process Engine zu erfassen. Das Modell muss exakt und präzise erstellt werden und darf keinen Interpretationsspielraum bieten. Auch technische Fehlerfälle oder Ausnahmen müssen behandelt werden. Es ist schließlich Quellcode für eine Softwarelösung!

5.1.3 Vorgehen

Das Vorgehen, gerade auf Ebene 3, ist ein kritischer Erfolgsfaktor zur Umsetzung der Automatisierung, denn hier prallt tatsächlich Business auf IT. Unserer Erfahrung und Einschätzung nach hängen die Erfolgsaussichten stark von den Fähigkeiten des Process Analyst ab und wie gut er mit dem Process Engineer zusammenarbeitet und kommuniziert.

Das Vorgehen umfasst typischerweise folgende Schritte:

1. Klärung des SOLL-Prozesses auf Ebene 2, diesem Thema haben wir uns im letzten Kapitel gewidmet.
2. Entscheidung für eine Technologie, Sprache und Process Engine, siehe dazu Abschnitt 5.2 auf der nächsten Seite und Abschnitt 5.8 auf Seite 243.
3. Wird eine BPMN 2.0 Engine eingesetzt (siehe Abschnitt 5.3 auf Seite 199) muss „lediglich" eine Verfeinerung und Detaillierung des fachlichen Modells um alle technischen Details erfolgen. Wird eine andere Modellierungssprache verwendet, muss ein Mapping zwischen dem Ebene-2-Modell in BPMN und dem technischen Modell erfolgen.
4. Iterative Verfeinerung und Präzisierung des Ebene-2-Modells beim Auftreten neuer Fragestellungen.
5. Testen und Ausführen des Prozesses mit gängigen Methoden der Softwareentwicklung.

Natürlich betrachten wir bisher nur den Aspekt der Prozesssteuerung, des Sequenzflusses. Bei der technischen Umsetzung gilt es natürlich, wie in Abschnitt 4.4.3 auf Seite 162 und vor allem in Abbildung 4.14 auf Seite 163 bereits erwähnt, noch viele weitere Aspekte der Softwaretechnik unter einen Hut zu bringen. Darauf möchten wir an dieser Stelle nicht weiter eingehen.

In Abschnitt 5.3 auf Seite 199 betrachten wir einige technische Aspekte, die im fachlichen Modell noch fehlen. Dies sind beispielsweise:

- Spezifikation der Daten in der gewünschten Technologie wie XML oder Java,
- Definition der Serviceaufrufe in der gewünschten Technologie, beispielsweise Webservices,
- Human-Task-Details wie die Auflösung von Benutzern zu Benutzergruppen oder anzuzeigende Formulare.

Im Folgenden wollen wir aber erst eine allgemeine Einführung zur Prozessautomatisierung mit einer Process Engine geben, bevor wir in diese Details abtauchen.

5.1.4 Hinweise zum Lesen dieses Kapitels

Wir möchten Ihnen an dieser Stelle noch einige Hinweise speziell zum Lesen dieses Abschnittes mit an die Hand geben. Zuallererst merken wir an, dass wir mit diesem Kapitel nun weiter in die Technik abtauchen. Dies hat uns zum Beispiel dazu motiviert, viele englische Begriffe nicht ins Deutsche zu übersetzen, da dies den Lesefluss eher stören würde und vor allem viel Potenzial für mögliche Missverständnisse birgt.

Ein weiterer Spagat war die Nennung von Quellcode, also BPMN-2.0-Modellen in XML. Der Quellcode ist nämlich alles andere als platzsparend und für viele Leser schon zu detailliert. In diesem Fall überblättern Sie ihn bitte einfach. Wir haben uns bemüht, den Text auch ohne die Details des XML verständlich zu halten. Trotzdem wollten wir auf XML-Quellcode nicht verzichten, um auch technisch interessierten Lesern gerecht zu werden. Wir selbst fanden es nämlich sehr schade, dass zum Zeitpunkt des Schreibens dieses Buches fast noch keine BPMN-2.0-XML-Beispiele vorhanden waren. Aber zum Glück hat sich dies geändert, es gibt beispielsweise ein offizielles Beispieldokument der OMG, das als Ergänzug zur Spezifikation gedacht und online unter http://www.omg.org/cgi-bin/doc?dtc/10-06-02 verfügbar ist. Wir haben hier – ähnlich wie in diesem Buch – ein durchgängiges Beispiel auf allen Ebenen beigesteuert, inklusive vollständigem Quellcode. Das Beispiel haben wir dann auch auf Activiti implementiert, unter www.bpm-guide.de/activiti/ findet der technisch interessierte Leser weiterführende Informationen dazu.

Wenn Sie also an den technischen Aspekten nicht im Detail interessiert sind, können Sie gerne nur einzelne Abschnitte querlesen oder auch Abschnitte komplett überspringen. Oder Sie geben das Buch an Ihre IT weiter. Das Grundverständnis für Ebene 3 sollten Sie hoffentlich bereits nach den einführenden Worten verinnerlicht haben.

5.2 Grundlagen

5.2.1 Prozessautomatisierung mit Process Engine

Die sogenannte „Business Process Engine“ oder kurz „Process Engine“ ist eine Softwarekomponente zur Ausführung von Geschäftsprozessen, auch „Process Execution“ oder Prozessautomatisierung genannt. Die Engine benötigt dazu den Geschäftsprozess in einem Modell, das alle technischen Details enthält, die zur Ausführung benötigt werden. Zur Laufzeit werden dann Prozessinstanzen für jeden individuellen Prozessdurchlauf erzeugt, wobei die Process Engine den Kontrollfluss berechnet und immer „weiß“, was als Nächstes zu tun ist. Das in Abschnitt 2.1.4 auf Seite 23 eingeführte Token-Konzept wird hier also tatsächlich zum Leben erweckt. Auch wenn nicht jede Process Engine intern mit Token arbeitet, so ist es auch nicht unüblich oder unmöglich.

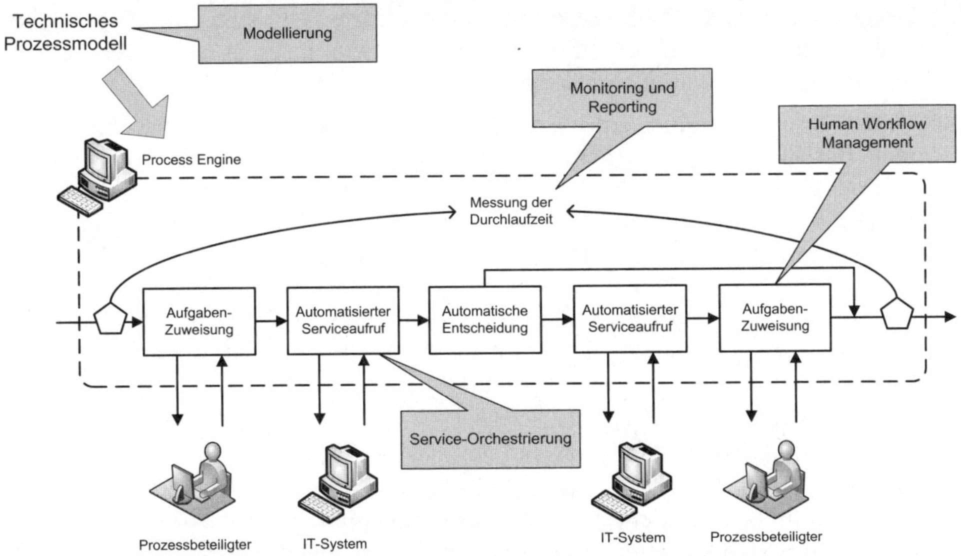

Abbildung 5.2: Arbeitsweise der Process Engine

Die Process Engine kennt zwei grundsätzlich unterschiedliche Arten von Aktivitäten: die, bei denen eine menschliche Interaktion notwendig ist, und alle anderen, die automatisiert ablaufen können. Letztere sind beispielsweise Serviceaufrufe, aber auch die Auswertung von Gateways oder Ereignissen. Für menschliche Interaktion werden die Benutzeraufgaben eingesetzt. Es existiert üblicherweise eine Aufgabenliste, vergleichbar mit einem E-Mail-Posteingang, anhand deren der Benutzer weiß, welche Aufgaben noch zu erledigen sind. Öffnet man eine Aufgabe, so bekommt man eine vorkonfigurierte Bildschirmmaske, mit der man Daten einsehen und bearbeiten oder Entscheidungen treffen kann. Einen Überblick über die Arbeitsweise einer Process Engine gibt Abbildung 5.2.

Am Beispiel der Benutzeraufgaben wird schnell klar: Die Engine muss mehr machen, als nur den Kontrollfluss automatisieren, denn auch der Datenfluss im Prozess will berücksichtigt werden. So können zu einer Prozessinstanz zur Laufzeit Daten hinzugefügt werden, die die Engine dann zusammen mit dem Zustand verwaltet. Diese Daten werden üblicherweise auch persistent in einer Datenbank abgelegt, sodass sie auch bei einem Systemausfall noch zur Verfügung stehen.

Eine typische Process Engine stellt nun neben der Steuerung des Kontroll- und Datenflusses viele weitere Funktionen bereit:

- **Versionierung von Prozessmodellen:** Geschäftsprozesse sind von ihrer Natur her lang laufend; so kann ein Bestellprozess von einigen Tagen bis zu mehreren Monate dauern. Das heißt aber auch, dass zu jedem Zeitpunkt, an dem ein Prozess verändert werden soll, noch laufende Instanzen existieren. Daher können die meisten Process Engines verschiedene Versionen eines Prozessmodells gleichzeitig verarbeiten und somit den Übergang zu einem neuen Prozess durch „Auslaufenlassen“ des alten ermöglichen.

- **Datensammlung, Kennzahlen und Auswertungen:** Die Engine kann während der Steuerung von Prozessinstanzen vollautomatisch Daten sammeln. So lässt sich beispielsweise bei einer bestimmten Bestellung genau nachvollziehen, wann die Freigabe erfolgte, wann die Auslieferung angestoßen oder abgeschlossen wurde und so weiter. Diese Daten können dann meist auch mithilfe von Auswertungen aggregiert und visualisiert werden, sodass man einen guten Überblick über Effizienz und mögliche Flaschenhälse im Prozessablauf bekommt. Gut aggregiert liefert dies auch einen Überblick über die gesamte Prozesslandschaft. Eine weitere Möglichkeit in diesem Bereich ist das sogenannte Business Activity Monitoring (BAM). Dieser Ansatz soll in Echtzeit bestimmte Muster erkennen, um Warnungen auszugeben oder selbstständig kontrollierend einzugreifen.
- **Technisches Monitoring und Administration:** Die Process Engine bietet Möglichkeiten, den aktuellen Status von Prozessinstanzen einzusehen. Dabei hat man diverse Eingriffsmöglichkeiten, wie zum Beispiel das Abbrechen oder Neustarten einer fehlerhaften Instanz.

Prozessmodelle müssen für die Process Engine in einer geeigneten Sprache vorliegen. Die hochaktuelle Frage, inwieweit diese technischen Ausführungsmodelle mit fachlichen BPMN-Modellen synchronisiert oder durch technische BPMN-Modelle ganz ersetzt werden können, behandeln wir in den nächsten Abschnitten.

5.2.2 Ausführung von Prozessmodellen – geht das?

Ist die Idee der Process Engine bekannt, stoßen wir häufig auf ein Problem: die Erwartungshaltung, dass eine magische BPM-Suite alle Probleme löst. Abbildung 5.3 auf der nächsten Seite visualisiert diese Wunschvorstellung. Die Suite wird am besten mit einem reinen Fachmodell gefüttert, integriert dann automatisch IT-Systeme und kümmert sich um das Human Workflow Management. Am Ende purzeln über ein sogenanntes Dashboard fachliche Kennzahlen heraus, anhand derer der Fachbereich in Echtzeit Prozessprobleme erkennen und am besten selbst beheben kann.

Dieses Szenario klingt einfach zu gut, um wahr zu sein. Und so ist es in der Praxis auch: Eine solche magische Suite mag die Vision darstellen, auf die aktuell hingearbeitet wird. Die Praxis ist aber noch weit davon entfernt. Problematisch ist, dass viele Produkte kleiner und großer Tool-Anbieter so verkauft werden und deren Marketing diese Magie verspricht. Viele erkennen erst nach der Beschaffung eines entsprechenden Tools, dass die Erwartungshaltung nicht erfüllt werden kann. Häufiges Resultat ist Ernüchterung über oder gar Ablehnung der BPM-Methodik im Allgemeinen.

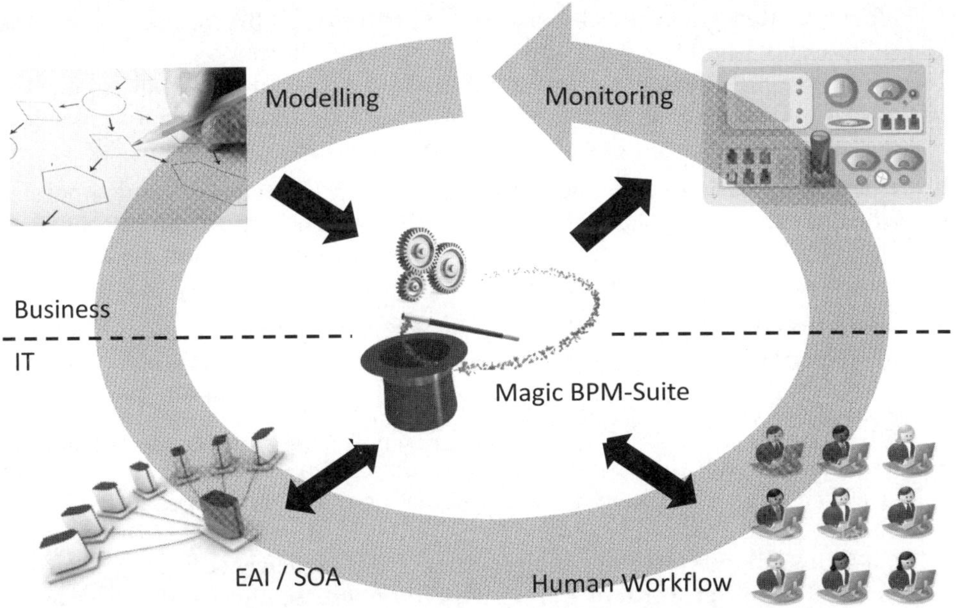

Abbildung 5.3: Die magische BPM-Suite

Doch welche Teile dieser Vision funktionieren und welche nicht? Sind fachliche Prozessmodelle überhaupt ausführbar? Wenn ich eigene technische Modelle für die Ausführung benötige, wie synchronisiere ich diese mit den fachlichen Modellen? Leistet das nicht der sogenannte und viel zitierte BPMN-zu-BPEL-Roundtrip? – Fragen, die dieses Kapitel beantworten soll.

Zunächst wollen wir die grundsätzliche Ausführbarkeit von Prozessmodellen betrachten. Wie im vorherigen Abschnitt beschrieben, gibt es definitiv funktionierende Process Engines, die Prozessmodelle ausführen können. Das größte Missverständnis ist allerdings, dass diese Modelle direkt von der Fachabteilung erstellt werden. Um Prozesse tatsächlich automatisieren zu können, müssen sehr viele Details im Modell beschrieben werden, denn prinzipiell ist ein solches technisches Modell wie Quellcode anzusehen, und dort gibt es leider keinerlei Interpretationsspielraum. Ein technisches Modell muss also viele Informationen enthalten, die für ein rein fachliches Modell nicht unbedingt relevant sind oder dort zumindest nicht so detailliert beschrieben werden sollen, um die Übersichtlichkeit zu wahren. Denn fachliche Modelle sind häufig bewusst informell, also informal, da sie der Kommunikation dienen. Zusätzlich zu spezifizierende Details umfassen beispielsweise:

- **Datenmodellierung:** Eine detaillierte Spezifikation der Datentypen ist in fachlichen Modellen noch nicht erforderlich. Eventuell werden die im Prozess enthaltenen Daten gar nicht alle erwähnt. Für die Ausführung muss aber eine exakte technische Definition abhängig von der Zieltechnologie erfolgen, beispielsweise XML-Schema. Der Datenfluss im Prozess muss genau angegeben werden inklusive der Informationen, wann welche Daten an welche Systeme übergeben werden, und der notwendigen Transformationsschritte.

- **Fehlerfälle:** Begrenzt man sich in der fachlichen Modellierung maximal auf fachliche Fehler, so müssen für einen ausführbaren Prozess auch technische Fehler berücksichtigt werden. Je nach Architektur und Technologie kann dies Einfluss auf das Prozessmodell haben.
- **Korrelationsbedingungen:** Ähnlich der Datenmodellierung muss auch die Korrelation von Nachrichten zu Prozessinstanzen genau definiert werden. Schließlich muss die Process Engine zur Laufzeit einkommende Nachrichten genau an die richtige Prozessinstanz weitergeben.
- **Prozessinstanziierung:** Ein einfach aussehendes Startereignis im Prozess ist in der IT ebenfalls leider kein triviales Thema. Startet beispielsweise eine Nachricht eine neue Prozessinstanz, so muss in der Realität diese Nachricht eventuell technisch irgendwo abgeholt werden. Oder vielleicht soll eine Prozessinstanz erst gestartet werden, wenn mehrere Ereignisse gleichzeitig oder nacheinander eintreffen.

Diese paar Beispiele sollen illustrieren, warum die Prozessausführung sehr detaillierte und präzise Modelle erfordert. Unsere Erfahrung zeigt, dass diese Modelle bereits zu detailliert für fachliche Modelle sind und selten zur Kommunikation zwischen Fachanwendern taugen. In der Regel müssen daher eigene technische Modelle entwickelt werden.

Dies ist jedoch gar nicht so schlimm, wie es sich zunächst anhört. Denn zumindest hat man auf der IT-Seite nun auch eine grafische Repräsentation des umgesetzten Prozesses, was im Gegensatz zur klassischen Programmierung bereits einen großen Vorteil darstellt. Auch soll gerade die BPMN helfen, dass für fachliche und technische Modellierung die gleiche Notation verwendet wird. Dies erleichtert die Kommunikation zwischen Business und IT maßgeblich, auch wenn es nicht **das eine** einheitliche Modell gibt.

Wir brauchen also verschiedene Modelle, einverstanden! Eine naheliegende Idee ist dann, diese Modelle miteinander zu verknüpfen oder, besser noch, das eine aus dem anderen zu generieren. In diesem Zusammenhang kennt man das sogenannte „Forward Engineering", bei dem das technische aus dem fachlichen Modell generiert wird. Meist ist schon die Generierung keine einfache Angelegenheit. Bauchschmerzen bereiten jedoch inhaltliche Änderungen an einem der beiden Modelle. Wird das technische Modell verändert, ist dies in der fachlichen Welt nicht sichtbar oder muss manuell nachgezogen werden. Wird der fachliche Prozess verändert, so gibt es prinzipiell zwei Wege: Das technische Modell wird manuell angepasst oder es erfolgt eine erneute Generierung. Bei Letzterem muss man klären, wie bereits vorgenommene Änderungen oder Ergänzungen auf technischer Seite beibehalten werden können. Ein Ansatz hierfür sind oft geschützte Bereiche im Quellcode der Prozessdefinition, die bei einer Neugenerierung nicht angefasst werden. In der Praxis hat sich jedoch gezeigt, dass diese Technik nicht unproblematisch ist.

Eine Verbesserung soll daher das „Roundtrip Engineering" bringen. Änderungen am technischen Modell werden dort in das fachliche Modell zurückgeschrieben, und beide Welten bleiben synchron. Dieses Vorgehen wird aktuell beispielsweise bei Nutzung von BPMN und BPEL empfohlen. Allerdings funktioniert der Roundtrip in realen Projekten nicht (darauf gehen wir in Abschnitt 5.7.1 auf Seite 237 näher ein).

Übrigens sind die Probleme vergleichbar mit anderen Ansätzen der modellgetriebenen Softwareentwicklung, beispielsweise der „Model Driven Architecture" (MDA) der OMG. Interessanterweise haben sich diese bereits seit Langem existierenden Ansätze ebenfalls noch nicht richtig durchsetzen können. Aus unserer Sicht ist die Frage eng verknüpft mit der Granularität der Modellierung: Was wird noch modelliert und was eher programmiert, eine Frage, die wir im nächsten Abschnitt näher betrachten.

> ***Tipp: Business-IT-Alignment***
>
> Akzeptieren Sie, dass fachliche Modelle nicht direkt ausführbar sind. Auch wird die Generierung der technischen Prozesse aus fachlichen Modellen aktuell überschätzt und bringt in der Praxis zu wenig Nutzen. Annäherung von Business und IT kann aber bereits dadurch erreicht werden, dass beide Seiten mit Prozessdiagrammen arbeiten, die idealerweise ähnlich sind. Die BPMN sehen wir hier als eine gute Wahl, da sie sowohl fachliche als auch technische Prozesse abbilden kann. Die oft zitierte Übersetzung in BPEL-Code bringt keine Vorteile mehr.

5.2.3 Modellieren oder Programmieren?

Eigentlich sollte die Überschrift „Process Engine oder klassische Softwareentwicklung?" lauten, was aber nicht so schön reißerisch klingt. Denn die Abgrenzung zwischen Modell und Programm ist sehr unscharf. Ein Prozessmodell für eine Process Engine ist genau genommen auch eine Art Programmcode. Auf diese Diskussion möchten wir uns an dieser Stelle aber gar nicht einlassen, sondern die Frage beantworten: Verwenden wir überhaupt eine Process Engine oder fassen wir Prozessmodelle als reine Anforderungsartefakte auf, die wir mit klassischer Softwareentwicklung umsetzen? Natürlich gibt es auch Prozesse, die überhaupt nicht automatisiert werden müssen. Als Faustregel kann man sagen, dass Prozessautomatisierung sich vor allem bei Prozessen lohnt, die folgende Charakteristika aufweisen:

- **Hohe Wiederholungszahl:** Der Aufwand für die Automatisierung lohnt sich natürlich nur, wenn entsprechend viele Prozessinstanzen zur Ausführung kommen, da sonst die Entwicklungskosten eventuell eingesparte Prozesskosten bei Weitem übersteigen.
- **Standardisierung:** Sind Prozesse nur schwach strukturiert und laufen ständig anders ab, ist Process Execution fehl am Platz. Folgt aber der Großteil der Prozessinstanzen dem gleichen Muster, haben Sie bessere Karten.
- **Informationslastig:** Prinzipiell eignen sich informationslastige Prozesse besser zur Automatisierung, da der Computer mit Informationen sehr gut umgehen kann. Werden oft physikalische Gegenstände bewegt, wozu wir fürs Erste auch das Papier rechnen wollen, ist die Automatisierung meist schwierig und weniger spannend.
- **Hoher Automatisierungsgrad:** Effizienz im Prozessablauf kann man natürlich durch Automatisierung von Aufgaben steigern. Manche Aufgaben wie zum Beispiel das Buchen in einem ERP-System eignen sich sehr gut, um automatisiert aus der Engine heraus angesprochen zu werden. Die Daten müssen nicht mehr manuell in eine Maske eingegeben werden. Viele manuelle Aufgaben eignen sich zur Automatisierung rein gar nicht, beispielsweise das Anrufen eines Kunden.

Wir möchten an dieser Stelle auch darauf hinweisen, dass Automatisierungsprojekte meistens nicht sofort Geld sparen helfen. Auch ist aus unserer Sicht die Effizienzsteigerung zwar möglich, aber auch nicht immer das einfachste Ziel. Man sollte nicht vergessen, dass es noch drei weitere – aus unserer Sicht viel wichtigere – Argumente für Prozessautomatisierung gibt:

- **Transparenz:** Ein wesentlicher Vorteil der Nutzung einer Process Engine ist, dass der Prozess nicht nur als technisches XML-Dokument, sondern auch als grafisches Diagramm vorliegt. Damit ist die Umsetzung des Prozesses nicht tief in der Software vergraben, sondern sichtbar gemacht worden. Ein wesentlicher Vorteil, denn so bekommt man einfach heraus, wie der Prozess aktuell abgebildet ist. Dies hilft auch bei der Diskussion von Schwachstellen, möglichen Verbesserungen und Änderungen. Ohne Process Engine müssen Informatiker auf die archäologisch anmutende Suche gehen, wie der Prozess denn nun aktuell tatsächlich im IT-System umgesetzt ist. Somit schafft erst die Prozessautomatisierung die notwendige Transparenz, um sinnvolles Reengineering zu ermöglichen. Dass ein automatisierter Prozess tatsächlich genauso abläuft wie beschrieben und dies im Nachhinein durch Log-Dateien belegt werden kann, ist oft auch eine große Hilfe für Compliance-Anforderungen.
- **Agilität:** Oft wird BPM und SOA mit Lego verglichen. Man baut sich seinen neuen Prozess einfach aus bestehenden Services, den Lego-Bausteinen. Ein Vorstand eines Kunden hat hierzu einmal passend angemerkt: „Schauen Sie sich mal heutige Lego-Baukästen an, sie enthalten hochkomplexe und spezialisierte Bausteine, die Sie mitnichten an anderen Stellen wiederverwenden".

Und er hat recht, auch in der IT ist das heute so. Wollen wir ein komplexes Endprodukt Lego-Raumschiff, so können wir nicht mit simplen Bausteinen arbeiten. Und damit können wir die Bausteine auch nicht nach Belieben umsetzen. Also doch keine Agilität? Doch, denn wir glauben, dass durch die gesteigerte Transparenz ein Anpassen der Prozesse überhaupt erst praktikabel wird. Das geht zwar nicht auf Knopfdruck, aber immerhin können wir abschätzen, welche Auswirkungen eine Prozessänderung hat und wo wir angreifen müssen. Die Sichtbarkeit des Prozesses führt außerdem zu Services in geeigneter Granularität und unterstützt die sinnvolle Modularisierung von IT-Systemen.

- **Qualität:** Denken Sie an ein Versandhaus Ihrer Wahl. Wenn Sie anrufen und nach Ihrer Bestellung fragen, gibt es zwei Arten von Antwort: „Müssen wir erst rausfinden, bitte warten Sie einen Moment" oder sofort: „Ihre Bestellung wartet gerade auf xy". Das zweite Versandhaus setzt vermutlich eine Process Engine ein, die einen genauen Einblick in die Prozessdefinitionen und Prozessinstanzen ermöglicht. Eskalationen bei zu langen Wartezeiten erfolgen nicht durch den verärgerten Kunden, sondern durch die Process Engine selbst.

Also gut, setzen wir eine Process Engine ein. Dann stellt sich als Nächstes die Frage, welche Aspekte durch technische Prozessmodelle ausgedrückt werden und welche Anforderungen vielleicht besser auch weiterhin durch klassische Softwareentwicklung adressiert werden. Wie so oft lässt sich diese Frage nicht pauschal beantworten. Es gibt jedoch einige Einflussfaktoren, über die Sie sich im Projekt Gedanken machen sollten. Auch wenn sie banal klingen, haben wir die Erfahrung gemacht, dass sie gerne vergessen werden. Aktuell ist beispielsweise gerne BPEL ein Muss, auch wenn es in der Zielarchitektur technisch gar keinen Sinn ergibt. Über folgende Punkte sollten Sie sich also ein paar Gedanken machen:

- **Technologie und Architektur:** Je nach verwendeter Process Engine und Gesamtarchitektur ist es einfach oder schwierig, gewisse Anforderungen innerhalb eines Prozesses umzusetzen. So ermöglichen es manche Process Engines, einfache Skripte direkt einzubinden.
- **Vorhandene Infrastruktur:** Die wenigsten Projekte entstehen auf der grünen Wiese. Existierende Systeme und Services sollen natürlich wieder verwendet oder eingebunden werden. Prozesse sollen dann auch beispielsweise über eine bestehende Scheduler-Infrastruktur und nicht die Process Engine angestoßen werden. Diese Randbedingungen gilt es natürlich bei einer entsprechenden Entscheidung zu beachten.
- **Rollen im Projekt:** Ein wichtiger Punkt, der oft unterschätzt wird, ist die Berücksichtigung der vorhandenen Rollen und des Know-hows im Projekt. Oft gibt es Entwickler im Projekt, die eine gewisse Funktionalität relativ schnell in klassischer Programmierung umsetzen können, mit der Process Engine jedoch lange brauchen. Dagegen gibt es auch Projekte mit ausgebildeten Process Engineers, die mit Prozessmodellen besser zurechtkommen als mit Programmiersprachen.

Häufig erleben wir, dass die Process Engine, wenn sie erst einmal beschafft ist, „auf Teufel komm raus“ verwendet werden muss. Dadurch oder auch aus ganz anderen Gründen entstehen dann gerne extrem detaillierte Prozessmodelle, in denen man den Wald vor lauter Bäumen nicht mehr sieht. Diese Modelle helfen weder bei der Kommunikation mit dem Fachbereich noch sind sie in der Wartung besser als klassischer Programmcode. Hinzu kommt schnell, dass die IT die zu detaillierten Modelle hassen wird, womit auch niemanden geholfen ist. Es kommt also auf die richtige Granularität an. Modellierte Prozesse sind dabei ein Teil des Puzzles, aber eben nur eines.

Abbildung 5.4 zeigt dazu ein Negativbeispiel: Es ist explizit im Prozess modelliert, wie eine Nachfrage des Kunden nach seinem aktuellen Prozesszustand beantwortet wird. Ob wir diesen Prozess wie dargestellt mit dem Signalereignis oder aber mit einem Bedingungsereignis oder vielleicht auch einem Terminierungs-Endereignis modellieren, ist erst einmal irrelevant. Sie sehen aber, dass der Prozess sehr kompliziert wird. Denn in diesem Fall ist es vielleicht keine so gute Idee, die Nachfrage des Kunden direkt in den eigentlichen Auftragsprozess zu integrieren. Besser wäre es, die Abfrage des Status in einem eigenen Prozess zu modellieren oder einen einfachen Service zur Abfrage des Instanzzustands der Process Engine zu nutzen. Die Anforderung an die Process Engine ist also: Der Status einer laufenden Prozessinstanz muss einfach abgefragt werden können. Die entsprechende Modellierung zeigen wir in Abbildung 5.5 auf der nächsten Seite. Ob die Abfrage dann selbst als Prozess oder als einfacher Softwareservice realisiert ist, hängt von der Architektur ab.

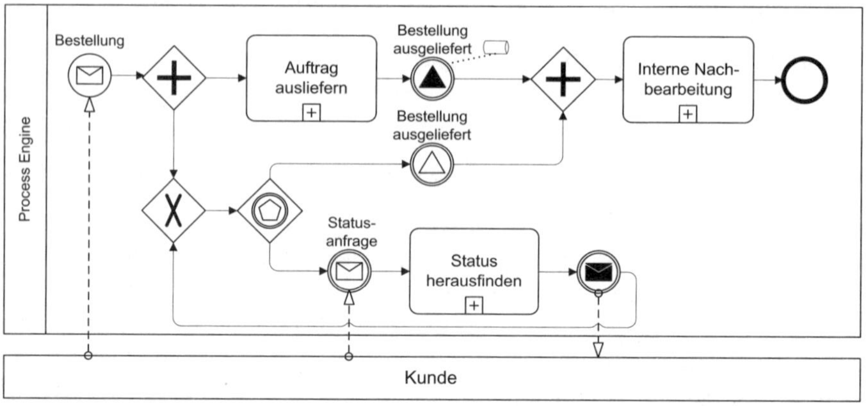

Abbildung 5.4: Schlechtes Beispiel für die Modellierung möglichst vieler Aspekte im Prozess

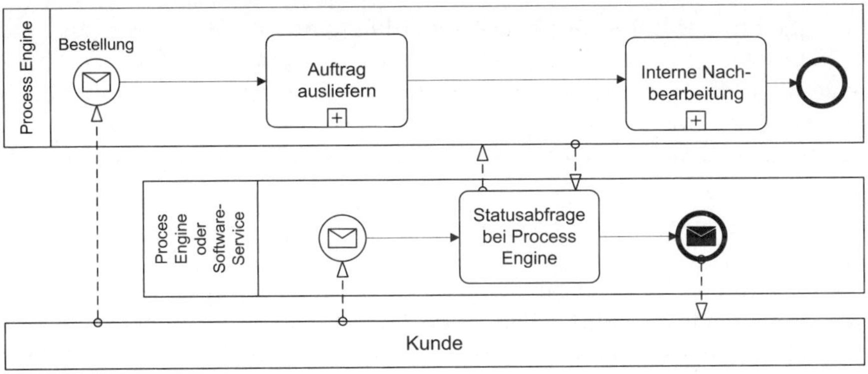

Abbildung 5.5: Besseres Beispiel: Die Statusabfrage wurde aus dem Prozess herausgelöst.

> ***Tipp: Business-IT-Alignment***
>
> Business-IT-Alignment bedeutet nicht, dass keine Software mehr herkömmlich entwickelt werden darf. Vielmehr heißt es, die Process Engine und grafische Sichten auf technische Prozesse als zusätzliches Werkzeug in die eigene Architektur aufzunehmen. Hüten Sie sich vor zu feingranularen Prozessmodellen, und orientieren Sie sich an den fachlichen Diagrammen, dann können vielleicht sogar versierte Fachanwender die technischen Modelle noch verstehen.

5.3 Prozessautomatisierung mit BPMN 2.0

Eine große Neuerung der Version 2.0 der BPMN ist die Einführung einer definierten Ausführungssemantik sowie eines XML-Serialisierungsformates. Was das heißt? Im Prinzip ist es schnell erklärt: Modelle können als XML-Datei gespeichert werden, wobei die Spezifikation vorschreibt, wie dies zu passieren hat. Es gibt dafür zwei definierte XML-Schemas:

- **Modellaustausch:** Dieses XML beinhaltet alle relevanten Informationen zur Überführung eines Modells in ein anderes Tool, beispielsweise auch grafische Layoutinformationen.
- **Ausführungssemantik:** Das XML beschreibt, wie technische Details des Prozesses gespeichert werden.

In diesem Abschnitt wollen wir uns die Ausführungssemantik näher anschauen, Abschnitt 5.5 auf Seite 233 geht dann genauer auf den Modellaustausch ein. Neben dem XML-Schema für die Syntax der Speicherung beschreibt die BPMN-2.0-Spezifikation aber auch die Ausführungssemantik und das Metamodell, was der BPMN in den Versionen vor 2.0 fehlte. Diese exakte Definition ermöglicht es, dass BPMN-Modelle ohne proprietäre Erweiterungen durch jede beliebige BPMN 2.0-

kompatible Process Engine ausgeführt werden können. Was es dabei zu beachten gilt, greifen wir in Abschnitt 5.6 auf Seite 234 noch mal auf. Dieses Feld war bisher eigentlich die Domäne der Business Process Execution Language (BPEL), die als **der** Standard zur Automatisierung gehandelt wird. In diesem Zusammenhang gab es dann auch die Idee, fachliche Prozesse aus BPMN automatisch in BPEL zu übersetzen.

Die spannende Frage ist also, wie sich beide Sprachen voneinander abgrenzen, wo die Unterschiede liegen, welcher Standard für welchen Einsatzzweck geeignet ist oder wie sinnvoll das Zusammenspiel BPMN und BPEL ist. Eine Einschätzung dazu geben wir in Abschnitt 5.7 auf Seite 235, nachdem die folgenden Abschnitte ein einfaches Beispiel eines ausführbaren Prozesses mit BPMN 2.0 beschreiben.

Leider können wir in diesem Buch keine umfangreiche Gesamteinführung in Process Execution mit BPMN 2.0 geben, dies wäre genügend Stoff für ein eigenes Buch. Dieser Abschnitt stellt also „nur" eine Einführung in das Thema dar. Wir laden Sie jedoch gerne ein, mehr Beispiele zu schmökern, beispielsweise auf unserem Blog unter www.bpm-guide.de, bei der Open Source-BPM-Plattform Activiti unter www.activiti.org oder im bereits angesprochenen offiziellen BPMN-2.0-Beispieldokument.

5.3.1 Das technische Prozessmodell

Für Ebene 3 greifen wir nun (als Input) auf das Ebene-2-Modell zurück, siehe Abbildung 4.13 auf Seite 161, berücksichtigen aber nur den Pool der Process Engine. Dieser Prozess ist in Abbildung 5.6 auf der nächsten Seite abgebildet. Wir haben lediglich eine kleine Änderung vorgenommen: Die Stellenausschreibung tatsächlich auf verschiedenen Plattformen durchzuführen, haben wir nicht als Teilprozess dargestellt, sondern der Einfachheit halber direkt eingebettet. In einem realen Projekt wäre ein Teilprozess aber besser, da er dem Ebene-2-Modell entspricht.

Zur Visualisierung haben wir übrigens „Schrittstein.de" auch einmal als eigenen Pool dargestellt, um vor allem auch den Nachrichtenfluss zu zeigen. Die abgebildete Nachricht werden wir später nämlich noch genauer spezifizieren. Auf die Visualisierung könnten Sie in diesem Fall aber auch getrost verzichten, da sie für uns keinen Mehrwert darstellt.

Der abgebildete Prozess sieht nun noch gar nicht technisch aus, oder? Der Knackpunkt ist, dass sich die vielen notwendigen Details für die Automatisierung unter der Haube verbergen. Wie angesprochen, verbergen sich diese im zugrunde liegenden Modell, das als XML-Datei vorliegt. In diesem Abschnitt möchten wir dann auch einige Aspekte besonders betrachten und dabei nach und nach das XML-Format vorstellen. Aus Platzgründen haben wir nicht den kompletten Prozess umgesetzt, diesen finden Sie auf der Webseite zum Buch.

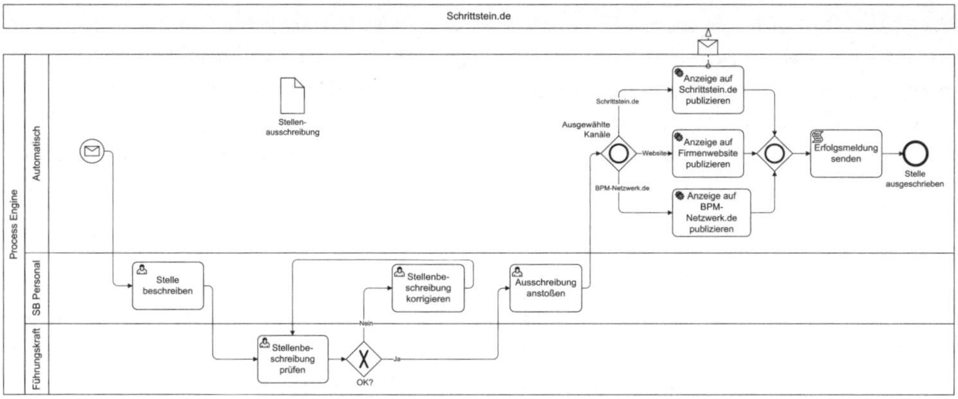

Abbildung 5.6: Technisches Prozessmodell der Stellenausschreibung

In diesem Beispiel entspricht der technische Prozess rein optisch tatsächlich dem fachlichen Prozess aus Ebene 3. Super, oder? Ein kleiner Hinweis für alle, die genau hinschauen – wir haben zwei Kleinigkeiten doch verändert:

- Wir haben das Datenobjekt „Stellenausschreibung" hinzugefügt, da wir in ablaufenden Prozessinstanzen gewisse Daten speichern müssen.
- „Erfolgsmeldung senden" haben wir von einer Sende-Aufgabe in eine Skript-Aufgabe geändert. Was hat es damit auf sich? Nun, die Erfolgsmeldung könnte auf unterschiedliche Weise gesendet werden, recht wahrscheinlich als E-Mail. In diesem Fall könnte die E-Mail entweder durch einen irgendwo im Unternehmen angebotenen Service versendet werden oder auch durch die Process Engine direkt. Letzteres haben wir für unser Beispiel einmal angenommen, und dies führt dazu, dass man im Prozess eine Skript-Aufgabe verwenden muss. Diese Abweichung vom fachlichen Modell sollte nun auch in Ebene 2 nachgezogen werden, um konsistente Modelle zu erhalten. Dies ist nur ein Beispiel für sicherlich häufiger auftretende Iterationen bei der Erstellung des technischen Modells.

5.3.2 Datenmodellierung und Expressions

Im Beispielprozess wird die Stellenausschreibung als Datenobjekt im Diagramm visualisiert. Zusätzlich zur reinen Visualisierung gibt es aber auch eine echte Modellierung des Datenobjektes im Prozess. BPMN hält sich jedoch aus der genauen technischen Umsetzung der Datenmodellierung heraus und bietet stattdessen Erweiterungspunkte an, um verschiedenste Technologien einzubinden. Die Standardeinstellung ist hierbei XML-Schema, es spricht jedoch grundsätzlich nichts dagegen, beispielsweise Java oder .NET-Datentypen direkt zu verwenden.

Wie sieht die Datendefinition in unserem Beispiel also aus? Hierfür möchten wir einmal den XML-Code direkt bemühen, worin wir XML-Schema als sogenannte „type language" verwenden, dann eine Schema-Datei importieren, um einen Datentyp zu definieren („ausschreibungDef"), der auf ein XML-Element des Schemas verweist. Dieser Typ wird dann im Datenobjekt, einer Art Prozessvariable, verwendet:

```
<definitions ...
  typeLanguage="http://www.w3.org/2001/XMLSchema"
  expressionLanguage="http://www.w3.org/1999/XPath"
  xmlns:sample="http://sample.bpmn.camunda.com/">
  ...
  <import namespace="http://sample.bpmn.camunda.com/"
         location="SampleService.xsd"
         importType="http://www.w3.org/2001/XMLSchema" />
  <itemDefinition id="ausschreibungDef" itemKind="Information"
                 structureRef="sample:ausschreibung" />
  ...
  <process id="Stellenausschreibungsprozess">
    <dataObject id="ausschreibungVariable" name="Stellenausschreibung"
               itemSubjectRef="ausschreibungDef" />
```

Nur als kleiner Hinweis: Die BPMN unterscheidet zwischen Datenobjekten, die auch im Diagramm grafisch repräsentiert sind, und nicht sichtbaren Eigenschaften („Property"). Letztere können aber auch als Prozessvariablen verwendet werden.

Die Spezifikation kennt auch formale Sprachen, beispielsweise zur Darstellung von Bedingungen. Diese formale Sprache wird „Expression Language" genannt und die Ausdrücke entsprechend „Expressions". Wir verwenden im Folgenden den englischen Ausdruck, da er in der Informatik einen feststehenden Begriff darstellt.

Expressions können aus bestehenden Daten neue Informationen gewinnen, im einfachsten Fall wird einfach auf „wahr" oder „falsch" geprüft. Ein gutes Anwendungsbeispiel ist das datenbasierte exklusive Gateway (XOR-Split): Je nach Daten im Prozess wird das Token zur Ausführungszeit das Gateway durch einen bestimmten Ausgang verlassen. Auch dieses möchten wir uns kurz am Beispiel anschauen, dort wird die Stellenbeschreibung nur korrigiert, wenn sie entsprechend markiert wurde:

```
<sequenceFlow id="flow4" sourceRef="StellenbeschreibungPruefen"
                         targetRef="StellenbeschreibungKorrigieren">
  <conditionExpression xsi:type="tFormalExpression">
    getDataObject("ausschreibungVariable")/korrekturNotwendig=true
```

```
    </conditionExpression>
  </sequenceFlow>
```

Als Standardeinstellung wird in BPMN die XPath Expression Language verwendet, wie im XML-Code zu sehen ist. XPath ist eine Abfragesprache, die direkt auf XML-Daten arbeitet, und ist daher in Kombination mit XML-Schema für Datentypen sinnvoll. Auch diese Sprache lässt sich austauschen, so könnte man beispielsweise im Zusammenhang mit Datentypen der Programmiersprache Java auch die „Java Expression Language" verwenden. Der Prozess könnte dann folgendermaßen aussehen:

```
<definitions ...
  typeLanguage="http://java.sun.com/"
  expressionLanguage="http://java.sun.com/j2ee/1.4/ExpressionLanguage">
  ...
  <import namespace="http://sample.bpmn.camunda.com/"
         location="types.jar"
         importType="http://java.sun.com/" />
  <itemDefinition id="ausschreibungDef" itemKind="Information"
               structureRef="com.camunda.bpmn.sample.Ausschreibung" />
  ...
  <process id="Stellenausschreibungsprozess">
    <dataObject id="ausschreibungVariable" name="Stellenausschreibung"
              itemSubjectRef="ausschreibungDef" />
              ...
    <sequenceFlow id="flow4" sourceRef="StellenbeschreibungPruefen"
                        targetRef="StellenbeschreibungKorrigieren">
      <conditionExpression xsi:type="tFormalExpression">
        #{ausschreibungVariable.korrekturNotwendig}
      </conditionExpression>
    </sequenceFlow>
    ...
```

Diese Konfigurierbarkeit der Datentypen und der dazu passenden Expression Language bringt eine große Flexibilität bei der Umsetzung der Process Engine mit sich. Hersteller können Tools ähnlich den aktuellen BPEL-Engines implementieren oder aber auch sehr programmiersprachennahe, leichtgewichtige Versionen entwickeln, ähnlich den aktuellen Java Engines im Open Source-Bereich. Auf der anderen Seite muss man auch anmerken, dass dies bedeutet, dass nicht jeder Prozess auf jeder Engine lauffähig ist. Die Ziel-Engine muss die gewählte Technologie unterstützen.

5.3.3 Serviceaufrufe – synchron oder asynchron?

Unter Asynchronität versteht man, dass die Antwort auf eine Anfrage zeitlich versetzt stattfindet und der Sender in der Zwischenzeit nicht blockiert ist. Bei Synchronität ist es genau anders herum: Der Sender wartet direkt auf die Antwort, welche normalerweise sofort beziehungsweise mit vernachlässigbarem Zeitunterschied erfolgt. Dies gilt gleichermaßen für den Aufruf von Softwarefunktionen wie auch für die zwischenmenschliche Kommunikation.

In BPMN-Modellen wird ganz bewusst unterschieden, ob es sich um synchrone oder asynchrone Kommunikation handelt. Betrachten wir den Aufruf einer Softwarefunktionalität – ein sogenannter Serviceaufruf –, besteht der Unterschied in dem, was Sie in Abbildung 5.7 sehen. Kommt also der antwortende Nachrichtenfluss in der sendenden Aktivität selbst an, handelt es sich um eine synchrone Kommunikation. Kommt die Antwort in einer späteren Aktivität, so ist die Kommunikation asynchron. Zur Darstellung der Asynchronität können statt Aufgaben auch Nachrichtenereignisse verwendet werden, bei synchroner Kommunikation ist dies nicht möglich, da Ereignisse immer zwischen eintretend und auslösend unterscheiden, aber niemals beide Fälle abdecken können.

Betrachtet man die Umsetzung des Prozesses in Software, ist der synchrone Fall relativ einfach, da technisch direkt eine Antwort erfolgt. Dies ist vergleichbar mit einem einfachen Funktionsaufruf mit Rückgabewert in einer Programmiersprache. Im asynchronen Fall gestaltet sich die Umsetzung ein bisschen schwieriger. Die Antwort kommt zeitlich versetzt und muss beim Eintreffen der richtigen wartenden Prozessinstanz zugeordnet werden; man spricht dann von Korrelation. Die sogenannte Korrelationsbedingung muss genau definiert werden. In Abschnitt 5.4.3 auf Seite 219 werfen wir einen genaueren Blick auf Korrelationen.

In unserem Beispiel ist der Aufruf der Job-Börsen technisch als Webservice umgesetzt und als Service-Aufgabe („ServiceTask") modelliert. Dieser Webservice liefert kein relevantes Ergebnis zurück. Trotzdem ist es ein synchroner Service, der die Daten sofort in die Job-Börse einträgt. Würde dabei ein Fehler auftreten, könnte dieser im Stellenausschreibungsprozess behandelt werden. Der Prozess wartet also auf die Abarbeitung der Service-Aufgabe.

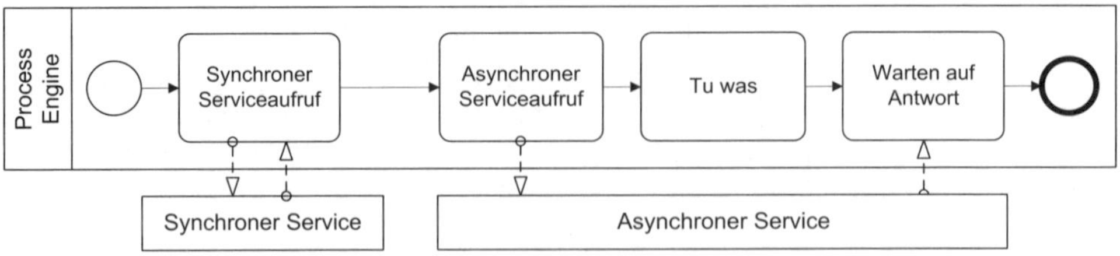

Abbildung 5.7: Synchroner und asynchroner Serviceaufruf

Im Gegensatz dazu könnten die Job-Börsen auch asynchron angebunden werden. In diesem Fall wird nur die Nachricht an das System übergeben, und der Prozess kann sofort fortfahren, unabhängig davon, ob die Nachricht angekommen ist oder die Abarbeitung erfolgreich angestoßen wurde. Üblicherweise ist die Garantie der IT-Infrastruktur lediglich, dass die Nachricht erfolgreich angenommen wurde und nicht verloren gehen kann. Das Eintragen der Stelle könnte also auch zeitlich versetzt stattfinden. Für diesen Fall sieht die BPMN die Sende-Aufgabe („SendTask") vor.

In Diskussionen sind wir auf ein Problem gestoßen: Es gibt durchaus den Fall, dass fachlich eine Asynchronität vorliegt, technisch aber synchrone Mechanismen zum Einsatz kommen. Zur Veranschaulichung in Abbildung 5.8 eine kleine Analogie aus der realen Welt. Nehmen wir an, wir haben Hunger und möchten eine Pizza essen. Vermutlich greifen wir zum Telefonhörer und rufen den Pizzadienst unseres Vertrauens an. Dies ist technisch gesehen ein synchroner Aufruf, da am anderen Ende der Leitung ein Mitarbeiter ans Telefon geht und wir direkt ein Feedback bekommen, dass unsere Bestellung aufgenommen wurde. Die Abarbeitung der Bestellung, also der eigentliche Service des Pizzadienstes, erfolgt aber asynchron. Wir erhalten das Ergebnis nämlich erst eine halbe Stunde später.

Alternativ könnten wir aber auch eine E-Mail an den Pizzadienst schicken. Technisch gesehen ist dies asynchron, wir wissen nicht, ob und wann der Pizzadienst die Mail erhält, geschweige denn, wann er sie liest. Dies ist somit schon irgendwie unsicherer.

Eine letzte Alternative wäre nun, dass wir die paar Meter zu Fuß zum Pizzamann laufen, direkt bestellen und auf die Pizza warten. Dies entspricht einem synchroner Aufruf, da wir das Geschäft erst verlassen, wenn das Ergebnis des Service eingetroffen ist. So lange können wir nicht wirklich etwas anderes Sinnvolles tun, vergleichbar einem wartenden Prozess.

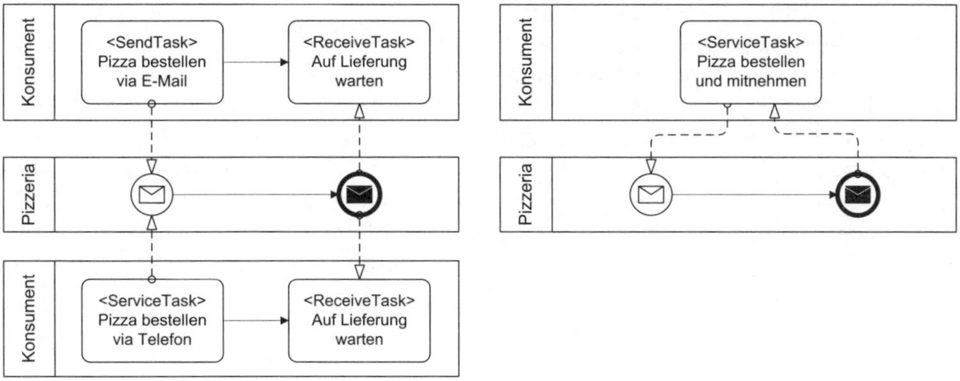

Abbildung 5.8: Synchronität auf fachlicher und technischer Ebene sind nicht identisch.

Warum reiten wir so auf diesem Sachverhalt herum? Nun ja, interessant an Abbildung 5.8 ist, dass synchrone Service-Aufgaben und asynchrone Sende-Aufgaben im technischen Sinne verwendet werden. Damit unterscheidet sich das technische vielleicht schon vom fachlichen Modell, das in beiden Fällen vermutlich eine Sende-Aufgabe vorgesehen hat, da es sich um einen fachlich asynchronen Service handelt. Aktuell ist auch nicht abzusehen, wie Process Engines diese Unterscheidung in der Praxis umsetzen, ob also hinter einer Sende-Aufgabe vielleicht auch ein synchroner Webservice-Aufruf stecken kann, wenn das Ergebnis ignoriert wird.

> ***Tipp: Business-IT-Alignment***
>
> Fachliche und technische Sicht auf Synchronität und Asynchronität sind leider unterschiedlich. Fachlich asynchrone Sachverhalte werden technisch eventuell durch synchrone Services abgebildet oder umgekehrt. Seien Sie sich dessen bewusst.

5.3.4 Schnittstellen zu IT-Systemen ansprechen

Wie können IT-Systeme automatisiert aus dem Prozess heraus aufgerufen werden? Auch hier kennt die BPMN eine Standardeinstellung: Webservices. Wie in Abschnitt 5.3.3 auf Seite 204 bereits erwähnt, müssen Sie in diesem Kontext die Entscheidung fällen, ob es sich um technisch synchrone oder asynchrone Serviceaufrufe handelt. In der Praxis sind dies meist technisch synchrone Aufrufe – das Telefon –, auch wenn das Ergebnis – die Pizza – erst später geliefert wird.

Entsprechend haben wir im Beispiel einen ServiceTask verwendet, um die Job-Börsen anzusprechen. Um einen Webservice aufzurufen, muss eine Eingangsnachricht mit den Parametern und bei Bedarf eine Ausgangsnachricht mit dem Ergebnis definiert werden. Dafür gibt es auch in BPMN ein entsprechendes Nachrichtenkonstrukt.

Auch an dieser Stelle ist die BPMN aber nicht fest an Webservices gebunden, es könnten ebenso andere Technologien wie Java oder REST-basierte Services angebunden werden. Erreicht wird dies durch eine Indirektion: Die Schnittstelle wird technologieunabhängig mit Parametern und Rückgabewerten definiert. Dabei kommt die vorher eingestellte Technologie für die Datentypen zur Anwendung. Erst in einem zweiten Mapping wird diese Schnittstelle an eine konkrete Implementierung gebunden. Nachfolgend ist der Quellcode für die Definition der Nachrichten, der Schnittstelle sowie die Verwendung im ServiceTask mit Webservices dargestellt.

```
...
<!-- import wsdl -->
<import
```

```
namespace="http://sample.bpmn.camunda.com/"
location="SampleService.wsdl"
importType="http://schemas.xmlsoap.org/wsdl/soap/" />

<!-- Datenstruktur der Nachricht -->
<itemDefinition id="StelleAnlegenDef" itemKind="Information"
                structureRef="sample:stelleAnlegen" />
<!-- Nachricht -->
<message name="StelleAnlegen" id="StelleAnlegenNachricht"
         structureRef="StelleAnlegenDef" />

<!-- Schnittstelle -->
<interface id="SchrittsteinInterface" name="Schrittstein.de Schnittstelle">
  <operation name="stelleAnlegen">
    <inMessageRef>StelleAnlegenNachricht</inMessageRef>
  </operation>
</interface>
...
<process id="Stellenausschreibungsprozess" name="Stellenausschreibung">
  <serviceTask id="SchrittsteinAnlegen"
               name="Anzeige auf Schrittstein.de publizieren"
               implementation="WebService"
               operationRef="StelleAnlegen">

    <ioSpecification>
      <dataInput id="SchrittsteinAnlegenInput" isCollection="false"
                 itemSubjectRef="StelleAnlegenNachricht" />
      <inputSet>
        <dataInputRefs>SchrittsteinAnlegenInput</dataInputRefs>
      </inputSet>
      <outputSet />
    </ioSpecification>

    <dataInputAssociation>
      <assignment>
        <from xsi:type="tFormalExpression">
          getDataObject("ausschreibungVariable")
        </from>
        <to xsi:type="tFormalExpression">
          getDataInput("SchrittsteinAnlegenInput")/ausschreibung/
        </to>
      </assignment>
      <sourceRef>ausschreibungVariable</sourceRef>
      <targetRef>SchrittsteinAnlegenInput</targetRef>
```

```
        </dataInputAssociation>

      </serviceTask>
      ...
```

Die tatsächliche Implementierung des Service wird dann an das definierte Interface „gebunden“. Dies wird über sogenannte Endpoints realisiert, die allerdings von der BPMN offengelassen werden. Die Spezifikation definiert nur die Erweiterungspunkte, an denen dann die jeweilige Implementierung eingehängt werden kann. Dies können Webservice-Endpoints sein, denkbar wäre jedoch auch hier wieder eine Bindung an Java. Das nächste Listing-Beispiel zeigt dies.

```
...
<import
  namespace="http://sample.bpmn.camunda.com/"
  location="services.jar"
  importType="http://java.sun.com/" />

  <!-- Datenstruktur -->
  <itemDefinition id="StelleAnlegenDef" itemKind="Information"
                  structureRef="com.camunda.bpmn.sample.Stelle" />
  <message name="StelleAnlegen" id="StelleAnlegenNachricht"
           structureRef="StelleAnlegenDef" />

  <!-- Schnittstelle -->
  <interface id="SchrittsteinInterface" name="Schrittstein.de Schnittstelle">
    <operation name="stelleAnlegen">
      <inMessageRef>StelleAnlegenNachricht</inMessageRef>
    </operation>
  </interface>

   ...
  <process id="Stellenausschreibungsprozess" name="Stellenausschreibung">
    <serviceTask id="SchrittsteinAnlegen"
                 name="Anzeige auf Schrittstein.de publizieren"
                 implementation="WebService"
                 operationRef="StelleAnlegen">

      <ioSpecification>
         <dataInput id="SchrittsteinAnlegenInput" isCollection="false"
                    itemSubjectRef="StelleAnlegenNachricht" />
        <inputSet>
          <dataInputRefs>SchrittsteinAnlegenInput</dataInputRefs>
        </inputSet>
```

```
      <outputSet />
    </ioSpecification>
    <dataInputAssociation>
      <assignment>
        <from xsi:type="tFormalExpression">
              #{ausschreibungVariable}</from>
        <to xsi:type="tFormalExpression">
              #{SchrittsteinAnlegenInput.ausschreibung}</to>
      </assignment>
      <sourceRef>ausschreibungVariable</sourceRef>
      <targetRef>SchrittsteinAnlegenInput</targetRef>
    </dataInputAssociation>
  </serviceTask>
  ...
```

In Abschnitt 6.4.3 auf Seite 273 gehen wir noch auf die quelloffene Process Engine Activiti ein, mit der wir inzwischen bereits einige Praxisprojekte durchgeführt haben. Diese geht bei Serviceaufrufen übrigens einen anderen Weg: Es werden Erweiterungen – so genannte „Extensions" – bereitgestellt, so dass ein ServiceTask direkt mit Java-Code oder auch entsprechenden Expressions verknüpft wird, wie im folgenden Listing visualisiert. Damit weicht man bewusst vom Standard ab, ohne ihn jedoch zu verletzen, da Erweiterungen erlaubt sind. Insgesamt wird es aber Java-Entwicklern wesentlich einfacher gemacht, mit der Prozessdefinition umzugehen. Natürlich ist es abhängig von der jeweiligen Situation beim Kunden, aber wir haben sehr häufig erlebt, dass dieser „Handel" aufgeht. Abschnitt 6.4.3 geht auf diese Entwicklerfreundlichkeit nochmals ein.

```
...
<process id="Stellenausschreibungsprozess" name="Stellenausschreibung">
  <serviceTask id="SchrittsteinAnlegen"
               name="Anzeige auf Schrittstein.de publizieren"
               activiti:class="com.camunda.bpmn.StelleAnlegenDelegate" />
...
```

5.3.5 Startereignis und Empfangsaufgabe

Nun gibt es nicht nur den Fall, dass aus dem Prozess heraus ein System angesprochen werden soll, sondern auch Situationen, in denen die Welt mit unserem Prozess kommunizieren möchte. In unserem Prozess ist das nur beim Start einer neuen Prozessinstanz der Fall. Auch hier gilt, dass die BPMN als Standardeinstellung von der Nutzung der Webservice-Technologie ausgeht. Daher kann das Starten der Prozessinstanz entsprechend auch als Webservice bereitgestellt werden. Im Prinzip ist dies sehr ähnlich wie das Aufrufen eines Service, nur dass diesmal lediglich die Nachricht als Ausgangsdatum des Ereignisses vorliegt und keine Eingangsdaten benötigt werden. Dementsprechend sieht das Startereignis aus:

```
<startEvent id="Start">
  <dataOutput id="ProzessStartOutput"
             itemSubjectRef="ProzessStartenItem" />
  <dataOutputAssociation>
    <assignment>
      <from xsi:type="tFormalExpression">
        getDataOutput("ProzessStartOutput")/ausschreibung
      </from>
      <to xsi:type="tFormalExpression">
        getDataObject("ausschreibungVariable")
      </to>
    </assignment>
    <sourceRef>ProzessStartOutput</sourceRef>
    <targetRef>ausschreibungVariable</targetRef>
  </dataOutputAssociation>
  <messageEventDefinition messageRef="ProzessStartenNachricht">
    <operationRef>starteStellenausschreibungsprozess</operationRef>
  </messageEventDefinition>
</startEvent>
```

Wie bei der Service-Aufgabe zuvor müssen auch hier natürlich Datenstrukturen und Nachrichten definiert werden. Da der gesamte Quelltext zum Prozess auf der Webseite zum Buch verfügbar ist, haben wir uns diese Details hier aus Platzgründen gespart.

5.3.6 Benutzeraufgabe

Letztes Problem im Beispiel ist die menschliche Interaktion („Human Interaction") in Form einer Benutzeraufgabe („UserTask"). Dieses Konstrukt im Prozess führt dazu, dass eine Aufgabe in einer Aufgabenverwaltung angelegt wird, sodass ein Benutzer sie auf seine sogenannte Aufgabenliste bekommt. Erst wenn der Benutzer die Aufgabe fertiggestellt hat, läuft der Prozess weiter.

Die BPMN kennt drei verschiedene technische Möglichkeiten, die Aufgabenverwaltung anzusprechen. Einerseits könnte ein generischer Webservice verwendet werden, der beispielsweise die proprietäre Aufgabenverwaltung des Process Engine-Herstellers oder auch die eigene Implementierung anspricht. Andererseits könnte eine andere Technologie verwendet werden, beispielweise die direkte Einbindung einer proprietären Aufgabenverwaltung über Java. Dies kann häufig sinnvoll sein, wenn die Process Engine eine eigene Aufgabenverwaltung mitbringt, die sich auf diesem Wege unkompliziert ansprechen lässt. Auf der anderen Seite begeben Sie sich hiermit auch auf proprietäre Pfade, eine Austauschbarkeit zwischen verschiedenen Engines kann dadurch eingeschränkt werden.

Daher gibt es noch einen standardisierten Weg: WS-HumanTask (WS-HT). Diese eigene und sehr umfangreiche Spezifikation definiert Benutzeraufgaben sehr detailliert und mächtig. Auch Aspekte wie Zuständigkeiten, Delegation, Eskalation und sogar Metainformationen für die Anzeige, zum Beispiel ein Betreff, sind für eine Aufgabe definierbar. Das Problem der noch sehr jungen Spezifikation ist aktuell ihre Komplexität sowie die nur langsam wachsende Unterstützung durch die Hersteller. Besitzt man aber eine WS-HT-fähige Aufgabenverwaltung, ist dies sicherlich eine gute Wahl.

Wir möchten an dieser Stelle nur den einfachsten Fall beschreiben, nämlich die proprietäre Abbildung durch den Engine-Hersteller. Eine Human Task könnte im einfachsten Fall so aussehen:

```
...
<resource id="SachbearbeiterPersonalResource" name="SB Personal"/>
...
<process id="Stellenausschreibungsprozess" name="Stellenausschreibung">
  <userTask id="StelleBeschreiben" name="Stelle beschreiben"
            implementation="other">
    <potentialOwner resourceRef="SachbearbeiterPersonalResource"/>
  </userTask>
  ...
```

5.4 Ausführungssemantik – Noch ein Wort zu ...

Nach dem Überflug über das erste Beispiel möchten wir einige Aspekte genauer betrachten. Wie bereits erwähnt, ist es nicht Ziel dieses Buches, Ihnen die komplette Ausführungssemantik in allen Details näher zu bringen. Aus diesem Grund haben wir uns die Punkte herausgepickt, die wir für die spannendsten halten, und gehen auf die Kernelemente der BPMN im Rahmen der Automatisierung ein.

5.4.1 Startereignisse und Prozessinstanziierung

Wir wissen bereits: Startereignisse starten neue Prozessinstanzen. Aber wie tun sie das tatsächlich? Sollten Sie sich dem Lager der IT zurechnen, werden Sie vermutlich eine der beiden folgenden Möglichkeiten im Kopf haben: Die Instanziierung

- ist selbst im Prozess oder als eigener Prozess modelliert und erfolgt durch die Process Engine oder
- erfolgt extern durch eine andere IT-Komponente.

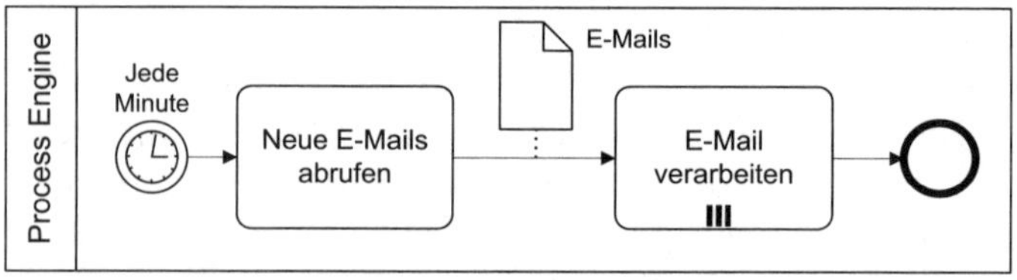

Abbildung 5.9: Modellierung der Prozessinstanziierung im Prozess über regelmäßigen E-Mail-Abruf

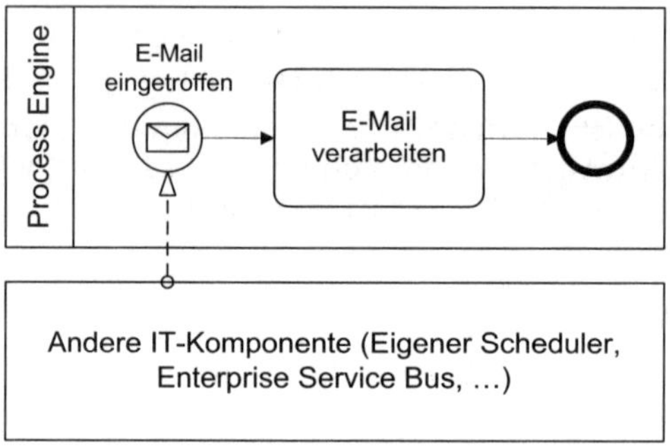

Abbildung 5.10: Prozessinstanziierung findet außerhalb der Process Engine statt.

Denken Sie sich folgendes einfaches Beispiel: Eine neue Prozessinstanz wird angestoßen, sobald eine E-Mail eingeht. Nun muss diese E-Mail irgendwie technisch abgerufen werden, die Daten daraus gelesen und eine entsprechende Prozessinstanz gestartet werden. Dies können Sie nun entweder direkt als Prozess modellieren, wie in Abbildung 5.9 gezeigt. Wenn die Process Engine dies unterstützt, würde sie selbstständig jede Minute neue E-Mails abrufen und verarbeiten.

Alternativ ist denkbar, dass im Unternehmen bereits IT-Komponenten existieren, die E-Mails abrufen und verarbeiten können. Wenn dort eine neue E-Mail eintrifft, wird eine neue Prozessinstanz gestartet, die dann direkt mit der E-Mail arbeitet, wie in Abbildung 5.10 dargestellt. Kommt nie eine E-Mail, wird auch der Prozess nie instanziiert. In der Praxis übernehmen diese Aufgabe oft ein vorgelagerter Enterprise Service Bus (ESB) oder vergleichbare Komponenten.

In unseren Projekten waren beide Instanziierungsparadigmen anzutreffen. Je nach Process Engine, Projektgröße, Projektumfeld und Technologie fiel die Wahl dann auf eine der beiden oder vielleicht sogar auf einen Mix aus beiden Varianten. Bei größeren Projekten, in denen die Process Engine eine Komponente in der IT-Architektur ist, vielleicht auch im Rahmen Serviceorientierte Architektur (SOA), wird oft der externe Weg beschritten wohingegen bei kleineren Projekten, die sehr Process-Engine-getrieben sind, die Engine entsprechend alle Aufgaben übernimmt.

Vor- und Nachteile haben beide Alternativen. So ist die Modellierung im Prozess oft einfacher und führt dazu, mehr Aspekte des Prozesses an zentraler Stelle zusammenzuführen. Auf der anderen Seite ist die externe Instanziierung flexibler und verlangt der Process Engine weniger ab. Auch kann der Prozess von technischen Details befreit werden, z.B. ob der Auslöser als E-Mail, JMS oder X.400-Nachricht kommt. Wichtig ist, dass solche Entscheidungen situationsabhängig, aber bewusst getroffen werden. Dabei muss die angestrebte Zielarchitektur bereits berücksichtigt werden.

An dieser Stelle ein weiterer kleiner Hinweis: Das Zeitereignis ist ein Sonderfall, da es ein „aktives" Ereignis darstellt. Das reine Nachrichtenereignis beispielsweise kann nicht selbst aktiv werden. Dennoch lässt sich das Ereignis im Prozess selbst modellieren. Beispielsweise kann das Eintreffen einer Nachricht bedeuten, dass ein Webservice-Aufruf angenommen wird. Dies wird, wie in Abschnitt 5.3.5 auf Seite 209 gezeigt, von BPMN explizit unterstützt.

Mehrfache Startereignisse

In Abschnitt 2.6 auf Seite 47 wurden bereits Situationen angedeutet, in denen mehrere Startereignisse vorliegen müssen, um einen Prozess zu starten. Diese Frage ist in der Prozessautomatisierung gegenüber der fachlichen Modellierung deutlich verschärft, da die Semantik für die IT-Umsetzung ganz exakt definiert sein muss.

Ein Beispiel finden Sie in Abbildung 5.11: Ein Broker nimmt unabhängig Kauf- und Verkaufsaufträge entgegen. In diesem Fall gehen wir davon aus, dass Käufer und Verkäufer sich nicht kennen und das Produkt auch nicht wie beispielsweise bei einer Auktion zuerst angeboten werden muss, bevor es verkauft wird. Als Beispiel könnten Aktien herhalten. Trifft zuerst ein Kaufauftrag ein, so wird das obere Token zum AND-Join laufen. Eine Prozessinstanz kann aber nur dann erfolgreich beendet werden, wenn auch ein Verkaufsangebot vorliegt. Der Trick des parallelen ereignisbasierten Gateways besteht darin, dass es die nachfolgenden Ereignisse korrelieren kann. Trifft also ein Angebot ein, wird geprüft, ob es zur

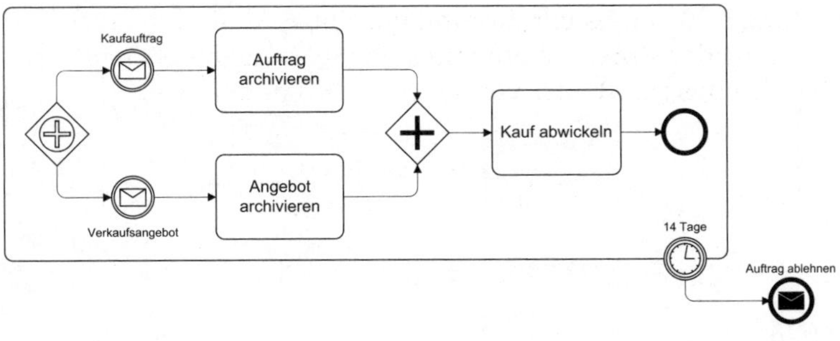

Abbildung 5.11: Beispiel eines parallelen, ereignisbasierten Gateway zur Prozessinstanzierung

bereits existierenden Prozessinstanz mit unserem Auftrag passt. Dann wird ein neues Token in die existierende Prozessinstanz geschickt, und unser Prozess im AND-Join kann weiterlaufen. Würde das Angebot nicht passen, würde eine neue Prozessinstanz gestartet, die dann auf einen Auftrag wartet.

Ein großes Problem aus Sicht der Process Engine ist, dass in diesem Fall Prozessinstanzen „verhungern" können, wenn keine zweite Nachricht ankommt. Diesem Umstand sollte man auf jeden Fall Rechnung tragen; im vorliegenden Beispiel haben wir dies durch ein angeheftetes Zeitereignis – also ein Timeout – realisiert.

Abbildung 5.12 zeigt verschiedene Möglichkeiten mehrfacher Startereignisse in der Übersicht. Unser Beispiel fällt in Bereich (d). Bereich (c) soll übrigens inhaltlich denselben Sachverhalt darstellen, was wir in der fachlichen Modellierung durchaus erlaubt haben. In der Automatisierung ist das Muster jedoch ungültig, da der AND-Join nicht korrelieren kann und wir somit auch bei passendem Angebot und Auftrag zwei Prozessinstanzen bekämen, die beide niemals beendet werden können. Sie sehen also: In der Prozessautomatisierung müssen Sie deutlich „korrekter" modellieren, damit die Process Engine nicht durcheinandergerät.

Zur Erinnerung: Bereich (a) und (b) in Abbildung 5.12 zeigen beide den Sachverhalt, wenn entweder das eine oder das andere Ereignis den Prozess startet. In diesem Fall ist es egal, ob das exklusive ereignisbasierte Gateway verwendet wird oder nicht. Warum gibt es dann dieses Konstrukt? Nun, einige Studien haben gezeigt, dass manche Menschen Prozessmodelle besser verstehen, wenn sie genau einen Startknoten haben. Das Gateway wäre sozusagen dieser eine virtuelle Startknoten.

Zu Bereich (e) nochmals zur Erinnerung: Auch so kann ein Prozess mit zwei Ereignissen gestartet werden, übrigens der einzig mögliche Weg unter BPMN 1.2. Die verschiedenen Kombinationen der Reihenfolge von Events müssen einzeln modelliert werden; damit kann sowohl Angebot als auch Auftrag den Prozess starten und die jeweils andere Nachricht korreliert werden. Eine weitere theoretische Betrachtung der Problematik der Prozessinstanziierung – allerdings mit BPMN 1.2 – finden Sie in [DM08], wo eine entsprechende externe Prozessfabrik vorgeschlagen wird. Die Instanziierung des Prozesses erfolgt also nicht durch die Process Engine selbst.

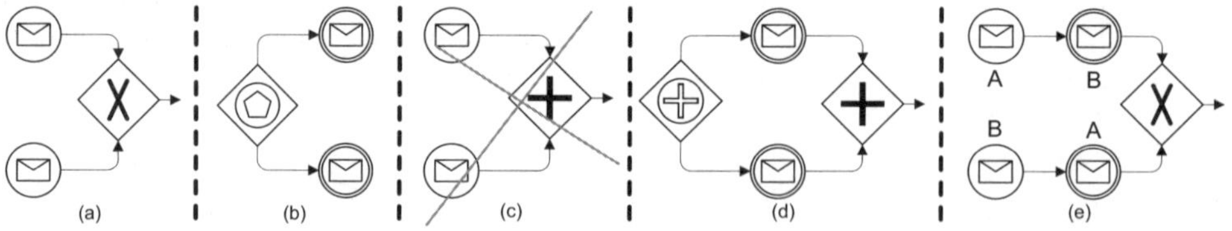

Abbildung 5.12: Starten einer Prozessinstanz mit Mehrfachstartereignis

5.4.2 Ereignisse und deren Umsetzung in IT

Aus Sicht der Automatisierung sind Zwischenereignisse eine eingehendere Betrachtung wert. Als Erstes werfen wir einen Blick auf die in Abschnitt 2.6.1 auf Seite 47 schon angesprochene Verpuffungssemantik. Zur Erinnerung: Streng genommen „verpuffen" eingehende Ereignisse, wenn keine Prozessinstanz auf sie wartet. In der fachlichen Modellierung siegt jedoch meist der Pragmatismus, da eine völlig korrekte Modellierung zu unübersichtlich wird. Wir schlagen daher eine kleine Konvention vor, um diese Verpuffung zu umgehen: Wir queuen eingehende Ereignisse und drücken dies durch eine kleine Queue aus, die als Artefakt an das betreffende Ereignis angehängt wird. Ein Beispiel ist im oberen Teil von Abbildung 5.13 auf der nächsten Seite zu sehen: Ein Lieferauftrag wird einer Tourenplanung übergeben. Dann wird jedoch zuerst die Rechnung verschickt. Nehmen wir einmal an, dies sei eine manuelle Aufgabe, die ein bisschen dauern kann. Zufällig war jedoch gerade die Tourenplanung aktiv, und die Lieferung kann sofort vom Hof. In diesem Fall möchten wir ja nicht, dass das Ereignis über den Versand verpufft, nur weil wir noch die Rechnung schreiben.

In der IT-Umsetzung sieht die Welt leider etwas anders aus. Die BPMN-2.0-Ausführungssemantik sieht das Verpuffen von Ereignissen vor, wenn gerade niemand darauf wartet, auch wenn dieser Punkt noch bis kurz vor Verabschiedung der Version 2.0 diskutiert wurde. In der Praxis ist es aktuell durchaus unterschiedlich, wie Process Engines damit umgehen, häufig hängt das von der technischen Umgebung ab. Übrigens wirft auch die Vermeidung des Verpuffungsproblems in einer Process Engine meist sofort eine Frage auf: Was passiert, wenn nie ein Prozess das Ereignis aus der Queue holen wird? Der Absender der Nachricht kann nicht mehr informiert werden. Dementsprechend muss ein ausgefeilter Fehlerbehandlungsmechanismus implementiert werden, der beispielsweise erkennt, wenn die Prozessinstanz endet, auf die das Ereignis korreliert werden könnte. Sie merken schon: Das wird nicht ganz einfach.

Soll also der Prozess auf einer Process Engine automatisiert werden, bleibt Ihnen eventuell keine Wahl: Sie müssen das Modell umbauen, um das parallele Warten auf das Ereignis zu ermöglichen. Die funktionierende Alternative ist auch nicht unbedingt schwer, wir parallelisieren einfach den Prozessablauf, wie in Abbildung 5.13 auf der nächsten Seite im unteren Prozess gezeigt. Aus Sicht der IT ist diese Umstellung ja auch kein Problem, oder? Na ja, immerhin ist das Diagramm doch deutlich komplizierter geworden, um einen fachlich logischen Sachverhalt auszumodellieren. Im Sinne des Business-IT-Alignments ist das unschön und ein weiterer Grund, warum technische Modelle vielleicht doch von den Wünschen des Fachbereichs abweichen können. Und auch diese Modellierung muss nicht immer stimmig sein, denn in manchen technischen Umgebungen kann die Antwort sogar schon eintreffen, bevor der Prozess sich überhaupt zum Empfangsereignis bewegt hat, der Teufel liegt also auch hier wie immer im Detail.

Aber wie verhält es sich bei Bedingungsereignissen? Ein Beispiel finden Sie in Abbildung 5.14 auf der nächsten Seite: Ein Auftrag kann nur ausgeliefert werden,

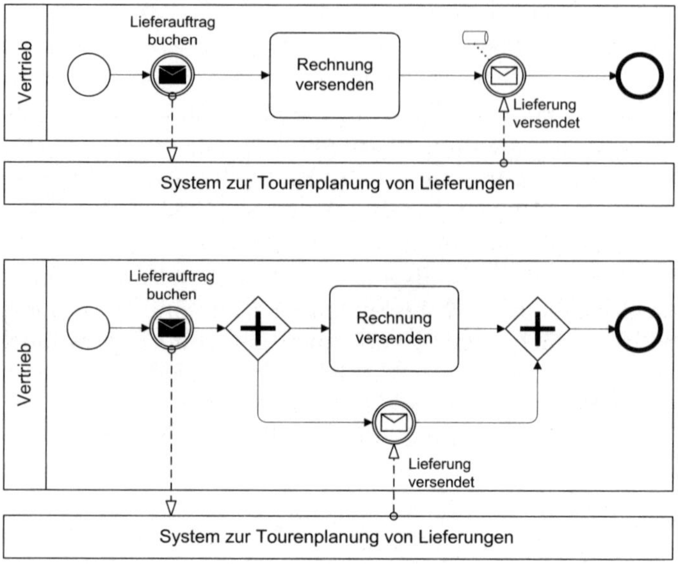

Abbildung 5.13: Verpuffung von Nachrichtenereignissen vermeiden: Fachlich übersichtlich oder mit Bordmitteln?

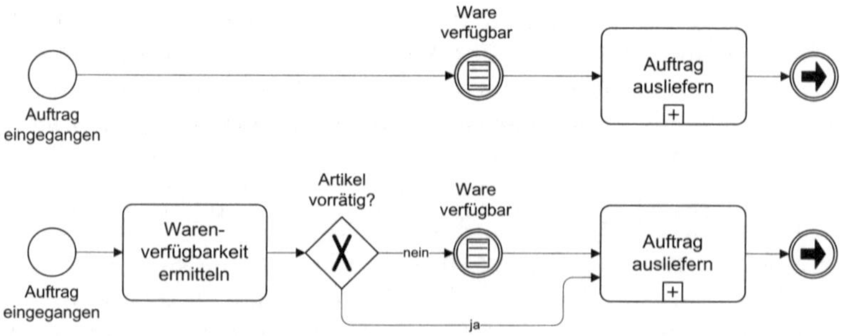

Abbildung 5.14: Bedingungsereignis: fachlich übersichtlich (oben) und technisch korrekt (unten)

wenn alle Artikel vorrätig sind. Fehlt Ware, muss der Prozess warten, bis die Ware geliefert wird, also die Bedingung „Ware vorrätig" eintritt. Fachlich ist das Ganze einfach und übersichtlich modelliert, wie im oberen Bereich der Abbildung dargestellt. In der Automatisierung verursacht das Konstrukt dann aber doch einige Probleme:

- **Formulierung der Bedingung:** Natürlich muss der Process Engine formal eindeutig mitgeteilt werden, wie die Bedingung lautet. Die BPMN sieht hierfür die bereits erwähnten Expressions vor. In der Standardeinstellung also XPath. Moment, in Abschnitt 2.6.5 auf Seite 57 stand aber doch, dass die Bedingung unabhängig vom Prozess erfüllt wird! Wie kann diese Bedingung nun durch eine Expression **im** Prozess ausgewertet werden? Wir sehen hier eine Unsauberkeit der Spezifikation, wobei es immer noch eine Hintertür gibt: XPath – oder vermutlich auch andere, von Ihnen gewählte Expression Languages – lässt sich so erweitern, dass in der Expression auch auf Daten und Services außerhalb des Prozesses zugegriffen werden kann. So wäre also eine Expression denkbar, die bei einer Rule Engine anfragt, ob eine bestimmte Bedingung schon erfüllt ist.
- **Verpuffung:** Das Problem der Verpuffung kann auch beim Bedingungsereignis eintreten. Betrachten wir die fachliche Darstellung des Prozesses in Abbildung 5.14 auf der vorherigen Seite: Der Auftrag wird ausgeliefert, wenn Ware verfügbar ist. Was jedoch, wenn die Ware bereits verfügbar ist, wenn das Token in das Bedingungsereignis läuft? Das Ereignis „Ware verfügbar" ist also bereits zu einem beliebigen Zeitpunkt der Vergangenheit aufgetreten, aber für unsere Prozessinstanz natürlich schon verpufft. Genau genommen müsste das Token dort dann stehen bleiben, im schlimmsten Fall für immer. Denn das Ereignis „Ware verfügbar" wird ja eventuell nie ausgelöst. Offensichtlich möchten wir also nur bei Nichtverfügbarkeit auf das Bedingungsereignis warten. Wir müssen also zuerst die Warenverfügbarkeit prüfen, wie im unteren Bereich der Abbildung dargestellt. Auch wenn diese Detaillierung aus fachlicher Sicht zu aufgebläht erscheint, benötigen wir genau dieses Konstrukt, um den Prozess korrekt zu automatisieren. Auf diese Weise ist auch das Problem der Verpuffung hinreichend gelöst, eine Queue wie beim Nachrichtenereignis wird nicht benötigt.
- **Wer prüft wann die Bedingung:** Ähnlich wie beim Prozessstart gibt es aus technischer Sicht die Frage: Wer führt die Prüfungen wann und wie aus? Wie bekommt die Process Engine das Ereignis mit?

  Bei der Verpuffung haben wir Ihnen bereits erläutert, dass das Bedingungsereignis laut Spezifikation die Bedingung nicht prüft, wenn das Token dort ankommt. Eventuell werden dies einige Process Engines zwar doch so umsetzen, das kann man heute aber noch nicht wissen. Für das tatsächliche Warten auf das Ereignis sehen wir zwei Möglichkeiten: Prüfung nach Zeitintervall oder die Benachrichtigung durch eine externe IT-Komponente.

Bei der ersten Variante prüft die Engine also selbstständig in einem gewissen Zeitintervall (siehe unterer Bereich von Abbildung 5.15). So könnte die Process Engine alle x Sekunden die Expression überprüfen. Von Nachteil ist sicherlich, dass dieses Vorgehen unter Umständen nicht sehr effizient ist und viele unnötige Prüfungen ausgeführt werden müssen.

Daher kann die Process Engine als Alternative von dem Ereignis benachrichtigt werden. Die Prüfung findet dann also extern in einer eigenen IT-Komponente statt, die aktiv den Prozess informiert, wie in Abbildung 5.15 oben gezeigt. Diese Aufgabe könnte zum Beispiel ein Enterprise Service Bus (ESB) übernehmen. In einer solchen Umgebung sind Ereignisse, in unserem Prozess die Einbuchung von Ware, zentral verfügbar und können ausgewertet werden. Damit kann die Process Engine tatsächlich genau zu dem Zeitpunkt informiert werden, zu dem die Bedingung erfüllt wird. Es stellt sich natürlich sofort die Frage, wie sich in diesem Fall die Expression formulieren lässt. Im Bereich der sogenannten Event Driven Architecture (EDA) gibt es sogar eigene Abfragesprachen für Ereignisse. Diese Fragestellungen sind jedoch nicht Teil der BPMN-Spezifikation und werden entsprechend offen gelassen. So bleibt es also den Herstellern überlassen, wie sie das Thema angehen. Dies wird zumindest zur Folge haben, dass Prozesse nicht einfach auf verschiedenen Process Engines ablauffähig sind.

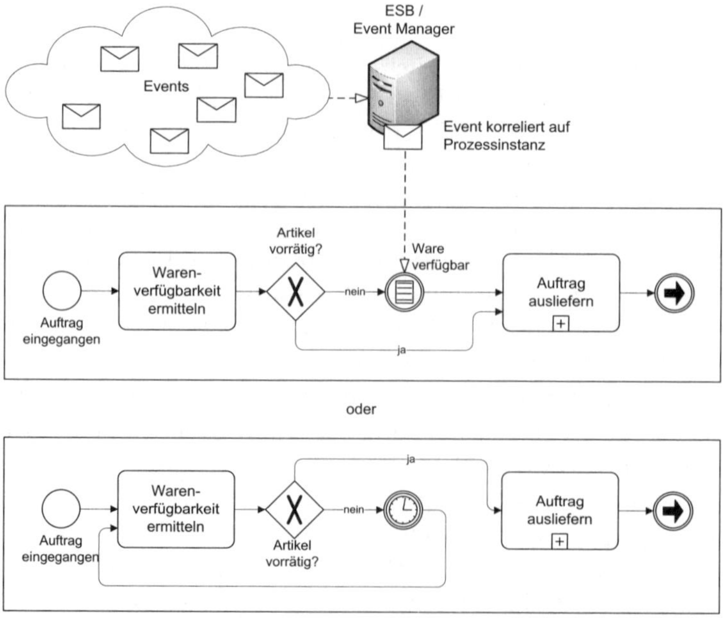

Abbildung 5.15: Umsetzungsalternativen der Bedingungsprüfung in der IT

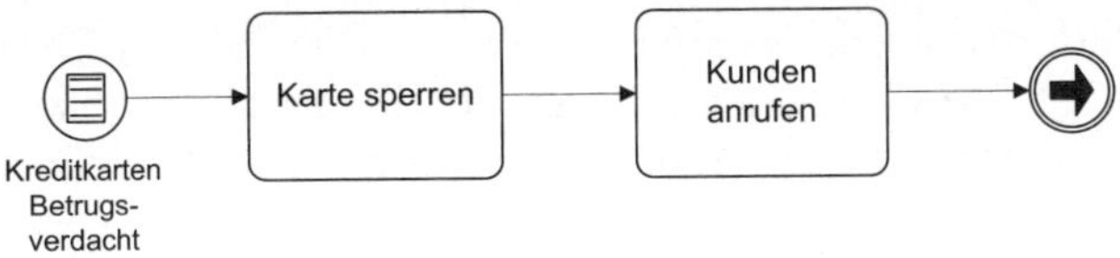

Abbildung 5.16: Bedingungsereignis zum Starten des Prozesses

Übrigens wird dieses Problem schnell noch mal verschärft durch die Frage, wie ein Prozess über eine Bedingung zu starten ist. Ein Beispiel zeigt Abbildung 5.16: Die Kreditkarte wird gesperrt, sobald Betrugsverdacht vorliegt. Aber wann ist das der Fall? Typischerweise, wenn verschiedene Ereignisse auftreten, also ein besonders hoher Betrag abgehoben wird, die Karte ungewöhnlich oft verwendet wird oder vielleicht auch bei Nutzung in bestimmten Ländern. Die Spezifikation sagt, dass die Expression im Ereignis wahr werden muss, damit ein Prozess instanziiert wird. Bevor wieder ein Prozess gestartet werden kann, muss die Bedingung aber zwischenzeitlich falsch gewesen sein. Es bleibt offen, wie die Engine das technisch löst.

5.4.3 Korrelation

Im vorigen Abschnitt haben Sie bereits gesehen, dass die Korrelation von eintretenden Ereignissen zu bestehenden Prozessinstanzen ein wichtiges Thema ist. Die Frage lautet: An welche Prozessinstanz – oder gar: an welche Prozessinstanz**en** – muss ein eintretendes Ereignis weitergereicht werden? Grundsätzlich gibt es hierfür zwei verschiedene Ansätze, die von der BPMN auch entsprechend untertützt werden:

- **Technische Schlüssel:** Für Konversationen wird ein künstlicher Schlüsselwert erzeugt, der dann in Aufruf und Antwortnachricht enthalten sein muss. Auf Grundlage dieses Schlüssels kann die Engine also sehr leicht die Zuordnung zur Prozessinstanz herstellen. Diese Variante hat den Vorteil, dass ein technischer Schlüssel typischerweise für genau einen Nachrichtenaustausch gültig und damit auch eindeutig ist. Allerdings ist es in der Praxis nicht immer ratsam, da alle Beteiligten so angepasst werden müssten, dass sie mit einem solchen Schlüssel arbeiten könnten.
- **Fachliche Schlüssel:** Die Alternative ist die Korrelation anhand von Kontextinformationen, also beispielsweise einer Auftragsnummer. Dabei können auch mehrere Eigenschaften der Prozessvariablen oder Nachrichten zu einer Korrelation verwendet werden. Wie diese Eigenschaften in den bestehenden Prozessvariablen oder eingehenden Nachrichten zu finden sind, wird über Expressions definiert. Dies hat den Vorteil, dass keine neue Anforderungen an Nachrichten oder Fremdsysteme gestellt werden, aber den Nachteil, dass die Zuordnung nicht immer eindeutig vorgenommen werden kann.

Ist die Korrelation korrekt definiert, dann ist die Process Engine selbst dafür zuständig, eingehende Nachrichten anhand der Korrelationsbedingungen Prozessinstanzen zuzuordnen. Die Spezifikation spricht von „Instance Routing“ ohne zusätzliche Infrastruktur.

Korrelation ist aber leider kein ganz einfaches Unterfangen. Einige Probleme gilt es hier durchaus noch zu lösen:

- **Was, wenn das Ereignis nicht korreliert werden kann?** Dies ist beispielsweise bei der Verpuffung der Fall, wenn Ereignisse zu früh eintreffen, kann aber auch unter ganz anderen Umständen zum Tragen kommen. Die Ereignisse laufen typischerweise in eine Fehler-Queue und müssen dort entsprechend manuell weiterbearbeitet werden.
- **Was, wenn der Prozess seinen Zustand verändert hat?** Eine Prozessinstanz könnte den erwarteten Zustand verlassen haben, beispielsweise durch Eingreifen eines Administrators oder einen Timeout. Das Ereignis kann dann nicht „zugestellt“ werden. Oder schlimmer noch: Die Prozessinstanz wartet schon auf das nächste Ereignis und wird dort fälschlicherweise getriggert. Um solche Konstellationen zu verhindern, müsste die Korrelation weiter ausgefeilt werden und beispielsweise der erwartete Prozesszustand enthalten sein. Dies stellt häufig aber kein einfaches Unterfangen dar, schließlich können in Nachrichten an und von Fremdsystemen nicht beliebige Daten eingebaut werden.
- **Falsche Korrelationsbedingungen:** Der Worst Case sind natürlich falsche Korrelationsbedingungen. Dadurch werden eventuell falsche Prozessinstanzen getriggert, und andere Prozessinstanzen bleiben fälschlicherweise stehen. Solche Fehler sind relativ schwer zu finden, aber auf der anderen Seite sind dies natürlich Modellierungsfehler, die gute Tests entdecken sollten.

5.4.4 Gateways

In Abschnitt 2.3 auf Seite 27 wurden die verschiedenen Arten der Gateways bereits eingeführt. Die BPMN 2.0 hat nun auch eine präzise Ausführungssemantik definiert, die wir Ihnen kurz erläutern wollen. Grundsätzlich bedeutet Ausführungssemantik in diesem Fall: Wie werden welche Token konsumiert, und wann werden welche Token im Gateway erzeugt und durch welchen Fluss „auf die Reise“ geschickt?

Die beiden einfachen Fälle zeigt Abbildung 5.17 auf der nächsten Seite. Das **parallele Gateway** (Fork und Join) wartet auf ein Token auf allen eingehenden und erzeugt neue Token auf allen ausgehenden Flüssen. Es wird genau ein ankommendes Token in jedem Fluss konsumiert. Liegen mehrere Token in einem Fluss vor – was in der Praxis meist wenig sinnvoll ist –, verbleiben die überschüssigen Token in dem Fluss und warten auf die nächste Aktivierung des Gateways.

Beim **exklusiven Gateway** (XOR-Join und XOR-Split) wird jedes eingehende Token durch exakt einen ausgehenden Fluss weitergeleitet. Dazu werden vorhan-

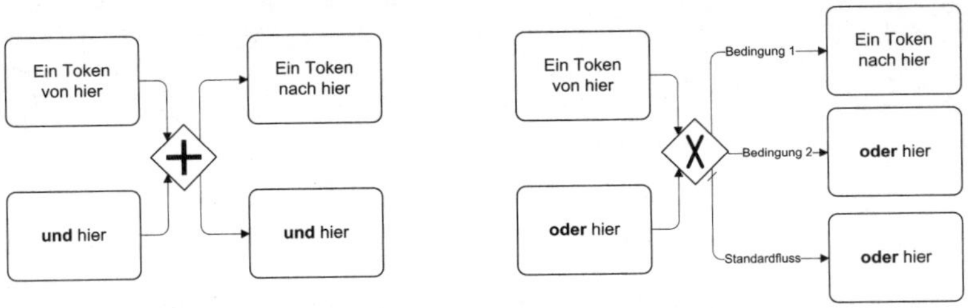

Abbildung 5.17: Aus Sicht der Token-Steuerung einfache Gateways: Parallel und exklusiv (XOR)

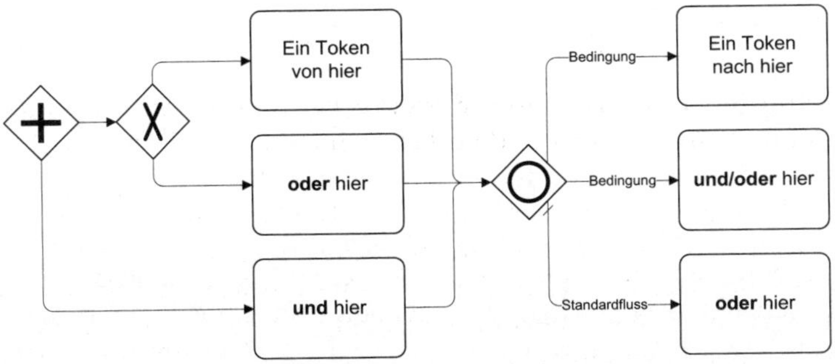

Abbildung 5.18: Inklusives Gateway (OR)

dene Bedingungen am Fluss – die als Expression vorliegen – der Reihe nach ausgewertet. Das Token wird durch den Fluss mit der ersten passenden Bedingung gesendet. Die Reihenfolge bestimmt dabei übrigens das XML. Ist keine Bedingung wahr – und nur dann –, wird der Standardfluss durchlaufen. Ist keine Bedingung wahr und kein Standardfluss konfiguriert, wird zur Laufzeit eine Exception geworfen, da eine ungültige Situation vorliegt.

So weit, so einfach. Komplizierter wird nun schon das **inklusive Gateway**, siehe Abbildung 5.18. Betrachten wir zuerst das Verhalten mit eingehenden Token (OR-Join). Das Gateway wird aktiviert, sobald an allen eingehenden Flüssen entweder Token anliegen oder kein Token mehr kommen kann. „Kein Token mehr kommen kann"? Das ist jetzt eine Feinheit dieses Konstruktes, die den Herstellern der Process Engines Probleme bereiten wird. Zwar ist prinzipiell definiert, wann ein Pfad ohne Token das Gateway aktivieren darf und wann nicht, aber in der Umsetzung ist es leider nicht so einfach. Als Beispiel dient Abbildung 5.19 auf der nächsten Seite: Hier weiß der OR-Split erst, wenn Aufgabe 2 abgeschlossen ist, ob der untere Fluss noch ankommen kann oder nicht. Und man kann sich auch noch kompliziertere Konstrukte wie beispielsweise Schleifen vorstellen. Zum Glück ist dies hauptsächlich ein Problem für die Hersteller der Engines, nicht für uns als Anwender. Trotzdem sollte dieses Konstrukt mit Vorsicht genossen werden, da es auch schnell unübersichtlich wird.

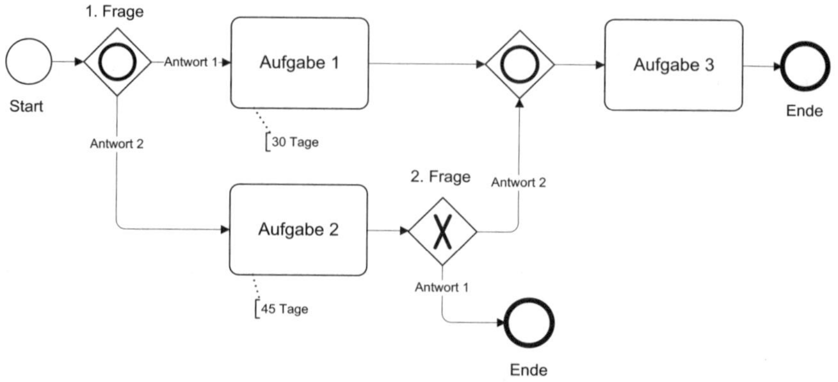

Abbildung 5.19: Wie lange muss das zweite OR-Gateway warten?

Der OR-Split ist wieder einfacher: Jeder ausgehende Fluss wird auf die eingestellten Bedingungen – ebenfalls Expressions – geprüft. Ist eine Bedingung wahr, so wird auf diesem Fluss ein Token erzeugt, beim OR-Split können dann auch beliebig viele Token erzeugt werden. Wenn keine der Bedingungen zutrifft, wird ein Token durch den Standardfluss geschickt. Auch hier gilt: Ist keine Bedingung zutreffend und gibt es keinen Standardfluss, wird zur Laufzeit eine Exception geworfen.

Das **komplexe Gateway** ist, wie der Name schon sagt, recht komplex. Es kann diverse Anforderungen abdecken und lässt sich entsprechend umfangreich konfigurieren. Betrachten wir Abbildung 5.20 auf der nächsten Seite: Ein Token kommt über den Fluss a oder b, ein weiteres über c. Damit soll unser Gateway aktiviert werden. Trifft später ein Token über d ein, wird dieses sozusagen ignoriert. Das stimmt nicht ganz, denn das Gateway kennt nun zwei verschiedene Zustände: „Warten auf Start" und „Warten auf Reset". „Warten auf Start" ist so lange aktuell, bis das Gateway „feuert". Danach wird es „umgestellt" auf „Warten auf Reset", was dazu führt, dass unser Token über d eben das Gateway nicht mehr aktiviert. Erst wenn über alle Pfade ein Token ankam oder keines mehr kommen kann – vergleichbar dem OR-Join –, wird der Zustand wieder auf „Warten auf Start" umgestellt.

Die Konfiguration, wann das Gateway überhaupt aktiviert wird, erfolgt über eine Expression. Die Process Engine zählt hierzu auch alle eingehenden Token. Diese Information steht also in der Expression zur Verfügung – ein großer Unterschied zum OR-Join. Somit kann man leicht ausdrücken: „(1 x a oder 1 x b) und 1 x c". Das Split-Verhalten des komplexen Gateways entspricht dem des OR-Splits, weswegen wir uns eine genauere Betrachtung an dieser Stelle sparen.

Um Sie nicht mit einem schlechten Gefühl aus diesem Abschnitt zu entlassen, noch ein Hinweis auf ein einfacheres Gateway: das **ereignisbasierte Gateway**. In

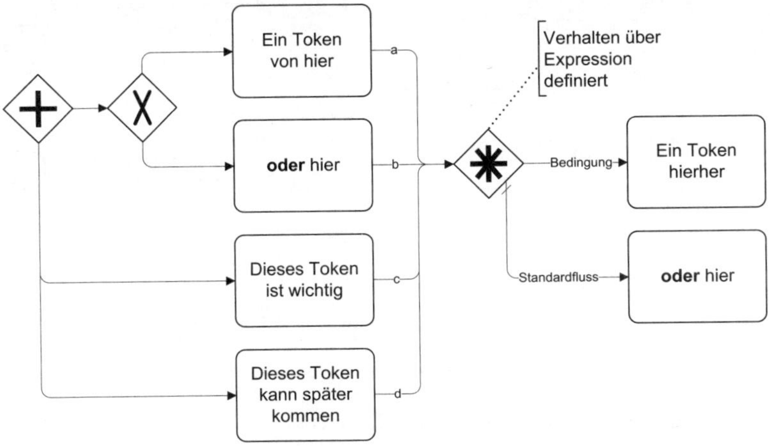

Abbildung 5.20: Komplexes Gateway

ihm bleibt ein Token einfach stehen und wartet, bis eines der Ereignisse an den ausgehenden Flüssen eintritt. Dann wird das Gateway durch genau diesen Fluss verlassen. Mehr gibt es dazu eigentlich nicht zu sagen.

5.4.5 Beenden einer Prozessinstanz

Eine Prozessinstanz kann unter verschiedenen Umständen beendet werden. Einerseits kann sie „normal“ abgeschlossen werden, andererseits könnte sie auch mit oder ohne Fehler abbrechen, terminieren oder eskalieren.

Betrachten wir zunächst den Normalfall. Eine Prozessinstanz gilt dann als abgeschlossen („completed“), wenn alle Token einen Endzustand erreicht haben. Ein Endzustand ist entweder ein dediziertes Endereignis oder aber auch eine Aufgabe ohne ausgehenden Sequenzfluss. Zur Verdeutlichung werfen Sie bitte einen Blick auf Abbildung 5.21 auf der nächsten Seite. Der gesamte Prozess hat verschiedene Blanko-Endereignisse, an denen ankommende Token konsumiert werden. Trifft das letzte Token in einem Endzustand ein, so ist die gesamte Prozessinstanz beendet. Dieses Beispiel zeigt auch eine Besonderheit: Haben wir ein paralleles Gateway zum Starten der Prozessinstanz, so gilt die Prozessinstanz erst als beendet, wenn alle dort anhängenden Ereignisse eingetreten sind. In unserem Fall müssen das Angebot und der Auftrag eingegangen sein, auch wenn nach dem Auftrag bereits die Archivierung durchgeführt wird und dieses Token in das Endereignis läuft. Und das zu einem Zeitpunkt, wenn noch kein anderes Token erzeugt wurde.

Eine zweite Besonderheit zeigt der Teilprozess „Treuhandzahlung abwickeln“: Auch eine Aufgabe ohne ausgehenden Sequenzfluss wird als Endzustand gewertet, und die Prozessinstanz kann dort beendet werden, wenn keine aktiven Token mehr vorhanden sind. Übrigens sehen Sie hier eine dritte wichtige Eigenschaft:

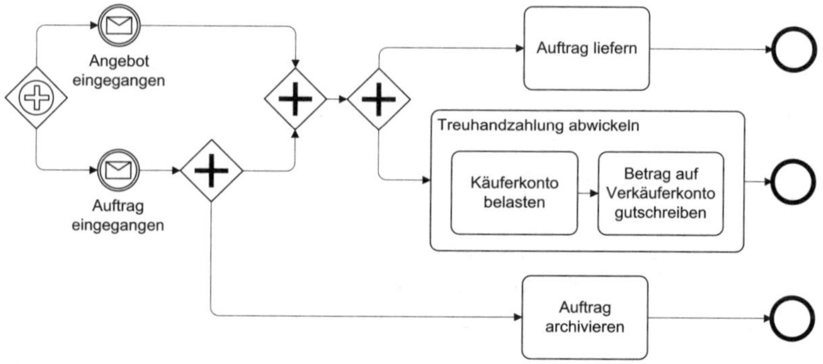

Abbildung 5.21: Normales Beenden eines Prozesses mit parallelem Gateway zum Prozessstart

Teilprozesse enden immer „für sich selbst", die Beendigung der Prozessinstanz wird also immer auf einer Hierarchiestufe entschieden. Ein noch nicht beendeter Teilprozess führt aber natürlich auch dazu, dass der Oberprozess nicht enden kann.

Für normales Beenden gibt es verschiedene mögliche Endereignisse, die dann jeweils noch eine definierte Aktion ausführen, in Abbildung 5.22 oben dargestellt:

- Nachricht schicken („Message end event")
- Signal schicken („Signal end event")
- Kompensation notwendig („compensation end event")

„Normale" Endereignisse führen also zum Beenden lediglich des ankommenden Token. Eine Prozessinstanz wird nur beendet, wenn kein weiteres aktives Token im Teilprozess mehr existiert. Dagegen gibt es aber auch sogenanntes anormales Beenden einer Prozessinstanz, in Abbildung 5.22 in der mittleren Reihe dargestellt:

Abbildung 5.22: Übersicht der Endereignisse, aufgeteilt in normale und „abnormale" Beendigung des Prozesses

- Terminierung („Termination end event"): Alle Token im aktuellen Teilprozess werden beendet, die Prozessinstanz wird terminiert.
- Fehler („Error end event"): Es werden ebenfalls alle Token beendet und ein Fehler an den Oberprozess weitergereicht. Gibt es keinen Oberprozess oder reagiert dieser nicht auf den Fehler, ist das Verhalten nicht spezifiziert.
- Abbruch („Cancel end event"): Das Verhalten ist mit dem Fehler vergleichbar; zusätzlich wird aber die aktuelle Transaktion zurückgerollt, und vorhandene Kompensationsaufgaben werden somit ausgeführt.
- Eskalation („Escalation end event"): Andere Token im aktuellen Teilprozess werden nicht beeinflusst, es wird lediglich das aktuelle Token beendet und ein Eskalationsereignis an den Oberprozess geworfen. Fängt der Oberprozess jedoch die Eskalation mit einem unterbrechenden Zwischenereignis auf, werden auch die anderen Token des Teilprozesses beendet.

Zu guter Letzt bleibt ein einzelnes Ereignis übrig: das Mehrfachereignis. Es hat mehrfache Konsequenzen, kann also alle oben genannten Auswirkungen besitzen. Dies ist in einer grafischen Darstellung nicht erkennbar. In der Ausführung für die Process Engine muss jedoch das exakte Verhalten definiert werden. Dies geschieht auch hier in der XML-Datei:

```
<bpmn:endEvent id="End" name="Multiple end event">
  <bpmn:messageEventDefinition id="Message" messageRef="messageDef" />
  <bpmn:signalEventDefinition id="Signal" signalRef="signalDef" />
  <!-- ... -->
```

5.4.6 Fachliche vs. technische Transaktion

Transaktionen, Fehler und auch Kompensation wurden bereits aus fachlicher Perspektive beleuchtet. An dieser Stelle möchten wir nur noch einmal kurz aus technischer Sicht darauf eingehen.

Informatiker verstehen unter Transaktionen vor allem sogenannte ACID-Transaktionen. Dies steht im Deutschen für „Atomar", „Konsistent", „Isoliert" und „Dauerhaft". Konkret geht es darum, eine gewisse Menge an Aktionen entweder gleichzeitig oder gar nicht durchzuführen. Während dieser Zeit bleibt der Zustand der benötigten Daten von anderen Änderungen isoliert. Das Schreiben in eine Datenbank findet als atomare Aktion statt.

Nehmen wir das bekannte Reisebuchungsbeispiel: Die Buchung des Fluges, des Hotels sowie die Abrechnung der Kreditkarte finden also gleichzeitig statt. Entweder wird alles gebucht oder nichts. Toll, richtig? Leider funktionieren in der Welt der Geschäftsprozesse ACID-Transaktionen kaum oder nur auf unterster Ebene, denn hier haben wir mit Wartezuständen, menschlicher Interaktion und asynchronen Serviceaufrufen zu tun. Denn natürlich können Kreditkartenunternehmen nicht Minuten oder Stunden darauf warten, dass eine Transaktion abgeschlossen wird. In der Zwischenzeit könnte der Kunde seine Kreditkarte aufgrund der notwendigen Isolierung nämlich nicht anderweitig verwenden.

Daher sprechen wir in diesem Zusammenhang von einer fachlichen Transaktion („Business Transaction"), dies ist eine Transaktion im Sinne der BPMN. Dies sollten Sie immer trennen von technischen Transaktionen, die dem ACID-Paradigma folgen. Es ist wichtig dass Sie sich den Unterschied klarmachen. Abbildung 5.23 stellt die beiden Konzepte einander gegenüber. Die fachliche Transaktion umfasst die gesamte Buchung. Technische ACID-Transaktionen finden aber nur auf Ebene der aufgerufenen Services statt, beispielsweise im Hotelreservierungssystem. Ist die Reservierung einmal erfolgreich abgeschlossen, kann sie technisch nicht wieder zurückgerollt werden. Fachlich aber schon, weswegen dann die Kompensation in Kraft tritt. Diese ruft dann den Stornierungsservice auf, der für sich dann wieder über eine ACID-Transaktion gesichert ist.

Wird eine Process Engine zur Prozessautomatisierung eingesetzt, hat man meist recht schnell ein Problem: Viele Systeme bieten keine Kompensationsservices an. Oder ein Kompensationsservice kann seinerseits wieder einen Fehler werfen. Be-

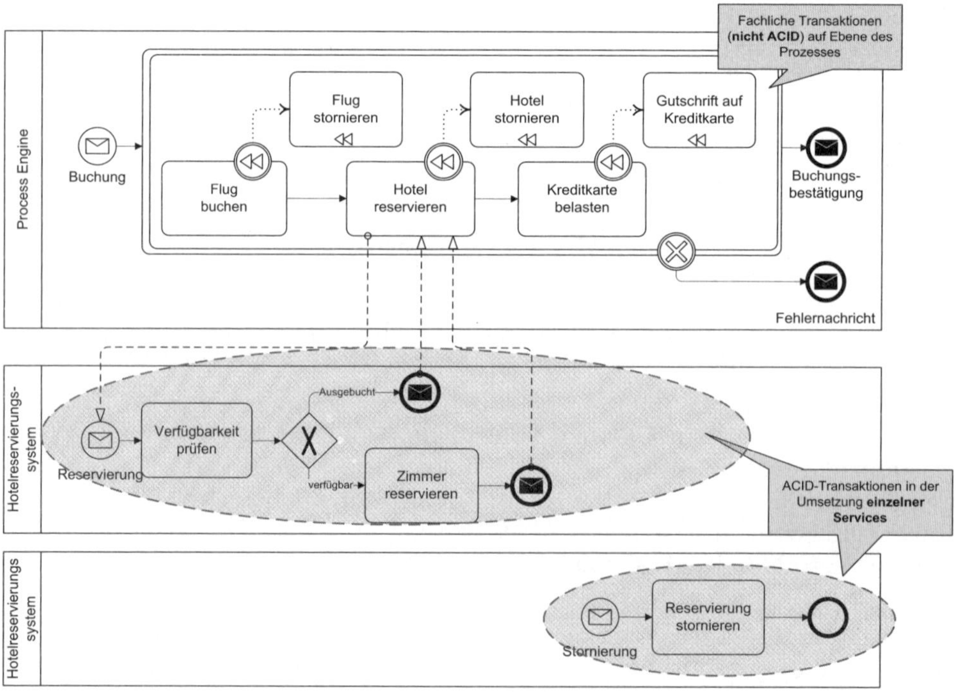

Abbildung 5.23: Geschäftstransaktionen und technische ACID-Transaktionen gegenübergestellt

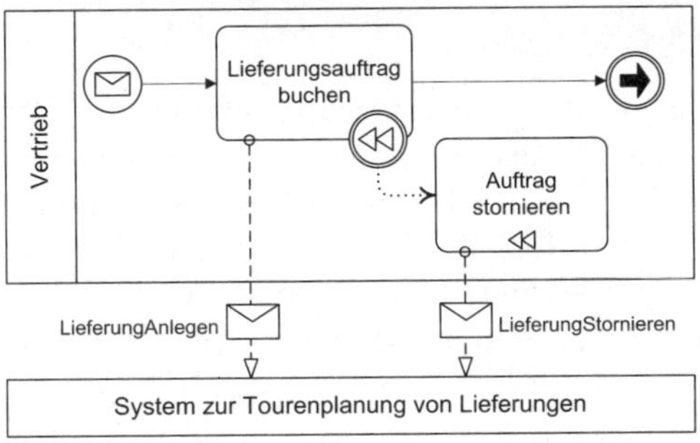

Abbildung 5.24: Kompensation eines Serviceaufrufs

trachten wir das Beispiel in Abbildung 5.24: Was passiert, wenn die Tour bereits geplant ist oder der LKW den Hof bereits verlassen hat? Dann müsste eigentlich noch eine Fehlerbehandlung erfolgen. Spätestens, wenn das BPMN-Modell direkt automatisiert werden soll, müssen also alle diese Details genauestens modelliert werden.

Ein gutes Standardkonzept zu fehlenden Kompensationsservices in bestehenden Systemen haben wir übrigens auch nicht. Meistens geht es über irgendwelche Workarounds oder der Softwarehersteller lässt sich erweichen, diese Funktionalität noch einzubauen. Auf der anderen Seite bleibt zu hoffen, dass Hersteller durch die aktuelle BPM- und SOA-Diskussion verstärkt anfangen werden, auch Kompensationsservices vorzusehen.

Fragt man im wissenschaftlichen Umfeld nach fachlichen Transaktionen und Kompensationsproblemen, hört man schnell ein Stichwort, das auch in der BPMN-2.0-Spezifikation erwähnt ist: WS-Transaction. Dies ist ein Standard, der hauptsächlich zwei Unterstandards definiert, die unserer Trennung in fachliche und technische Transaktionen entsprechen:

- WS-AtomicTransaction bringt ACID-Transaktionen in die Welt der Webservices,
- WS-BusinessActivity kümmert sich dagegen um lang laufende Geschäftstransaktionen.

Diese Standards sind prinzipiell eine gute Idee, aber in der Praxis noch nicht richtig angekommen. Uns sind kaum Projekte bekannt, die erfolgreich WS-Transaction eingesetzt hätten. Oft scheitert es dann doch vor allem am Zusammenspiel verschiedener Hersteller – eigentlich ja die grundlegende Vision der Webservices. Die BPMN erwähnt ihn vielleicht auch deswegen nur in einer Klammer als „Transaktionsprotokoll (wie beispielsweise WS-Transaction)", wobei natürlich die Spezifikation auch hier ohnehin keine Technologie vorgibt.

5.4.7 Teilprozesse

Teilprozesse kennt die BPMN in zwei grundsätzlich verschiedenen Ausprägungen: eingebettet und wiederverwendbar. Betrachten wir zuerst die eingebetteten Teilprozesse, welche einem Bereich („Scope") entsprechen. Innerhalb dieses Bereichs sind Properties oder Datenobjekte nur lokal sichtbar, also nur innerhalb dieses Bereichs selbst oder auch in dort eingebetteten Teilprozessen. Scopes bilden auch eine Klammer für Fehlerbehandlung, Kompensation oder Transaktionen.

Typischerweise hat ein eingebetteter Teilprozess keinen großen Overhead. Aus Sicht der Process Engine kann man es sich so vorstellen, dass der Inhalt des Teilprozesses einfach im Oberprozess eingefügt wird.

Betrachten Sie einmal Abbildung 5.25. Prozess 1 sieht offensichtlich Datenobjekt A. Er sieht aber nicht Datenobjekt B oder C. Prozess 2 sieht hingegen Datenobjekt A und B, nicht aber C. Prozess 4 sieht A und C. Das Fehlerereignis an Prozess 2 fängt Fehler aus Prozess 2 und 3.

Anders sieht es aus bei wiederverwendbaren Teilprozessen. Diese Prozesse sind vollständig autonom und haben auch komplett eigene Datenobjekte. Möchte man aus dem Oberprozess Daten verwenden, so müssen die Daten explizit übergeben werden. Dies erfolgt genauso wie bei einem Serviceaufruf per sogenannter „Input-OutputSpecification", wie sie bereits im Listing in Abschnitt 5.3.4 auf Seite 206 zu sehen war.

Hier möchten wir noch einen Hinweis geben, der vielleicht nicht offensichtlich ist. Obwohl die BPMN ein Standard ist, können Process Engines sich an dieser Stelle sehr unterschiedlich verhalten. Betrachtet man aktuelle BPEL-Engines, ist der Aufruf eines Unterprozesses, also eines wiederverwendbaren Teilprozesses, getreu der sogenannten Service-Orchestrierung, wiederum ein normaler Webservice-Aufruf; BPEL kennt streng genommen nämlich keine Teilprozesse. In

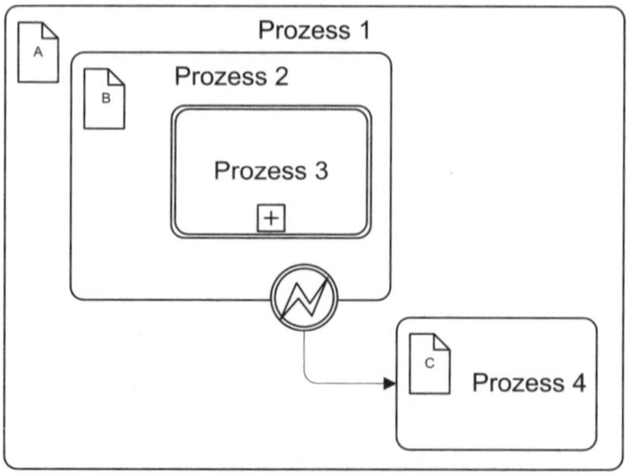

Abbildung 5.25: Teilprozesse, Scopes und Datensichtbarkeit

aktuellen Produkten führt dies oft zu verringerter Performance, da so ein Aufruf immer Overhead mit sich bringt, auch wenn die Process Engine eigentlich nicht verlassen wird. Wir hatten schon Kunden, die fachlich sinnvoll ihre Prozesse in Teilprozesse zerlegten, auf der technischen Seite dann aber Performance-Schiffbruch erlitten.

Der Oberprozess läuft übrigens weiter, sobald der Teilprozess beendet ist. Wann ein Prozess beendet ist, haben wir bereits in Abschnitt 5.4.5 auf Seite 223 erläutert, dies gilt auch für den Teilprozess. Im Oberprozess wird dann ein Token pro ausgehendem Sequenzfluss erzeugt. Im Fehlerfall wird das entsprechende Fehlerereignis aufgerufen.

5.4.8 Schleifen und Mehrfachinstanzen

Spannend sind noch Schleifen und Mehrfachinstanzen. Fachlich klingt das zunächst nach einer simplen Geschichte, doch lassen sich so viele kleine Parameter einstellen, dass es ein ziemlich mächtiges Konstrukt der BPMN ergibt. Gewisse Ähnlichkeiten zu Programmiersprachen können auch nicht abgestritten werden.

Doch fangen wir vorne an: bei der Schleifenaktivität. Diese ist noch recht einfach, die enthaltene Logik wird nacheinander mehrfach ausgeführt. Das Attribut „testBefore" regelt, ob dabei die angegebene Expression (in „loopCondition") vor oder nach einem Schleifendurchlauf geprüft wird. Bei der Prüfung davor entspricht es einer „while"-Schleife und danach einer „repeat until"-Schleife aus gängigen Programmiersprachen. Sobald diese Expression – in der Expression Language der Process Engine angegeben – falsch zurückliefert, ist die Schleife beendet, und der Sequenzfluss verlässt die Aktivität. Zusätzlich kann auch eine maximale Anzahl Schleifendurchläufe angegeben werden („loopMaximum").

Die Mehrfachinstanzaktivität ist mächtiger. Sie kann neben der mehrfach parallelen Ausführung der enthaltenen Logik – also gleichzeitig – ebenfalls Instanzen sequentiell ausführen und entspricht dann fast schon der Schleifenaktivität. Allerdings wird die Anzahl der Instanzen hier im Voraus bestimmt. Dies passiert entweder durch eine vorher durch Expression festgelegte Anzahl oder es wird eine sogenannte „Collection" als Datenobjekt übergeben. Dann wird eine Instanz pro in der Collection enthaltenem Datenobjekt erzeugt und ausgeführt.

Eine Spezialität dieser Aktivität ist, dass auch zu werfende Ereignisse spezifiziert werden können. Normalerweise wird nach Beenden aller Aktivitäten einfach das Token die Mehrfachinstanzaktivität verlassen. Stattdessen könnte man aber auch die Ereignisse verwenden, wobei man genau angeben kann, welches Ereignis geworfen werden kann. Es kann dann ein Ereignis bei der ersten beendeten Instanz oder ein Ereignis bei jeder beendeten Instanz geworfen werden, was natürlich nur sinnvoll ist, wenn es sich um ein nicht-unterbrechendes Ereignis handelt. Als letzte Möglichkeit kann man auch komplexe Ereignissemantiken definieren, sodass beliebige Expressions geprüft werden, ob ein oder mehrere Ereignisse geworfen werden.

Was aber bedeutet es, ein Ereignis in einer Mehrfachinstanzaktivität zu werfen? Die Frage ist auch nicht unbedingt intuitiv zu beantworten. Nehmen wir ein unterbrechendes Ereignis, beispielsweise einen Fehler. Wird dieser auf Fehler mit einem Zwischenereignis auf der Mehrfachinstanzaktivität gefangen, so werden alle Instanzen der Mehrfachaktivität abgebrochen. Ein Beispiel ist in Abbildung 5.26 zu sehen, in der ersten Variante würde also bei einem Fehler in einer Rechnungsposition das Prüfen aller Positionen abgebrochen.

Okay, das wollen wir nicht, eigentlich wollen wir nur die eine Instanz abbrechen. Um dies zu realisieren, müsste man die Fehlerbehandlung in der Aktivität selbst erledigen. Möchten wir aber die fachliche Behandlung des Fehlers wiederum nicht innerhalb der Aktivität abwickeln, weil es beispielsweise die Zuständigkeit eines anderen Teilnehmers in einer anderen Lane ist, so müssen wir tricksen: Wir fangen den Fehler in der Aktivität und werfen ein Eskalationsereignis weiter. Dieses ist nicht unterbrechend! Somit kann die Behandlung auf oberster Ebene stattfinden, ohne die anderen Instanzen zu beeinflussen.

Natürlich müssen wir uns jetzt um den Tokenfluss kümmern. Glücklicherweise kennt die BPMN das magische OR-Join, dieses wartet auf alle noch möglichen eingehenden Token, würde also im Beispiel genau den gewünschten Effekt erzielen.

Ganz schön kompliziert? Ja, vielleicht. Das ist natürlich immer das Problem an der Ausführungssemantik. Weil wir das Modell mit einer Process Engine ausführen wollen, müssen wir in dem, was wir modellieren, exakt sein. Und da alle skizzierten Möglichkeiten technisch Sinn ergeben, muss der Mensch entscheiden, was er will.

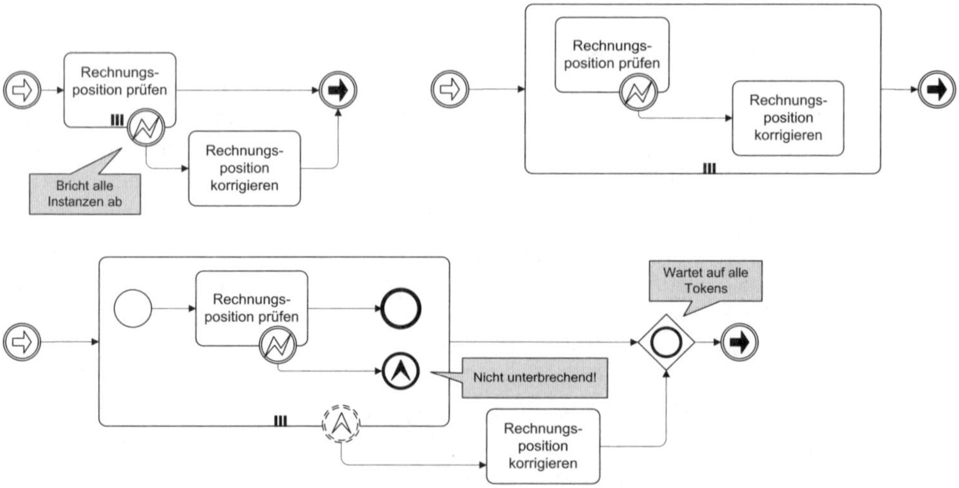

Abbildung 5.26: Mehrfachinstanzen, Terminierung und Fehlerereignisse

Verwandt mit dieser Frage ist folgendes Problem: Was ist mit einem Terminierungsereignis innerhalb einer Mehrfachinstanzaktivität? Diese terminiert tatsächlich nur die einzelne Instanz, nicht alle Instanzen. Dies entspricht eigentlich dem intuitiven Verständnis, kann aber durchaus Diskussion hervorrufen.

5.4.9 Lebenszyklus einer Aktivität

Als letzten Aspekt der Ausführungssemantik möchten wir uns noch die Aktivität an sich anschauen, also Aufgaben oder Teilprozesse. Aktivitäten besitzen einen definierten Lebenszyklus, der in Abbildung 5.27 auf der nächsten Seite abgebildet ist. Der Lebenszyklus wird für jede Aktivität eines Prozesses durchlaufen. Sobald ein Token in der Aktivität eintrifft, befindet sich die Aktivität im Zustand „Bereit" („Ready"). In vielen der folgenden Zustände wird dann jeweils auf unterbrechende Ereignisse oder unterbrechende Fehlerereignisse eingegangen, was wir an dieser Stelle aber ignorieren möchten.

Interessanter ist der Umstand, wann eine Aktivität in den Zustand „Aktiv" („Active") wechselt. Dies ist genau dann der Fall, wenn benötigte Eingangsdaten anliegen. Denken Sie zurück an die Service-Aufgabe in Abschnitt 5.3.4 auf Seite 206: Dort gab es ein DataInput-Element in der XML-Darstellung. Dieses sagt aus, dass Daten aus dem Prozesskontext als Input dienen. Sind diese Daten noch nicht verfügbar, wartet die Aktivität auf sie. Ganz genau genommen wird sogar geprüft, ob eines von mehreren möglichen DataInputs anliegt. Wie dies genau in der Praxis funktionieren soll, sagt die Spezifikation leider nicht aus.

Ist die Aktivität abgearbeitet, wechselt der Zustand in „Abschließen" („completing"). In diesem Zustand wird auf mögliche Abhängigkeiten gewartet, beispielsweise noch unbeendete, nicht-unterbrechende Zwischenereignisse. Danach wird in „Abgeschlossen" („completed") gewechselt, wodurch auch das Token in die entsprechenden Transitionen geleitet wird. Dabei werden auch notwendige Daten, konfiguriert in den DataOutput-Elementen, übertragen.

Sobald die Prozessinstanz beendet wird, wechselt der Zustand auf „Beendet" („Closed"). Im Übrigen müssen Process Engines diese Zustände nicht unbedingt an sich abbilden, jedoch die notwendigen Zustandsübergänge implementieren.

5.4.10 Auditing und Monitoring

Die Protokollierung des Prozessablaufs bezeichnet man als Auditing. Detaillierte Daten über die Ausführung einer Prozessinstanz werden zur sofortigen oder späteren Auswertung in ein Log geschrieben. Auditing und Audit-Logs sind eine wichtige Errungenschaft der Automatisierung mit einer Process Engine, denn vorher musste das Schreiben solcher Logs explizit in der Anwendung programmiert werden. Normalerweise unterstützen Engines diese Funktionalität generisch, sodass das Log geschrieben wird, ohne den genauen Prozess zu kennen. Möchte man zusätzliche Konfigurationen vornehmen, so erlaubt die BPMN einen Erwei-

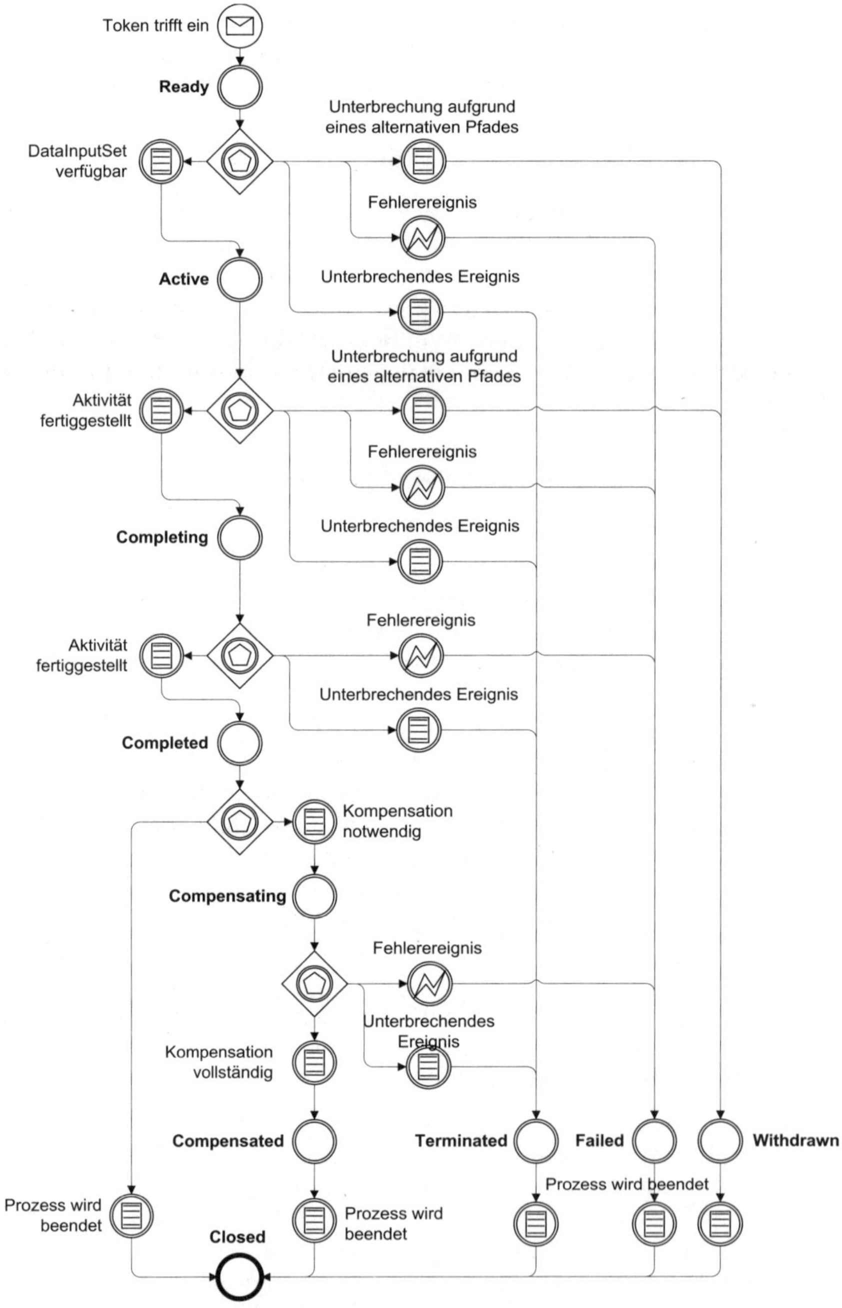

Abbildung 5.27: Lebenszyklus einer Aktivität

terungspunkt: das „Auditing"-Element. Es ist dabei nicht spezifiziert, was genau die Engine damit macht, es handelt sich dann also um proprietäre Erweiterungen.

Unter Monitoring versteht man verschiedene Dinge. Einerseits ist das technische Monitoring einzelner Prozessinstanzen interessant: Wo im Prozess befindet sich die Instanz? Welche Daten stecken im Prozess? Warum ist ein bestimmter Fehler aufgetreten? Auf der anderen Seite gibt es auch das sogenannte Business Activity Monitoring, das wiederum die Überwachung aller Prozesse in Echtzeit und proaktive Warnungen in erkannten Problemfällen ermöglicht. Das Monitoring soll oft auch als fachliches Monitoring auf entsprechende fachliche Kennzahlen Rücksicht nehmen. Diese können nicht generisch von der Engine angeboten werden. Dementsprechend bietet auch hier die BPMN einen Erweiterungspunkt, nämlich das „Monitoring"-Element. Wie beim Auditing werden ebenfalls keine Details spezifiziert, die Engines können also auch hier proprietäre Erweiterungen verankern.

5.4.11 Nicht automatisierbare Aufgaben

Nicht unerwähnt bleiben soll, dass nicht alle Elemente eines BPMN-Modells in der Ausführung berücksichtigt werden. Eine manuelle Aufgabe beispielsweise soll komplett ohne IT-Unterstützung abgearbeitet werden, im Gegensatz zu einer Benutzer-Aufgabe auch ohne Aufgabenliste oder Ähnliches. Dementsprechend lässt sich dieses Element auch nicht ausführen und besitzt keine definierte Ausführungssemantik. Die Spezifikation lässt Process Engines die Wahl: Sie können sich entweder eigenes Verhalten „ausdenken", also die Ausführungssemantik erweitern, oder entsprechende Elemente einfach ignorieren.

Hauptsächlich handelt es sich um manuelle oder abstrakte Aufgaben, Ad-hoc-Prozesse, physikalische Prozessobjekte und einige weniger spannende Attribute, die in der Spezifikation nachgeschlagen werden können. Abbildung 5.28 auf der nächsten Seite zeigt das Beispiel eines Prozesses mit manuellen Aufgaben, die von der Process Engine ignoriert werden können. Allerdings wird ein Problem deutlich: Die Entscheidung im Gateway ist in der Automatisierung überflüssig, da sie am ausgeführten Prozess nichts ändert. Eventuell wird dies das ein oder andere Werkzeug abbilden können; wir erwarten aber eher, dass das Gateway immer mit einem Standardfluss versehen werden muss, damit der Prozess auch in diesem Beispiel automatisierbar bleibt.

5.5 Modellaustausch per XML

Im letzten Kapitel betrachteten wir XML-Fragmente, die zusammengesetzt einen per XML serialisierten Prozess ergeben. Allerdings haben wir bisher lediglich die für die Automatisierung relevanten Informationen betrachtet. Das XML enthält keine Details zur grafischen Darstellung wie beispielsweise Koordinaten. Man

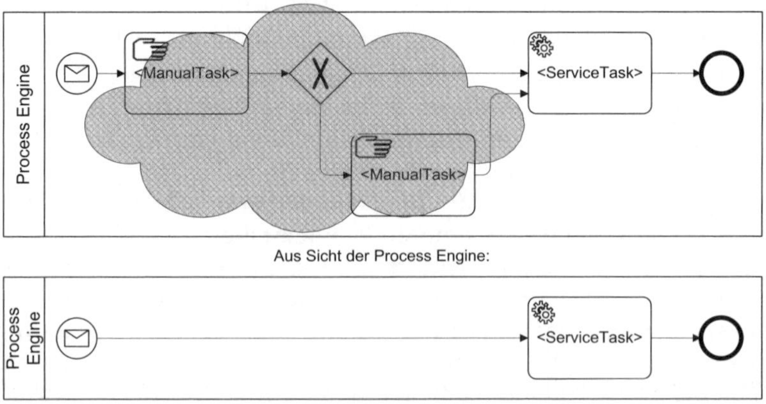

Abbildung 5.28: Manuelle Aufgaben werden von der Process Engine ignoriert.

möchte aber Prozesse zwischen Werkzeugen austauschen können, also Prozesse, die in Werkzeug A erstellt wurden, in Werkzeug B wieder öffnen. Natürlich soll das Diagramm dann noch genauso aussehen. Das können wir mit dem bisher vorgestellten XML nicht erreichen, da es lediglich Aspekte zur Automatisierung speichert.

Daher gibt es ein weiteres XML-Format zur Serialisierung der grafischen Diagrammeigenschaften, „Diagram Interchange" genannt. Dieses Format ermöglicht es, Prozesse zwischen verschiedenen Tools auszutauschen, ohne das Layout zu verlieren. Die zur Process Execution benötigten Angaben und das grafische Layout sind also getrennt, obwohl sie in der gleichen XML-Datei abgelegt werden können. Dies ist durchaus sinnvoll, denn so kann man den gleichen ausführbaren Prozess grafisch unterschiedlich darstellen.

Auf das Format wollen wir an dieser Stelle nicht weiter eingehen, da es für Sie normalerweise transparent sein sollte und nur die Tool-Hersteller beschäftigt. Beispiele lassen sich per Internetrecherche finden oder Sie verwenden ein Werkzeug, dass den BPMN 2.0 Export unterstützt.

5.6 Wird die Austauschbarkeit von Process Engines Realität?

An vielen Stellen haben wir bereits Hinweise darauf gegeben, dass gewisse Aspekte in verschiedenen Produkten eventuell unterschiedlich gelöst werden. Die Flexibilität der BPMN 2.0 erlaubt uns des Weiteren Flexibilität bei der Wahl der Technologie. Ist ein Prozessmodell dann überhaupt noch auf verschiedenen Engines ablauffähig?

Prinzipiell glauben wir dabei übrigens nicht unbedingt an die Notwendigkeit, eine Engine tauschen zu müssen. Bereits im Bereich der Datenbanken ist es noch immer nicht völlig transparent, welches Produkt seinen Dienst tut. Und in diesem Bereich gibt es den SQL-Standard schon sehr lange. Oft möchte man eben doch auf besondere Features eines Produktes zurückgreifen, was wir auch für legitim halten. Daher sollte die Möglichkeit, eine Process Engine austauschen zu können, nicht als zu wichtig angesehen werden.

Im Sinne des Risikomanagements ist es natürlich trotzdem sinnvoll, sich möglichst wenig von einem Hersteller abhängig zu machen. Daher an dieser Stelle noch einmal gesammelt die wichtigsten Punkte, auf die Sie achten sollten, um die Austauschbarkeit möglichst hoch zu halten:

- **Datenformat:** Um unabhängig zu sein, sollten Sie XML-Schema und XML verwenden, da dies die meisten Engines unterstützen werden und die Standardeinstellung von BPMN darstellt.
- **Expression Language:** Passend zum XML sollten Sie XPath einsetzen.
- **Serviceaufrufe:** Die Standardeinstellung und Technologie mit der weitesten Verbreitung stellt Webservices dar.
- **Aufgabenmanagement:** Dies ist ein heikler Punkt. Die eigentlich sichere Seite im Sinne der Austauschbarkeit stellt WS-HumanTask dar. Wie erwähnt, halten wir diesen Standard aber für noch zu unausgereift und komplex. Das Ansprechen einer proprietären Aufgabenverwaltung per Webservice ist aber bereits meistens hinreichend portabel.

In allen Punkten kann man natürlich bewusst von den Empfehlungen abweichen, beispielsweise weil man gerade Webservices vermeiden möchte, da sie technologisch nicht in die Architektur passen. Aus unserer Sicht völlig in Ordnung, man muss nur wissen, dass man sich damit eventuell an eine spezielle Process Engine bindet.

5.7 Business Process Execution Language (BPEL)

Die Web Services Business Process Execution Language, kurz WS-BPEL, ist eine XML-basierte Sprache, um Webservices zu neuen, mächtigeren Services zusammenzusetzen. Dies geschieht meist über das Kombinieren von Services als Prozess; man spricht hierbei von Orchestrierung. Sie wurde im Jahr 2002 von einigen großen Unternehmen der IT-Branche, darunter IBM und Microsoft, eingeführt. Heute ist sie der etablierte Standard im Bereich der Ausführungssprachen und wird durch das OASIS-Komitee verantwortet, das die Version 2.0 im April 2008 verabschiedete. Die Sprache definiert Basisaktivitäten und strukturierende Aktivitäten. Eine grobe Übersicht dazu gibt Abbildung 5.29 auf der nächsten Seite aus [Kön07].

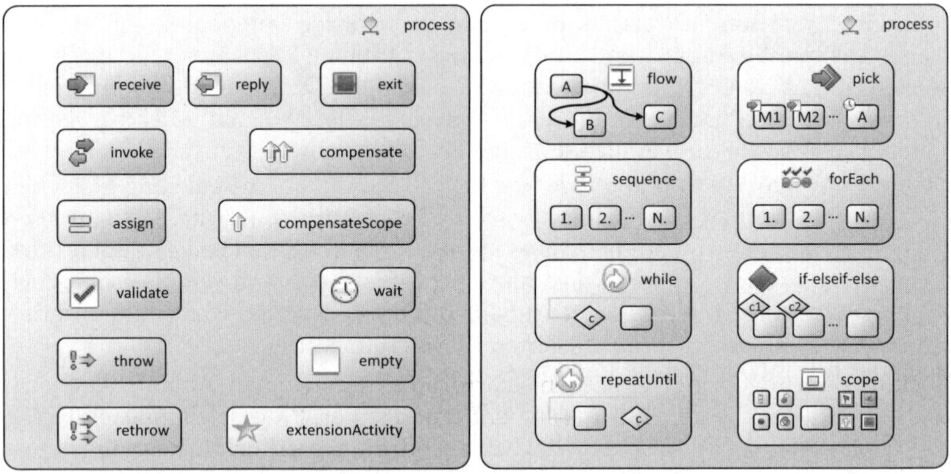

Abbildung 5.29: Übersicht über Aktivitäten in BPEL

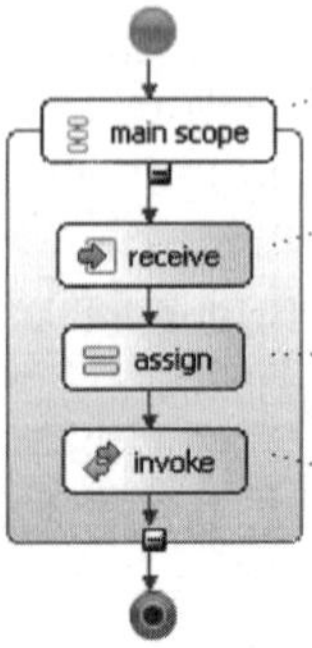


```
<?xml version="1.0" encoding="UTF-8"?>
<bpws:process name="SimpleBPEL"
  targetNamespace="http://www.camunda.com/example" ... >
  ...
  <bpws:partnerLinks>
    <bpws:partnerLink name="client"
                      myRole="SimpleBPELProvider"
                      partnerLinkType="tns:SimpleBPEL"/>
    <bpws:partnerLink name="someWebservice"
                      partnerRole="ServiceProvider"
                      partnerLinkType="tns:SimpleService"/>
  </bpws:partnerLinks>
  <bpws:variables>
    <bpws:variable messageType="tns:RequestMessage" name="input"/>
    <bpws:variable messageType="tns:InvokeMessage"  name="parameter"/>
  </bpws:variables>
  <bpws:sequence name="main scope">
    <bpws:receive name="receive"
                  createInstance="yes"
                  operation="initiate"
                  variable="input"
                  partnerLink="client"
                  portType="tns:SimpleBPEL"/>
    <bpws:assign name="assign" validate="no">
      ...
    </bpws:assign>
    <bpws:invoke name="invoke"
                 operation="methodName"
                 inputVariable="parameter"
                 partnerLink="someWebservice"
                 portType="tns:ServiceInvoke"/>
  </bpws:sequence>
</bpws:process>
```

Abbildung 5.30: Beispiel eines einfachen BPEL-Prozesses, grafisch und als XML

Abbildung 5.30 auf der vorherigen Seite zeigt ein ganz einfaches Beispiel eines BPEL-Prozesses, der selbst als Service aufgerufen werden kann („receive"), dann die übergebenden Daten transformiert („assign") und abschließend einen anderen Service aufruft („invoke"). Rechts daneben ist der XML-Quellcode etwas gekürzt abgebildet. Die grafische Repräsentation ist in BPEL übrigens nicht wie in der BPMN standardisiert und somit in jedem Tool anders.

Wie man am Beispiel und auch bei den BPEL-Aktivitäten an sich ganz gut sehen kann, verhält sich BPEL im Prinzip wie eine Programmiersprache. Die gezeigten strukturierenden Aktivitäten wie Sequenzen, Schleifen oder Bedingungen dürften jedem Entwickler aus einer Programmiersprache bekannt sein. Dies hat auch zur Folge, dass BPEL weitestgehend blockorientiert arbeitet, was einen grundlegenden Unterschied zur graphbasierten BPMN darstellt.

Blockorientierung bringt eine recht starre Struktur in einen Ablauf. Auf technischer Seite macht das die Implementierung einer Process Engine einfacher und unterstützt auch Aspekte wie Fehlerfindung, Deadlock-Erkennung, Qualitätschecks und Korrektheitsbeweise. Deswegen ist eine solche Blockorientierung in der Informatik von Vorteil, und Sprünge über Blockgrenzen, auch als „Goto"-Anweisungen bekannt, sind verpönt. Dies war unter anderem eine Motivation bei der Erfindung von BPEL. Leider passt diese Blockstruktur nicht gut zu fachlich modellierten Geschäftsprozessen; doch dazu später mehr.

Der Vollständigkeit halber muss angemerkt werden, dass man in BPEL-Gotos, und so auch Graphen, über Flows doch abbilden kann. Allerdings unterliegen auch diese Sprünge gewissen Beschränkungen und werden immer noch nicht von allen Werkzeugen unterstützt. Daher ist die Verwendung in der Praxis meist nur eingeschränkt möglich.

5.7.1 Von der Idee, BPEL aus BPMN zu generieren

Ob Konferenzen, Trainings oder Fachsimpeleien zum Thema BPMN – an einer Idee kommt man selten vorbei: fachliche BPMN-Modelle auf technische BPEL-Prozesse zu „mappen". Dies bedeutet, dass der Programmcode in BPEL durch eine automatische Transformation aus dem BPMN entstehen soll. Diese Transformation kann das geeignete Werkzeug bereitstellen, sodass keine teuren Entwickler mehr benötigt werden.

In der BPMN-Spezifikation werden Aspekte dieser Überführung beschrieben. Dabei werden in der Version 2.0 auch deutlich die Grenzen aufgezeigt und Ideen vorgestellt, wie sich auch komplexe Konstellation übersetzen lassen. Es gibt zahlreiche wissenschaftliche Arbeiten zu dem Thema, beispielsweise [ODtHvdA06]. Die Grundidee ist, gewisse Muster in einem BPMN-Modell zu finden und daraus vorgegebene BPEL-Konstrukte zu erzeugen. Der BPEL-Prozess ist dann nur noch eine Verkettung gefundener Muster. Abbildung 5.31 auf der nächsten Seite zeigt einige diese Muster für einfache Kontrollstrukturen.

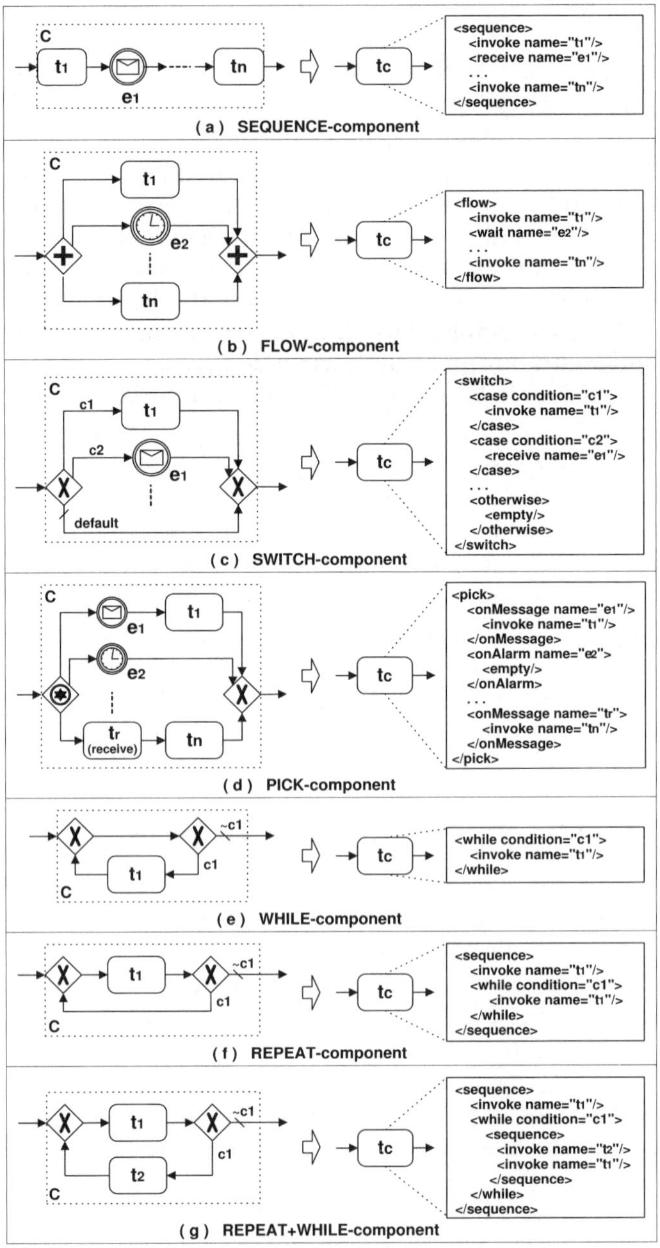


```
<sequence>
  <invoke name="t1"/>
  <receive name="e1"/>
  ...
  <invoke name="tn"/>
</sequence>
```

```
<flow>
  <invoke name="t1"/>
  <wait name="e2"/>
  ...
  <invoke name="tn"/>
</flow>
```

```
<switch>
  <case condition="c1">
    <invoke name="t1"/>
  </case>
  <case condition="c2">
    <receive name="e1"/>
  </case>
  ...
  <otherwise>
    <empty/>
  </otherwise>
</switch>
```

```
<pick>
  <onMessage name="e1"/>
    <invoke name="t1"/>
  </onMessage>
  <onAlarm name="e2">
    <empty/>
  </onAlarm>
  ...
  <onMessage name="tr">
    <invoke name="tn"/>
  </onMessage>
</pick>
```

```
<while condition="c1">
  <invoke name="t1"/>
</while>
```

```
<sequence>
  <invoke name="t1"/>
  <while condition="c1">
    <invoke name="t1"/>
  </while>
</sequence>
```

```
<sequence>
  <invoke name="t1"/>
  <while condition="c1">
    <sequence>
      <invoke name="t2"/>
      <invoke name="t1"/>
    </sequence>
  </while>
</sequence>
```

Abbildung 5.31: Überführungsbeispiele einfacher BPMN-Kontrollstrukturen in BPEL (aus [ODtHvdA06])

Leider ist dieses Mapping nicht trivial. Große Probleme rühren aus der angesprochenen Blockstrukturiertheit von BPEL, denn bei der Übersetzung muss das als Graph vorliegende fachliche Modell in Blöcke „zerteilt" werden. Da in diesen Blöcken die angesprochenen Gotos nicht erlaubt sind, ist dies nicht in allen Fällen so einfach möglich.

Abbildung 5.32 zeigt ein einfaches Beispiel, bei dem die Gateways nicht „symmetrisch" angeordnet sind (Bereich a). Es gibt zum ersten exklusiven Gateway mit drei Ausgängen kein passendes Gateway mit drei Eingängen, vielmehr werden zwei Pfade bereits vorher zusammengeführt. Als Mensch denken wir uns: Wo liegt denn das Problem? Um zu Blöcken zu gelangen, wäre eine intuitive Möglichkeit, die erste Entscheidung („Ware auf Lager") in zwei getrennte Entscheidungen aufzuteilen, denn wenn der Bestand kritisch ist, so wird auf jeden Fall nachbestellt. Der Kunde wird nur informiert, wenn der Bestand nicht ausreicht. Dies ist in Bereich b visualisiert. In Bereich d ist diese Lösung als BPEL-Prozess dargestellt. Um diese Lösung zu erreichen, mussten wir die Entscheidung aber inhaltlich verstehen, was wiederum eine automatische Transformation nicht leisten kann.

Eine Alternative, die bedeutend einfacher angewendet werden kann, ist die Duplizierung von Aktivitäten. Im Beispiel ist dies in Bereich (c) dargestellt, die Aktivität „Ware nachbestellen" wurde entsprechend kopiert und somit ein symmetrisches exklusives Gateway erreicht. Dieser Prozess kann jetzt einfach in BPEL übersetzt werden. Die Duplizierung von Aktivitäten ist eine oft angewendete Strategie, um Graphen in Blöcke zu zerlegen. Von Nachteil ist natürlich, dass der entstehende Prozess unübersichtlicher wird und die Aktivität dupliziert wird. Werden

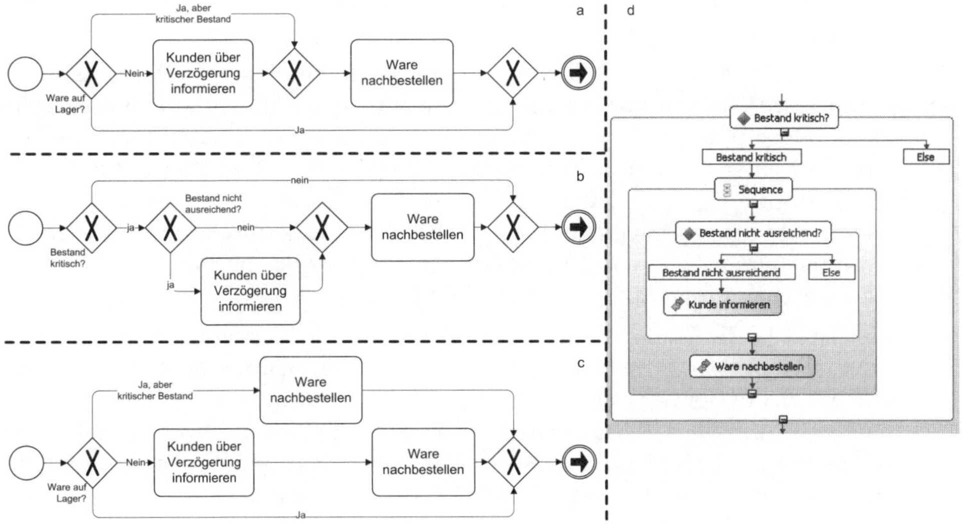

Abbildung 5.32: Prozess mit unsymmetrischem Gateway und möglichen Lösungen

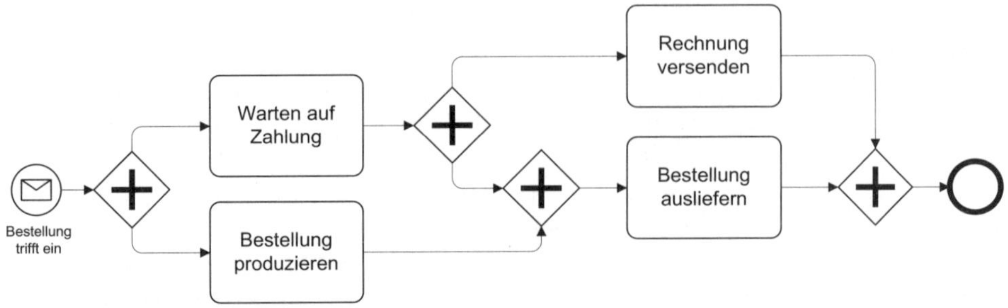

Abbildung 5.33: Prozessdiagramm, das nicht einfach in Blöcke zerlegt werden kann

dann später im BPEL-Prozess Details geändert, kann die Kopie schnell vergessen werden.

Wird der Handlungsstrang durch Gateways parallelisiert, so wird das Problem allerdings ernster. Abbildung 5.33 zeigt ein einfaches Beispiel: Sobald die Zahlung eingegangen ist, kann die Rechnung versendet werden. Ausgeliefert wird jedoch erst, wenn die Bestellung auch komplett produziert wurde. In [Vig08] wird eine solche Struktur mithilfe der Intalio-Software in einen BPEL-Prozess transformiert. Das resultierende Ergebnis ist in Abbildung 5.34 auf der nächsten Seite grafisch dargestellt. Zur Lösung wurde hier also die Aktivität „Bestellung ausliefern" dupliziert. Fatal an dieser Lösung ist, dass nun die Bestellung doppelt ausgeliefert würde. Okay, dies könnte man evtl. abfangen, indem das doppelte Ausführen verhindert wird. Genauso problematisch ist jedoch, dass die Bestellung ausgeliefert werden kann, bevor sie überhaupt produziert wurde. Nämlich genau dann, wenn die Zahlung eingegangen ist.

Was kann man hier tun? Eine Idee wäre eine fachliche Umgestaltung des Prozesses, um dem Problem von vornherein auszuweichen. Eventuell ist es, wie in Abbildung 5.35 auf der nächsten Seite gezeigt, denkbar, eine Synchronisation einzuführen. Im Gegensatz zur ursprünglichen Lösung muss nun aber mit dem Versand der Rechnung gewartet werden, bis die Bestellung produziert wurde. Der Prozess wird damit aus fachlicher Sicht ineffizienter. Und das kann nun wirklich keine Lösung sein, wollen wir doch eigentlich Prozessoptimierung betreiben und durch Automatisierung effizienter, nicht ineffizienter werden!

Ein tiefer Griff in die Trickkiste wäre das Verlagern der Bestellung in einen eigenen Prozess, der dann asynchron angebunden werden kann wie im Beispiel aus Abbildung 5.36 auf der nächsten Seite. Die Synchronisation in der Mitte sorgt nun nicht mehr für unnötige Wartezeiten beim Rechnungsversand. Der Prozess wird dadurch aber auch komplizierter und undurchsichtiger, und eine derartige Umformung übernehmen heutige Werkzeuge nicht automatisch.

Prinzipiell lässt sich also jeder Sequenzfluss eines BPMN-Prozessdiagramms irgendwie in BPEL transformieren. Reichen die oben genannten Mittel nicht aus,

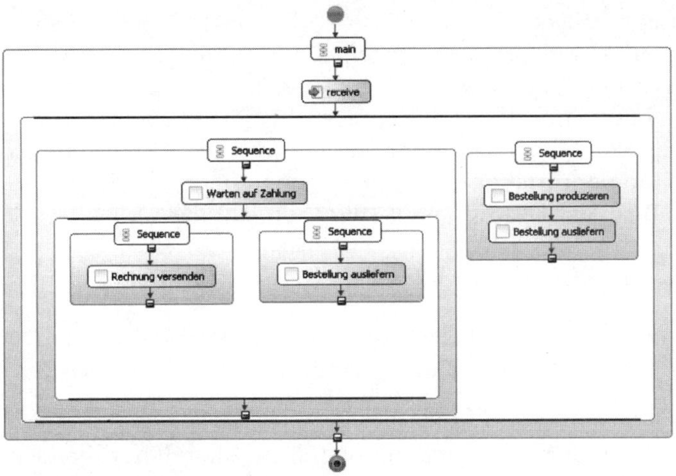

Abbildung 5.34: Automatisch generiertes BPEL für das Beispiel

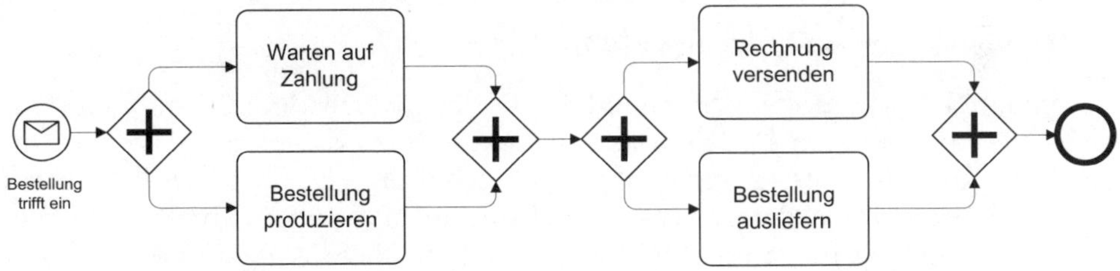

Abbildung 5.35: Auflösung des Problems durch Synchronisation

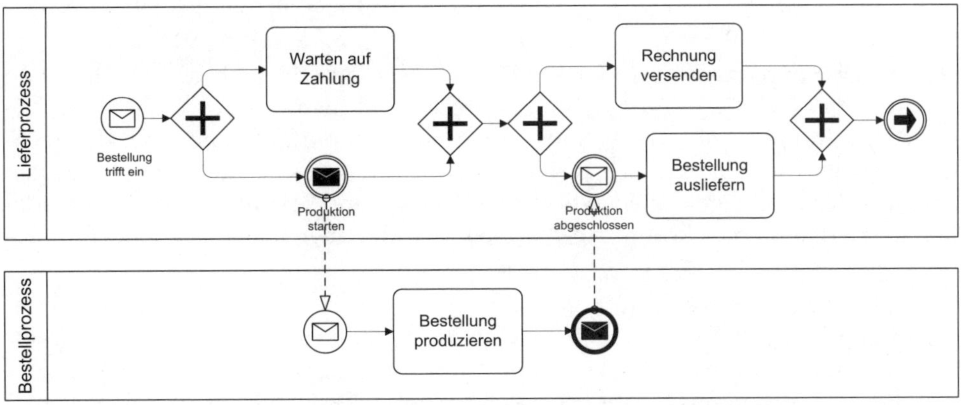

Abbildung 5.36: Auflösung des Problems durch einen zweiten asynchronen Prozess

hat BPEL einige Tricks auf Lager wie sogenannte „Control Links" oder auch „Event Handler". Transformationsregeln sind in [ODtHvdA06] gezeigt. Das Problem ist jedoch bei allen Übersetzungen das Gleiche: Die resultierenden BPEL-Prozesse sind häufig nur noch schwer menschenlesbar, können sehr komplex werden und haben vor allem nicht mehr viel mit dem ursprünglichen fachlichen Modell zu tun. Und dann stellt sich die Frage, ob man durch die Nutzung von BPEL im Sinne des Business-IT-Alignment etwas erreicht hat.

5.7.2 Mehr Details, bitte! Das Problem des Roundtrips

Die Generierung eines BPEL-Prozesses ist also nicht trivial. Na und? Das soll doch bitte das Werkzeug erledigen. Gehen wir einmal davon aus, dass es das wirklich kann. Dann gibt es zwei Möglichkeiten:

- Wir verwenden BPMN 2.0 und definieren ein Modell mit allen Details. Warum sollten wir dieses überhaupt noch auf BPEL mappen, wo es doch mit BPMN 2.0 eigene Engines geben wird? Berechtigte Frage, wir sehen darin auch keinen großen Sinn, weshalb wir diese Möglichkeit außen vor lassen.
- Wir verwenden ein fachliches BPMN-1.2-Modell.

In Version 1.2 gibt es kein Metamodell, die fachlichen Modelle enthalten also nicht alle notwendigen Details. Das Ergebnis der Transformation ist daher nur ein BPEL-Rumpfprozess. Zwar wird manch technisches Detail in den Eigenschaften des BPMN-Prozessdiagramms gesetzt und in BPEL übernommen, alle Feinheiten sind jedoch meist schwer unterzubringen. Viele Aspekte können dabei auch schlicht und ergreifend viel einfacher im BPEL-Werkzeug als im BPMN gepflegt werden. Erschwerend kommt hinzu, dass entsprechende Informationen und Transformationen proprietär und somit toolabhängig gestaltet werden müssen.

Also möchte man das entstandene BPEL anpassen und die fehlenden technischen Details ergänzen. Dies führt zu einem großen Problem, weil es dann zwei verschiedene Modelle gibt, die grundsätzlich auseinanderlaufen können: das fachliche BPMN-Modell und der technische BPEL-Prozess. Lösungsmöglichkeiten sind aus der modellgetriebenen Softwareentwicklung bekannt: geschützte Code-Bereiche, sogenanntes Roundtrip-Engineering oder aber auch das völlige Ignorieren dieser Problematik.

Geschützte Code-Bereiche („protected regions") erhalten eine besondere Kennzeichnung im BPEL-Quellcode. Innerhalb dieser Bereiche, oder auch in bestimmten Attributen einzelner Elemente, darf in der BPEL-Datei etwas verändert werden. Bei einer erneuten Generierung werden diese Blöcke nicht überschrieben. Allerdings birgt diese Technik gewisse Probleme, spätestens wenn sich die Struktur des Diagramms grundsätzlich verändert. Auch ist es nicht möglich, strukturelle Änderungen im BPEL-Prozess vorzunehmen – es darf nur das Prozessdiagramm geändert werden.

Roundtrip-Engineering bedeutet, dass Änderungen im BPEL-Prozess automatisch in das ursprüngliche BPMN-Prozessdiagramm zurück überführt werden können. Prinzipiell eine charmante Idee, aber in der Praxis leider zu komplex, sodass Werkzeuge diesen Roundtrip bisher nicht wirklich praxistauglich umsetzen, auch wenn es gerne behauptet wird. Auch wenn der Rückweg in der Forschung weit weniger ausgeleuchtet ist wie die andere Richtung, so zeigen bereits Arbeiten wie beispielsweise [WDGW08] konzeptionelle Probleme damit auf.

Das Ignorieren dieser Problematik erscheint nur auf den ersten Blick keine Option. In der Tat ist es in einigen Projekten bereits hilfreich, aus dem fachlich oder technisch motivierten Prozessdiagramm die Grundlage des technischen Prozessmodells zu generieren und sich danach vollständig auf dieses zu konzentrieren. Das Diagramm wird dann zwar nicht mehr unbedingt dem tatsächlich laufenden Prozess entsprechen, hat aber zu seiner Entstehung maßgeblich beigetragen und war für das Anforderungsmanagement bereits eine große Hilfe.

5.7.3 Topp oder Flop?

Langer Rede kurzer Sinn: Das „BPMN zu BPEL Mapping" ist eine nachvollziehbare Idee und hört sich sehr verlockend an. Verschiedene Forschungen haben gezeigt, dass eine solche Überführung prinzipiell möglich ist. Es gibt Werkzeuge, die es unterstützen. Allerdings überwiegen die Probleme, sodass ein Praxiseinsatz mit Vorsicht zu genießen ist. Meist werden als Demos triviale Beispiele ins Feld geführt, die genau die spannenden Probleme außen vor lassen. So ist uns noch kein ernst zu nehmendes Praxisprojekt bekannt, das dieses Vorgehen sinnvoll und erfolgreich einsetzt.

Aus diesem Dilemma heraus entstand auch die Motivation, BPMN 2.0 zu entwickeln. Dieses behebt die vorhandenen Schwächen von BPMN 1.2 und macht es möglich, BPMN 2.0-Prozesse direkt auszuführen. Wir erwarten, dass sich dieser Weg gegenüber dem „BPMN zu BPEL Mapping" behaupten wird, hauptsächlich aufgrund der aufgezeigten Probleme dieses Mappings.

5.8 Automatisierungssprachen – Unterschiede und Empfehlungen

Lassen Sie uns ein kurzes Resümee ziehen: Ausführbares BPMN 2.0 ist Realität geworden, BPEL ist ein akzeptierter Standard, der allerdings seine Tücken hat. Ein automatischer Roundtrip von BPMN-Modellen zu BPEL funktioniert in der Praxis nicht und ist auch bereits konzeptionell problematisch.

Neben den Standards BPMN und BPEL gibt es auch noch die XML Process Definition Language (XPDL) der Workflow Management Coalition sowie viele proprietäre Ansätze von Process Engines mit architektonisch sehr unterschiedlichen Ansätzen. So kann eine Process Engine sich in die eigene Technologielandschaft, z.B. Java, einklinken oder eben mit XML und Webservices plattformunabhängig arbeiten. Nischenhersteller decken dann auch ganz andere, vielleicht sogar esoterische Anforderungen ab. Welche Rolle spielt in diesem Zusammenhang die BPMN? Kann sie sich durchsetzen? Wann ist BPMN als Ausführungssprache geeignet und wann eher nicht?

Aus Standardsicht ist die interessanteste Frage, welchen Einfluss BPMN 2.0 auf die Zukunft von BPEL hat. Auf den ersten Blick sind sich die beiden Spezifikationen ja doch sehr ähnlich geworden. Die XML-Repräsentation eines BPMN-Modells ist ähnlich komplex wie ein BPEL-Prozess, viele Konstrukte erinnern dabei sogar direkt an BPEL. Im Prinzip ist diese Nähe auch nicht verwunderlich, da an der Spezifikation nahezu die gleichen Parteien beteiligt waren.

Folgende Aspekte grenzen BPMN jedoch von BPEL ab:

- Kontrollfluss als Graph: Im Gegensatz zu BPEL sind BPMN-Prozesse graphorientiert. Damit sind fachlich modellierte Prozesse ohne den beschriebenen Konzeptbruch ausführbar. Prinzipiell stellt dies vielleicht die Hersteller der Process Engines vor gewisse Herausforderungen, was uns als Anwender aber ziemlich egal sein kann. Es ist zu erwarten, dass auch für komplizierte Gateways entsprechend praxistaugliche Lösungen gefunden werden, die vielleicht esoterische Sonderfälle offen lassen. Dies mag für Theoretiker unbefriedigend sein, sollte in der Praxis aber einen guten Kompromiss darstellen.
- Keine feste Bindung an Webservices und XML: In BPMN wird bewusst offen gehalten, ob in einer Process Engine Webservices und XML zum Einsatz kommen oder nicht. Zwar stellen diese Technologien die Standardeinstellung dar, jedoch ist es wie gezeigt auch gut denkbar, andere Technologien zu verwenden. Setzt beispielsweise ein Projekt komplett auf eine Java-Architektur, ist es oft sinnvoll, auch eine Java Process Engine einzusetzen, um sich so den Umweg über Webservices zu sparen. Dies war bisher praktisch nur mit proprietären Werkzeugen möglich. Mit BPMN 2.0 könnten jedoch auch solche Engines korrekt über den Standard angebunden werden.
- Grafische Notation: Die meisten BPEL-Werkzeuge bieten auch eine grafische Notation des Prozesses. Diese ist jedoch nicht standardisiert, und die blockorientierten Diagramme ähneln dem fachlichen Modell meist gar nicht mehr. Im Gegenzug dazu besitzen BPMN-Prozesse ein definiertes Aussehen, das noch dazu mit den Konzepten und Ideen der fachlichen Modelle komplett angeglichen ist. Dies stellt einen großen Schritt in Richtung Business-IT-Alignment dar.

Aus unserer Sicht ist ausführbares BPMN 2.0 ein guter Ansatz, der für Process Execution im Allgemeinen besser geeignet erscheint als BPEL und auch Probleme des Business-IT-Alignments angeht. Die Gründe dafür wurden bereits genannt. Nachteilig könnte vielleicht die erschwerte Ausführungssemantik sein. Im Prinzip lag die Auflösung der damit verbundenen Probleme aber vorher beim BPMN zu BPEL Mapping und damit im Zweifelsfall beim Entwickler selbst. Jetzt liegt das Problem dort, wo es eigentlich hingehört – bei den Herstellern der Process Engine.

An den Tod von BPEL, wie er gelegentlich schon prohezeit wird, glauben wir hingegen (noch) nicht. Es ist bereits zu sehen, dass BPEL-Hersteller ihre Engines „aufbohren", um mit ähnlicher Technologie auch BPMN zu unterstützen. Aber auch BPEL wird zumindest noch eine gewisse Zeit lang Bestand haben, denn in BPEL-Projekte sind bereits hohe Investitionen geflossen, sowohl auf Hersteller- als auch auf Kundenseite. Vorstellbar ist auch, dass BPEL weiterhin Verwendung in der reinen Webservice-Orchestrierung findet: der Einsatzzweck, für den es ursprünglich auch gedacht war, abseits des Business Process Management.

Zu erwarten sind auch ganz neue Engines, die auf ganz anderen Architekturansätzen aufbauen. Die viel zitierte Java Engine wäre ein Variante, eine Übersetzung der Prozessmodelle in Regeln für eine Rule Engine eine andere. Dies ermöglicht es, verschiedenste Engines anzubieten, die für das jeweilige Problem am besten geeignet sind. Im Gegensatz zur gefühlten Gleichschaltung bei BPEL bisher auf jeden Fall ein Gewinn.

Ein Hinweis nur nebenbei: Eine ähnliche Idee war bereits im XPDL-Standard enthalten, der jedoch nie entsprechenden Ruhm erlangte. Bei XPDL lag dies wohl einerseits an handwerklichen Fehlern im Standard, der einfach zu viele Erweiterungen erlaubt. Dadurch entstehen Prozesse, bei denen der überwiegende Teil der Logik in Erweiterungen steckt, Anteile größer als 80 % sind dabei keine Seltenheit. Andererseits war auch das Marketing alles andere als ideal, und das im BPM-Bereich sehr wichtige Business-IT-Alignment wurde vernachlässigt. Dementsprechend wird XPDL vermutlich in Zukunft eine untergeordnete Rolle spielen, trotz der breiten Tool-Unterstützung.

Also ist BPMN aktuell der am meisten Erfolg versprechende Ansatz im Bereich der Process Execution Standards. Eine breite Herstellerunterstützung ist zu erwarten. Zwar haben auch rein proprietäre Ansätze oder BPEL weiterhin ihren Wert, eine harte Konkurrenz ist BPMN hier jedoch allemal.

5.9 Business Rules Management-Systeme

In Abschnitt 4.5.4 auf Seite 178 haben wir bereits darauf hingewiesen, dass Geschäftsregeln auf jeden Fall vom Prozessmodell separiert werden sollen. Es erfolgte bereits ein Hinweis darauf, dass es sogenannte „Business Rules Management Systems" (BRMS) gibt, die genau für diesen Anwendungsfall gedacht sind. Daher möchten wir in diesem Kapitel einen kurzen Ausblick darauf geben, wie Geschäftsregeln in der IT umgesetzt werden können, welche Eingabeformate existieren und wie auch der Fachbereich in diesem Spiel mitspielt. Abgerundet wird dieser Ausblick durch Hinweise, wie Regeln nun tatsächlich mit Prozessen interagieren können. Wir möchten nochmals darauf hinweisen, dass wir das Thema in diesem Buch nur knapp anreißen. Da wir es aber im Kontext des BPM für sehr wichtig halten, wollten wir Ihnen eine kurze Einführung nicht vorenthalten. Wir empfehlen Ihnen jedoch, sich eingehender mit diesem Thema zu beschäftigen, da gerade in diesem Bereich noch viel Potenzial für agilere Unternehmen oder Anwendungen steckt.

5.9.1 Eingabeformate für Regeln

Da Geschäftsregeln ganz im Sinne des Business-IT-Alignment fachliche Sichtbarkeit genießen, stellt sich die Frage, wie Regeln erfasst und dargestellt werden. In Abschnitt 4.5.4 auf Seite 178 wurde bereits die Entscheidungstabelle als häufige Form angegeben. Grundsätzlich sehen wir jedoch vier verschiedene wichtige Formate:

- **Entscheidungstabellen:** Abbildung 5.37 zeigt ein Beispiel für Regeln als Entscheidungstabelle. Spalten in der Tabelle geben Bedingungen im linken und Ergebnisse im rechten Bereich an. Jede Zeile entspricht genau einer Regel. Entscheidungstabellen haben den großen Vorteil, dass sie für einen Fachbereich sehr gut verständlich sind und Werkzeuge wie Microsoft Excel zur Pflege verwendet werden können. Von Nachteil ist die Gefahr, dass Sie widersprüchliche oder unvollständige Regeln aufstellen. Dies ist in der Tabellenform nicht immer leicht erkennbar. Meist gibt es allerdings Methoden und Werkzeuge zur Verifikation und Validierung.
- **Entscheidungsbäume:** Statt in Tabellenform können Regeln als Baum dargestellt werden, wie in Abbildung 5.38 auf der nächsten Seite visualisiert. Der Vorteil liegt in der Eindeutigkeit eines Baumes, es können keine widersprüchlichen Regeln aufgestellt und auch kaum Bedingungen vergessen werden, da ein „toter" Ast im Baum sofort auffällt. Nachteilig ist jedoch, dass man spezielle Werkzeuge benötigt und Bäume bei komplexen oder zahlreichen Regeln schnell unübersichtlich groß werden.
- **Formalisierte Sprache:** Formalisierte Regeln, wie im linken Teil von Abbildung 5.39 auf der nächsten Seite gezeigt, nehmen häufig direkt auf Geschäftsentitäten Bezug, in unserem Beispiel der Kunde und die Bestellung. Eigen-

Bedingungen		Entscheidung
Kundentyp	**Bestellhöhe**	**Bonität zu prüfen?**
A-Kunde	egal	NEIN
Sonstiger Bestandskunde	> 300.000 €	JA
	<= 300.000 €	NEIN
Neukunde	>= 50.000 €	JA
	< 50.000 €	NEIN

Abbildung 5.37: Regeln als Entscheidungstabelle

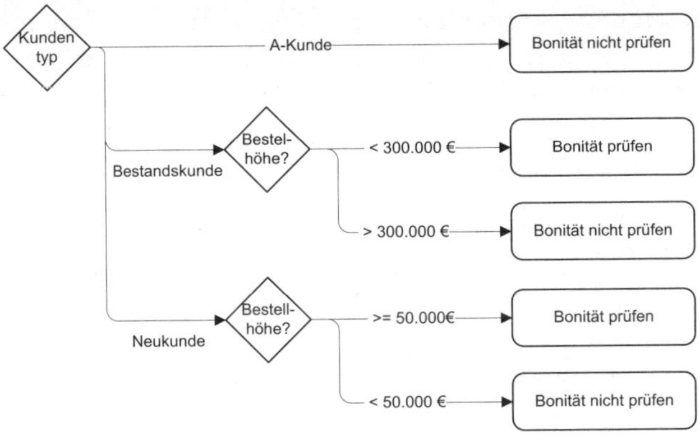

Abbildung 5.38: Regeln als Entscheidungsbaum

```
WENN
  kunde: Kunde.Typ = Neukunde
  UND
  Bestellung.Höhe >= 50.000 €
DANN
  kunde.bonitätPrüfen
```

```
WENN
  Kunde ist Neukunde
  UND
  Bestellhöhe ist größer als 50.000 €
DANN
  Bonitätsprüfung notwendig
```

Abbildung 5.39: Regeln als formale (links) oder domänenspezifische Sprache (rechts)

schaften dieser Objekte können dann direkt in Bedingungen verwendet werden, häufig dargestellt als Punktnotation.

- **Natürliche Sprache:** Na gut, wollen wir ehrlich sein, „natürliche Sprache“ ist vielleicht übertrieben. Gemeint sind die sogenannten domänenspezifischen Sprachen oder „Domain Specific Language“ (DSL) im Englischen. Diese Sprache folgt gewissen zuvor definierten Gesetzmäßigkeiten. Entsprechend erhält man Regeln, die schon fast „normalem“ Deutsch entsprechen.

Ganz typisch ist übrigens die strikte Trennung von Bedingungsteil („WENN“) und Ergebnisteil („DANN“). Bei formalen oder natürlichsprachlichen Regeln wird allerdings gerne die Reihenfolge umgedreht: „Bonitätsprüfung ist nicht notwendig, WENN Kunde ein A-Kunde ist.“

Wie so oft haben alle dargestellten Formate für Regeln Vor- und Nachteile. Welches Format im Projekt zum Einsatz kommt, muss daher von Fall zu Fall entschieden werden. Generell sehen wir sehr häufig Entscheidungstabellen in Projekten, nicht zuletzt aufgrund der weiten Verbreitung von leistungsfähigen Tabellenkalkulationsprogrammen wie beispielsweise Microsoft Excel. Im Rahmen der Anforderungsdefinition sehen wir übrigens Regeln sehr häufig als einfache Prosa in langen Texten versteckt. Bitte: Tun Sie das nicht. Auch wenn Sie nicht gerade einen sprachlich ausgefeilten, spannenden Roman bekommen werden, formale Sprache ist wesentlich präziser, vermeidet Missverständnisse und kann viel besser in Software übersetzt werden.

> ***Tipp: Business-IT-Alignment***
>
> Geschäftsregeln können häufig sehr gut in Entscheidungstabellen dargestellt werden. Dank seiner Verbreitung im Business ist Microsoft Excel häufig eine sehr gute Wahl. Mit geeigneten Rule Engines lassen sich diese Tabellen direkt „ausführen". In diesem Bereich ist das Business-IT-Alignment tatsächlich sehr einfach zu erreichen. Nutzen Sie diese Chance!

5.9.2 Wie werden Regeln in IT umgesetzt?

Okay, wir haben die Regeln nun definiert. Aber wie bekommen wir sie nun in IT-Systeme gegossen? Prinzipiell sehen wir drei Möglichkeiten:

- Programmierung als Quellcode,
- sonstige Speziallösungen,
- Rule Engine.

Der häufigste Fall ist sicherlich die Programmierung der Regeln in einer klassischen Programmiersprache. Prinzipiell ist dagegen nichts einzuwenden, so funktioniert Softwareentwicklung schließlich schon seit Jahrzehnten. Allerdings hat dieses Vorgehen einige Nachteile, die es beim konkreten Einsatz abzuwägen gilt:

- **Übersetzung:** Regeln müssen aus der Spezifikation immer durch einen Softwareentwickler in Programmcode übersetzt werden. Dies gilt für die initiale Entwicklung genauso wie für spätere Änderungen.
- **Release-Zyklen:** Als programmierte Software unterliegen Regeln den gleichen Release-Zyklen wie andere Softwarekomponenten. Und durch umfangreiche Test- und Freigabeszenarien können diese Zyklen lange dauern. Dies ist insofern häufig ein Problem, als gerade Geschäftsregeln sich im Gegensatz zu Geschäftsentitäten und Prozessen häufig ändern. Daher wird gerade in diesem Bereich der Ruf nach einem agileren Vorgehen laut.
- **Lesbarkeit:** Im Programmcode versteckte Regeln kann die Fachabteilung nicht verstehen. Dementsprechend ist eine fachliche Validierung schwierig. Und aus gewachsenen Systemen die tatsächlich angewendeten Geschäftsregeln herauszufinden, ist extrem schwierig; die Logik ist außerdem meist über das gesamte System verteilt.
- **Nachvollziehbarkeit:** Wird eine Entscheidung getroffen, ist es wünschenswert abzuspeichern, warum beispielsweise die Bonitätsprüfung nicht notwendig war – sei es aus gesetzlichen Gründen, zur internen Nachvollziehbarkeit oder auch, um den Kunden diese Information direkt anzuzeigen. So könnte

man dem Kunden die Namen der Regeln, die zur Ablehnung seines Auftrages führen, eventuell direkt mitteilen. Dies in Quellcode nachzubilden, ist sehr aufwendig.

Ob die Nachteile ein Problem darstellen, hängt vom Anwendungsfall ab. Bei wenigen oder sich nie ändernden Regeln ist eine direkte Programmierung vielleicht tatsächlich am günstigsten. Sonstige Speziallösungen wie Umsetzungen in der Datenbank oder eigene Frameworks möchten wir an dieser Stelle nicht weiter betrachten. Sie sind meist sehr individuell, oft sehr aufwendig und haben teilweise dieselben Nachteile.

Eine Alternative, auf die wir genauer eingehen möchten, sind die Rule Engines, denen wir den nächsten Abschnitt widmen.

5.9.3 Die Rule Engine – wie funktioniert sie und was ist das überhaupt?

Zur Einführung der Rule Engine – oder auf Deutsch Regelmaschine – möchten wir Wikipedia zitieren (http://de.wikipedia.org/wiki/Business-Rule-Engine):

> Eine Business-Rule-Engine ist eine technische Softwarekomponente als Bestandteil eines Business-Rule-Management-Systems (BRMS), die eine effiziente Ausführung von Geschäftsregeln bzw. Business-Rules ermöglicht. Das primäre Ziel der Business-Rule-Engine ist es, die Geschäftslogik von der Programmlogik oder Prozesslogik zu trennen, was grundlegende Änderungen an der fachlichen Geschäftslogik ermöglicht, ohne Änderungen am Programm-Code oder am Design des Geschäftsprozesses vornehmen zu müssen.

In unseren Trainings wurden wir schon gefragt: „Eine generische Rule Engine, die Regeln jeder Art ausführen kann? Das gibt es doch gar nicht!" Doch, genau das gibt es. Und die Rule Engines oder Regelmaschinen erfahren in letzter Zeit sogar eine Renaissance. Grund ist, dass Rule Engines einfach und in jeder gängigen Technologie verfügbar sind. Auch gibt es bereits ernst zu nehmende Open Source-Produkte in diesem Bereich. Vorbei sind also die Zeiten, in denen Rule Engines entweder wissenschaftlich verstaubt oder zu teuer waren. Die Integration heutiger Rule Engines ist daher meist auch eine Kleinigkeit, was die steigende Beliebtheit erklärt.

Doch wie funktioniert eine Regelmaschine? Betrachten wir sie als Black Box, wie in Abbildung 5.40 auf der nächsten Seite gezeigt. In dieser Sichtweise wird eine Anfrage an die Rule Engine geschickt, welche diese anhand der ihr bekannten Regeln beantwortet. Zur Auswertung der Regeln werden Daten verwendet; man spricht hierbei von Fakten. Die Fakten sind typischerweise in der Anfrage enthalten, können aber auch aus externen Quellen wie zum Beispiel einer Datenbank stammen.

Die interne Struktur und genaue Funktionsweise einer Rule Engine möchten wir Ihnen an dieser Stelle ersparen. Es sei nur so viel gesagt: Es gibt heute sehr effiziente Algorithmen, beispielsweise den sogenannten RETE-Algorithmus, die eine sehr performante Auswertung der Regeln ermöglichen. Prinzipiell lassen sich einige Probleme damit sogar viel schneller lösen, als es ein konventionell entwickeltes Programm könnte. Geschwindigkeitsbedenken sind daher meist überflüssig. Die Verwendung einer Rule Engine im eigenen Projekt ist dann meist sehr einfach, wenn sie die gewählte Technologie unterstützt, also beispielsweise Webservices mit XML oder Java.

Die Engine kann sich zur Laufzeit dann eben auch merken, welches Ergebnis aufgrund welcher Regeln entstanden ist. Die sogenannten Business Rule Management-Systeme (BRMS) können große Mengen von Regeln verwalten, meist revisionssicher versionieren, finden und oft sogar sinnvoll testen. Denn ein Problem wird bei agiler Regelpflege durch den Fachbereich gerne übersehen: Eigentlich möchten Sie doch gar nicht vom Fachbereich angepasste Regeln durch Knopfdruck in Ihre produktiven Systeme bringen, oder? Was, wenn ein Fehler unterlaufen ist? Oder widersprüchliche Regeln erstellt wurden? Hier ist das BRMS in der Pflicht, Testfälle sowie Verifikationsmechanismen bereitzustellen, was heutige Werkzeuge auch meist unterstützen.

Regeln für die Rule Engine können dabei in gängigen Werkzeugen in allen oben genannten Eingabeformaten vorliegen. Entgegen häufigen Vorbehalten können selbst die Open Source-Vertreter beispielsweise Excel einlesen oder punkten mit

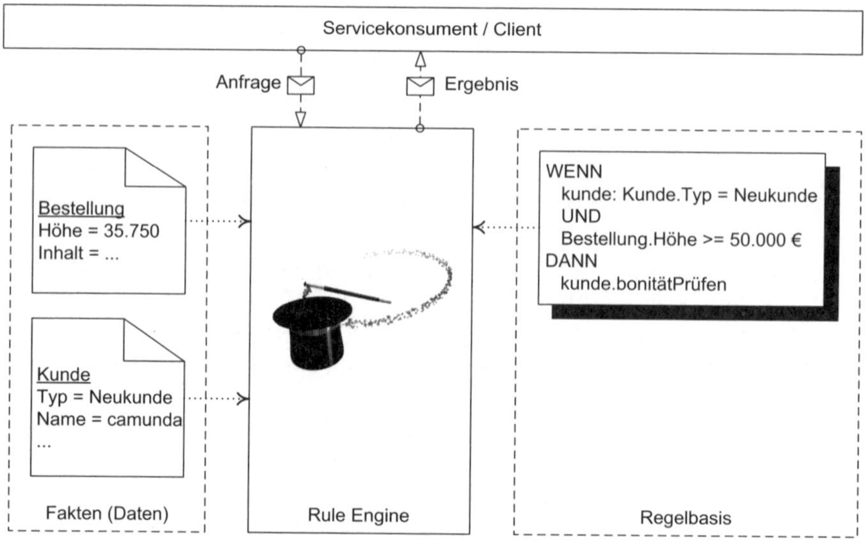

Abbildung 5.40: Die Rule Engine im Überblick

durchdachten Weboberflächen. Somit gibt es eigentlich kaum noch Ausreden, keine Rule Engine einsetzen zu wollen.

Wie Sie sehen, sind wir große Fans von Rule Engines und Business Rules Management-Systemen. Aus Sicht des Business-IT-Alignment ist das auf jeden Fall eine „low hanging fruit", also sehr einfach zu erreichen. Vor allem im Vergleich zum viel diskutierten BPMN zu BPEL Mapping.

5.9.4 Vertragt euch – BPMS und BRMS im Zusammenspiel

Wir möchten also Process Engine und Rule Engine in Kombination einsetzen. Wie stellt man das am besten an? Als erste Frage ist zu klären, ob die Rule Engine in die Process Engine selbst integriert ist – oder anders herum: ob zwei verschiedene Engines eingesetzt werden. Aus architektonischer Sicht raten wir zu einer sauberen Trennung der beiden Konzepte. Die Rule Engine kommt dann punktuell im Prozess zum Einsatz und wird dazu explizit aufgerufen. Dies ist in Abbildung 5.41 auf der nächsten Seite dargestellt. Ein großer Vorteil dieser Variante ist, dass Regeln nun als Dienst bereitgestellt werden, den auch andere Komponenten außerhalb des Prozesses verwenden können. So wird unsere Bonitätsprüfung sicherlich noch an anderen Stellen im Prozess verwendet. Im Idealfall ist es dann aus Sicht des Prozesses sogar egal, ob hinter den Kulissen eine Rule Engine oder eine konventionell entwickelte Softwarekomponente tickt, solange das Ergebnis stimmt.

> ***Unser BPMN-Knigge***
>
> Geschäftsregeln sollten immer unabhängig von der aktuellen Verwendung im Prozess geschrieben werden. Versuchen Sie immer, einen zweiten Anwendungsfall in einem anderen Prozess oder sogar einem ganz anderen Kontext im Kopf zu haben. Wenn Sie die Regel dort ohne Änderungen auch anwenden können, haben Sie eine bessere Regel, die wiederverwendet werden kann, auch außerhalb des aktuellen Prozesses.

Übrigens spielt die technische Anbindung dabei eine eher untergeordnete Rolle und hängt hauptsächlich von der Technologie der Process Engine ab. Viele BPMN-Engines werden vermutlich auf Webservices und XML setzen. In diesem Fall wäre der Aufruf der Rule Engine ebenfalls ein Webservice-Aufruf. Es ist jedoch genauso gut möglich, dass die Anbindung direkt über proprietäre Wege der Engine stattfindet, beispielsweise Java-Interfaces. Aus konzeptioneller Sicht ist dies relativ egal.

Als Parameter können Daten aus den Prozessvariablen übergeben und eventuell ein Regelsatz spezifiziert werden, der zur Anwendung kommen soll, zum Beispiel „Validierungsregeln". Die Rule Engine kann dann selbstständig bei Bedarf durchaus Daten aus einer Datenbank oder anderen Ressourcen nachladen. Möchte man

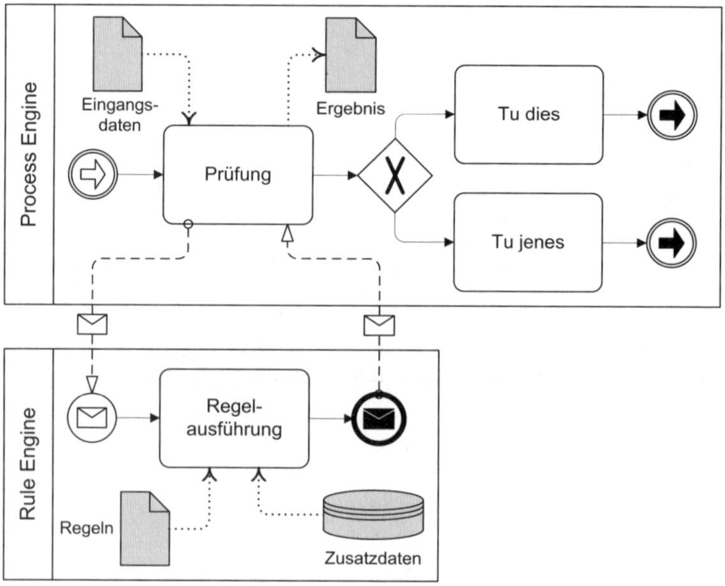

Abbildung 5.41: Die Rule Engine im Zusammenspiel mit Process Engine

beispielsweise eine Bestellung validieren, benötigt man unter Umständen gewisse Informationen aus dem Artikelstamm: Daten, die man im Prozess nicht zur Verfügung hat – und auch gar nicht braucht. Diese „Separation of concern" ist eine weitere Motivation, Geschäftsregelbearbeitung aus der Process Engine herauszuhalten.

Die BPMN kennt mit der Geschäftsregel-Aufgabe („RuleTask") die Möglichkeit, Geschäftsregeln direkt anzusprechen. Wie dies technisch umgesetzt werden soll, wird in einem Attribut angegeben, dass drei Ausprägungen kennt: „Business Rule Web Service", „generischer Webservice" oder „andere Technologie". Es ist natürlich zu erwarten, dass Hersteller die im eigenen Portfolio befindlichen Rule Engines bevorzugt anbinden können. Wir erwarten jedoch auch, dass es meist gut möglich ist, andere Engines zu verwenden und per Webservice anzubinden.

Kapitel 6

BPMN im Unternehmen einführen

6.1 Ziele

In den letzten Jahren haben wir vielen Organisationen dabei geholfen, die BPMN einzuführen. Dabei ging es nicht einfach darum, dass ein oder zwei Personen mit Hilfe der Notation den einen oder anderen Prozess modellieren sollten. Vielmehr sollte die BPMN in der Breite eingeführt werden, damit unternehmens- oder zumindest bereichsweit die Prozesse auf eine einheitliche Art und Weise modelliert werden:

„Bei uns malt der eine seine Prozesse mit Visio, der andere beschreibt sie in Word oder PowerPoint und wieder jemand in Excel. Irgendjemand hat auch mal ein BPM-Tool eingeführt, aber das arbeitet auch wieder mit seiner eigenen Notation, und jetzt haben wir einen Wildwuchs verschiedenster Prozessmodelle, was uns die tägliche Arbeit erheblich erschwert!"

Das ist eine typische Aussage, wie wir sie häufig im Vorfeld einer BPMN-Einführung hören. Allerdings wäre es ein Fehler, jetzt einfach ein neues BPMN-Tool zu kaufen und zu erwarten, dass alles besser wird. Die Komplexität der BPMN kann schnell dazu führen, dass trotz der gemeinsamen Sprache sehr unterschiedlich modelliert wird oder, schlimmer noch, die Modellierer überfordert sind und frustriert aufgeben. Ganz allgemein wird das Thema Prozessmodellierung häufig unterschätzt, nach dem Motto:

„Hauptsache, das Tool ist einfach zu bedienen. Dann besorgen wir uns einen billigen Werkstudenten, der die Kollegen interviewed und herausfindet, wie sie arbeiten, und dann einfach die Diagramme malt. Kann doch nicht so schwer sein!".

Ist es aber. Wir glauben, dass ein guter Teil der in den neunziger Jahren entstandenen berüchtigten „Schrankware", also der unhandlichen Prozesstapeten, die keiner angucken will, genau auf diese Fehleinschätzung zurückzuführen ist. Wer Prozessmodellierung für reine Fleißarbeit hält, wird in den meisten Fällen viel Papier und wenig Nutzen produzieren.

Eine erfolgreiche Einführung beginnt dagegen mit der Klärung und Priorisierung der konkreten Ziele, die man erreichen möchte. Das klingt vielleicht banal, aber in der Praxis ist das häufig gar nicht so einfach. Allzu oft sind die Ziele nämlich sehr schwammig formuliert. Ein paar Beispiele:

- Wir wollen Transparenz in unsere Prozesse bringen.
- Wir wollen die Kundenorientierung maximieren.
- Wir wollen die Prozesse auf Effizienz optimieren.

Klingt an sich alles plausibel, oder? Wenn man so einen Auftrag von der Geschäftsführung bekommt, möchte man als Projektleiter lieber nicht widersprechen. Unser Rat lautet aber, genau das zu tun, und zwar so früh wie möglich! Diese Ziele sind nicht das, was man im Projektmanagement als S.M.A.R.T. bezeichnet (Details finden Sie auch im Internet, z.B. im entsprechenden Wikipedia-Artikel: http://de.wikipedia.org/wiki/SMART_(Projektmanagement)):

- **S**pezifisch: Eindeutige, präzise formulierte Ziele lassen nur wenig Interpretationsspielräume zu. Was genau ist mit „Transparenz in den Prozessen" gemeint? Dass sie alle dokumentiert sind? In welcher Tiefe? In welcher Form? Für welche Zielgruppe? Wann genau ist denn „Transparenz" tatsächlich erreicht?
- **M**essbar: Die Zielerreichung muss überprüfbar sein. Woran kann ich denn erkennen, ob die Kundenorientierung verbessert wurde, geschweige denn „maximiert" wurde? Und vor allem, in welchem konkreten Zusammenhang steht diese Zielsetzung mit meinem BPM(N)-Vorhaben?
- **A**kzeptabel: Das Ziel muss von den Ausführenden als erreichbares und angemessenes Ziel akzeptiert werden können. Wenn ich die Parole ausgebe, in einem 1.000 Mitarbeiter starken Unternehmen mit einem Team von 3 Mitgliedern innerhalb von 6 Monaten sämtliche Prozesse zu optimieren, darf ich mich nicht wundern, wenn das Projekt scheitert.
- **T**erminiert: Ohne eine klare Vorstellung, zu welchem Zeitpunkt ein definiertes Ziel erreicht werden soll, müssen wir damit rechnen, dass die zugeordneten Ressourcen immer wieder zu Gunsten anderer, kurzfristig dringenderer Themen abgezogen werden. Das führt letztendlich dazu, dass das Projekt im Sande verläuft.

Fast genauso wichtig wie die Qualität der definierten Ziele ist ihre eindeutige Priorisierung. Die Wahrscheinlichkeit, dass Ihr Projektteam nicht alle gewünschten Ziele erreichen wird, ist erfahrungsgemäß sehr hoch. Ohne klare Prioritäten wird das Team versuchen, alle Ziele gleichermaßen zu erreichen, und im schlimmsten Fall keine der zahlreichen Baustellen tatsächlich abschließen können. Eine klassische Konsequenz ist dann, dass zum Beispiel die Prozessdokumentati-

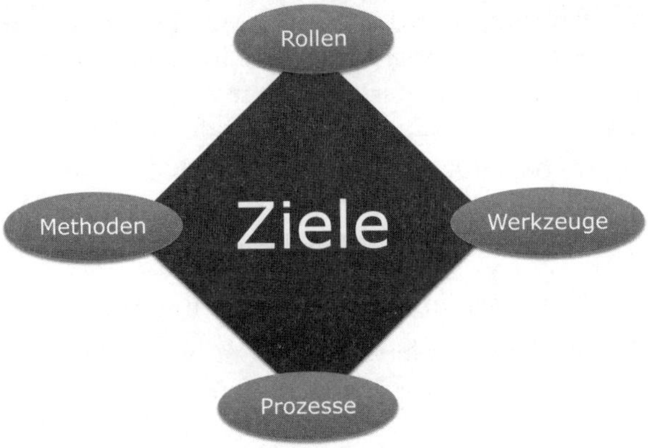

Abbildung 6.1: Die Klärung der Ziele ist von zentraler Bedeutung

on nur noch „schnell, schnell" irgendwie über die Bühne gebracht wird, um offiziell einen Haken dran machen zu können und die Budget- und Zeitvorgaben nicht zu sprengen. Das führt aber zu einer Alibi-Dokumentation, deren Schicksal als ungenutzte Schrankware so gut wie besiegelt ist. Dann hätte man sich das Ganze besser von vornherein gespart.

Aus klar definierten und priorisierten Zielen können Sie im nächsten Schritt ableiten, welche Rollen, Methoden, Werkzeuge und Meta-Prozesse benötigt werden, um BPMN erfolgreich einzusetzen. Wir sprechen hierbei von den vier „Themen-Clustern" (siehe Abbildung 6.1), die wir im Vorfeld und während der BPMN-Einführung kontinuierlich im Blick haben müssen. Wir werden sie deshalb in den nächsten Abschnitten genauer erklären.

Am Ende kommt es also darauf an, die unterschiedlichen Implikationen der jeweiligen Ziele zu erkennen: Wenn zum Beispiel alle Prozesse des Unternehmens soweit dokumentiert werden sollen, dass man damit eine Zertifizierung nach ISO 9001:2000 besteht, dann ergeben sich daraus ganz andere Anforderungen an die Rollen, Methoden, Werkzeuge und Meta-Prozesse, als wenn es um die Automatisierung bestimmter Kernprozesse mit einer technischen BPM-Plattform geht. Auch deshalb ist es so wichtig, die Zielsetzung des BPM(N)-Vorhabens nicht auf die leichte Schulter zu nehmen, sondern sorgfältig durchzuführen.

6.2 Rollen

6.2.1 Von Gurus, Anhängern und Ungläubigen

Die erfolgreiche Einführung von BPMN hängt, wie so Vieles, zu allererst von den beteiligten Menschen ab. Es ist ein Trugschluss zu glauben, man könnte BPMN beziehungsweise generell die Prozessmodellierung nebenbei erlernen. Dafür ist das

Thema zu kompliziert, und es erfordert eine Menge Übung und viel Erfahrung, bis einem die Prozessmodellierung mit BPMN in Fleisch und Blut übergegangen ist. In der Konsequenz muss eine Organisation sich darüber im Klaren sein, dass man BPMN nicht kurzfristig in der Breite ausrollen kann. Zuvor muss man eine Art Epizentrum schaffen, eine Gruppe hochkarätiger Methodenexperten. Diese Experten nennen wir kurz „BPMN-Gurus“, weil dieser Begriff ganz gut transportiert, worauf es bei diesen Menschen ankommt:

- Sie haben die BPMN wirklich vollständig verstanden.
- Sie besitzen vielleicht noch keine jahrelange Erfahrung mit BPMN, bauen diese aber zügig auf, indem sie sich so oft wie möglich in der praktischen Anwendung üben.
- Sie besitzen eine große Affinität, natürlich für BPMN, aber auch für Business Process Management insgesamt, und sind in der Lage, mit ihrer Leidenschaft und ihrer Kompetenz die übrigen Kollegen zu unterstützen und zu begeistern.
- Sie werden innerhalb der Organisation als maßgebliche Kompetenz für BPMN anerkannt und akzeptiert.

Wir wollen nicht behaupten, dass es nur solcher Gurus bedarf und schon ist der Erfolg garantiert. Aber wir können durchaus feststellen, dass eine Nutzung von BPMN in der Breite *ohne* diese Gurus in den meisten Fällen zum Scheitern verurteilt ist.

Auf der anderen Seite der Know-how-Skala befinden sich die „Ungläubigen“. Diese Bezeichnung hat zwar einen etwas seltsamen Beigeschmack, so als ob man die so Genannten bekehren müsste. Darum geht es aber eigentlich gar nicht. Die Ungläubigen sind einfach nur all jene Menschen in der Organisation, die sich für die BPMN an sich überhaupt nicht interessieren und sie höchstens als notwendiges Mittel zum Zweck der Prozessverbesserung verstehen. Insofern haben sie auch keine Lust, sich mit den diversen Symbolen, syntaktischen Regeln oder gar den Feinheiten des Tokenflusses zu beschäftigen. In der Regel handelt es sich bei den Ungläubigen, Sie ahnen es bereits, um die überwältigende Mehrheit Ihrer Kolleginnen und Kollegen, seien sie nun Führungskräfte wie die Process Owner oder Process Manager, oder auch die Menschen, die in den Prozessen arbeiten, die Process Participants.

Verübeln kann man den Ungläubigen ihre Verweigerungshaltung nicht, und selbst wenn wir es täten, wäre es ein Fehler zu glauben, wir könnten sie ändern. Stattdessen müssen wir uns überlegen, wie wir unsere Kollegen „an der Front“ am besten in die Arbeit mit BPMN einbeziehen. Meistens können wir ja nicht erwarten, dass Ungläubige gute, also aussagekräftige und formal korrekte BPMN-Prozessmodelle erstellen. Dafür ist die Lernkurve einfach zu steil. Wenn wir an unser Ebenenmodell denken, können wir von Ungläubigen höchstens eine Modellierung auf Ebene 1, der Ebene der strategischen Prozessmodelle, erwarten. Und selbst dann müssen wir damit rechnen, dass wir, die Gurus, diese Modelle

	Gurus		Anhänger		Ungläubige	
	Modellieren	Lesen	Modellieren	Lesen	Modellieren	Lesen
Ebene 1	Ja	Ja	Ja	Ja	bedingt	Ja
Ebene 2	Ja	Ja	bedingt	Ja	Nein	Ja
Ebene 3	bedingt	Ja	Nein	Ja	Nein	bedingt

Abbildung 6.2: Prozesse modellieren und Modelle betrachten: Wer kann was?

wahrscheinlich noch einmal einer Qualitätssicherung unterziehen müssen. Eine Modellierung auf Ebene 2 oder gar 3 von den Ungläubigen zu erwarten, ist in den meisten Fällen völlig unangebracht. Beim Lesen der Modelle sieht das aber schon anders aus: Obwohl viele Symbole zunächst nicht bekannt sind, können die meisten Ungläubigen unserer Erfahrung nach im Anschluss an eine kurze Erklärung auch Diagramme auf Ebene 2 oder 3 interpretieren, vor allem dann, wenn sie nur „ihre" Pools (vgl. Abschnitt 4.3 auf Seite 153) gezeigt bekommen. Wir müssen also nicht nur eine Unterscheidung nach der Ebene treffen, sondern auch danach, ob derjenige selbst ein Modell erstellen oder es nur interpretieren muss (siehe Abbildung 6.2).

In größeren Organisationen reicht es häufig nicht, nur zwischen Gurus und Ungläubigen zu unterscheiden. So wie ein religiöser Guru seine Jünger braucht, so muss auch ein BPMN-Guru mitunter auf Multiplikatoren zurückgreifen, auf Menschen aus der Organisation, die als Vermittler zwischen Guru und Ungläubigen auftreten können. Diese „BPMN-Anhänger", wie wir sie nennen, finden die BPMN zwar an sich interessant, sind aber nicht so sehr in sie vernarrt wie die Gurus. Meistens kennen sie das Tagesgeschäft ihrer ungläubigen Kollegen sehr gut, weil sie auch selbst darin arbeiten. Sie haben aber den Auftrag und die zeitlichen Mittel bekommen, sich mit Hilfe der Gurus so weit in die BPMN einzuarbeiten, dass sie die Prozessmodellierung auf einem gewissen Niveau praktizieren können. Mit diesem Know-how können sie nun die Tätigkeiten ihrer ungläubigen Kollegen in sinnvolle Prozessmodelle auf Ebene 1 und mitunter auch auf Ebene 2 überführen, wobei sie sich bei Fragen und Unklarheiten, wie man einen bestimmten Sachverhalt gut modelliert, jederzeit an die Gurus wenden können. Die Anhänger sind gewissermaßen die Delegierten der jeweiligen Fachabteilungen, wenn es um BPMN-Themen geht, und entlasten in dieser Funktion sowohl die Gurus als auch die Ungläubigen.

6.2.2 Verankerung in der Organisation

Zunächst einmal sollte man nicht den Fehler machen, externe Berater als BPMN-Gurus einzukaufen, zumindest nicht auf Dauer. Das ist natürlich genau die Situation, in die wir selbst relativ häufig geraten sind, und aus kurzfristig ökonomischer Sicht ist das für eine Unternehmensberatung ja auch gar nicht mal schlecht. Wenn ein Unternehmen jedoch den Anspruch hat, mit BPMN langfristig erfolg-

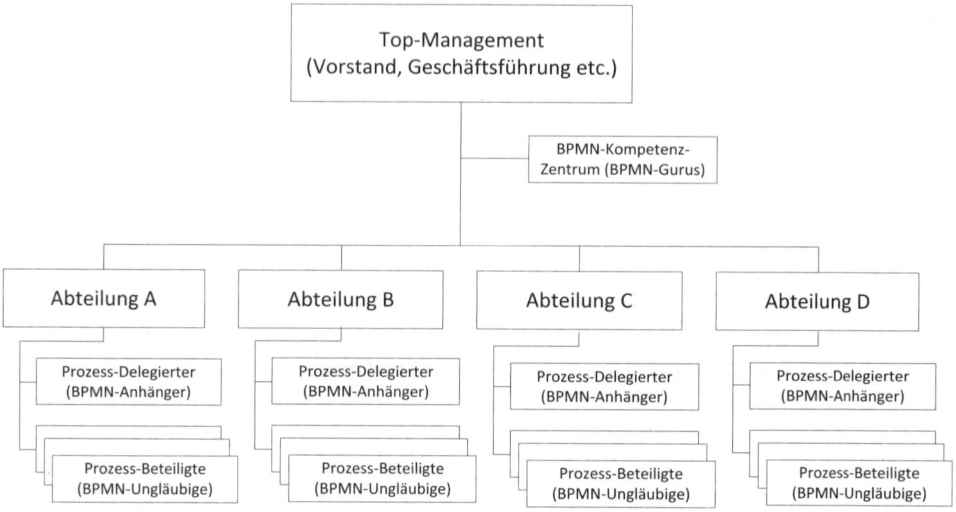

Abbildung 6.3: Typische Zuordnung von BPMN-Gurus, -Anhängern und -Ungläubigen in einer Organisation

reich zu sein, muss man auch als Berater von einer solchen Strategie unbedingt abraten. Denn die BPMN-Gurus sind innerhalb des Unternehmens sowohl Unterstützer als auch Antreiber und müssen deshalb tagtäglich verfügbar sein. Eine derart entscheidende Rolle kann von einer externen Kraft, die nur sporadisch oder zeitlich begrenzt im Hause ist, nicht ausgefüllt werden.

Innerhalb des Unternehmens findet man die potentiellen BPMN-Gurus meistens in der Betriebsorganisation und/oder der IT-Abteilung. Daraus ergibt sich eine interessante Situation: Wie Sie sich denken können, geht mit dem „Guru-Status" auch eine gewisse Hoheit über das Thema BPM insgesamt einher. Wenn wir innerhalb eines Unternehmens sowohl eine Betriebsorganisation als auch eine IT haben, wer soll dann diese Hoheit bekommen? Hier kann es schnell zu politisch motivierten und sehr unproduktiven Grabenkämpfen kommen. Aus neutraler Perspektive können wir diese Frage eigentlich nicht pauschal beantworten. Natürlich ist es so, dass die Organisatoren traditionell das Thema BPM (meistens unter dem Begriff „Prozessmanagement") für sich beanspruchen. Wir dürfen aber auch nicht ignorieren, dass wir seit einigen Jahren in eine neue Ära des BPM eingetreten sind, in der IT eine sehr viel größere Rolle spielt als noch in den neunziger Jahren. Wer das Thema nicht ganzheitlich versteht, und das heißt sowohl organisatorisch als auch IT-technisch, dem kann man nicht guten Gewissens die Gesamtverantwortung für das BPM-Thema übertragen. Eine Faustregel besagt: Falls eine der beiden Fraktionen die Kompetenzen und Anliegen der jeweils anderen Fraktion als vergleichsweise irrelevant abtut, ist sie für die ganzheitliche Verantwortung eigentlich ungeeignet. Die folgenden zwei Zitate sollen ein plastisches Gefühl dafür vermitteln, was wir damit meinen:

- Betriebsorganisation: „Wir haben keine Ahnung von dem, was die IT da unten eigentlich treibt. Und wissen Sie was: Im Grunde ist es uns auch egal. IT muss laufen, und wie die das hinbekommen, ist ihr Problem. Wir machen nur die Vorgaben. Es heißt ja nicht umsonst 'IT follows Business' !"
- IT: „Manchmal fragen wir uns schon, wofür diese Orga-Fritzen eigentlich bezahlt werden. Den ganzen Tag in Meetings sitzen und Kästchen und Pfeile malen ist ja eigentlich keine wirkliche Arbeit. Und wenn sie uns dann mal ihre Anforderungen übergeben, sind die dermaßen unsinnig, dass wir damit nichts anfangen können. Im Grunde verstehen wir sowieso viel besser, was eigentlich gebraucht wird."

In einer solchen Situation ist die einzige Lösung, ein gemeinsames Gremium zu bilden, ein „BPM Competence Center (BPM CC)". In diesem CC sitzen dann auch die BPMN-Gurus, die wiederum als Ansprechpartner der BPMN-Delegierten in den Fachabteilungen agieren (siehe Abbildung 6.3 auf der vorherigen Seite)

6.2.3 Ausbildung der BPMN-Gurus

Wenn der Erfolg der Einführung von BPMN mit den hausinternen Gurus steht und fällt, wie können wir dann die auserwählten Kandidaten entsprechend qualifizieren? Die Lektüre dieses Buches ist sicher kein schlechter Anfang, und eine unserer hervorragenden Schulungen (oder die eines anderen Anbieters) zu besuchen, ist ebenfalls hilfreich. Aber am meisten lernt man natürlich „by doing". Insofern kann man gar nicht schnell genug anfangen, BPMN direkt in der eigenen Praxis anzuwenden. Wenn man das nicht macht, wird man auch das in der Schulung Erlernte bald wieder vergessen haben. Ein recht erfolgreiches Vorgehen ist unserer Erfahrung nach:

1. BPMN-Buch lesen, um prinzipiell zu verstehen, worum es geht, und bewerten zu können, ob BPMN für die eigene Arbeit hilfreich sein kann.
2. Schulung besuchen bzw. im eigenen Hause durchführen.
3. BPMN anwenden, am besten in der eigenen Arbeit, und wenn es da gerade nichts zu modellieren gibt, probiert man es mit Kochrezepten (ernsthaft!).
4. Optional: Die modellierten Prozesse von einem BPMN-Experten (zum Beispiel der externe Berater oder Trainer) reviewen und korrigieren lassen.

Der vierte Schritt ist natürlich nicht immer so leicht realisierbar, aber er hat sich in der Praxis als sehr ergiebig herausgestellt. Es ist erstaunlich: In der initialen Schulung zeigen wir die typischen Anfängerfehler, aber trotzdem finden wir im einige Wochen später stattfindenden Review häufig einen guten Teil genau dieser Anfängerfehler wieder. Erst nachdem sie einem anhand des „eigenen" Pro-

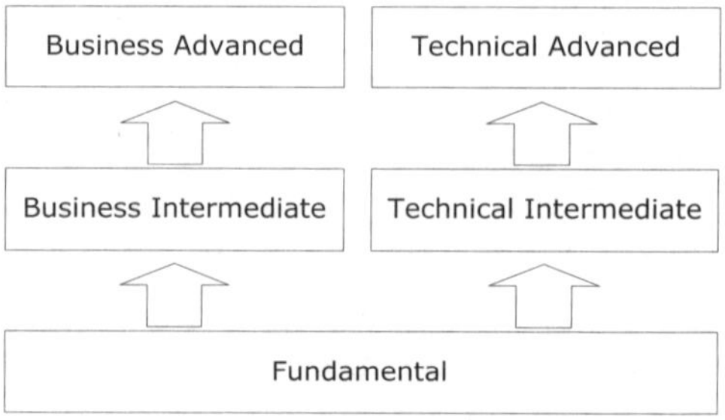

Abbildung 6.4: Stufen der Zertifizierung nach OCEB

zessmodells erklärt werden, fällt dann tatsächlich der Groschen. Das gilt natürlich erst recht für gewisse Best Practices, die in der Prozessmodellierung angewandt werden können.

Und wer es dann wirklich ernst meint mit dem Guru-Status, der kann sich sogar von der Object Management Group (OMG) höchst offiziell zertifizieren lassen. Der OMG Certifed Expert in BPM (OCEB) ist jemand, der, je nach Zertifizierungsstufe, eine bestimmte Wissensprüfung der OMG bestanden hat. Die erste Prüfung zertifiziert auf dem Niveau „Fundamental“, fragt also die wesentlichen Grundlagen von BPM ab. Da sich circa 40% dieser Fragen auf BPMN beziehen und teilweise auch ganz schön ans Eingemachte gehen, darf man davon ausgehen, dass jemand, der nach „OCEB Fundamental“ zertifiziert ist, die BPMN ganz gut verstanden hat. Die auf „Fundamental“ aufbauenden Stufen heißen „Intermediate“ und schließlich „Advanced“, wobei es jeweils eine „Business“-Variante und eine „Technical“-Variante der Prüfung gibt, je nachdem, wo der Prüfling seinen Kompetenzschwerpunkt legen möchte (Abbildung 6.4). Wer mehr über OCEB erfahren möchte, kann sich direkt auf der Homepage der OMG (www.omg.org/oceb/) oder auch in unserem BPM-Guide (www.bpm-guide.de/oceb) informieren.

6.3 Methoden

BPMN alleine wird in den meisten Projekten nicht reichen, wenn es um die Modellierung der Unternehmensrealität geht:

Wenn Sie beispielsweise Ihre Prozesslandschaft dokumentieren wollen, werden Sie vermutlich so etwas wie eine Prozesslandkarte brauchen, also eine übersichtliche Darstellung aller Prozesse Ihres Unternehmens. Ausgehend von der Prozesslandkarte werden Sie dann eine Verfeinerung vornehmen, bis Sie irgendwann bei einzelnen BPMN-Ablaufdiagrammen landen. Möglicherweise werden Sie diese wiederum mit Organigrammen verknüpfen wollen, um die Beziehungen zwischen der Aufbau- und Ablauforganisation darzustellen, und Sie werden vielleicht entscheiden, dass auf der detailliertesten Ebene sogar eine textuelle Arbeitsanweisung sinnvoll ist, die einzelnen Aufgaben im BPMN-Diagramm zugeordnet ist.

Wenn es Ihnen hingegen um die Prozessmodellierung im Kontext von IT-Projekten geht, werden Sie wahrscheinlich neben der reinen Prozessbeschreibung auch eine Definition der Datenstrukturen brauchen, die in der IT-Lösung abgebildet werden sollen. Dafür greifen Sie eventuell auf UML-Klassendiagramme zurück, die Sie dann wiederum mit Ihren BPMN-Diagrammen sinnvoll verknüpfen müssen. Dasselbe gilt für Maskenskizzen, Anwendungsfalldiagramme etc. (vgl. auch Abschnitt 4.4.5 auf Seite 166).

Eine erste Fragestellung im Methoden-Cluster ist also, in welchem methodischen Kontext BPMN eingesetzt werden soll und wie die BPMN-Diagramme mit den übrigen Modellierungsnotationen sinnvoll kombiniert werden.

Die zweite Fragestellung bezieht sich auf die Modellierungskonventionen, also auf die Richtlinien zur Prozessmodellierung mit BPMN. Wir nennen solche Konventionen „BPMN-Guidelines", weil dieser Begriff weniger sperrig und deshalb im Alltag leichter zu handhaben ist. Die Definition von BPMN-Guidelines ist fast immer sinnvoll, weil

- BPMN eine vergleichsweise umfangreiche Modellierungssprache ist, die gerade Anfänger schnell überfordern kann;
- man denselben Sachverhalt in BPMN sehr unterschiedlich modellieren kann, was die einheitliche Modellierung und somit das gegenseitige Verständnis beim Betrachten der Modelle erschwert;
- eine Guideline eine praktische Orientierungshilfe ist, die gerade bei Anfängern die Akzeptanz für die Notation erhöht;
- unterm Strich dadurch die Modellierung gleichzeitig leichter und schneller vonstattengeht, während trotzdem eine hohe Qualität der Prozessmodelle sichergestellt wird.

Welche Guidelines genau sinnvoll sind, hängt ebenfalls von den Zielen ab, die Sie mit BPMN verfolgen: Das Ziel „Prozessdokumentation" beispielsweise führt zu anderen Guidelines als das Ziel „Anforderungserhebung für IT-Projekte". In diesem Zusammenhang ist auch unser Methodenframework mit den drei Ebenen der Prozessmodellierung zu beachten: Auch hier ergibt sich die Wahl der Modellierungsebene, und somit auch die Wahl der Methodik, aus der jeweiligen Zielsetzung für die Modellierung.

Unabhängig von der Zielsetzung haben wir aber feststellen können, dass in allen Guidelines die nachfolgend beschriebenen Kategorien sinnvoll sind.

6.3.1 Symbolpalette

Hier geht es zunächst einmal darum, eine Teilmenge der verfügbaren Symbole zu definieren. Das ist besonders am Anfang sinnvoll, wenn noch nicht alle Beteiligten mit der kompletten Symbolpalette vertraut sind. Aber es ist auch empfehlenswert, den BPMN-Anhängern, die die BPMN ja auch auf längere Sicht nicht in der Tiefe beherrschen werden, eine verkleinerte und somit übersichtlichere Palette an die Hand zu geben.

Da wir in der Regel mit unserem Methodenframework arbeiten, macht sich die verwendete Symbolpalette in unserer Projektpraxis an der jeweiligen Modellierungsebene fest. Die Palette für Ebene 1 haben wir bereits in Abschnitt 3.3 auf Seite 126 vorgestellt. Auf der Ebene 2 schränken wir die Palette in der Regel gar nicht oder nur marginal ein, und auf der Ebene 3 hängt die Palette von den BPMN-Symbolen ab, die in der vorgesehenen Process Engine unterstützt werden. Wir dürfen nämlich leider nicht davon ausgehen, dass jedes offiziell BPMN-kompatible BPM-Softwareprodukt auch tatsächlich alle Symbole kennt.

Auf der anderen Seite kann es sinnvoll sein, die Palette um eigene Artefakte zu erweitern (Abschnitt 2.11.2 auf Seite 107). Das erscheint zunächst einmal widersprüchlich: Erst sollen wir die Palette einschränken, sie aber dann doch wieder erweitern? Aber tatsächlich hat sich herausgestellt, dass eigene Artefakte häufig ganz bestimmte Modellierungsprobleme lösen, die die BPMN im reinen Standardformat nicht lösen kann. Beispielsweise haben wir mittlerweile einige Versicherungen kennen gelernt, die aus bestimmten rechtlichen Gründen gewisse Risiken in ihren Prozessen dokumentieren müssen. Genau zu diesem Zweck haben diese BPMN-Anwender ein rotes Warndreieck in ihre Symbolpalette aufgenommen, das sie nun, wann immer sinnvoll, einsetzen. Wichtig dabei ist nur, dass man die Syntaxregeln für Artefakte beachtet und die eigenen Symbole niemals direkt in den Sequenzfluss einhängt, sondern immer nur über Assoziationen mit Flussobjekten verknüpft.

6.3.2 Namenskonventionen

Im Rahmen des „BPMN-Knigge" in Abschnitt 2 auf Seite 19 sind wir bereits darauf eingegangen, nach welchem Schema wir bestimmte Symbole bezeichnen. Beispielsweise verwenden wir für Aufgaben das Schema [Objekt] + [Verb], und für Ereignisse das Schema [Objekt] + [Zustand]. Natürlich gibt es Situationen, in denen man diese Namenskonventionen nicht hundertprozentig einhalten kann, aber man sollte es zumindest anstreben. Gerade Anfänger machen gern bestimmte Fehler in der Modellierung, die sich durch Namenskonventionen vermeiden lassen. Ein ganz extremes Beispiel ist in Abbildung 6.5 auf der nächsten Seite zu sehen. Vielleicht halten Sie es jetzt für unwahrscheinlich, dass selbst ein Anfänger einen derart offensichtlichen Fehler macht. Wir haben es jedoch schon oft genug erlebt. Wenn es aber eine Namenskonvention gibt, die der Modellierer bei der Beschriftung von Aufgaben einzuhalten hat, dann besteht eine gute Chance, dass er den Fehler selbst erkennt und korrigiert.

Ein anderes Beispiel sehen Sie in Abbildung 6.6 auf der nächsten Seite. Hier handelt es sich nicht einmal um einen Fehler, sondern nur um eine unterschiedliche

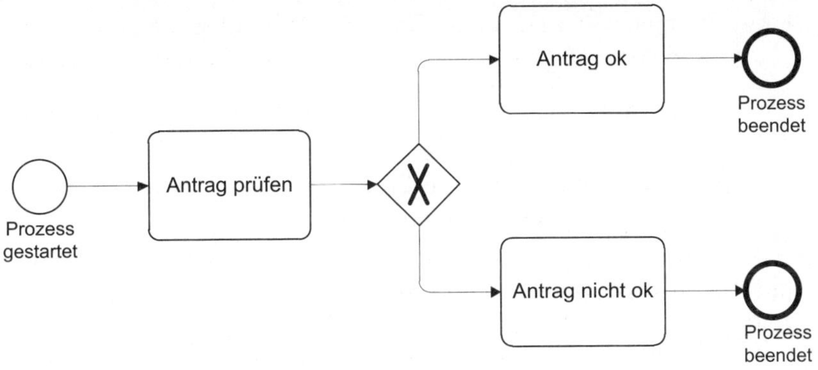

Abbildung 6.5: Falsch: Die Bedingungen der Verzweigung stehen in den Aufgaben.

Auffassung darüber, ob die Tätigkeit „Vorgang schließen" als Ereignis oder als Aufgabe modelliert wird. Sie denken jetzt wahrscheinlich, dass das doch klar sei, als Aufgabe natürlich. Aber in der Praxis schleichen sich solche Endereignisse, die als finale Tätigkeit verstanden werden, gerne mal ein. Bei gewissen Endereignissen kann das ja sogar korrekt sein, zum Beispiel beim Nachrichten-Endereignis. Aber gerade am Anfang sollte man ein gemeinsames Verständnis herstellen, was mit einem (Blanko-)Endereignis symbolisiert wird, und das ist nun mal nichts weiter als das Setzen eines Status. Ansonsten besteht die Gefahr, dass manche Kollegen die finale Tätigkeit als Endereignis modellieren wie in Variante 1, und andere wie in Variante 2 diese explizit als Aufgabe modellieren. Dieser kleine Unterschied kann sich in komplexeren Prozessmodellen schnell zu einer weiteren Verständnis- und somit auch Akzeptanzhürde entwickeln.

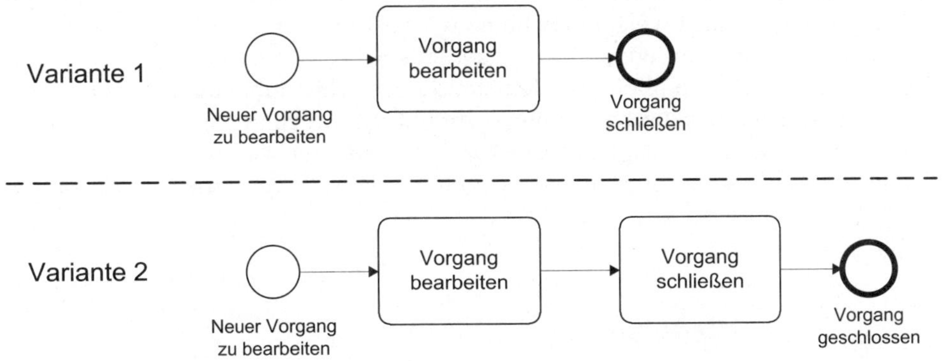

Abbildung 6.6: Variante 1 verletzt die Namenskonvention für die Bezeichnung von Ereignissen.

Wenn wir eine Namenskonvention als Guideline festhalten, bedienen wir uns eines recht einfachen Schemas, das wir auch auf andere Guidelines anwenden:

- **Vorgabe**: Hier wird die eigentliche Guideline in einem kurzen, prägnanten Satz festgehalten.
- **Begründung**: Eine kurze Erklärung hilft den Modellierern, die Intention zu verstehen und die Guideline zu akzeptieren.
- **Beispiel**: Erfahrungsgemäß schauen die meisten Modellierer gleich auf das exemplarische Prozessmodell, das die Anwendung der Guideline verdeutlicht.
- **Gegenbeispiel**: Ein oder mehrere Gegenbeispiele sind ebenfalls sehr hilfreich, damit die Modellierer wirklich begreifen, wie die Guideline gemeint ist.

Weitere sinnvolle Namenskonventionen können zum Beispiel die Beschriftung von Teilprozessen, Gateways und Pools betreffen.

6.3.3 Layouting

In dieser Kategorie geht es um Guidelines, die das visuelle Erscheinungsbild der Prozessdiagramme betreffen. Dadurch werden die Diagramme einheitlicher und zum Teil auch besser lesbar, zum Beispiel indem eine verwirrende Führung der Sequenzflüsse vermieden wird. Ein Beispiel für eine Guideline aus dieser Kategorie wäre die Vorgabe zur Darstellung von XOR-Gateways:

- **Vorgabe**: Das XOR-Gateway wird immer mit dem X-Marker dargestellt.
- **Begründung**: Diese Markierung unterscheidet das Gateway auf den ersten Blick von den anderen Gateway-Arten und verringert daher die Gefahr der Verwechslung.
- **Beispiel und Gegenbeispiel**: Siehe Abbildung 6.7.

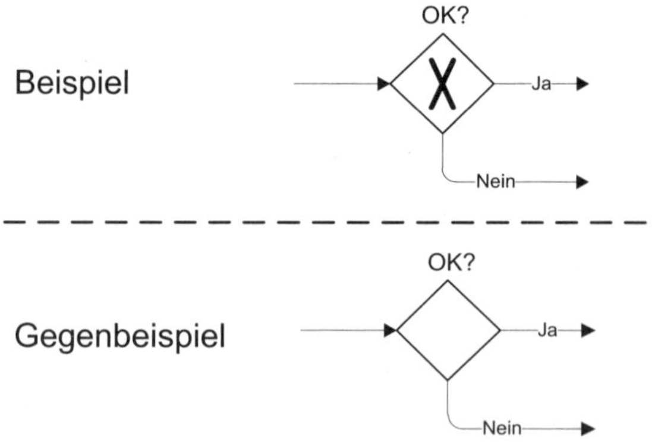

Abbildung 6.7: Beispiel und Gegenbeispiel zur Darstellung des XOR-Gateways.

6.3.4 Modellierungsalternativen

Während das Layouting die rein visuelle Darstellung betrifft, regeln die Guidelines aus dieser Kategorie, welche der diversen Möglichkeiten der BPMN benutzt werden soll, um bestimmte Sachverhalte zu modellieren. Diese Sachverhalte sind allerdings noch sehr grundsätzlich und abstrakt zu verstehen, sie beziehen sich also nicht auf konkrete inhaltliche Prozesse oder Prozessfragmente, wie das bei den Design Patterns im nächsten Abschnitt der Fall ist.

Ein Beispiel betrifft die Verwendung von Endereignissen:

- **Vorgabe**: Inhaltlich gleichbedeutende Endereignisse sollten in einem Symbol zusammengefasst, inhaltlich unterschiedliche jedoch einzeln modelliert werden.

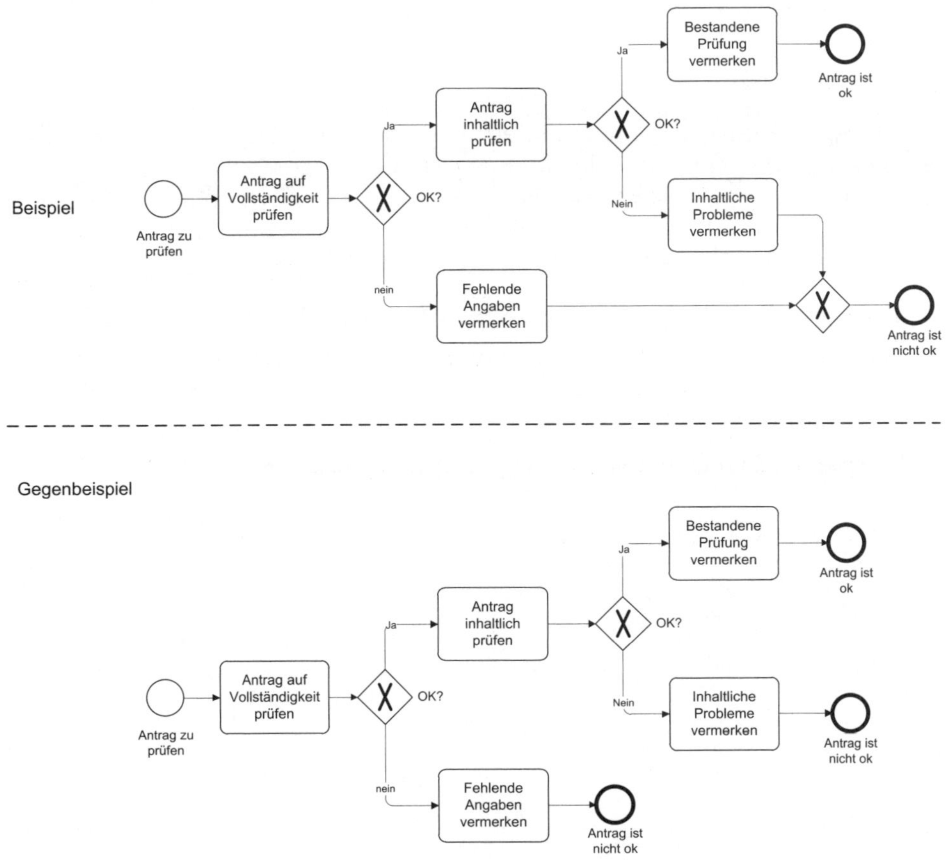

Abbildung 6.8: Im positiven Beispiel gibt es nur ein Endereignis für den Fall, dass der Antrag nicht ok ist.

- **Begründung**: Auf diese Weise wird dem Betrachter schneller bewusst, dass es unterschiedliche mögliche Endzustände für einen Prozess gibt, und er kann schneller erkennen, welche das jeweils sind.
- **Beispiel und Gegenbeispiel**: Siehe Abbildung 6.8 auf der vorherigen Seite.

6.3.5 Design Patterns

Als Design Pattern bezeichnen wir eine Art Kochrezept, das einem Modellierer einen Leitfaden liefert, wenn er bestimmte Situationen modellieren muss. Auch hier gibt es natürlich eine gewisse Abstraktion, denn ein Pattern soll ja auf unterschiedliche Szenarien angewandt werden können. Im Gegensatz zu den übrigen Guidelines haben Design Patterns aber deutlich mehr Empfehlungscharakter, sind also weniger bindend für den Modellierer. Deshalb wird die Beschreibung eines Design Patterns auch etwas anders strukturiert als die einer Guideline:

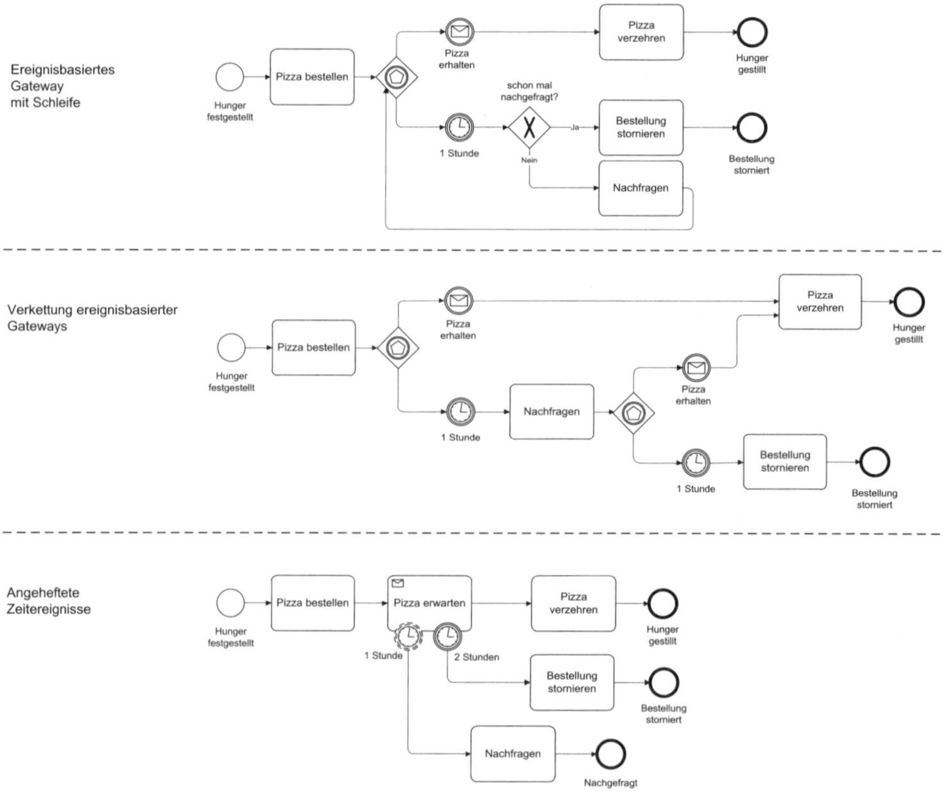

Abbildung 6.9: Design Patterns für die Modellierung einer zweistufigen Eskalation.

- **Anforderung**: Hier wird beschrieben, in welcher Situation das vorliegende Design Pattern hilfreich sein kann.
- **Empfehlung**: Die Empfehlung bezieht sich auf eines der nachfolgend vorgestellten alternativen Patterns, sie benennt also einen Favoriten. Dabei kann es vorkommen, dass abhängig von der Modellierungsebene im camunda-Framework eine andere Empfehlung ausgesprochen wird.
- **Verfügbare Design Patterns**: Die konkrete Beschreibung der für den Sachverhalt geeigneten Design Patterns erfolgt wiederum anhand von Beispielen.

Exemplarisch wollen wir die Design Patterns zur Modellierung einer zweistufigen Eskalation vorstellen:

Anforderung

Ich möchte, dass mein Interaktionspartner etwas tut und schicke ihm deshalb eine Nachricht (typische Beispiele: Eine Rechnung soll bezahlt werden, eine Ware geliefert werden, eine Arbeitsanweisung soll ausgeführt werden).

Mein Interaktionspartner reagiert aber nicht. Nach einer Weile erinnere ich ihn an meine Bitte und setze ihm eine „Nachfrist". Das kann ich ggf. ein paar Mal wiederholen, doch irgendwann muss ich das Ganze weiter eskalieren (z.B. Abgabe an Inkasso-Dienstleister, Bestellung stornieren, Vorgesetzten informieren).

Empfehlung

Von den nachfolgend dargestellten Design Patterns wird „Ereignisbasiertes Gateway mit Schleife" empfohlen, da es übersichtlich, leicht verständlich und formal korrekt ist. Da die Modellierung auf Ebene 3 von den Möglichkeiten der Process Engine abhängt und die zu verwendende Engine das ereignisbasierte Gateway eventuell nicht interpretieren kann, kann hier ggf. auch auf das Pattern „Angeheftete Zeitereignisse" ausgewichen werden.

Verfügbare Design Patterns

In Abbildung 6.9 auf der vorherigen Seite sind die verfügbaren Design Patterns am Beispiel der Pizzabestellung dargestellt:

- **Ereignisbasiertes Gateway mit Schleife**: Wenn die Pizza nach einer Stunde noch nicht geliefert wurde, wird nachgefragt, wo sie bleibt. Vor der Nachfrage steht die Prüfung, ob zuvor bereits nachgefragt wurde. Auf diese Weise wird sichergestellt, dass nur einmal nachgefragt wird. Da nach der Nachfrage der Rücksprung zum ereignisbasierten Gateway erfolgt, wird in Summe also maximal zwei Stunden auf die Pizza gewartet. Neben der Übersichtlichkeit ist an diesem Pattern auch charmant, dass man ohne große Änderung des Modells auch etwas mehr Geduld für die Lieferung aufbringen könnte: einfach, indem man die Frage „Schon Mal nachgefragt" beispielsweise durch „Schon zwei Mal nachgefragt" oder, wenn man ganz besonders geduldig ist, „Schon zehn Mal nachgefragt" ersetzt.

- **Verkettung ereignisbasierter Gateways**: Das Verhalten in diesem Modell ist identisch zu dem im vorherigen Modell, sonst wäre es ja auch kein gültiges Muster für dieses Szenario. Allerdings wird jetzt mit einer Verkettung der ereignisbasierten Gateways gearbeitet. Das ist unübersichtlicher und aufwendiger in der Anpassung, dafür sieht man aber auf den ersten Blick, wie viele Eskalationsstufen es gibt.
- **Angeheftete Zeitereignisse**: Wir können das gewünschte Verhalten auch völlig ohne ereignisbasiertes Gateway modellieren, indem wir unterbrechende und nicht-unterbrechende Zeitereignisse verwenden, die wir an eine Aufgabe vom Typ „Empfangen" (Abschnitt 2.7 auf Seite 72) heften.

6.4 Werkzeuge

6.4.1 Definition des eigenen BPM-Stacks

In den vorangegangenen Kapiteln haben wir immer wieder Hinweise zu typischen Anforderungen gegeben, die ein BPMN-Tool erfüllen sollte. Mit dieser Bezeichnung meinen wir das Softwareprodukt, mit dem wir Prozesse in BPMN modellieren können, um sie für andere Betrachter zu dokumentieren, sie in Bezug auf Verbesserungspotenziale zu analysieren oder auch verbesserte oder neue Prozesse darin zu konzipieren. Eine andere Art Software ist die schon mehrfach angesprochene Process Engine, die sich der technischen Ausführung von BPMN-Prozessmodellen widmet. Ein drittes Thema betrifft die Entwicklungsumgebung, mit der ein Process Engineer arbeitet, um ein im BPMN-Tool konzipiertes Prozessmodell soweit anzureichern und mit anderen technischen Komponenten wie einem Enterprise Service Bus, Entitäten- und Datenmodellen oder Benutzeroberflächen zu kombinieren, dass es in der Process Engine auch tatsächlich ausgeführt werden kann. Und schlussendlich kann auch die Process Engine in den seltensten Fällen als eigenständiges Stück Software funktionieren, auch sie braucht wiederum eine Umgebung, die sich auch um die Ausführung all der peripheren Komponenten der letztendlichen Prozessanwendung kümmert, wie beispielsweise die bereits angesprochenen Benutzeroberflächen. Als komplementäres Pendant zur Entwicklungsumgebung brauchen wir also eine Ausführungsumgebung.

Eine sehr grobe Aufzählung eines ganzheitlichen BPM-Stacks umfasst also:

- Das BPMN-Tool
- Die Entwicklungsumgebung
- Die Process Engine
- Die weiteren technischen Komponenten für eine Prozessanwendung
- Die Ausführungsumgebung

Falls Sie gar keine Umsetzung von Prozessanwendungen planen, interessiert Sie natürlich nur das BPMN-Tool, und Sie können gleich zum nächsten Abschnitt springen. Ansonsten müssen Sie sich die Frage beantworten, mit welchem Ansatz Sie den dargestellten Stack im eigenen Hause umsetzen wollen. Prinzipiell gibt es zwei mögliche Strategien:

- Ein Produkt, das den gesamten Stack in sich integriert („1-Produkt-Stack").
- Eine Zusammenstellung von Produkten („Kompositer Stack").

Man muss allerdings nicht befürchten, dass es hierbei auch um die Entscheidung „alles aus einer Hand" versus „verschiedene Lieferanten" geht. Es gibt auch Hersteller, die einen vollständigen, kompositen Stack anbieten. Der springende Punkt ist, dass die Komponenten eines 1-Produkt-Stacks in der Regel nahtloser miteinander verwoben sind, während sie bei einem kompositen Stack vergleichsweise lose gekoppelt sind und sogar durch Produkte anderer Anbieter ausgetauscht werden können. Damit wird bereits deutlich, wo die jeweiligen Stärken der beiden Strategien liegen: Ein 1-Produkt-Stack ist häufig leichter zu handhaben, man kann damit relativ schnell Prozessanwendungen entwickeln, weil Vieles vorgefertigt ist und man im Prinzip nur die Bausteine zusammensetzen muss. Bei einem kompositen Stack besteht dagegen meistens ein größerer Gestaltungsspielraum, man kann Prozessanwendungen entwickeln, die besser auf die individuellen Bedürfnisse zugeschnitten sind. Da die Komponenten in einem kompositen Stack für die jeweiligen Einsatzgebiete optimiert sind (beispielsweise das BPMN-Tool für die Prozessmodellierung), sind sie häufig den jeweils entsprechenden Komponenten eines 1-Produkt-Stacks überlegen, da dort ein einziges Produkt als „eierlegende Wollmilchsau" agieren muss und im schlimmsten Fall zwar alles kann, aber nichts davon richtig.

Mit der Entscheidung für oder gegen einen kompositen Stack geht meistens auch die Entscheidung einher, ob der BPM-Stack inklusive Quellcode erworben werden soll oder nicht. Bei einem 1-Produkt-Stack ist der Quellcode in der Regel nicht verfügar, bei einem kompositen Stack kann das durchaus der Fall sein. Der Hintergrund einer solchen Entscheidung ist jedoch weniger, dass man dank sogenannter „Open Source"-Software das Geld für die Produktlizenzen sparen könnte, zumal man die bloße Verfügbarkeit des Quellcodes nicht mit dem Begriff „Open Source" verwechseln sollte: Ein Softwareprodukt, das unter einer Open-Source-Lizenz veröffentlicht wurde, kann tatsächlich kostenlos genutzt und, je nach Lizenz, sogar in eigene Produkte eingebettet werden. Es gibt aber auch Produkte, die zwar in Form einer pauschalen oder monatlichen Gebühr erworben werden müssen, aber inklusive Quellcode ausgeliefert werden. Die tatsächlichen Vorteile eines solchen Ansatzes sind nämlich nicht die Kostenvorteile, sondern

- die geringere Abhängigkeit vom Hersteller („Vendor Lock-In"),
- verringerte Risiken im Fall der Akquisition oder Insolvenz des Herstellers,

- die höhere Transparenz der Software, die nun keine „Black-Box" mehr ist, sondern bei Bedarf ihr Innenleben offenbart,
- die maximale Flexibilität bei der Entwicklung von Prozessanwendungen,
- die Integrierbarkeit des Stacks in die eigene Infrastruktur, zum Beispiel für Testautomatisierung, Versionsverwaltung, Deployment etc.

Wie Sie sich vielleicht schon denken, ist der Ansatz eines kompositen, quelloffenen BPM-Stacks nur dann interessant, wenn Sie über Softwareentwickler verfügen, die mit diesem Stack umgehen können. In der Praxis geht es hier meistens um die Programmiersprache Java. Wenn Sie also Java-Entwickler in Ihren Reihen wissen, dürfte ein BPM-Stack, wie er beispielsweise im Abschnitt 6.4.3 auf Seite 273 beschrieben wird, sehr interessant sein. Wenn das hingegen nicht der Fall ist, sollten Sie sich eher in Richtung 1-Produkt-Stack orientieren und möglicherweise sogar in Richtung Software as a Service (SaaS), da dies für den Einstieg der einfachste und kostengünstigste Weg ist, um Prozessanwendungen zu erstellen. Ihnen muss allerdings klar sein, dass Sie mit 1-Produkt-Stacks im Allgemeinen und SaaS-Plattformen im Besonderen eine höhere Herstellerabhängigkeit und geringere Individualität Ihrer Prozessanwendungen in Kauf nehmen.

6.4.2 Das BPMN-Tool

„A fool with a tool is still a fool" – diese Lebensweisheit gilt natürlich besonders für die Prozessmodellierung. Aber das bedeutet noch lange nicht, dass das Tool eine Nebensache oder sogar unwichtig wäre – diese weit verbreitete Auffassung ist völlig verkehrt. Auch der beste Handwerker ist machtlos ohne sein Werkzeug, außer vielleicht MacGyver.

Ganz grundsätzlich sollte man ein Tool wählen, das alle Symbole der BPMN abbilden kann. Auf welche Symbole Sie verzichten wollen, ist Ihre Entscheidung, nicht die des Tool-Herstellers (vgl. Abschnitt 6.3.1 auf Seite 261). Wenn Sie zunächst einmal persönlich mit der BPMN herumspielen und sie nicht gleich im größeren Kreis im Unternehmen einführen wollen, sollten Sie eine möglichst kostengünstige Lösung nehmen, denn es kann durchaus sein, dass Sie später umsteigen wollen. In diesem Buch haben wir alle Diagramme mit Microsoft Visio gezeichnet, das ab Version 2010 die BPMN direkt unterstützt. Falls Sie eine ältere Version besitzen, können Sie auch eine kostenlose Fassung der Stencils hier herunterladen: www.bpmn.info/tools.

Mit Microsoft Visio können Sie alles Mögliche zeichnen, und die Diagramme haben eine sehr gute Druckqualität. Deshalb war dieses Tool für unser Buch am besten geeignet. Es kann auch Ihren Einstieg unterstützen, zumal es nicht so teuer ist wie „richtige" BPM-Werkzeuge.

Wenn Sie Ihren Stil gefunden haben, sollten Sie auch Ihre Anforderungen an ein „richtiges" Tool kennen. Auf ein solches Werkzeug sollten Sie unbedingt umschwenken, bevor Sie die BPMN im größeren Umfang anwenden. Ansonsten fliegen Ihnen die Diagramme in reinen Malwerkzeugen wie Visio ziemlich schnell um die Ohren.

Bei der Auswahl müssen Sie aufpassen, weil immer noch viele Hersteller BPMN-Kompatibilität vorgeben und dabei nicht einmal alle Symbole zur Verfügung stellen. Ein sehr hilfreiches Basisfeature ist außerdem eine Syntaxvalidierung. Hier prüft die Software, ob Sie korrektes BPMN modelliert haben. Im Idealfall können Sie aber selbst entscheiden, ob Sie ganz bewusst syntaktisch falsch modellieren wollen, wenn es um bestimmte Konstrukte geht. Das Tool sollte Sie unterstützen und nicht an die Kandare nehmen (Ausnahme: Sie wollen Ihre Kollegen bei der Modellierung an die Kandare nehmen. Dann sollten Sie das aber trotzdem selbst so konfigurieren können). Außerdem ist es sehr hilfreich, wenn das Tool die Prozessmodelle in einem strukturierten Repository ablegt, das z.B. in einer Datenbank liegen kann. Ein solches Repository erleichtert die Verwaltung komplexer Prozessmodelle erheblich, z.B. weil Sie die einzelnen Modellelemente darin zentral pflegen können, anstatt jede Änderung in allen Diagrammen manuell nachziehen zu müssen.

Generell kann der Markt in „traditionelle" Prozessmanagementwerkzeuge aufgeteilt werden, die schon seit Jahren die Prozessdokumentation und -analyse anbieten, und in die Modeler-Komponenten von BPM-Systemen, die auch eine Process Engine enthalten (vgl. Abschnitt 6.4.1 auf Seite 268). Die zuerst genannten Anbieter haben sich bislang schwergetan, die BPMN konsequent zu unterstützen. Sie haben meistens eigene, proprietäre Notationen und sind davon überzeugt, dass diese der BPMN überlegen sind. Allerdings findet hier zur Zeit ein Umdenken statt, zunächst auf Druck des Marktes, zunehmend aber auch aus dem tatsächlichen Verständnis der BPMN heraus.

Die Modeler der BPMS-Anbieter bieten meistens eine bessere BPMN-Unterstützung. Aber ihnen fehlen immer noch wichtige Features, die Sie für eine umfangreiche Prozessdokumentation benötigen, allen voran das bereits erwähnte strukturierte Repository.

In unserem eigenen BPM-Stack (vgl. Abschnitt 6.4.3 auf Seite 273) ist ebenfalls ein BPMN-Tool enthalten, das auf dem Produkt „Process Editor" der Berliner Signavio GmbH basiert. Einer der Gründe für diese Entscheidung war die Möglichkeit, in Signavio für ein Kollaborationsdiagramm unterschiedliche Sichten zu definieren. Das ist genau das Feature, das wir brauchen, um die in Abschnitt 4.4.2 auf Seite 159 vorgestellte Methodik für ein nahtloses Business-IT-Alignment auch softwareseitig zu unterstützen. Beispielsweise kann man Sichten definieren, die lediglich einzelne Pools enthalten, wie wir das auch in der Ebene 2 bzw. dem Übergang von Ebene 2 zu Ebene 3 benötigen. In den nachfolgenden Screenshots haben wir das einmal mit dem bereits bekannten Beispiel zur Stellenausschreibung gemacht. In Abbildung 6.10 auf der nächsten Seite sieht man, wie wir unterschiedliche Sichten für das Prozessmodell konfigurieren. Für jede Sicht können wir festlegen, welche Pools enthalten, und ob diese auf- oder zugeklappt sein sollen. Wir können außerdem die Datenobjekte und Textanmerkungen in den Sich-

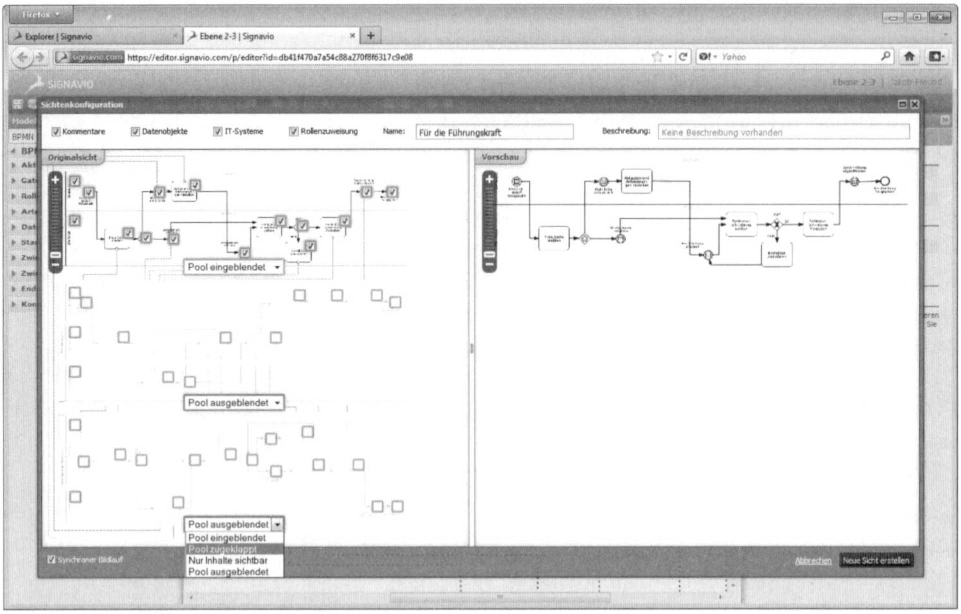

Abbildung 6.10: In diesem Beispiel wird eine vereinfachte Sicht für die Führungskraft der Fachabteilung erstellt, die nur deren Pool enthält (Vorschau im rechten Fenster).

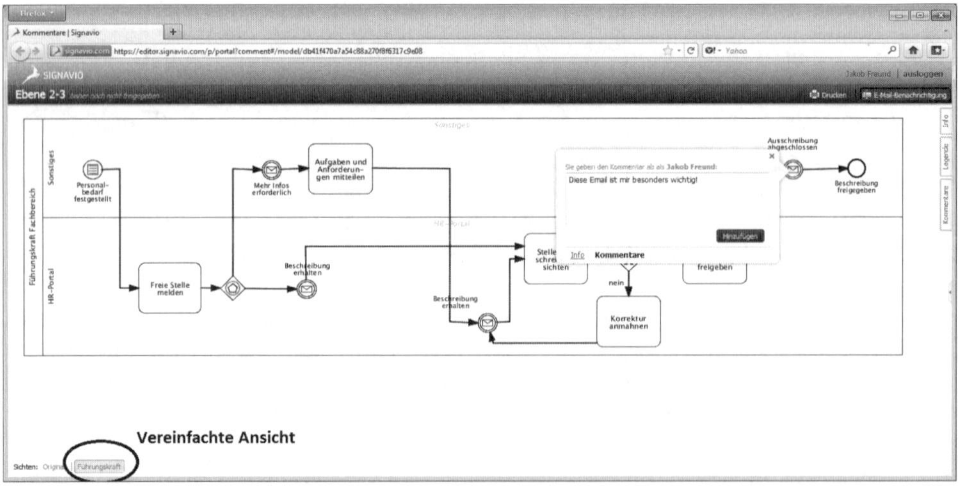

Abbildung 6.11: Die Führungskraft des Fachbereiches hat einen Kommentar hinterlassen, der die Relevanz der Bestätigungsmail unterstreicht.

ten ein- oder ausblenden, um diese weiter zu vereinfachen und auf die jeweilige Zielgruppe auszurichten.

Da das Tool komplett browserbasiert funktioniert, können wir relativ einfach das Feedback der Process Owner, Manager und Participants einholen, indem wir sie zum Kommentieren einladen. Dabei verschicken wir die Einladungen auf Basis der zuvor definierten vereinfachten Sichten, um die jeweiligen Stakeholder nicht mit der Komplexität des Kollaborationsdiagramms zu überfordern. In Abbildung 6.11 auf der vorherigen Seite ist zu sehen, dass die Führungskraft des Fachbereiches in der für sie vereinfachten Sicht auf das Diagramm einen Kommentar hinterlassen hat, der uns im nächsten Abschnitt kurz beschäftigen wird.

6.4.3 Der BPMN-Roundtrip mit camunda fox

Nachdem wir schon einige Jahre Projekterfahrung im BPM-Bereich gesammelt und auch viele BPM-Softwareprodukte kennengelernt hatten, entschlossen wir uns Ende 2010, eine eigene BPM-Plattform zu entwickeln.

In Anlehnung an den vorherigen Abschnitt kann man camunda fox als technisch quelloffenen, kompositen BPM-Stack bezeichnen, der vor allem für die Entwicklung vergleichsweise individueller Prozessanwendungen in Java gedacht ist. Deshalb sprechen wir auch bewusst von einer Plattform und nicht von einer „BPM-Suite".

Die wesentlichen fox-Komponenten sind:

- **modeler**: Das BPMN-Tool für die Modellierung und fachliche Abstimmung der umzusetzenden Prozesse.
- **designer**: Ein weiteres BPMN-Tool, das in die Java-Entwicklungsumgebung Eclipse integriert ist und dem Entwickler die technische Prozessumsetzung erleichtert.
- **engine**: Die Process Engine zur Ausführung der BPMN-Prozessmodelle.
- **tasklist**: Ein Tool für die Abarbeitung von User Tasks.
- **cockpit**: Ein Tool für die Überwachung und Administration laufender Prozesse.
- **cycle**: Ein Tool für das BPM-Projektmanagement, das sich unter anderem auch um den Roundtrip zwischen dem modeler und dem designer kümmert.

Dabei haben wir nicht alle Komponenten selbst entwickelt: Der modeler basiert auf dem bereits vorgestellten Produkt „Process Editor" der Signavio GmbH, und der designer und die engine entstammen dem Activiti-Projekt. Activiti ist eine native BPMN 2.0-Process Engine, die u.a. vom britischen Softwarehersteller Alfresco ins Leben gerufen wurde und seit Dezember 2010 verfügbar ist. Sie hat sich innerhalb kurzer Zeit rasch verbreitet und erfreut sich großer Beliebtheit. Da wir selbst an der Entwicklung von Activiti beteiligt sind, lag es nahe, das Projekt zum zentralen Baustein von camunda fox zu machen.

Eine der Besonderheiten von fox ist das Tool „cycle“, da es diese Art Werkzeug bislang nicht gab. Mit cycle können Artefakte aus verschiedenen Quellen miteinander in Beziehung gesetzt werden. Ein Artefakt kann beispielsweise eine Datei sein, die auf einem Server, in Subversion oder Microsoft Sharepoint abgelegt ist. Ein Artefakt kann aber auch eine beliebige Webseite, wie beispielsweise ein Eintrag im unternehmensinternen Wiki, sein. Prozessdiagramme, die im modeler abgelegt sind, gelten ebenfalls als Artefakte, genauso wie Tickets im relativ weitverbreiteten Ticketing-System „Jira“. Für all diese Systeme besitzt cycle Konnektoren, um Verknüpfungen auf die dort enthaltenen Artefakte zu erstellen und diese in einer individuellen Baumstruktur zu sortieren. Auf diese Weise bekommt man einen Überblick über die für ein BPM-Projekt relevanten Dateien, Informationen etc., und kann auch direkt neue Artefakte in den jeweiligen Systemen hinzufügen. Dabei kann cycle über einen Plugin-Mechanismus sehr einfach um weitere Konnektoren erweitert werden, um zusätzliche Systeme anzubinden. Eine besondere Möglichkeit ist die Verknüpfung einzelner Elemente eines Prozessdiagramms mit Artefakten. Auf diese Weise lassen sich unter anderem Anforderungen prozessorientiert verwalten, beispielsweise indem textuelle funktionale Anforderungen oder Maskenskizzen an einzelne Schritte im Prozessdiagramm gehangen werden (siehe Abbildung 6.12 und Abbildung 6.13 auf der nächsten Seite).

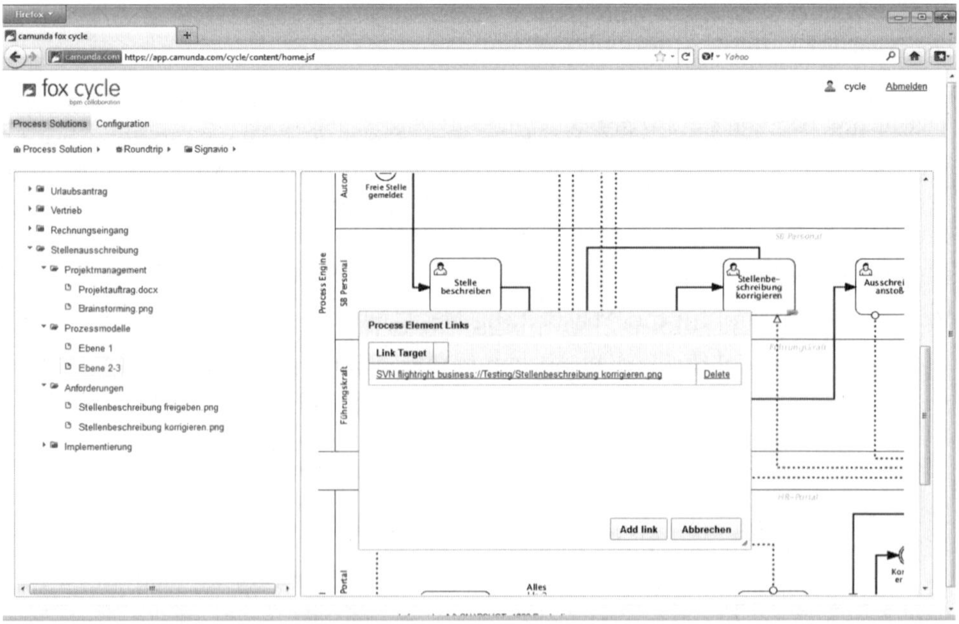

Abbildung 6.12: Einzelne Elemente des Prozessdiagramms können mit anderen Artefakten verknüpft werden

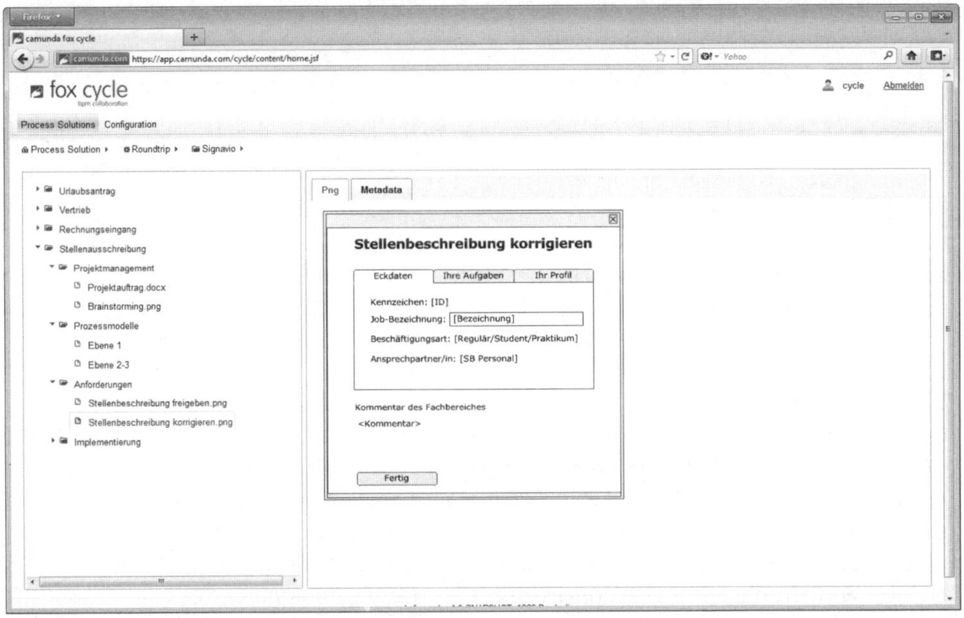

Abbildung 6.13: Diese Maskenskizze liegt zum Beispiel in Subversion, Microsoft Sharepoint o.Ä.

Die zweite Aufgabe von cycle ist die Synchronisation der fachlichen und technischen Prozessmodelle, also die tool-seitige Umsetzung der in Abschnitt 4.4.2 auf Seite 159 beschriebenen Methodik für das Business-IT-Alignment. Zu diesem Zweck kann in cycle für das erstmalige Forward Engineering ein Java-Projekt generiert werden, das auf einem konfigurierbaren Template basiert und die gewünschten Prozessmodelle enthält, die im modeler entworfen wurden (siehe Abbildung 6.14 auf der nächsten Seite). Aus diesen wird dann der Pool der Process Engine extrahiert und als BPMN 2.0 XML-Datei gemeinsam mit den anderen Projektartefakten in das angegebene Repository gespeichert (zum Beispiel in Subversion). Der Java-Entwickler kann sich das Projekt nun in seine Entwicklungsumgebung auschecken und, falls er Eclipse einsetzt, den designer nutzen, um das technische Prozessmodell grafisch zu bearbeiten (siehe Abbildung 6.15 auf der nächsten Seite).

Falls der Entwickler das Prozessmodell nicht nur um Attribute erweitert, sondern einzelne Aufgaben, Ereignisse etc. verändert, entfernt oder hinzufügt, muss eine solche Anpassung in aller Regel fachlich freigegeben werden. Zu diesem Zweck commitet der Entwickler das Modell in diesem Szenario in Subversion, und der Analyst aktualisiert in cycle das fachliche Modell, in dem nun der vorhandene Pool der Process Engine durch das vom Entwickler angepasste Prozessmodell ersetzt wird. Hierbei geht die alte Version jedoch nicht verloren, da der modeler

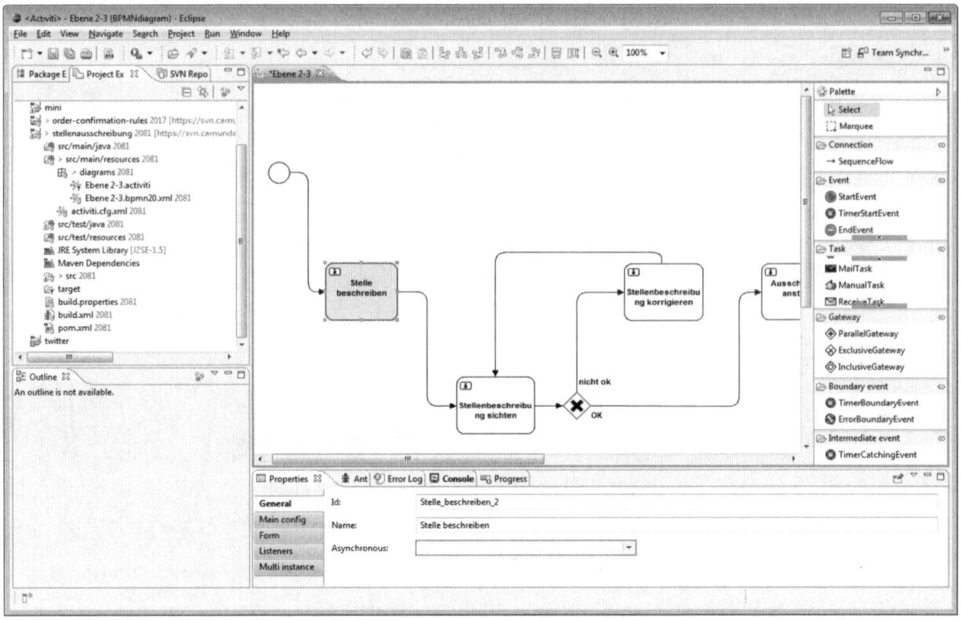

Abbildung 6.14: Nachdem der Entwickler das technische Projekt in sein Eclipse geladen hat, kann er mit dem designer das Prozessmodell soweit anreichern, dass es technisch ausführbar ist.

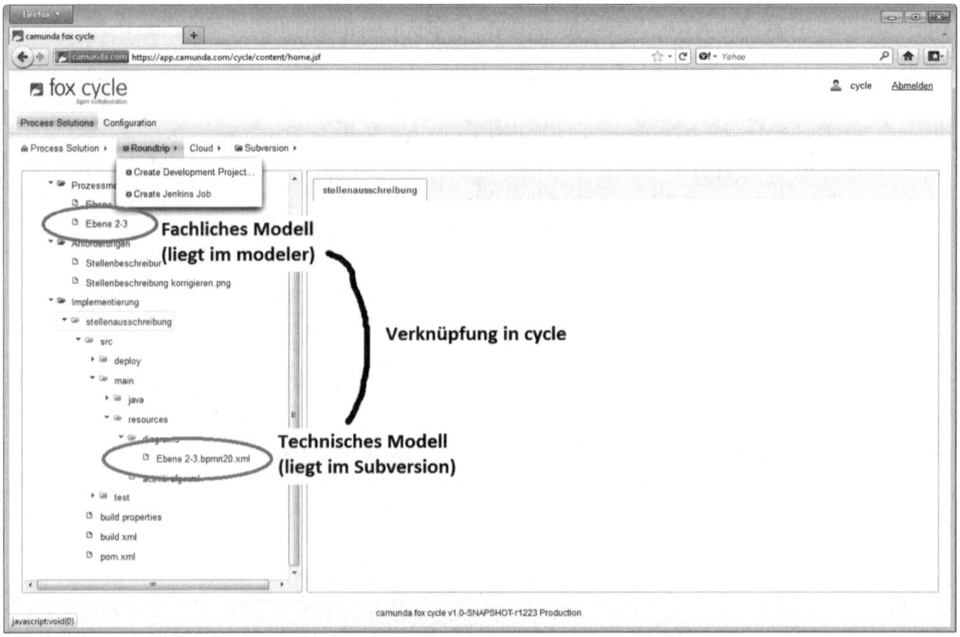

Abbildung 6.15: Das neue technische Projekt wurde generiert und in Subversion abgelegt, das fachliche und das technische Modell sind miteinander verknüpft.

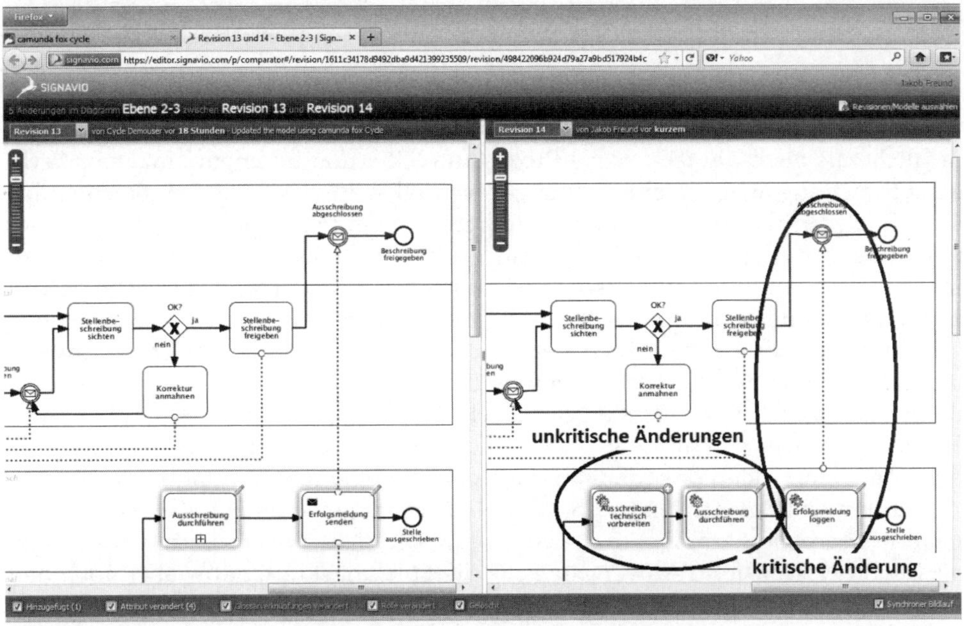

Abbildung 6.16: Der Versionsvergleich hilft dem Analysten dabei, zu erkennen ob eine technisch motivierte Änderung des Prozesses aus fachlicher Sicht unkritisch ist oder nicht.

eine integrierte Versionierung enthält. Der Analyst kann sich sogar die Veränderungen im Pool der Process Engine anzeigen lassen und auf dieser Grundlage erkennen, welche Konsequenzen die Änderungen für die umgebenden fachlichen Prozesse haben. In Abbildung 6.16 sieht man im linken Bild die alte Version und im rechten die neue, die auf technisch motivierte Änderungen zurückgeht. Wie man erkennt, wurde eine neue Service-Aufgabe „Ausschreibung technisch vorbereiten" hinzugefügt, und der vorherige Teilprozess „Ausschreibung durchführen" wurde in eine Service-Aufgabe umgewandelt. Beide Maßnahmen betreffen nicht die fachlichen Pools, weshalb wir davon ausgehen können, dass sie aus fachlicher Sicht unkritisch sind. Der letzte Schritt „Erfolgsmeldung senden" wurde jedoch in eine Aufgabe „Erfolgsmeldung loggen" umgewandelt, möglicherweise weil der Entwickler der Ansicht war, dass das eine bessere Art der Protokollierung ist. Wir erkennen aber, dass dadurch ein Problem entsteht, denn jetzt warten die Anwender (die Führungskraft im Fachbereich und der Sachbearbeiter der Personalabteilung) laut fachlicher Prozessbeschreibung auf eine Bestätigungsmail, die gar nicht verschickt wird. Diese Änderung kann also aus fachlicher Sicht nicht akzeptiert werden.

Der Analyst kann nun gegebenenfalls seinerseits Änderungen am Prozessmodell vornehmen und das vorhandene technische Modell wiederum durch eine neue Version ersetzen lassen, wobei alle technischen Attribute komplett durchgeschleift werden, damit der Roundtrip auch für weitere Iterationen vollständig funktioniert.

Die Kernidee hinter dieser Arbeit mit zwei Modellen, die laufend synchronisiert werden, ist die Folgende: In der Praxis hat es sich nicht bewährt, sowohl die fachliche als auch die technische Prozessmodellierung in einem einzigen Werkzeug beziehungsweise in einem einzigen Modell abzuwickeln. Zu unterschiedlich sind die Bedürfnisse der einzelnen Beteiligten, wenn es um die Beschaffenheit der Softwaretools oder die detaillierten Inhalte der Modelle geht. Die Führungskraft in der Fachabteilung will wissen, unter welchen Umständen sie welche Schritte abzuarbeiten hat, und sie will das in einem extrem leicht bedienbaren, schnell zugänglichen Format vermittelt bekommen: in einer browserbasierten Anwendung mit maximal intuitiver Bedienung. Der Entwickler, der den Prozess technisch umsetzen soll, interessiert sich nicht für die dokumentierten Abläufe der Führungskraft, er will nur wissen, was die Process Engine leisten muss – das aber auch detailliert, denn das Modell ist gleichzeitig eine Repräsentation des Codes. Außerdem will der Entwickler das Modell in seiner gewohnten Entwicklungsumgebung bearbeiten können, die zwar eine wesentliche höhere Lernkurve besitzt als die browserbasierte Anwendung für die Führungskraft, dafür aber auch den notwendigen Funktionsumfang für die Entwicklung der Prozessanwendung bereitstellt und von ihm ohnehin in der tagtäglichen Arbeit verwendet wird.

Indem also jede Fraktion die Umgebung bekommt, die für sie am besten geeignet ist, erhöhen wir sowohl die Produktivität als auch die Akzeptanz. Mit einem Ansatz, bei dem alle Fraktionen mit demselben Werkzeug auf demselben Prozessmodell arbeiten, wäre das nicht möglich.

6.4.4 Es muss nicht immer Software sein

Gerade bei den ersten Prozessdiskussionen in Gruppen kann es manchmal eher ungünstig sein, den Prozess mit einer Software zu modellieren:

- Es kann immer nur derjenige modellieren, der am Computer sitzt. Alle Vorschläge müssen von den Workshopteilnehmern an denjenigen adressiert werden, was eine erste Hürde darstellt.
- Der Modellierer muss mit dem Tool zurechtkommen, was gerade am Anfang oft gar nicht so einfach ist. Im schlimmsten Fall wird also der Workshop dadurch verzögert, und die Beteiligten können sich nicht auf das Prozessmodell konzentrieren.
- Die Teilnehmer haben häufig einen gewissen Respekt vor dem Prozessmodell in der Software. Weil es weniger nach „work in progress“ aussieht, entsteht eine weitere Hemmschwelle für spontane Ideen, Kritik und Vorschläge.

Die Alternative ist eine Zeichnung am Whiteboard, die aber ebenfalls bei der Umgestaltung des Modells oder auch dem Zeichnen der jeweiligen BPMN-Symbole

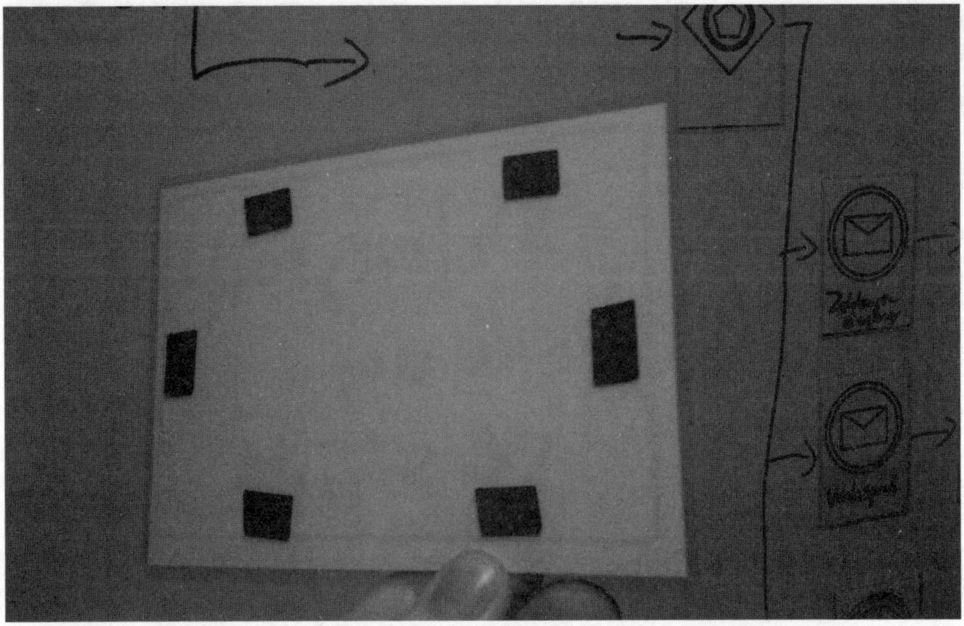

Abbildung 6.17: Selbstklebendes Magnetband auf der Rückseite.

recht unhandlich werden kann. Deshalb haben wir vor einiger Zeit ein paar einfache Magnete gebastelt, die in solchen Workshops leicht eingesetzt werden können. Die Herstellung ist denkbar einfach:

1. Symbole auf A6 (Aufgaben und Teilprozesse) bzw. A7 (alle anderen Symbole) drucken.
2. Heißlaminieren.
3. Auf der Rückseite Magnetband ankleben.

Die Schritte 1 und 2 haben wir damals im Copyshop machen lassen, Schritt 3 war noch etwas mühsame Handarbeit (Abbildung 6.17). Aber es hat sich gelohnt, die Teilnehmer haben wie folgt damit gearbeitet:

1. Kärtchen mit Boardmarker beschriften.
2. Prozess zunächst nur mit den Kärtchen am Whiteboard darstellen, jetzt kann man die Kärtchen noch gut verschieben.
3. Wenn sich alle einig sind, kommen noch Linien dorthin, wo es hilft.

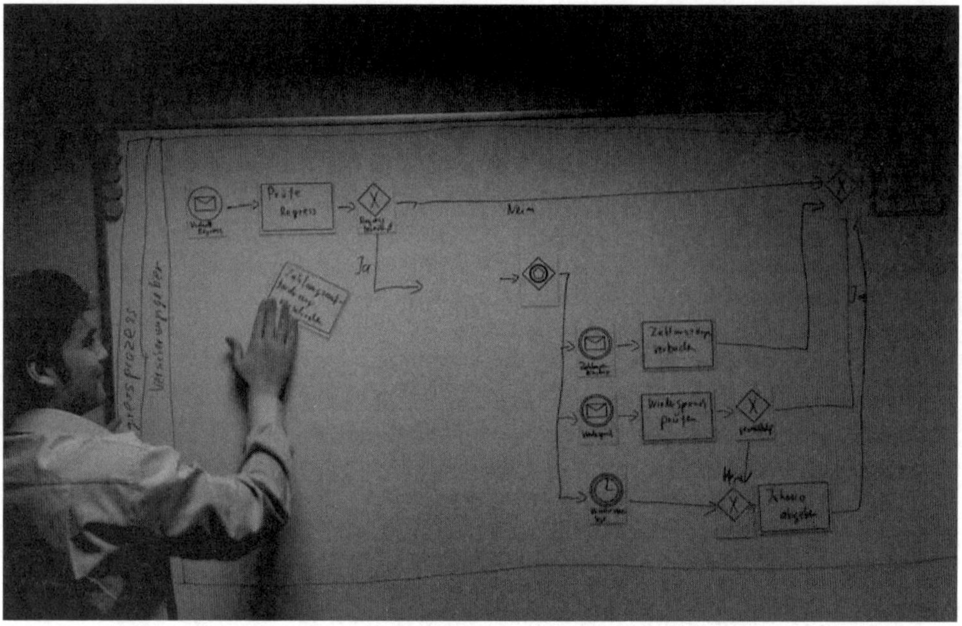

Abbildung 6.18: Wenn die Linien gezeichnet sind, ist Verschieben eher unpraktisch.

Die Linien kommen erst am Ende (Flüsse, Pools und Lanes etc.), weil diese bei einer Änderung ja wieder abgewischt und neu gemalt werden müssen, was mühsam ist (vgl. Abbildung 6.18).

Das Ganze ist für Übungen und erstmalige Erhebungen und Diskussionen von einfachen Prozessen bzw. für die grobe Darstellung komplexer Prozesse sowie die Detaildarstellung von Prozessfragmenten sehr hilfreich. Alle können mitmachen, und es gibt kein Softwaretool, das die Modellierung behindert. Bei diesem Verfahren kann man auch ganz einfach noch eigene Artefakte dazunehmen. Natürlich muss das Ergebnis am Ende wieder in einem Tool abmodelliert werden. Und wenn komplexe Prozesse komplett modelliert werden sollen, ist das Whiteboard schnell am Ende.

Vom Potsdamer Hasso-Plattner-Institut kommt eine weitere interessante Idee: Dort hat Dr. Alexander Lübbe den Ansatz des „tangible bpm (t.bpm)", zu deutsch „greifbare Prozessmodellierung", entwickelt. Modelliert wird dabei mit Plexiglas-Bausteinen in den Grundformen der BPMN (Aktivitäten, Ereignisse, Gateways und Daten). Aus diesen Bausteinen werden Prozesse auf dem Tisch modelliert. Dabei steht die Diskussion zwischen den Teilnehmern im Vordergrund (Abbildung 6.19 auf der nächsten Seite). Auf der gemeinsamen Arbeitsfläche können Ideen direkt durch Zeigen und Arrangieren verdeutlicht werden. Das Ergebnis des Workshops wird im Prozessmodell dokumentiert. In seiner Forschung hat

Abbildung 6.19: Tangible BPM (t-bpm) im Einsatz.

Alex gezeigt, dass dieser Ansatz die Teilnehmer stark motiviert, sich einzubringen. Das selbst mitgestaltete Prozessmodell wird schon während des Workshops kritisch geprüft, und das Workshopergebnis ist ein Teamergebnis. Somit erhöht sich die Akzeptanz der gefundenen Lösung. Weitere Infos zum Ansatz gibt es unter www.tbpm.info.

6.5 (Meta-)Prozesse

Schon in Abschnitt 1.1.3 auf Seite 3 haben wir den camunda BPM-Kreislauf mit seinen Phasen zur

- Erhebung,
- Dokumentation,
- Analyse,
- Konzeption,
- Umsetzung und
- Controlling

von Geschäftsprozessen vorgestellt. Diese Phasen lassen sich selbst wiederum als Prozesse verstehen und bilden deshalb die „Meta-Prozesse". Die genauere

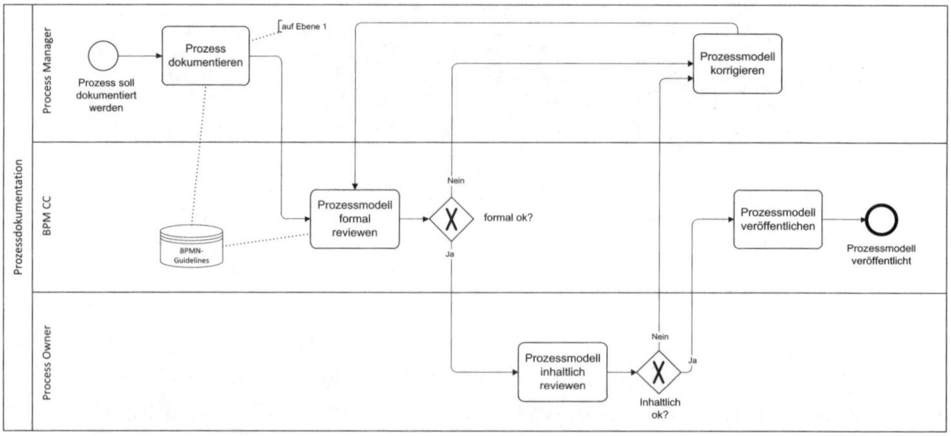

Abbildung 6.20: Der Meta-Prozess zur Prozessdokumentation, wie er in vielen Unternehmen gelebt wird.

Klärung, wie diese Meta-Prozesse abgewickelt werden sollen, wird spätestens dann erforderlich, wenn BPMN in mehr als nur einem Projekt und in Teams eingesetzt wird, deren Zusammensetzung nicht konstant ist. Die Verantwortung für die Gestaltung und Einhaltung der Meta-Prozesse liegt sinnvollerweise in derselben Hand wie die Verantwortung für die bereits beschriebenen BPMN-Guidelines, also bei den BPMN-Gurus. Mit der Beschreibung der Meta-Prozesse wachsen auch die bislang vorgestellten Klärungsgebiete Rollen, Methoden und Werkzeuge zusammen, wie wir am Beispiel eines typischen Prozesses zur Erhebung und Dokumentation von Geschäftsprozessen sehen können (Abbildung 6.20).

Der Hintergrund dieses Meta-Prozesses ist die Dokumentation einer großen Anzahl von Geschäftsprozessen. Diese wird dezentral von den jeweils verantwortlichen Process Managers vorgenommen, die in Bezug auf ihre BPMN-Kompetenz den Anhänger-Status besitzen könnten. Sie sollen ihre Prozesse lediglich auf Ebene 1 dokumentieren, da eine Dokumentation auf Ebene 2 zu aufwendig und schwierig wäre, um in der Breite vorgenommen zu werden. Nach erfolgter Dokumentation führt das BPM Competence Center (BPM CC), in dem die BPMN-Gurus sitzen, ein formales Review durch, wobei es u.a. überprüft, ob die definierten BPMN-Guidelines eingehalten wurden. Im Zweifel muss der Process Manager das Modell noch einmal korrigieren. Ansonsten führt der Process Owner, der als Senior Manager durchaus auch ein Vorgesetzter des Process Managers sein kann, ein inhaltliches Review durch, um die Dokumentation abzunehmen. Ist die Abnahme vollzogen, kümmert sich das BPM CC um die Veröffentlichung der Dokumentation, die beispielsweise über das Intranet erfolgen könnte.

Bei diesem Meta-Prozess handelt es sich natürlich nur um ein Beispiel und nicht etwa um eine mustergültige Vorlage für alle erdenklichen Unternehmen. Es ist also durchaus möglich, dass in Ihrem Fall ein etwas oder auch komplett anderer Prozess besser geeignet wäre. Wir wollten an dieser Stelle nur zeigen, worum es beim Thema „Meta-Prozesse" geht, und warum es wichtig ist, diese zu klären.

6.6 Praxisbeispiel: Prozessdokumentation bei Energie Südbayern

6.6.1 Unternehmensprofil

Energie Südbayern (ESB) – ein bundesweit agierendes Energieunternehmen – beliefert rund 160.000 Privat- und Geschäftskunden sowie Kommunen und kommunale Energieversorger mit Strom und Erdgas. Im Fokus des nachhaltig ausgerichteten Leistungsspektrums stehen integrierte Energie- und Klimakonzepte – von der Energieerzeugung und dem Betrieb von Energienetzen über Energiehandel und Energielieferung bis hin zu innovativen Lösungen für Energieeffizienz und Eco-Mobilität. ESB beschäftigt mehr als 300 Mitarbeiterinnen und Mitarbeiter und ist seit 50 Jahren erfolgreich am Markt.

6.6.2 Ausgangspunkt und Beauftragung

Aufgrund des starken Wachstums hat die ESB entschieden, das systematische Management ihrer Geschäftsprozesse voranzutreiben. Diese Aufgabe fiel ESB-seitig der Abteilung Organisationsentwicklung zu, die die Entwicklung und Umsetzung einer wirksamen BPM-Governance in Angriff nahm. Unser Auftrag war, diese Aktivitäten mit einem begleitenden Coaching zu unterstützen, insbesondere in Bezug auf die Prozessdokumentation mit BPMN.

6.6.3 Projektverlauf

Zu Beginn wurde das Thema BPM grundsätzlich diskutiert, eine Roadmap zur Einführung und eine Vorlage für eine Geschäftsführungsanweisung entwickelt, um das benötigte Management-Commitment für diese Initiative zu erhalten. In diesem Zusammenhang wurde auch der camunda BPM-Kreislauf als Referenzmodell durch Energie Südbayern adaptiert. Nach einer ersten BPMN-Schulung des Projekt-Kernteams musste ein geeignetes BPMN-Tool ausgewählt werden. Hierzu wurde ein ESB-spezifischer Kriterienkatalog entwickelt. Da geplant war, das Thema BPM im Unternehmen möglichst breit einzuführen, wurden auch die Prozessverantwortlichen der Fachabteilungen mit in diesen Prozess einbezogen. Dies betraf sowohl die Auswahl und Gewichtung der Kriterien als auch die Bewertung der möglichen Kandidaten. Im Anschluss an die erfolgreiche Auswahl und Beschaffung des Werkzeuges erhielt das Projekt-Kernteam eine vertiefende BPMN-Schulung. Darüber hinaus wurden auf Basis unserer Best-Practice-Guidelines geeignete Modellierungskonventionen für die ESB definiert. In den darauffolgenden Schulungen für die mehr als 20 Prozessverantwortlichen wurde die durch die Konventionen definierte relevante Teilmenge der BPMN vermittelt. Auf diese Weise haben wir vermieden, dass die Komplexität der BPMN die kurzfristige Nutzung in der Breite erschwert. Gleichzeitig wurde das Fundament für formal korrekte und in Richtung Automatisierung ausbaufähige Prozessmodelle gelegt. Zusätzlich wurde ein Meta-Prozess zur Erstellung, Qualitätssicherung und Freigabe von Prozessdokumentationen entwickelt und eingeführt. Gegen Ende dieser Aufbauphase wurde das Projekt-Kernteam auf die Prüfung zum OMG Certified Expert in BPM (OCEB) vorbereitet. Diese bescheinigt auch offiziell die im Rahmen dieses 6-monatigen Coachings intensiv aufgebaute BPM-Kompetenz.

6.6.4 Fazit

Getreu dem Motto „Hilfe zur Selbsthilfe“ haben wir Energie Südbayern dabei unterstützt, das Thema BPM und speziell die Prozessdokumentation mit BPMN innerhalb kurzer Zeit erfolgreich im Unternehmen einzuführen. Unsere eigene Leistung bestand darin, die Mitarbeiter des Projekt-Kernteams kontinuierlich zu qualifizieren und in die Lage zu versetzen, die Einführung erfolgreich abzuwickeln. Der Projekterfolg ist also eigentlich nicht uns, sondern dem engagierten Projektteam der ESB zuzuschreiben. Diese Tatsache ist eine wichtige Voraussetzung dafür, dass BPM auch in Zukunft und ohne unser Zutun bei der ESB erfolgreich praktiziert wird.

6.6.5 Interview mit dem Projektverantwortlichen

John-Uwe Scherberich ist Leiter der Organisationsentwicklung bei Energie Südbayern und war in dieser Funktion auch für die Einführung von BPMN verantwortlich. Wir haben John-Uwe einige typische Fragen gestellt, wie wir sie auch in anderen Kundenprojekten immer wieder hören:

Jakob: Hallo John-Uwe, Du hast in 2011 mit Deinem Team bei der Energie Südbayern eine erfolgreiche BPM-Initiative gestartet. Was wurde bislang erreicht und was möchtet Ihr noch erreichen?

John-Uwe: Für unser Team der Organisationsentwicklung und der damit verbundenen Rolle „Zentraler Prozessmanager“ stellte sich die Aufgabe, wie wir eine möglichst einfache und leicht zu handhabende Prozessdokumentation im Unternehmen vorhalten.

Hier sind dann im Laufe der Jahre die verschiedensten Prozessmodelle und deren Dokumentation entstanden. Es wurden Prozesse in den unterschiedlichsten Anwendungen und Dateiformaten erstellt. Von Excel-Diagrammen über PowerPoint-Präsentationen bis hin zu Visio-Prozessmodellen, die teilweise sogar in Word-Dokumente eingefügt wurden - alles das hat sich in den letzten Jahren so angesammelt. Von einem Standard war da wirklich nicht zu sprechen, obwohl wir natürlich hinsichtlich der Prozessmodellierung unsere Empfehlung hatten.

Begleitet hat uns in all den Jahren eine übersichtliche Prozesslandkarte, die alle unternehmensrelevanten Prozesse darstellt. Damit die Dimension deutlich wird: Wir reden hier von über 200 Einzelprozessen in verschiedensten Detailierungsstufen und auch unterschiedlichsten Komplexitätsgraden.

Unsere Herausforderung und Motivation in 2011 bestand einerseits darin, ein verbindliches Regelwerk und einen Standard für die zukünftige Prozessdokumentation, für die Verwaltung und Versionierung und für die Aufgabenstellung der am GPM Beteiligten zu schaffen. Andererseits war es das Ziel, die Prozessarbeit auch weiterhin in den jeweiligen Fachbereichen dezentral aufzustellen, und ein auf unsere Bedürfnisse abgestimmtes internes GPM-Netzwerk zu schaffen. Transparenz über die Prozessarbeit für das ganze Unternehmen ist uns dabei sehr wichtig. Und das haben wir erst mal geschafft!

So sehen wir unsere künftigen Schritte: Wir wollen unsere Prozessmodelle optimieren und hinsichtlich ihres Reifegrades weiterentwickeln, was besonders für unsere Massenprozesse gelten wird. Hier werden wir verstärkt eine neue und erweiterte IT-Sichtweise in die Prozessmodellierung einbringen.

Jakob: Warum habt Ihr Euch zu Beginn des Projektes für BPMN entschieden und nicht für eine andere Prozessnotation?

John-Uwe: Wir haben Erfahrungen mit unterschiedlichen Notationsformen gesammelt, unter anderem auch mit EPK-Modellierungen. BPMN 2.0 erschien uns von Anfang an sehr attraktiv, da sie eine klare und eindeutige Logik hervorbringt. Sie ist einfach zu modellieren und liefert hinsichtlich ihrer Skalierung in der Anwendung hervorragende Optionen.

Jakob: Ihr setzt die BPMN bislang vor allem für die organisatorische Prozessdokumentation ein. Kritiker behaupten gerne, die BPMN sei gerade für diesen Zweck zu kompliziert. Wie siehst Du das?

John-Uwe: Diese Aussage kann ich nicht unterstützen. Die eindeutige Logik der Notationssprache macht es am Ende doch einfacher, oder? Unserer Erfahrung nach ist es hilfreich, am Anfang eine Vorauswahl der zu verwendenden BPMN-Symbole zu treffen. Nach gewachsenem Grundverständnis und entsprechender praktischer Übung bei den Modellierern kann das Angebot der Symbolpallette sukzessive erweitert werden. Des Weiteren bin ich der Meinung, dass es eher die Softwaretools sind, die das ganze kompliziert machen. Umso wichtiger war es uns, ein Tool zu finden, das zu unseren Bedürfnissen passt. Dafür haben wir einen erheblichen Teil unserer Zeit investiert.

Jakob: Was sind aus Deiner Sicht die wesentlichen Erfolgsfaktoren und Best Practices, wenn man mit BPMN arbeiten möchte?

John-Uwe: Erst einmal sollte man aus der Veränderungsmotivation heraus das große Bild entwickeln. Ganz am Anfang ist die Frage zu beantworten: „Was wollen wir erreichen?". Die Ziele dann SMART zu definieren, versteht sich von selbst. Ich warne eindringlich vor zu hoch gesteckten Zielen, die sich am Ende als unrealistisch herausstellen. Im nächsten Schritt geht es darum zu hinterfragen, wer dabei unterstützen kann und bei wem Widerstände welcher Art zu erwarten sind. Als geeignete Methode bietet sich hier die Erarbeitung einer Stakeholder-Matrix an. Und damit ist man dann schon mitten im Change-Management-Prozess. Dieser ist m.E. schon zu Beginn zwingend zu berücksichtigen und einer der wesentlichen Erfolgsfaktoren für die Implementierung. Erst dann ist die Frage des Tools und dessen Funktionsumfangs zu erarbeiten. Die Anforderungen müssen in einem Lastenheft konkret formuliert werden. Das unterstützt die spätere Toolauswahl. Ab diesem Prozessschritt geht nichts mehr ohne die zukünftigen Anwender. Da sie diejenigen sind, die mit dem Tool arbeiten müssen und hoffentlich auch wollen, ist ihre Meinung und ihre Anforderungsdefinition so wichtig. Der Rest orientiert sich an dem klassischen Prozess des Software-Auswahlverfahrens, der Implementierung der Anwendung, den Tests und dem Roll-Out. Ich empfehle, bei der Auswahl des Tools auf jeden Fall den sogenannten Beauty Contest durchzuführen. Man sollte sich die Software vom Hersteller direkt vorstellen lassen und selber im Team auf einer Testumgebung eigene Erfahrungen sammeln und dokumentieren. Oft kommt es in dieser Phase noch zu Veränderungen der Anforderungen und ihrer Priorisierung. Im Rahmen des Change-Managements haben wir auch die Erfahrung gemacht, dass die Einführung eines neuen Verfahrens für die Prozessmodellierung und -dokumentation schon frühzeitig in der Einführungsphase zu kommunizieren ist. Wir haben dazu in unserem Intranet ein Wiki installiert und regelmäßig über den Stand der Einführung und die tägliche Prozessarbeit kommuniziert. Auch die entsprechenden Regelwerke sind hier erfasst und stehen allen Prozessverantwortlichen zur Verfügung.

Jakob: Und was würdest Du aus heutiger Sicht anders machen?

John-Uwe: Aus heutiger Sicht würde ich noch früher einen konkreten und klar umrissenen Rahmen für die Prozessarbeit, deren Anforderungen und Regelungen verbindlich vereinbaren und im Rahmen der Betrieblichen Dokumentation publizieren. Das bringt dann ein klares Commitment aller Beteiligten zu dem Vorhaben.

Kapitel 7

Tipps für den Einstieg

7.1 Entwickeln Sie Ihren Stil

Wir haben jetzt die BPMN an sich erklärt und anhand unseres Frameworks dargestellt, wie man sie praktisch anwenden kann. Jetzt sind Sie an der Reihe. Sie müssen sich überlegen, wofür genau Sie die BPMN einsetzen wollen, und daraus Ihr eigenes Vorgehen mit den entsprechenden Konventionen entwickeln. Natürlich können Sie auf unser Framework zurückgreifen, aber auch das lässt ja immer noch – ganz bewusst – einen großen Spielraum zu. Sie kommen also nicht umhin, die BPMN zu verinnerlichen und selbst zu entscheiden, wann Sie welche Symbole und Konstrukte einsetzen wollen.

Ihren BPMN-Stil entwickeln Sie am besten nicht abstrakt, sondern anhand eines ganz konkreten Prozesses aus Ihrem Unternehmen. Er sollte relativ überschaubar sein, beispielsweise:

- der Urlaubsantrag,
- der Rechnungseingang mit Prüfung und Freigabe,
- die Beschaffung von Büromaterial.

Natürlich können Sie sich auch gleich auf Ihre Kernprozesse stürzen und versuchen, diese vollständig zu erheben und zu dokumentieren. Aus diesem Vorhaben kann man ein wunderbar langlebiges Projekt machen, das eines fernen Tages, vielleicht im nächsten Leben, auch einen Nutzen generieren wird. Für den Einstieg in die BPMN können wir diesen Ansatz aber nicht empfehlen.

Nehmen Sie lieber einen kompakten und leicht handhabbaren Unterstützungsprozess, und modellieren Sie diesen zunächst auf Ebene 1, also vorgangs- bzw. ergebnisorientiert. Beim Beschaffungsprozess hat der Mitarbeiter einen akuten Bedarf, er meldet diesen Bedarf, der Einkauf besorgt den Artikel, der Mitarbeiter bekommt ihn und ist glücklich. Auf der 2. Ebene können Sie dann auf die genaue operative Abwicklung eingehen und z.B. dem Umstand Rechnung tragen, dass der Einkauf nicht sofort den Artikel beschaffen wird, sondern die Bedarfsmeldungen sammelt und irgendwann eine Sammelbestellung generiert. Daraus können Sie einen einfachen Workflow für die 3. Ebene ableiten und im Zweifel auch direkt implementieren. Voilà, Sie haben einen Prozess automatisiert, er ist jetzt transparenter, effizienter und agiler, und Sie können sich das nächstschwierige Thema vorknöpfen. Wie wäre es mit dem Rechnungseingang?

Natürlich steckt der Teufel im Detail, auch bei relativ einfachen Prozessen. Und Sie müssen sich bewusst machen, dass in diesen Prozessen häufig nicht alle möglichen Baustellen enthalten sind, denen Sie in Ihren Kernprozessen begegnen werden. Unterm Strich gilt aber trotzdem, was wir bereits in der Einführung schreiben: BPM funktioniert am besten Schritt für Schritt, sofern Sie Karte und Kompass dabeihaben.

7.2 Finden Sie Leidensgenossen

Sie sind nicht allein. Viele Menschen in den unterschiedlichsten Organisationen haben bereits Erfahrungen mit BPMN gesammelt. Suchen Sie den Kontakt zu diesen Menschen und tauschen Sie sich aus. Es gibt einige spannende Plattformen, die Ihnen dabei helfen:

- **BPM-Netzwerk.de:** Dies ist die größte deutschsprachige Online-Community zum Thema BPM. Sie ist kostenlos, und Sie finden dort über 120 Fachartikel sowie mehr als 9000 Menschen, die sich mit BPM beschäftigen. Diskutieren Sie mit anderen im Forum oder nehmen Sie an einem der Netzwerktreffen teil, die in Ihrer Region stattfinden. Und falls gerade keines stattfinden sollte: Initiieren Sie selbst eines! Schicken Sie einfach eine E-Mail an support@BPM-Netzwerk.de, um dabei die notwendige Unterstützung zu erhalten.
- **BPMN.info:** In unserem Wissensportal finden Sie kompakte Informationen zu den Vorteilen von BPMN, Organisationen, die BPMN bereits einsetzen, Tutorials für Einsteiger und eine Übersicht zu den aktuell verfügbaren BPMN-Tools.
- **Berliner BPM-Offensive:** Falls Sie im Raum Berlin wohnen, sollten Sie einmal BPMB.de besuchen. Das ist die Seite der Berliner BPM-Offensive, deren Mitbegründer wir sind. Wir haben uns mit anderen BPM-Cracks aus der Region zusammengetan, um BPM im Allgemeinen und BPMN im Besonderen auf einem hohen Niveau zu diskutieren. Ein besonderer Aspekt ist die Verbindung von Wissenschaft und Praxis, da wir in unserer Gruppe sowohl Vertreter der Berliner Humboldt Uni und des HPI der Uni Potsdam haben als auch diverse Berliner Firmen, die BPM praktisch anwenden.
- **camunda Workshops:** Mit Kunden und Interessenten veranstalten wir regelmäßig Praxis-Workshops zu ausgewählten BPM-Themen. Die Teilnahme ist in der Regel kostenlos, weil wir bei dieser Gelegenheit die Kontakte zu

unseren Kunden intensivieren können. Wenn Sie sich für die Teilnahme an einem solchen Workshop interessieren, schicken Sie einfach eine E-Mail an info@camunda.com.

Wenn Sie in solche Netzwerke eintreten, tun Sie uns und vor allem sich selbst bitte einen Gefallen:

Entwickeln Sie Geberlaune!

Verstehen Sie eine Community nicht als Möglichkeit, kostenlos das Wissen anderer „abzusaugen". Wenn Sie immer nur Fragen stellen oder Kritik äußern, ohne Antworten oder Verbesserungsvorschläge zu liefern, will irgendwann niemand mehr mit Ihnen sprechen. Profitieren Sie von den Ideen und der Erfahrung anderer, aber lassen Sie diese auch an Ihren Ideen und Ihrer Erfahrung teilhaben. Geben ist nicht nur seliger als Nehmen, es führt auch zu mehr Erfolg. Das klingt vielleicht esoterisch, aber es funktioniert.

7.3 Fangen Sie an

Vielen Dank, dass Sie sich die Zeit für dieses Buch genommen haben. Hoffentlich hilft es Ihnen dabei, die Prozesse Ihrer Organisation zu verbessern. Wenn alles klappt, kann sie sich dank guter Prozesse wieder voll auf das konzentrieren, worin ihre eigentliche Wertschöpfung besteht. Dann haben auch wir unser Ziel erreicht.

Bitte mailen Sie uns Ihr Feedback an bpmn@camunda.com, damit wir dieses Buch verbessern können. Besonders gespannt sind wir auf Ihre Ideen und Anforderungen zur Weiterentwicklung unseres BPMN-Frameworks.

Jetzt haben wir Sie lange genug aufgehalten. Legen Sie los!

Kapitel 8

BPMN Englisch-Deutsch

Englisch	Deutsch
Abstract Process	Abstrakter Prozess
Activity	Aktivität
Adhoc Subprocess	Ad-hoc-Teilprozess
Annotation	Anmerkung
Association	Assoziation
(not directed/directed/bidirectional)	(ungerichtet/gerichtet/beidseitig gerichtet)
Attached Event	Angeheftetes Ereignis
Cancel Event	Abbruchsereignis
Catching Event	Eingetretenes Ereignis
Collaboration Process	Kollaborationsprozess
Collaborational Process	Kollaborierender Prozess
Collapsed Subprocess	Zugeklappter Teilprozess
Compensation Event	Kompensationsereignis
Complex Gateway	Komplexes Gateway
Conditional Event	Bedingungsereignis
Conditional Flow	Bedingter Fluss
Compensation	Kompensation
Data Object	Datenobjekt
Data-based Exclusive Gateway	Datenbasiertes exklusives Gateway (XOR)
Default Flow	Standardfluss
End Event	Endereignis
Error Event	Fehlerereignis
Event	Ereignis

Event-based Exclusive Gateway	Ereignisbasiertes exklusives Gateway
Exception	Ausnahme
Exception Flow	Ausnahmefluss
Expanded Subprocess	Aufgeklappter Teilprozess
Gateway	Gateway
Group	Gruppierung
Inclusive Gateway	Inklusives Gateway (OR)
Intermediate Event	Zwischenereignis
Lane	Lane
Link Event	Linkereignis
Loop	Schleife
Loop Activity	Schleifenaktivität
Message	Nachricht
Message Event	Nachrichtenereignis
Message Flow	Nachrichtenfluss
Multiple Event	Mehrfachereignis
Multiple Instance	Mehrfache Instanz
Parallel Gateway	Paralleles Gateway (AND)
Participant	Teilnehmer
Pool	Pool
Private Process	Privater Prozess
Process	Prozess
Property	Eigenschaft
Public Process	Öffentlicher Prozess
Role	Rolle
Rule	Regel
Sequence Flow	Sequenzfluss
Signal Event	Signalereignis
Start Event	Startereignis
Subprocess	Teilprozess
Task	Aufgabe
Terminate Event	Terminierungsereignis
Throwing Event	Ausgelöstes Ereignis
Timer Event	Timerereignis, Zeitereignis
Transaction	Transaktion
Trigger	Auslöser

Literaturverzeichnis

[All08] ALLWEYER, THOMAS: *BPMN - Business Process Modeling Notation.* Books on Demand, 2008.

[DM08] DECKER, GERO und JAN MENDLING: *Process Instantiation.* Data and Knowledge Engineering (DKE). Volume 68, 2008.

[Eur09] EUROPEAN ASSOCIATION OF BPM: *Common Body of Knowledge for BPM.* Schmidt (Götz), Wettenberg, 2009.

[Fis06] FISCHERMANNS, GUIDO: *Praxishandbuch Prozessmanagement.* Schmidt (Götz), Wettenberg, 2006.

[Kön07] KÖNIG, DIETER: *Web Services Business Process Execution Language (WS-BPEL 2.0).* `http://events.oasis-open.org/home/sites/events.oasis-open.org.home/files/Koenig.ppt`, 2007.

[Obj09] OBJECT MANAGEMENT GROUP: *Business Process Modeling Notation (BPMN) Version 1.2.* `http://www.omg.org/spec/BPMN/1.2/PDF`, 2009.

[ODtHvdA06] OUYANG, CHUN, MARLON DUMAS, ARTHUR H.M. TER HOFSTEDE und WIL M.P. VAN DER AALST: *From BPMN Process Models to BPEL Web Services.* `http://bpt.hpi.uni-potsdam.de/pub/Public/MatthiasWeidlich/bpel2bpmn.pdf`, 2006.

[SG06] SCHACHER, MARKUS und PATRICK GRÄSSLE: *Agile Unternehmen durch Business Rules.* Springer Verlag, 2006.

[Vig08] VIGNERAS, PIERRE: *Why BPEL is not the holy grail for BPM.* `http://www.infoq.com/articles/bpelbpm`, 2008.

[WDGW08] WEIDLICH, MATTHIAS, GERO DECKER, ALEXANDER GROSSKOPF und MATHIAS WESKE: *BPEL to BPMN: The Myth of a Straight-Forward Mapping.* `http://bpt.hpi.uni-potsdam.de/pub/Public/MatthiasWeidlich/bpel2bpmn.pdf`, 2008.

Stichwortverzeichnis